21世纪全国高校应用人才培养规划教材

影视非线性编辑

（第二版）

主　编　张晓艳

副主编　高艳侠　陈　跃

参　编　王　然　王淑慧　杨丽坤
刘　宁　柴艳霞　张建伟
李　超　侯瑞明　崔会娇
杨　睿　胡　洋　卢晓丹

图书在版编目(CIP)数据

影视非线性编辑/张晓艳主编. —2 版. —北京:北京大学出版社,2014.4
(21 世纪全国高校应用人才培养规划教材)
ISBN 978-7-301-23800-4

Ⅰ. ①影… Ⅱ. ①张… Ⅲ. ①视频编辑软件—非线性编辑 Ⅳ. ①TP317.53

中国版本图书馆 CIP 数据核字(2014)第 019484 号

书　　　名:影视非线性编辑(第二版)
著作责任者:张晓艳　主编
策 划 编 辑:桂　春
责 任 编 辑:桂　春
标 准 书 号:ISBN 978-7-301-23800-4/J・0561
出 版 发 行:北京大学出版社
地　　　址:北京市海淀区成府路 205 号　100871
网　　　址:http://www.pup.cn　新浪官方微博:@北京大学出版社
电 子 信 箱:zyjy@pup.cn
电　　　话:邮购部 62752015　发行部 62750672　编辑部 62765126　出版部 62754962
印　刷　者:北京鑫海金澳胶印有限公司
经　销　者:新华书店
787 毫米×1092 毫米　16 开本　25 印张　640 千字
2010 年 1 月第 1 版
2014 年 4 月第 2 版　**2021 年 6 月第 8 次印刷　总第 13 次印刷**
定　　　价:49.00 元

第二版前言

随着计算机技术和图像处理技术的飞速发展，影视非线性编辑操作软件以及操作技能也发生了日新月异的变化，因此，本书在环境设置及软件操作方面进行了全面的修订与更新，以便更加契合目前的发展潮流。同时，为了让学生更方便地学习软件操作，书中还增设了中英文对照；为了让学生快速熟悉软件功能和影视后期编辑思路，在部分重点章节中增设了相应的案例。

本书分为三大部分：基础理论篇、基础应用篇和拓展应用篇。

基础理论篇：本篇包含第一章至第四章，从影视非线性编辑的发展历史开始，理顺其技术及艺术上的发展阶段，明确未来的发展方向；介绍了影视非线性编辑中涉及的视、音频技术参数，视、音频基础知识，让学生知其所以然；然后阐述了影视制作的流程、行业常用软件及选用非线性编辑系统的基本原则，宏观地介绍了行业现状，以拓展学生的视野。

基础应用篇：本篇包含第五章至第十二章。Adobe Premiere Pro 软件以其操作简单、容易上手等特点，成为影视制作相关专业的首选教学软件，基础应用篇通过对 Adobe Premiere Pro CS6 软件的详细介绍，以范例讲解的方式让学生熟悉其操作界面、各种功能按钮、基本剪辑操作方法、特效应用和字幕的设计方法等，让学生掌握软件的编辑技巧。Canopus 公司的 Edius 系列软件也是目前行业内较常用的软件，基础应用篇中也对 Edius6 软件从基本操作到影视特效的应用进行了循序渐进的介绍，以帮助学生掌握该软件的基本操作技能。

拓展应用篇：本篇包含第十三章至第十五章，对行业内口碑不错、使用效率较高的 Avid、大洋 D3－Edit、Final Cut Pro 几款专业软件的基本操作进行详解。拓展应用篇的内容，既对前面基本软件部分加以巩固，也对学生的知识面加以拓展。

本书在编写的过程中，参考了大量的相关著作和文献资料，在此一并向有关作者和文献资料的提供者表示真诚的感谢。

由于编者水平有限，书中不妥之处在所难免，敬请读者批评指正。

编者

2014 年 4 月

目　　录

第一篇　基础理论篇

第一章
影视非线性编辑的发展现状

本章提要

自电影诞生之日起，每一次社会技术的革新都带来了影视制作技术的长足进步，从最早的胶片剪辑到现在基于数字平台的非线性剪辑，用先进的技术完成蒙太奇组接，实现了影视艺术的一次次飞跃。影视技术的发展随之经历了历史性的飞跃。通过本章的学习，应了解电影与电视的发展历程、非线性编辑的发展历程，掌握非线性编辑的概念、非线性编辑系统的组成和非线性编辑未来的发展趋势。

第一节　电影与电视的发展历程

影视是人类视听艺术发展的最高体现，与其他艺术形式不同的是，它需要后期的再创作过程，直接体现在以电影剪辑和电视编辑为代表手段的后期制作中。在数字非线性编辑诞生以前，传统的电影电视制作系统发挥着重要的作用。

一、电影的诞生与蒙太奇的出现

1. 电影的诞生

1895 年 12 月 28 日，卢米埃尔兄弟用具有间歇装置的电影机首次把影片放映在银幕上，公映了“拆墙”“火车到站”“婴儿喝汤”“工厂大门”“水浇园丁”等影片。这一天，被公认为是电影诞生的日子。电影是在照相化学、光学、机械学、电子学、声学的基础上形成、充实和发展起来的。电影这一形式是人类艺术史上的一大发明。

2. 电影剪辑理念与方法——蒙太奇的出现

蒙太奇(Montage)来自法语的 MONTER，是法语建筑学上的一个术语，原意是装配、构成、组装的意思。蒙太奇被借用到影视艺术中，是指按照一定的目的和程序把镜头组接起来，构成一部完整的影视艺术作品。通过蒙太奇手法，使影片产生一种全新的视觉节奏，形成了电影的基本剪辑方式。蒙太奇是影视创作的主要叙述方式和表现手段之一。

二、电视的诞生

1884 年，德国工程师保罗·尼普科发明了一种机械式光电扫描圆盘并取得专利。这种扫描圆盘把图像分解成许多个像素，根据每个像素光线的变化产生不同的电信号，通过电传把图像从甲地传到乙地。这种用机械式扫描盘进行的图像传送叫做机械传真，是电视发明的雏形。

1923 年至 1929 年，电子发射管和接收管发明成功，使图片传真成为现实。1923 年，俄裔美国物理学家弗拉基米尔·兹沃里金获得光电发射管的发明专利权。他发明的这种光电发射管采用电子扫描技术摄取图像，取代了尼普科的机械扫描技术，成为电视发明的重大成果之一。

电视发明史上最著名的人物是英国科学家约翰·洛吉·贝尔德。1925 年 10 月 2 日，他利用尼普科发明的扫描盘成功完成了播送和接收电视画面的实验，并第一次在电视上清晰地显现了一个人的头像。1926 年 1 月 26 日，贝尔德制造出了第一台真正实用的电视传播和接收设备，标志着电视的真正诞生。贝尔德因此被称为“电视之父”。1936 年，英国广播公司在伦敦以北的亚历山大宫建成了英国第一座公共电视台，同年 11 月 2 日正式播放电视节目，一般公认为 1936 年 11 月 2 日英国广播公司电视节目的开播是世界上第一座电视台的广播。

第二节　我国广播电视行业的发展历程

我国电影电视的发展比西方国家稍晚，自1940年我国建立了第一座人民广播电台以来，在短短的几十年内，我国的广播电视事业得到了巨大的发展，其历程大致可分为以下几个阶段。

一、创始阶段(1958年至20世纪70年代末)

1940年12月30日，中国共产党领导下的第一座人民广播电台在延安试播。它是当时新华社的口语广播组织，故称延安新华广播电台。1943年被迫停止播音，到1945年，经多方努力才恢复播音，1947年改名为陕北新华广播电台，于1948年迁到河北平山县继续播音。1949年，北平解放后，陕北新华广播电台在3月25日随党中央迁到北平，改名为北平新华广播电台。1949年9月27日，改名为北京新华广播电台，12月5日改称为中央人民广播电台。

1958年5月1日，我国内地建立的第一座电视台——北京电视台，试验播出黑白电视节目，同年9月2日正式开播。同年10月1日上海电视台建成，1978年，北京电视台改名为中央电视台。

从1940年延安新华广播电台诞生，1958年第一座电视台诞生，建国后我国有计划地在中央及各省创建了广播电台和电视台。这一阶段广播电视事业主要体现党和政府宣传喉舌的特点。

二、发展阶段(20世纪80年代)

虽然20世纪50年代中国电视事业便已起步，但在很长的时间内，它距离大多数中国人还是很遥远。直到1980年，中国百姓在感受到十一届三中全会政治春风的同时，才不知不觉迈入了名副其实的“电视时代”。

改革开放提供的有利契机，使得20世纪80年代成为中国电视业发展和繁荣的黄金时代。1983年3月召开的全国广播电视工作会议提出了实行中央、省、地市、县“四级办广播、四级办电视、四级混合覆盖”的方针，并于同年10月得到党中央的批准。这一方针极大地推动了中国广播电视事业的全面发展。

到1990年年底，中国有电视台509座，比1980年增长了13.4倍，电视覆盖率达到了79.4%。各地建起的卫星地面收转站，使边远地区的人民群众都可以收看到电视节目。1982年，中国中央电视台首次转播的世界杯足球赛，成为了中国球迷的盛大节日。1984年，在传统的农历年除夕夜，中央电视台首次举办了“春节联欢晚会”，这一形式一直延续至今。

三、市场竞争阶段(20世纪90年代)

随着改革开放及市场经济的进一步发展，广播电视也由原来的纯事业向产业化发展。一方面，人们对影视节目的需求带动了我国电影，尤其是电视节目制作业的快速发展；另一方面，广播电视作为主要的媒体，广告成为主要的收入来源，经济发达地区、运营较好的电视台逐渐由原来需要事业经费支撑向赢利阶段过渡。

上海电视台率先于1979年1月28日开始受理广告业务。1979年2月，中央电视台开办“商业信息”节目，开始集中播送国内外商业广告。1980年1月1日，中央人民广播电台播出该台有史以来的第一条广告。此后，全国广播电视广告营业额逐年递增，据媒体报道，2000年电视广告收入为168.91亿元，2001年电视广告收入有所下降，约为162亿元。广播电视的广告收入大约可占全国广告营业总额的1/4。进入20世纪90年代，有线网络与卫星技术应用在电视上，出现了有线与无线、事业与企业、综合与专业的种种电视台，还有许多县以下的村镇也办电视的局面。到20世纪90年代末，中国电视已经基本形成中央和地方、卫星、无线和有线相结合的现代化电视传播网络，无线电视台达到4943座，有线电视台1285座，共播出1005套电视节目，其中卫星频道三十多套。国际频道信号已送往全球。中国的电视机拥有量已经超过了3亿，电视观众也超过了10亿。在这个阶段，我国的有线电视取得了长足的发展，为下一步的产业化发展打下了良好的基础。

四、整合与数字化阶段(21世纪初至今)

随着我国广播电视行业存在的问题的逐渐暴露和突出，以及经济体制的日益发展，体制创新、技术创新、产业发展，成为摆在我们面前的新的课题。以国办[1999]82号文为标志，广播电视业启动了新一轮改革。数字化、网络化给广播电视的改革提供了非常好的契机。自2003年启动有线数字电视以来，全国有线数字电视用户数量迅猛增展。省级以上广播电台、电视台制播系统的数字化率已达90%以上，许多省级台和城市台已经完成全台业务一体化网络系统设备，为广播电台、电视台从单一业务模式向多种业务模式转变提供了有力的技术支撑。2008年北京奥运会之前，8个奥运比赛城市的地面数字电视正式开通，标志着我国地面广播电视数字化正在逐步深入开展起来。此外，CMMB(中国移动多媒体广播)、直播星(广播电视直播卫星)等也在近几年得到了市场的认可。

第三节　影视非线性编辑的发展概况

随着影视市场的日益繁荣，影视制作逐渐成长为一个成熟的行业，影视制作技术也从线性编辑逐步进入非线性编辑，并成为影视制作的国际标准。

一、电视节目编辑技术发展史

电视节目制作过程主要分成选题、拍摄和后期制作三个阶段。电视节目编辑处于后期制作阶段。伴随着电子技术和计算机技术的发展，录像机和录像带技术的问世，电视节目编辑技术发生过几次重大的变革，从早期的物理剪辑、电子编辑、时码编辑最终演变为目前流行的非线性编辑。

1. 早期的物理剪辑

早期的电视制作和播出都是建立在“现场直播”的基础上的，难以保证节目质量，更谈不上节目的后期编辑制作。1956年，美国安培(Ampex)公司成功研制出世界上第一台实用的录像机，它采用 2 英寸磁带，磁带宽 50 毫米，走带速度为每秒 39.7 厘米，磁带通过一个带有四个磁头的磁鼓，使四个磁头都能扫描磁带整个宽度，留下一系列磁迹。其中旋转磁头和调频记录这两项技术措施，保证了高频视频信号的记录质量。有了录像机和录像带，电视的制作和播出也发生了重大的变革。电视节目可预先录制到录像带，作为节目内容的素材带，可进行后期编辑和声音合成，制作出成品带，进行节目存储和重新播出。

早期的电视节目编辑沿用了电影的剪辑方式，用刀片或切刀在特定的位置切割磁带，找出所需的节目片段后，用胶带将它们粘贴在一起。这种编辑是可以自由地对节目段落进行添加、删除或者调换顺序，但每一次的剪辑都是对磁带的永久性损伤。同时由于不能在编辑时查看画面，无法精确地选择编辑点，编辑人员只能凭经验并借助刻度尺来确定每个镜头的大致长度。

2. 电子编辑的实现

随着录像技术的发展和录像机功能的完善，电视编辑在 1961 年前后进入了电子编辑的阶段。录像机具备快进、快速倒带和暂停功能，编辑人员可以方便地在磁带上寻找编辑点，控制录像机的录制和重放。电视节目制作人员可以将一台放像机（放机）、一台录像机（录机）和相应的监视器连接起来，构成一套标准的对编系统，实现从素材到节目的转录。电子编辑摆脱了物理剪辑的黑箱操作模式，避免了对磁带的永久性的物理损伤，节目制作人员在编辑过程中可以查看编辑结果，并可以及时进行修改，也可以保存作为节目源的素材母带。

电子编辑存在的主要问题是精度不高，由于当时的录像机不具备逐帧重放功能，因此电子编辑还不能达到精确到帧的编辑精度。另外，在编辑过程中，设备都是手动调控，编辑人员按下录像键的时机掌握需要丰富的工作经验，一般无法保证编辑点的完全精确。而且录机在开始录像和停止录像时带速不均匀，与放机的走带速度存在差异，容易造成节目中镜头接点处的跳帧现象。

3. 运用时码的高精度编辑

为了进一步提高编辑精度，受到电影胶片的片孔号码定位的启发，1967 年，美国电子工程公司（EECO）研制出了 EECO 时码系统。1969 年，以小时、分、秒和帧作为磁带定位标记的 SMPTE/EBU 时码在国际上实现了标准化。时码编辑的基本原理是：在磁带上记录的每帧信号分别对应一个地址信号，这种地址信号被转换成二进制数字信号后，记录在一条专用的纵向地址磁迹上，或插入视频信号的场消隐期间内。编辑时，把各编辑点所对应的地址信号存入编辑控制器中，在整个节目编辑点选择完成后，由编辑控制器利用存入的各编辑点地址信号一次完成编辑。

时码是以时间段的形式表示出每帧图像和声音的磁迹在磁带上的具体位置，磁带运行时，监视器能够显示出相应的时间和帧数，制作人员能够准确到帧定位到他们需要的画面。时码技术的出现，为电视编辑带来了新的编辑技术和手段，同时各种基于时间码的编辑控制设备不断涌现，录机放机可以进行预卷编辑、预演编辑、自动串编、脱机草编和多对一编辑等新功能，且带速的稳定性也有了很大改进，从而大幅提高了编辑精度和效率。尽管如此，由于信号记录媒体的固有限制，磁带复制造成信号损失、磁带不易保存、编辑速度慢、镜头和特技不能空间展示、线性编辑限制创作等，仍然制约着电视编辑工作的发展。

4. 非线性编辑系统的出现

世界上第一台非线性编辑系统 1970 年诞生于美国，标志着非线性编辑时代的到来。早期的非线性编辑系统并非建立在数字化的基础上，而是将模拟图像信号记录在可装卸的磁盘上，编辑时可以随机访问磁盘以确定编辑点。但其功能还仅限于记录与复制，较慢的处理速度仍然限制着复杂特技的添加。20世纪80年代，随着多媒体计算机技术和计算机图像理论的发展，出现了纯数字的非线性编辑系统，但受到存储技术和数字压缩技术的限制，早期的数字非线性编辑系统的硬盘存储量非常有限，仅能处理几十秒至几百秒的未经压缩的画面，剪辑和特技都是基于硬件的固化编辑功能，编辑方式有限。20世纪90年代初，随着JPEG和MPEG等数字压缩标准的确立、实时压缩半导体芯片的研制、数字存储技术的发展、多媒体计算机软硬件技术的整体进步，非线性编辑系统进入了快速发展时期。进入21世纪以来，伴随着计算机技术、网络技术的迅猛发展，非线性编辑系统正向着数字化、高清化、网络化、集成化方向高速发展。

二、线性编辑与非线性编辑

1. 线性编辑

(1) 线性编辑的定义

“线性”是英语Linear的直接译意，线性的意思是指连续，线性编辑指的是一种需要按时间顺序从头至尾进行编辑的节目制作方式，它所依托的是以一维时间轴为基础的线性记录载体，如磁带编辑系统①。

线性编辑是录像机通过机械运动使用磁头将25帧/秒的视频信号顺序记录在磁带上，在编辑时也必须顺序寻找所需要的视频画面。它利用电子手段，根据节目内容的要求将素材连接成新的连续画面，通常使用组合编辑将素材顺序编辑成新的连续画面，然后再以插入编辑的方式对某一段进行同样长度的替换，但是要想删除、缩短、加长中间的某一段就不可能了，除非将那一段以后的画面抹去重录，这是影视节目的传统编辑方式。用线性编辑方法在插入与原画面时间不等的画面，或删除节目中某些片段时都要重编，而且每编一次视频质量都会有所下降。

(2) 线性编辑的优、缺点

线性编辑以磁带作为存储介质，磁带不仅容量大，价格低廉，而且在编辑制作的过程中直观实时，可以快速实时地录制出成品节目带，因此到目前为止仍然被各级电视台制作部门采用。但线性编辑记录和重放的顺序性，使得编辑过程缺乏灵活性，存在一定的局限。

① 素材不能做到随机存取。磁带的物理结构决定了线性编辑不能实现随机存取，在编辑过程中，在磁带中寻找素材时录像机需要进行反复地卷带搜索，不仅浪费时间，影响了编辑效率，而且磨损磁带和磁头，降低了画面质量。

② 节目编辑修改困难。在线性编辑系统中，是以磁带作为视音频素材的存储介质，信号的记录和重放靠磁鼓和磁头，不能跳跃式寻找素材。编辑好的节目难以修改，即使采用插入编辑方式也只能替换相同长度的镜头，若需要修改、删除或插入不同长度的素材，则需要重新录制，大大增加了工作量。

③ 硬件设备数量多，费用高。有些线性编辑系统的构成非常复杂，包括编辑录像机、放像机、编辑控制器、特技台、时基校正器、字幕机、调音台等，系统连线包括视频线、音频线、控

---

① 张歌东.影视非线性编辑[M].中国广播电视出版社，2003(8)：19.

制线、同步基准线等，这些分立设备相互匹配、同步运行，现场操作复杂度高，且设备不具备升级的开发性，经常更新设备，需要大量的资金。

2. 非线性编辑

(1) 非线性编辑的定义

非线性编辑是相对于传统的线性编辑而言的，它指的是可以对画面进行任意顺序的组接而不必按顺序从头编到尾的影视节目编辑方式[①]。非线性编辑以视听信号能够随机记录和读取为基础，它依托的是盘基记录载体。

与线性编辑不同的是，在非线性编辑时，不仅可以随时任意选择素材，而且还可以交叉跳跃的方式进行编辑；对已编辑的部分修改不会影响其余部分，不需要对其后面的所有部分进行重新编辑或再次转录。非线性编辑的两个明显的特征一是在编辑方式上呈现非线性的特点，能够很容易地改变镜头顺序，而这些改动并不影响已编辑好的素材；二是在素材的选择上能够做到随机存取，即不必进行顺序查找就可以瞬间找到素材中的任意片段。

(2) 非线性编辑的优、缺点

相对于线性编辑来说，非线性编辑是数字技术和计算机技术发展的产物。它具有以下几点优势。

① 非线性编辑系统中，素材采集和回放均采用了计算机数字化技术，各种技术指标和参数均优于模拟技术。同时素材采集大都采用数字压缩技术，通过不同的压缩比，可以得到不同质量的视频、音频素材。

② 采集后的素材，以文件的形式存储在计算机硬盘中，内部全部采用数字信号，复制、调用、浏览和编辑素材都很方便快捷，且没有损失。在编辑制作的过程中，非线性编辑能够轻松地进行素材的覆盖、插入和延长、缩短、删除等操作，且不影响原始素材本身的质量。

③ 非线性编辑系统还整合了功能齐全的制作工具，如字幕、特技、动画和合成等，数字特技效果层出不穷、质量日趋完善，制作速度不断提高。同时，非线性编辑软件的界面直观，操作简单，软件的维护简单，升级方便，更新速度快。

④ 实现了网络化。网络化非线性编辑系统可以实现资源共享，协同工作，降低了设备投资成本，也提高了工作效率。

总之，非线性编辑能够最大限度地解除编辑设备对节目制作和创作的束缚，更好、更快、更准确地实现节目制作人员的创意以及完成节目的制作。

三、非线性编辑的发展

非线性编辑根据不同的处理方式，经历了机械式非线性编辑、电子非线性编辑和基于硬盘的数字非线性编辑三个阶段。

1. 机械式的非线性编辑

非线性编辑最早诞生于电影的蒙太奇剪辑阶段，以胶片为载体的影片剪接就具有非线性编辑的某些特点。在电视制作的初期也是一种机械式的非线性编辑方法。

2. 电子非线性编辑

电子非线性编辑始于20世纪70年代，在20世纪80年代中期出现了两种较为有效的方式：

① 张歌东. 影视非线性编辑[M]. 中国广播电视出版社，2003(8)：22.

（1）基于录像带的电子非线性编辑系统

基于录像带的电子非线性编辑系统的基本概念是采用多台磁带录像机来实现非线性编辑。例如，一个系统配置了五台放像机，在每台放像机中都有一样的素材拷贝。编辑人员可以在第一台放像机中设定第一个镜头的入点、出点，在第二台放像机中设定第二个镜头的入点、出点，依此类推。当编辑人员在五台放像机中确定了五个镜头后，就可以让这五台放像机按照各自的镜头入、出点开始重放，那么这五个镜头就可以完整地进行观看，它的重放顺序实际上就是一个编辑清单，即编辑决定表(Edit Decision List，简称 EDL 表)。

（2）基于激光视盘的电子非线性编辑系统

电子非线性编辑系统的第二次发展高潮是在激光视盘问世之后，当时又产生了一种系统：基于激光视盘的电子非线性编辑系统。它提供了基于录像带的电子非线性编辑系统所不具有的素材随机存取功能。素材预录在激光视盘上，由于激光视盘的结构设计可以使激光拾取头很快地从一个区域跳到另一个区域，所以编辑人员几乎可以在瞬间找到任意一个镜头，选取时检索速度高，而且可以用双拾取头光盘机或多台光盘机同时工作。但因为当时激光视盘记录的是模拟信号，在复制转录时质量会变差，不便引入多层特技效果，因此基于激光视盘的电子非线性编辑系统多用于脱机编辑。

3. 基于硬盘的数字非线性编辑

数字非线性编辑综合了传统电影剪辑和电视编辑的优点，是影视剪辑技术的重大进步。从 20 世纪 80 年代开始，数字非线性编辑逐步取代了传统方式，成为电影剪辑的标准方法。基于硬盘的数字非线性编辑系统出现于 1988 年，早期应用于电视节目的后期制作，并且在 1989 年到 1993 年间获得了长足发展。数字非线性编辑系统通过视频、音频信号的数字化，使得利用计算机平台来进行后期编辑成为现实。

随着数字非线性编辑技术的迅速发展，影视节目的后期制作又承担了一个非常重要的职责——特技和合成。早期的视觉特技和合成镜头大多是通过模型制作、特技摄影、光学合成等传统手段完成的，主要在拍摄阶段和洗印过程中完成。数字非线性编辑系统的使用为特技合成制作提供了更多、更好的手段，也使许多过去必须使用模型和摄影手段完成的特技可以通过计算机制作完成。数字非线性编辑也使剪辑或编辑的内涵和外延不断扩大，发展成为意义更为广泛的数字后期制作。

四、非线性编辑的发展趋势

1. 编辑手段多样化

在非线性编辑系统中，依托于计算机环境中丰富的软件资源，可以使用几十种甚至数百种视频、音频、绘画、动画和多媒体软件，设计出无限多种数字特技效果，而不是仅仅依赖于硬件有限的数字特技效果，使节目制作的灵活性和多样性大大提高。

非线性编辑系统拥有强大的制作功能：方便宜用的场景编辑器和丰富的二、三维特技以及多样效果结合的编辑；完整的字幕制作系统，功能强大的绘图系统以及高质量的动画制作系统；可灵活控制同期声音与背景声的切换与调音功能，可实现任一画面与声音之间的对位的后配音功能等；在一个环境中，就能轻而易举地完成图像、图形、声音、特技、字幕、动画等工作，完成一般特技机无法完成的复杂特技功能并保证视频、音频准确同步。编辑系统易于学习，无需掌握多种机器的使用技巧。另外，系统可以通过软件进行升级，不需要做硬件的更新，因而减少了设备投资。

2. 节目制作网络化

非线性编辑系统的优势不仅在于它的单机多性能集成功能，更在于它可以多机联网。通过联网，可以使非线性编辑系统由单台集中操作的模式变为分散、同时工作，体现了节目制播一体的工作模式。网络化的好处是可以实现资源共享，素材一旦上载到视频服务器中就可以实现网络共享。电视节目的信息量大，时效性强，在数字化系统中可以将众多的非线性系统连接起来，构成同其他网络共享资源的系统，使电视台内、电视台之间的节目交流更加快捷。

电视节目的制作质量及新闻时效性代表了一个电视台的水平，非线性编辑系统可以提供一个理想的采、编、审环境，在一个网络视频服务器中共享数字化的节目素材，加快了信息的传播速度，提高了编辑、记者的工作效率。随着 ATM 等网络技术的发展，开放的非线性编辑系统网络功能逐渐增强，为整个电视节目制作走向网络化打下了基础。

从更广泛的意义上来讲网络化制作代表了未来的发展趋势，非线性编辑为电视节目制作的网络化提供了可能性，为未来电视台的发展开辟了广阔的空间。以视频服务器为核心，配合硬盘摄像机、硬盘编辑系统及硬盘播出系统的全数字网络电视台已经呈现雏形，这种以高速视频服务器和高速视频网构成的网络系统代表了脱机编辑、在线输出电视台未来的发展方向。

第四节 非线性编辑系统

非线性编辑系统最根本的特征就是借助于计算机软、硬件技术使视频、音频信号在数字化环境中进行制作合成，因此计算机软、硬件技术成为非线性编辑系统的核心。非线性编辑系统以多媒体计算机为工作平台，配以专用的视频图像压缩解压缩卡、声音卡、高速硬盘及一些辅助控制卡组成基本的硬件系统，再加上相应的制作软件就组成了一套完整的非线性编辑系统。

一套非线性编辑系统由两大部分组成，即硬件系统和软件系统。硬件系统包括计算机，视频、音频处理卡，大容量存储器，接口系统（如图 1-1 所示）。软件部分包括运行于计算机平台上的系统软件和应用软件。

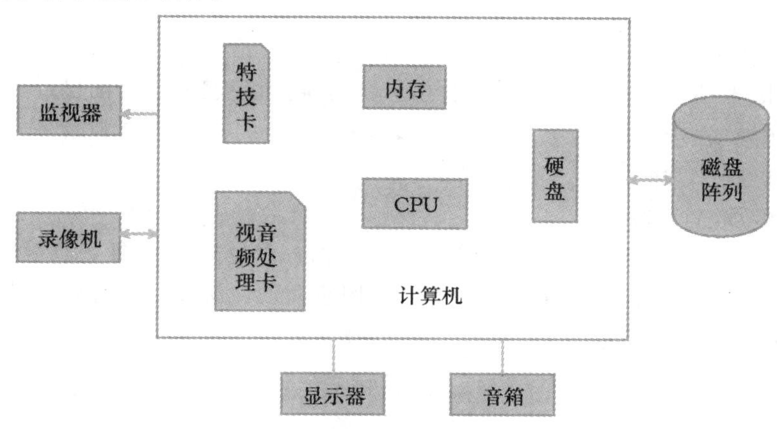

图 1-1 非线性编辑的硬件系统构成

一、硬件系统

非线性编辑系统实质上就是一个扩展的计算机系统，即一台高性能计算机加一块或一套视频、音频输入/输出卡（俗称非线性编辑卡），再配上一个大容量 SCSI 磁盘列阵便构成了一个非线性编辑系统的基本硬件。这三者相互配合，缺一不可。

1. 非线性编辑系统的硬件结构

（1）计算机硬件平台

目前的非线性编辑系统，一般都是以通用的工作站或个人计算机作为系统平台的，编辑使用的视频、音频数据均存储在硬盘里。编辑过程就是高速、高效地处理数字化的视频、音频信号的过程。对于高质量的活动图像，图像存储载体与编辑装置间的传输码率应在 100Mb/s 以上，存储载体的容量应达几十 GB 或更高。

（2）视频、音频处理卡

视频、音频处理卡是非线性编辑系统的“引擎”，它直接决定着整个系统的性能。主要有以下功能：

① 完成视频、音频信号的 A/D、D/A 转换，即进行视频、音频信号的采集、压缩/解压缩和最后的输出等功能，也称这类卡为视频采集卡。视频、音频处理卡上包括模拟信号接口如复合、分量、S-VIDEO，已涵盖现有模拟电视系统的所有接口形式，也包括像 IEEE-1394 和 SDI 这样的数字接口。

视频采集卡是非线性编辑系统产品的决定性部件。一套非线性编辑系统能达到什么样的视频质量，与视频采集卡的性能密切相关。压缩与解压缩是视频采集卡的核心内容。目前，国内外的非线性编辑系统大都是采用 Motion-JPEG 算法。这种压缩算法对活动的视频图像通过实行实时帧内编码过程单独地压缩每一帧，可以进行精确到帧的后期编辑。Motion-JPEG 的压缩和解压缩是对称的，可以由相同的硬件和软件来实现，这对压缩/解压电路实现高度集成化有帮助。由于这种算法不太复杂，可以用很小的压缩比（2：1）进行全帧采集，从而实现广播级指标所要求的无损压缩。

② 进行特效的加速。以前的非线性编辑系统多使用软件的方式制作特效，需要漫长的生成时间，效率很低，只能依靠计算机的运算能力。而且信号又被重新压缩，图像质量劣化。视频处理卡中的 DVE 特效板，可以完成两路或多路的实时特效。用硬件方式来完成特效的制作，速度快，效率高，还可以实时回放。

③ 叠加字幕的功能。早期的非线性编辑系统中这三类卡是独立的，分别安放在不同的插槽中。这样既繁琐又增加了故障出现的几率，也影响处理速度。目前已经将视频、音频采集、压缩与解压缩、视音频回放、实时特技、字幕等全部集成在同一块卡或一套卡上，使得整个系统的硬件结构非常简洁。

（3）大容量数字存储载体

数字非线性编辑系统存储大量的视频、音频素材，数据量极大，需要大容量的存储载体，在目前情况下硬磁盘（即硬盘）是一种最佳的选择。用于非线性编辑系统的硬盘从几十 GB 发展到更大容量，也难以满足系统的需要，硬盘阵列技术成为大容量数字存储载体今后的发展方向。

(4) 非线性编辑接口

非线性编辑系统在工作时,视频、音频素材是从录像机上传至计算机的硬盘上,经过编辑后再输出至录像机记录下来。信号的传送是通过视频、音频信号接口来实现的。另外,为了适合网络传送的需要,非线性编辑系统的接口也要考虑到广播电视数字技术及计算机网络发展的潮流。在非线性编辑系统中,数字接口由两部分组成:计算机内部存储体与系统总线的接口,以及非线性编辑系统与外部设备的接口。与外部设备的接口也包括两部分:与数字设备连接的接口和与网络连接的接口。

2. 非线性编辑系统的硬件技术

非线性编辑系统依托于各种硬件技术的应用完成上述的诸多功能。这些技术主要有:视频压缩技术、数据存储技术、数字图像处理技术和图文字幕叠加技术等。

(1) 视频压缩技术

在非线性编辑系统中,数字视频信号的数据量非常庞大,必须对原始信号进行必要的压缩。常见的数字视频信号的压缩方法有 M-JPEG、MPEG 和 DV 等。

① M-JPEG 压缩格式

目前非线性编辑系统绝大多数采用 M-JPEG 图像数据压缩标准。1992 年,ISO(国际标准化组织)颁布了 JPEG 标准。这种算法用于压缩单帧静止图像,在非线性编辑系统中得到了充分的应用。JPEG 压缩综合了 DCT 编码、游程编码、霍夫曼编码等算法,既可以做到无损压缩,也可以做到质量完好的有损压缩。完成 JPEG 算法的信号处理器也可以做到以实时的速度完成运动视频图像的压缩。这种处理法称为 Motion-JPEG(M-JPEG)。在录入素材时,M-JPEG 编码器对活动图像的每一帧进行实时帧内编码压缩,在编辑过程中可以随机获取和重放压缩视频的任一帧,很好地满足了精确到帧的后期编辑要求。M-JPEG 虽然已大量应用于非线性编辑系统中,但 M-JPEG 与前期广泛应用的 DV 及其衍生格式(DVCPRO25、50 和 Digital-S 等),以及后期在传输和存储领域广泛应用的 MPEG-2 都无法进行无缝连接。因此,在非线性编辑网络中应用的主要是 DV 体系和 MPEG 格式。

② DV 体系

1993 年,包括索尼、松下、JVC 以及飞利浦等几十家公司组成的国际集团联合开发了具有较好质量、统一标准的家用数字录像机格式,称为 DV 格式。从 1996 年开始,各公司纷纷推出各自的产品。DV 格式的视频信号采用 4∶2∶0 取样、8bit 量化。对于 625/50 制式,一帧记录 576 行,每行的样点数为:Y 为 720;CR、CB 各为 360,且隔行传输。视频采用帧内 5∶1 数据压缩,视频数据率约为 25MB/s。DV 格式可记录 2 路(每路 48KHz 取样、16bit 量化)或 4 路(32KHz 取样、12bit 量化)无数据压缩的数字声音信号。DVCPRO 格式是日本松下公司在家用 DV 格式基础上开发的一种专业数字录像机格式。用于标准清晰度电视广播制式的模式有两种,称为 DVCPRO25 模式和 DVCPRO50 模式。在 DVCPRO25 模式中,视频信号采用 4∶1∶1 取样、8bit 量化,一帧记录 576 行,每行有效样点为:Y 为 720;CR、CB 各为 180,数据压缩也为 5∶1,视频数据率亦为 25MB/s。在 DVCPRO50 模式中,视频信号采用 4∶2∶2 取样、8bit 量化,一帧记录 576 行,每行有效样点为:Y 为 720;CR、CB 各为 360,采用帧内约 3∶1 数据压缩,视频数据率约为 50MB/s。DVCPRO25 模式可记录 2 路数字音频信号,DVCPRO50 模式可记录 4 路数字音频信号,每路音频信号都为 48KHz 取样、16bit 量化。DVCPRO 格式带盒小、磁鼓小、机芯小,这种格式的一体化摄像机体积小、重量轻，在全国各地方电视台都用得非常多。因此，在建设电视台的非线性编辑系统网络时，DVCPRO 是非线性编辑系统硬件必须支持的数据输入和压缩格式。

③ MPEG 压缩格式

MPEG 是 MotionPictureExpertGroup（运动图像专家组）的简称。开始时，MPEG 是视频压缩光盘（VCD、DVD）的压缩标准。MPEG-1 是 VCD 的压缩标准，MPEG-2 是 DVD 的压缩标准。现在，MPEG-2 系列已经发展成为 DVB（数字视频广播）和 HDTV（高清晰度电视）的压缩标准。非线性编辑系统采用 MPEG-2 为压缩格式给影视制作、播出带来极大的方便。MPEG-2 压缩格式与 Motion-JPEG 最大的不同在于它不仅有每帧图像的帧内压缩（JPEG 方法），还增加了帧间压缩，因而能够获得比较高的压缩比。在 MPEG-2 中，有 I 帧（独立帧）、B 帧（双向预测帧）和 P 帧（前向预测帧）三种形式。其中 B 帧和 P 帧都要通过计算才能获得完整的数据，这给精确到帧的非线性编辑带来了一定的难度。现在，基于 MPEG-2 的非线性编辑技术已经成熟，对于网络化的非线性编辑系统来说，采用 MPEG2-IBP 作为高码率的压缩格式，将会极大减少网络带宽和存储容量，对于需要高质量后期合成的片段可采用 MPEG2-I 格式。MPEG2-IBP 与 MPEG2-I 帧混编在技术上已经成熟。

（2）数据存储技术

由于非线性编辑要实时地完成视频、音频数据处理，系统的数据存储容量和传输速率也非常重要。通常单机的非线性编辑系统需要应用大容量硬盘、SCSI 接口技术；对于网络化的编辑，其在线存储系统还需要使用 RAID 硬盘管理技术，以提高系统的数据传输速率。

① 大容量硬盘

硬盘的容量大小决定了它能记录多长时间的视频、音频节目和其他多媒体信息。以广播级 PAL 制电视信号为例，压缩前，1 秒视频、音频信号的总数据量约为 32MB，进行 3∶1 压缩后，1min 视频、音频信号的数据量约为 600MB，1 小时视频、音频节目需要约 36GB 的硬盘容量。近年来硬盘技术发展很快，一个普通家用电脑的硬盘就可以达到 80GB 左右，通常专业的硬盘容量在 100GB 以上，因此，现有的硬盘容量完全能够满足非线性编辑的需要。

② SCSI 接口技术

数据传输率也称为“读写速率”或“传输速率”，一般以 MB/s 表示。它代表在单位时间内存储设备所能读写的数据量。在非线性编辑系统中，硬盘的数据传输率是最薄弱的环节。普通硬盘的转速还不能满足实时传输视频、音频节目的需要。为了提高数据传输率，计算机使用了“小型计算机系统接口技术”（Small Computer System Interface，SCSI）。目前 SCSI 总线支持 32bit 的数据传输，并具有多线程 I/O 功能，可以从多个 SCSI 设备中同时存取数据。这种方式明显加快了计算机的数据传输速率，如果使用两个硬盘驱动器并行读取数据，则所需文件的传输时间是原来的 1/2。

目前 8 位的 SCSI 最大数据传输率为 20MB/s，16 位的 Ultra Wide SCSI（超级宽 SCSI）为 40MB/s，最快的 SCSI 接口 Ultra320 最大数据传输率能达到 320MB/s。SCSI 接口加上与其相配合的高速硬盘，能满足非线性编辑系统的需要。对非线性编辑系统来说，硬盘是目前最理想的存储媒介，尤其是 SCSI 硬盘，其传输速率、存储容量和访问时间都优于 IDE 接口硬盘。SCSI 的扩充能力也比 IDE 接口强。增强型 IDE 接口最多可驱动 4 个硬盘，SCSI-I 规范支持 7 个外部设备，而 SCSI-II 一般可连接 15 个设备，Ultra2 以上的 SCSI 可连接 31 个设备。

③ RAID 硬盘管理技术

网络化的编辑对非线性编辑系统的数据传输速率提出了更高的要求。处于网络中心的在线存储系统通常由许多硬盘组成硬盘阵列。系统要同时传送几十路甚至上百路的视频、音频数据就需要应用 RAID 硬盘管理电路。该电路把每一个字节中的位元分配给几个硬盘同时读写，提高了速度，整体上等效于一个高速硬盘。这种 RAID 管理方式不占用计算机的 CPU 资源，也与计算机的操作系统无关，传输速率可以做到 100MB/s 以上，并且安全性能较高。

(3) 数字图像处理技术

在非线性编辑系统中，我们可以制作丰富多彩的“数字视频特技”(Digital Video Effects, DVE)效果。数字视频特技有硬件和软件两种实现方式。软件方式以帧或场为单位，经计算机的中央处理器(CPU)运算获得结果。这种方式能够实现的特技种类较多，成本低，但速度受 CPU 运算速度限制。硬件方式制作数字视频特技采用专门的运算芯片，每种特技都有大量的参数可以设定和调整。在质量要求较高的非线性编辑系统中，数字视频特技是硬件或软件协助硬件完成的，一般能实现部分特技的实时生成，电视节目镜头的组接可分为混合、扫换(划像)、键控、切换 4 大类。多层数字图像的合成，实际上是图像的代数运算的一种。它在非线性编辑系统中的应用有两大类，即全画面合成与区域选择合成。在电视节目后期制作中，前者称为“叠化”，后者在视频特技中用于“扫换”和“抠像”。多层画面合成中的“层”是随着新型数字切换台的出现而引入的。视频信号经数字化后在帧存储器中进行处理才能使“层”得到实现。所谓的“层”实际上就是帧存，所有的处理包括划像、色键、亮键、多层淡化叠显等数字处理都是在帧存中进行的。数字视频混合器是非线性编辑系统中多层画面叠显的核心装置，主要提供叠化、淡入淡出、扫换和键控合成等功能。随着通用和专用处理器速度的提高，图像处理技术和特级算法的改进，以及 MMX(Multimedia Extensions，多媒体扩展)技术的应用，许多软件特技可以做到实时或准实时。随着由先进的 DSP 技术和硬件图像处理技术所设计的特技加速卡的出现，软件特技处理时间加快了 8-20 倍。软件数字特技由于特技效果丰富、灵活、可扩展性强，更能发挥制作人员的创意，因此，在图像处理中的应用越来越多。

(4) 图文字幕叠加技术

字幕是编辑中不可缺少的一部分。在传统的电视节目制作中，字幕总是叠加在图像的最上一层。字幕机串接在非线性编辑系统的最后一级，字幕的添加可以利用软件创作字幕作为图形键，生成带 Alpha 键的位图文件，将其调入编辑轨对某一层图像进行抠像贴图，完成字幕功能。

二、非线性编辑系统的软件环境

1. 非线性编辑系统的软件结构

从非线性编辑系统的硬件结构来看，该系统的硬件只是完成了视频音频数据的输入/输出、压缩/解压缩、存储等工作，或者说只是提供了一个扩展了的计算机工作平台，还没有涉及非线性编辑。众所周知，作为一个计算机工作平台，无论需要计算机做什么工作，只要配有相应的应用软件即可。很显然，当要进行非线性编辑时，除了计算机工作平台要满足上述非线性编辑硬件要求外，还需要配以非线性编辑应用软件，才能组成一个完善的非线性编辑系统，从而着手进行非线性编辑工作。现在世界上非线性编辑软件种类繁多，但仍然可以根据这些软件的功能，用从输入/输出到制作的次序来排定它们的层次。

(1) 第一层次：输入/输出

通常把能与非线性卡相连，直接进行视频的采集输入和输出的软件定位于第一层次。这个层次上的软件大致可分为专用型和通用型。其中专用型的软件大都由非线性编辑系统开发商根据他们所选用的非线性卡的特点而专门开发的。例如目前在国内比较流行的进口产品有Media-100、Avid系列，国产产品有奥维迅、大洋、索贝、新奥特等。值得一提的是国产的广播级产品基本上都是基于加拿大Matrox公司的Digisuite系列套卡上开发的，这就形成了硬件基本相同，软件开发各显其能、百花齐放的竞争格局，这对非线性编辑系统技术的发展颇为有益。专用型的软件由于能直接挂在非线性卡上，可以直接进行视音频信号的采集和输出，而且由于对素材的存储区进行了直接管理，使得在编辑和调用这些素材时，显得非常方便。

专用型软件是针对硬件的设置而专门开发的，它们可以直接调用非线性卡内设置的硬件特技或专门的特技卡内的硬件特技而形成实时特技或短时间的生成特技，从而大大加快节目的编辑速度。

作为非线性编辑系统的专用型软件，它首先要满足节目编辑的需要。而电视节目具体可分为新闻、专题、文艺、电视剧等不同类型，在这些节目的编辑工作中，镜头的硬接、过渡性特技占了绝大多数，所以非线性编辑系统的节目制作层数只需两层便可满足制作需求，也就是相当于线性编辑中的A/B卷已能完整地制作出上述类型的节目，所以非线性编辑系统的专用型软件一般只设置两层非线性视频，另外再加上图文字幕层便构成了一个齐全的A/B卷编辑系统。至于版头、广告、MTV等需要多层非线性视频制作的节目或者节目片段可由其他软件完成后，再由该系统的专用型软件调入进行编辑后输出。在此值得指出的是，国产的许多非线性编辑系统本身就是由原来的字幕机生产厂商生产的，他们在非线性编辑系统的图文字幕层集成了原本就非常优秀、用户都非常熟悉的国产字幕系统，使得许多非线性编辑系统与同类型的进口产品相比具有相当大的竞争力。当然，为了适应那些多层复杂编辑工作比较多的制作单位，现在国外也已有采用多层非线性视频专用型软件的非线性编辑系统产品出现。

除了专用型的软件外，还有许多非线性卡自带的输入/输出软件，这些软件我们说它是通用型软件，是因为它只能完成信号的采集和输出的工作，不能进行编辑。编辑工作需要其他的软件来完成。在广播电视行业一般不采用此类软件。

(2) 第二层次：第三方软件

第三方软件指的是该非线性编辑系统生产商以外的软件公司提供的软件。这些软件与非线性编辑卡无关，但可以对素材中的视频、音频文件进行加工处理和编辑，适合在任何一台计算机上运行。这些软件的品种非常丰富，功能十分强大，许多图形图像、动画创作软件就属于第三方软件。它与专用非线性编辑软件处于同一个操作系统之上，拥有相同的文件数据格式，相互之间具有良好的融合性。目前比较常用的第三方软件有Adobe Premiere系列，品尼高的Edition系列、Studio系列和友立的Ulead Media Studio Pro系列、Cool edit(音频编辑)、3DMAX(三维动画制作)等。

2. 非线性编辑系统的软件技术

非线性编辑通常可以分“硬编”和“软编”两类，硬编是指编辑制作过程依赖一定的硬件（板卡）来完成的，软编则是通过纯软件来实现的。比较常用的有下列非线性编辑软件：Adobe Premiere pro cs5、Canopus EDIUS Pro 6.0、大洋非线性编辑软件 D^3-Edit、Avid MC 3.0、Sobey E7 2.0、Final Cut Pro 7、Vegas Video 9.0、Ulead Media Studio Pro 8.0、In-sync Speed Razor 5.5、快马（Liquid edition）等。

不同种类的非线性编辑软件一般都具有以下功能。

（1）编辑界面

不同种类的非线性编辑软件，其操作界面不尽相同，一般来说非线性编辑软件都具有时间线窗口、素材库窗口、预演窗口、剪辑窗口、音频窗口、菜单栏、工具栏、状态栏等。Ulead Media Studio Pro 相对较为简单直观，容易上手，至于 Adobe Premiere 要复杂得多，它不仅需要操作人员具备相当的英语水平，而且一层又一层的操作指令、功能菜单和文件管理系统更需要操作者具备相当的逻辑思维能力。

（2）编辑时间

用非线性编辑系统编辑制作动画的便捷性是一般动画软件难以替代的，其效果也别具一格。其过程一般分为以下几个步骤：素材拍摄、稿本撰写、选择素材编辑、字幕处理、特技处理、解说音乐合成等。一个动画的制作过程如同一个电视节目的编导。由于非线性编辑系统是以硬盘作为记录信息的介质，声音和图像都是经过数字化处理后在硬盘里进行编辑的。因此，在编辑过程中它可以随意组接素材，任意变动节目的位置，随时修改节目内容，而无需像以磁带为介质的传统视频设备那样通过来回寻带，多版复制来完成。这确实节约了时间，提高了效率。

（3）特技功能

非线性编辑系统都具有一定的特技功能，能很方便地完成后期编辑中常用的叠化等效果。一般 V1 和 V2 轨道之间，可添加叠化特技。在两段素材有重叠部分中间加叠化特技，叠化效果不会因叠化的素材长短或位置有所变动而有影响。“画中画”是编导经常喜欢运用的一种特技手段，由于非线性编辑系统具有多通道的优势，因此它可以使一屏画面中同时出现多个活动的画面窗口，并且还可以按需要变换各自画面的大小。另外，设置不同的运动轨迹，可以使画面内容丰富多彩，增加信息量。

（4）字幕处理

非线性编辑软件一般都带有字幕功能，能够满足一般视频制作需求。制作原理简单，只要添加一个字幕内容叠放在某一视频通道上，然后根据需求调整相应参数即可。如果要做特殊字幕，一般需要外挂字幕软件，或者通过其他软件把字幕做成图片或动画素材，然后导入合成。

（5）技术质量

目前各类非线性编辑系统基本上都是采用图像压缩方式进行素材采集。尽管它们在编辑时不存在传统视频设备中多带复制信号劣化的问题，但是，它们在素材输入和节目输出过程中的压缩与解压缩，给信号质量带来的影响也是确实存在的。随着压缩技术的不断提高，压缩比越做越高，视频质量也越来越好，特别是现在流媒体技术的成熟，表现出强大的生命力，给视频制作带来了新变化，在教育教学应用领域，发挥着越来越重要作用。

(6)系统稳定性

非线性编辑系统从本质上讲就是一台计算机，它不可避免地携带计算机所特有的痼疾——死机。导致死机的原因有很多，比如执行了非法操作、操作系统和应用软件的固有缺陷、各种软件之间的兼容性、系统软硬件冲突、感染病毒等。人为的原因可以避免，但非人为的原因就很难预防甚至排除。万一发生了死机，编辑线上的内容将全部丢失。为了最大限度地降低损失，应及时进行保存。

计算机技术渗入了电视节目制作的每一角落，将很多新的概念和思想带到电视制作领域里，使传统的节目制作、传输和播出方法发生了很大变化，要进行非线性编辑的后期制作，需要了解必要的视频基础知识，相关知识将在第二章介绍。

课后习题

1. 简述我国广播电视事业的发展历程。
2. 非线性编辑系统由哪几部分组成？
3. 非线性编辑的发展趋势是什么？

第二章

视频的基础知识

本章提要

影视非线性编辑所涉及的影视技术及数字技术非常广泛，知识点较多。本章主要介绍影视非线性编辑所涉及的视频基础知识，电视信号的编码和技术参数以及视频的格式等内容。通过本章的学习，理解数字视频的相关基础知识和电视信号技术的相关知识，对于更好地应用非线性编辑软件进行节目制作有很大的帮助。

第一节 模拟视频与数字视频

一、视频的定义

人类接受的信息70%来自视觉，其中活动图像是信息量最丰富、直观、生动、具体的一种信息的载体。视频（Video）就其本质而言，是内容随时间变化的一组动态图像，当连续的图像变化每秒超过24帧（frame）时，根据视觉暂留原理，人眼无法辨别每幅单独的静态画面，因此会产生平滑连续的视觉效果，这样的连续画面，简称“视频”。

从物理角度看，视频信号是从动态的三维景物投影到视频摄像机图像平面上的一个二维图像序列，一个视频帧中任何一点的彩色位都记录了所观察的景物中的一个特定的二维点所发出或反射的光；从观察者的角度来看，视频记录了从一个观测系统（人眼或摄像机）所观测的场景中的物体发射或反射的光的强度，一般，该强度在时间和空间上都有变化。从数学角度描述，视频指随时间变化的图像，或称为时变图像。时变图像 S 是一种时空密度模式（Spatial-Temporal Intensity Pattern），可以表示为 $S(x,y,t)$，其中 (x,y) 是空间位置变量，t 是时间变量。视频是由一幅幅连续的图像帧序列构成，沿时间轴若一帧图像保持一个时间段，利用人眼的视觉暂留作用，可形成连续运动图像（即视频）的感觉。

图像和视频是两个既有联系又有区别的概念：静止的图片称为图像（Image），运动的图像称为视频（Video）。可以说，图像是离散的视频，而视频是连续的图像。

二、视频的分类

按照处理方式的不同，视频可分为模拟视频和数字视频。

1. 模拟视频（Analog Video）

模拟视频是一种用于传输图像和声音并且随时间连续变化的电信号。早期视频的记录、存储和传输都是采用模拟方式。例如，在非数字设备（如电视、电影等）上看到的视频图像都是以一种模拟电信号的形式来记录的，并依靠模拟调幅的手段在空间传播，或存放在胶片或磁带上，如图2-1所示。

图2-1 模拟视频信号

模拟视频具有以下特点：

（1）以模拟电信号的形式来记录；

（2）依靠模拟调幅的手段在空间传播；

（3）使用盒式磁带录像机将视频作为模拟信号存放在磁带上。

传统的视频都以模拟方式进行存储和传送，不适合网络传输，在传输效率方面先天不足，而且图像随时间和频道的衰减较大，不便于分类、检索和编辑。

2. 数字视频(Digital Video)

数字视频就是利用计算机手段，对来自于电视机、模拟摄像机、录像机、影碟机等设备的模拟视频信号，进行采样、量化和编码等数字化过程，从而转化成计算机能识别的信号，并存放在计算机磁盘中。

数字视频克服了模拟视频的局限性，大大降低了视频的传输和存储费用，增加了交互性，带来了精确再现真实情景的稳定图像。数字视频的广泛应用开创了一个全新局面。首先，包括直接广播卫星接收器、有线电视、数字电视在内的各种通信应用均需要采用数字视频。其次，一些大众消费产品，如 DVD、数字便携式摄像机、高清晰度电视等都是以 MPEG 视频压缩为基础的。

3. 模拟视频和数字视频的区别

通过表 2-1 的对比，可见数字视频的优点主要体现在以下几个方面。

表 2-1　模拟视频和数字视频的区别

名称 \ 区别	前端设备	传输方式	监控主机
模拟视频	只有模拟摄像机即可，视频没有经过压缩，图像质量好，但占用资源极多，存储和检索不方便，反复查看录像会造成录像效果越来越差	直接通过同轴电缆传到监控中心的监视器上，最远距离在 1200 米左右(理论值)，光端机除外。模拟视频信号的传输对距离十分敏感，当传输距离大于 1000 米时，信号容易产生衰耗、畸变、群延时，并且易受干扰，使图像质量下降；其次，有线模拟视频监控无法联网，只能以点对点的方式监视现场，并且布线工程量增大	通过监视器直接接收视频信号，图像质量好
数字视频	需要视频服务器和模拟摄像机，图像经过压缩(M-Jpeg，Mpeg1、2、4，h. 263、h. 264...)，图像会有不同程度的损失，画面质量也根据不同的压缩方式各不相同	通过网线与局域网连接，使处在整个网络的电脑主机都可以访问，当然局域网如果能连接到互联网，那整个互联网都可以访问到，这就大大扩展了监控的范围，世界的每一个角落都成了监控中心	通过电脑主机来显示监控画面，图像经过硬件压缩，有的还要经过软压缩，图像连贯性以及画面质量相对模拟都要差一些，查询取证时十分方便。

（1）适合于网络应用

在网络环境中，视频信息可以很方便地实现资源的共享，通过网络线、光纤，数字信号可以很方便地从资源中心传到办公室和家中。视频数字信号可以长距离传输而不会产生任何不良影响，而模拟信号在传输过程中会有信号损失。

（2）再现性好

模拟信号由于是连续变化的，所以不管复制时采用的精确度多高，失真总是不可避免的，经过多次复制以后，误差就很大。数字视频可以不失真地进行无限次拷贝，其抗干扰能力是模拟图像无法比拟的。它不会因存储、传输和复制而产生图像质量的退化，因此能够准确地再现图像。

（3）便于计算机编辑处理

模拟信号只能简单调整亮度、对比度和颜色等，极大地限制了处理手段和应用范围。而数字视频信号可以传送到计算机内进行存储、处理，很容易进行创造性的编辑与合成，并进行动态交互。

数字视频也有自身的不足，主要是：所需的数据存储空间大，导致数字图像的处理成本增高。通过对数字视频的压缩，可以节省大量的存储空间，大容量光盘技术的应用也使得大量视频信息的存储成为可能。

第二节　电视信号编码

一、数字视频压缩

视频压缩是视频输出工作中不可缺少的一部分，由于计算机硬件和网络传输速率的限制，视频在存储或传输时会出现文件过大的情况，为了避免这种情况，在输出文件时就应选择合适的方式对文件进行压缩，这样才能很好地解决传输和存储时出现的问题。

视频压缩也称编码，是一种相当复杂的数学运算过程，其目的是通过减少文件的数据冗余，以节省存储空间，缩短处理时间，以及节约传送通道等。根据相应领域的实际需要，不同的信号源及其存储和传播的媒介决定了压缩编码的方式，压缩比率和压缩的效果也各不相同，如表 2-2 所示。

表 2-2　视频压缩编码

视频类型	码率(KB/s)	700MB 的 CD—ROM 可以容纳的时间长度
未经压缩的高清视频 (1920×1089 29.97fps)	745750	7.5 秒
未经压缩的标清视频 (720×486 29.97fps)	167794	33 秒
DV25(miniDV/DVCAM/DVCPRO)	25000	3 分钟 44 秒
DVD 影碟	5000	18 分钟 40 秒
VCD 影碟	1167	80 分钟
宽带网络视频	100－2000	3 小时 8 分钟(500KB/s)
调制解码器网络视频	18－48	48 小时 37 分钟(32KB/s)

压缩可以分为以下几类。

(1) 软件压缩：通过电脑安装的压缩软件来压缩，是使用较为普遍的一种压缩方式。

(2) 硬件压缩：通过安装一些配套的硬件压缩卡来完成，它具有比软件压缩更高的效率，但成本较高。

(3) 无损压缩：利用数据之间的相关性，将相同或相似的数据特征归类，用较少的数据量描述原始数据，以减少数据量，压缩后的数据经解压缩后还原得到的数据与原始数据相同，不存在任何误差。

(4) 有损压缩：有损压缩是利用人的视觉和听觉特性，针对性地简化不重要的信息，以减少数据，压缩后的数据经解压缩后，还原得到的数据与原始数据之间存在一定的差异，这种压缩可以产生更小的压缩文件，但会牺牲更多的文件信息。

有损压缩又分为空间压缩和时间压缩。空间压缩针对每一帧，将其中相近区域的相似色彩信息进行归类，用描述其相关性的方式取代描述每一个像素的色彩属性，省去了对于人眼视觉不重要的色彩信息。时间压缩又称插帧压缩（如图 2-2 所示），是在相邻帧之间建立相关性，描述视频帧与帧之间变化的部分，并将相对不变的成分作为背景，从而大大减少了不必要的帧信息。相对于空间压缩，时间压缩更具有可研究性，并有着更加广阔的发展空间。

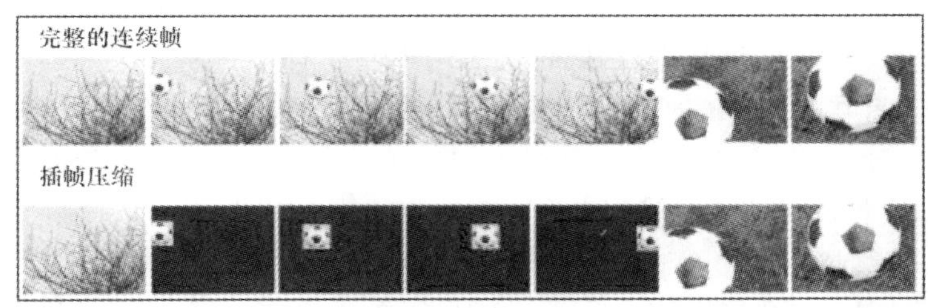

图 2-2　插帧压缩

二、压缩编码标准

压缩不是单纯地为了减少文件的大小，而是要在保证画面质量的同时达到压缩的目的，不能只管压缩而不计损失，要根据文件的类别来选择合适的压缩方式，这样才能更好地达到压缩的目的，数据压缩技术目前已有以下一些国际标准。

1. JPEG(Joint Photographic Experts Group)标准

JPEG 标准由国际标准化组织（ISO）与电报电话国际协会（CCITT，国际电信联盟 ITU 的前身）的联合工作委员会于 1987 年制定。该组织于 1988 年成立 JBIG（Joint Bi-level Image Experts Group），现在同属 ISO/IEC JTC1/SC29 WG1（ITU-T SG8），专门致力于连续色调、多级灰度、彩色/单色静止图像压缩。

2. MPEG-1 标准（Moving Picture Expert Group）

MPEG-1 标准于 1993 年 8 月公布，用于传输 1.5Mbps 数据传输率的数字存储媒体运动图像及其伴音的编码。该标准包括五个部分：

第一部分说明了如何根据第二部分（视频）以及第三部分（音频）的规定，对音频和视频进行复合编码。第四部分说明了检验解码器或编码器的输出比特流符合前三部分规定的过程。第五部分是一个用完整的C语言实现的编码和解码器。

该标准从颁布的那一刻起即取得一连串的成功，如VCD和MP3的大量使用，Windows95以后的版本都带有一个MPEG-1软件解码器，可携式MPEG-1摄像机等。

3. MPEG-2标准

MPEG组织于1994年推出MPEG-2压缩标准，以实现视频、音频服务与应用互操作的可能性。MPEG-2标准是针对标准数字电视和高清晰度电视在各种应用下的压缩方案和系统层的详细规定，编码码率范围为：3～100Mbps，标准的正式规范在ISO/IEC13818中。MPEG-2不是MPEG-1的简单升级，MPEG-2在系统和传送方面作了更加详细的规定和进一步的完善。MPEG-2特别适用于广播级的数字电视的编码和传送，被认定为SDTV和HDTV的编码标准。

4. MPEG-4标准

MPEG-4(ISO/IEC14496)标准第一版本是运动图像专家组MPEG于1999年2月正式公布的。同年年底MPEG-4第二版亦基本敲定，且于2000年年初正式成为国际标准。

MPEG-4与MPEG-1和MPEG-2有很大的不同。MPEG-4不只是具体压缩算法，它是针对数字电视、交互式绘图应用（影音合成内容）、交互式多媒体（WWW、资料撷取与分散）等整合及压缩技术的需求而制定的国际标准。MPEG-4标准将众多的多媒体应用集成于一个完整的框架内，旨在为多媒体通信及应用环境提供标准的算法及工具，从而建立起一种能被多媒体传输、存储、检索等应用领域普遍采用的统一数据格式，适合各种应用（会话的、交互的和广播的），支持新的交互性。

5. MPEG-7标准

MPEG-7标准被称为“多媒体内容描述接口”，为各类多媒体信息提供一种标准化的描述，这种描述与内容本身有关，允许快速、有效地查询自己感兴趣的资料。

6. MPEG-21标准

MPEG-21标准是MPEG最新的发展层次，它是一个支持通过异构网络和设备使用户透明而广泛的使用多媒体资源的标准。目的是建立一个交互的多媒体通信框架。

MPEG系列标准的序号并不连续，其原因是随着技术的发展和需求，一些序列号被合并或被撤销。

7. H.264标准

H.264是ITU-T的VCEG（视频编码专家组）和ISO/IEC的MPEG（活动图像编码专家组）的联合视频组（JVT：joint video team）开发的一个新的数字视频编码标准，它既是ITU-T的H.264(MPEG-4 Part 10)，又是ISO/IEC的MPEG-4的第10部分。

H.264(MPEG-4 Part 10)算法具有很高的编码效率，在相同的重建图像质量下，能够比H.263节约50%左右的码率。H.264(MPEG-4 Part 10)的码流结构网络适应性强，增加了差错恢复能力，能够很好地适应IP和无线网络的应用。

8. 其他压缩编码

(1) Real Video

Real Video是Real Networks公司开发的在窄带（主要的互联网）上进行多媒体传输的压缩技术。

(2) WMT

WMT是微软公司开发的在互联网上进行媒体传输的视频和音频编码压缩技术，该技术和WMT服务器与客户机体系结构结合为一个整体，使用MPEG-4标准的一些原理。

(3) QuickTime

QuickTime是一种存储、传输和播放多媒体文件的文件格式和传输体系结构，所存储和传输的多媒体通过多重压缩模式压缩而成，通过RTP协议实现传输。

(4) Cinepak Codec by Radius

这种压缩方式可以压缩彩色或黑白图像。适合压缩24位的视频信号，制作用于CD-ROM播放或网上发布的文件。和其他压缩方式相比，利用Cinepak Codec by Radius可以获得更高的压缩比和更快的回放速度，但压缩速度较慢，而且只适用于Windows平台。

(5) Microsoft RLE

这种方式适合于压缩具有大面积色块的影像素材，例如动画或计算机合成的图像等；它使用RLE(Spatial 8-bit run-length encoding)方式进行压缩，是一种无损压缩方案，适用于Windows平台。

(6) Intel Indeo 5.10

这种方式适合于所有基于MMX技术或Pentium Ⅱ以上处理器的计算机。它具有快速的压缩选项，并可以灵活设置关键帧，具有很好的回放效果。适用于Windows平台，作品适于网上发布。

第三节　电视信号的基础知识

电视信号包括活动画面和声音，即眼睛所看到的视频信号(频率为0～6MHz)和耳朵能听到的音频信号(频率为20～20000Hz)。通常把视频信号(包括亮度信号、色彩信号、同步信号、消隐信号等)叫做图像信号或电视信号。

一、电视原理基础知识

1. 扫描格式

电视机上显示的图像实际上是由一系列单独的光图像组成的，每幅图像称为一帧。每帧画面又由许多个小单元组成，这些组成图像的最小单元称为像素。若干像素组成一行，每幅图像就是由若干的像素行组成的。在电视信号传输过程中，顺序传送像素信息的过程被称为扫描。电视图像的扫描顺序实际上是按照从左到右、从上到下一行一行地进行。

电视系统中有逐行扫描和隔行扫描两种扫描方式，扫描格式主要有两大类：525/59.94和625/50，前者是每帧的行数，后者是每秒的场数。NTSC制式的场频准确数值是59.94005994Hz，行频是15734.26573Hz；PAL制式的场频是50Hz，行频是15625Hz。

在数字视频领域经常用水平、垂直像素数和帧率来表示扫描格式，例如720×576×25、720×480×29.97。

2. 帧频与场频

帧频：单位时间内扫描、传递和接收的帧数称为帧频。场频：单位时间内扫描、传递和接收的场数称为场频。

我国的电视画面传输率是每秒 25 帧、50 场。25Hz 的帧频能以最少的信号容量有效地满足人眼的视觉残留特性，50Hz 的场频隔行扫描，把一帧分成奇、偶两场，奇偶的交错扫描相当于有遮挡板的作用。这样在其他行还在高速扫描时，人眼不易觉察出闪烁，同时也解决了信号带宽的问题，有利于传输。我国的电网频率是 50Hz，采用 50Hz 的场频刷新率可以有效地去掉电网信号干扰。这种扫描方式称为隔行扫描。

3. 分辨率

电视的清晰度一般用垂直方向和水平方向的分辨率来表示。垂直分辨率与扫描行数密切相关。扫描数越多越清晰、分解率越高，我国电视图像的垂直分辨率为 575 行或称 575 线。这是一个理论值，实际分辨率与扫描的有效区间有关，根据统计，电视接收机实际垂直分辨率约 400 线。

水平方向的分辨率或像素决定电视信号的上限频率。最复杂的电视图像莫过于黑白方块交错排列的图案，而方块大小由分辨率决定。根据这种图案，可以计算出电视信号逐行扫描的信号带宽约为 10MHz；而隔行扫描时的信号带宽约为 5MHz。我国目前规定的电视图像信号的标准带宽度为 6MHz，根据带宽，可以反推出理论上电视信号的水平分辨率约 630 线。

4. 宽高比

视频标准中的一个重要参数是宽高比，可以用两个整数的比来表示，也可以用小数来表示，如 4∶3 或 1.33。电影、SDTV 和 HDTV 具有不同的宽高比，SDTV 的宽高比是 4∶3 或 1.33；HDTV 和扩展清晰度电视（EDTV）的宽高比是 16∶9 或 1.78；电影的宽高比从早期的 1.333 到宽银屏的 2.77。

5. 彩色信息的表达

视频标准中另一个重要问题就是彩色信息的表述。原始彩色信号是红、绿、蓝三原色，也称 RGB 信号，也有称为 GBR 的，这是因为同步在绿色信号上。

对一种颜色进行编码的方法统称为“颜色空间”或“色域”。世界上任何一种颜色的“颜色空间”都可以定义成一个固定的数字或变量。RGB（红、绿、蓝）只是众多颜色空间的一种。采用这种编码方法，每种颜色都可用三个变量红色、绿色以及蓝色的强度来表示。记录及显示彩色图像时，RGB 是最常见的一种方案，但是，它缺乏与早期黑白显示系统的良好兼容性。因此，许多电子电器厂商普遍采用的做法是将 RGB 转换成 YUV 颜色空间，以维持兼容，也可根据需要换回 RGB 格式，以便在电脑上显示彩色图像。

YUV 是电视系统中一种常用的颜色空间编码方式，也称 YcbCr。YUV 主要用于优化彩色视频信号的传输，使其兼容老式黑白电视。与 RGB 视频信号传输相比，它最大的优点在于只需占用极少的带宽（RGB 要求三个独立的视频信号同时传输）。其中，Y 表示明亮度，也就是灰阶值；而 U 和 V 表示色度，作用是描述影像色彩及饱和度，用于指定像素的颜色。PAL 制式电视使用 YUV 彩色空间，NTSC 制式使用 YIQ 彩色空间（其区别是色度矢量图中的位置不同），Y 代表亮度，I、Q 代表色差。亮度是通过 RGB 输入信号创建的，方法是将 RGB 信号的特定部分叠加到一起。色度则定义了颜色的两个方面——色调和饱和度，色调反映了 GB 输入信号红色部分与 RGB 信号亮度值之间的差异，而饱和度反映的是 RGB

输入信号蓝色部分与 RGB 信号亮度值之间的差异。

也可以把两个色差信号 U、V 合并形成一个彩色信号 C，以 Y/C 格式进行记录。这种格式被称为彩色降频方式，它应用于录像机上的 S-Video。

二、颜色模式

1. 光与色彩

色彩是人眼对波长范围为 400nm 到 700nm 之间的可见电磁波的感知。可见光中，不同波长的电磁波会引起我们不同的色彩感觉。红色波长最长，紫色最短。在可见范围之内，眼睛的敏感度随波长的变化而强烈变化。

三基色原理是实现彩色电视广播的理论根据，传送了三基色信号，也就是传送了图像中的彩色三要素信息。在发送端，利用彩色摄像机将自然界彩色光分解为红、绿、蓝三基色光，并转换成三基色信号。在接收端，彩色显像管均匀地涂有红、绿、蓝三种荧光粉，如果红、绿、蓝荧光粉按三基色信号规律发光，就能重现彩色图像。

2. 颜色模式

(1) RGB 颜色模式

自然界中的各种色光，都是由红(R)、绿(G)、蓝(B)三种颜色光按不同比例相配而成，任何颜色同样也可以分解成红、绿、蓝三种基色，这就是色度学中的三基色原理。红、绿、蓝是三种相互独立的基色，任何一种基色都不能由其他两种颜色合成，如图 2-3 所示。

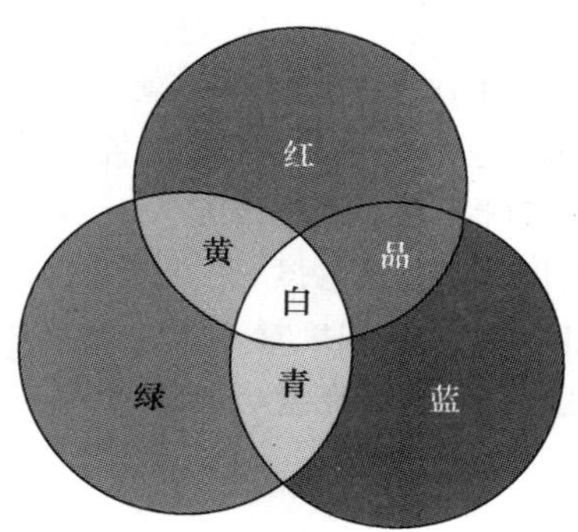

图 2-3　RGB 三基色

在处理颜色时，我们并不需要将每一种颜色都单独表示，只需要知道这种颜色含有多少比例的红、绿、蓝即可，这就是 RGB 颜色模式。在这种颜色模式下，所有的颜色都是通过不同比例的 RGB 三原色叠加而得到的，所以也被称为加色法系统。电视机和计算机的监视器都是基于 RGB 颜色模式来创建色彩的。

(2) CMYK 颜色模式

在 RGB 颜色模式中把三种原色交互重叠，就产生了青、品、黄三种颜色。这三种颜色就是减色法系统里的三基色。CMYK 颜色模式是打印系统创建颜色时所遵循的一种颜色模式。打印纸和电视机不同，它不能创建光源，不会发射光线，只能吸收和反射光线。因此该种模式的创建基础和 RGB 不同，它不是靠增加光线，而是靠减去光线。通过对上述四种颜色的组合，便可以产生可见光谱中的绝大部分颜色了。

从理论上说青、品、黄三种颜色混合在一起时应呈现黑色。但在现实中，由于颜料的化学和物理特性，把等量的这三种油墨混合在一起产生不是黑色而是深棕色，因此打印时又加入一些黑墨以产生真正的黑色。通常把这四种颜色简称 CMYK，如图 2-4 所示。为避免和 RGB 三基色中的蓝色发生混淆，其中黑色用 K 表示。

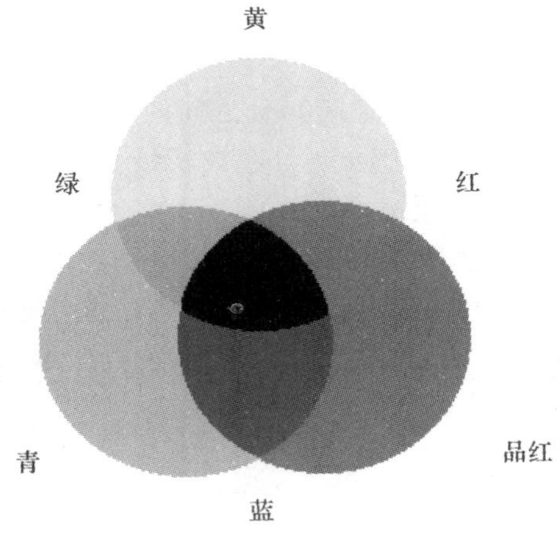

图 2-4　CMYK 颜色模式

(3) HSV(HSB)颜色模式

从人对色彩的知觉和心理效果出发，色相(H)、饱和度(S)和亮度(V)是色彩的三个基本属性。知道了 HSV 三个数值，在 HSV 色彩空间中，就可以确定一种唯一的色彩。

色相(Hue)是指色彩的相貌，是区分色彩种类的名称，如红、黄、蓝等，通常也叫色调。色相的值变化范围为 0～360，有时也可以用 0～100％表示。

饱和度(Saturation)又称纯度、彩度或色度，是区分色调鲜艳或纯净程度的名称。任何一色相，不含白色、黑色和灰色时，它的饱和度最高。饱和度的变化范围为 0～100％。

明度(Value)是指色彩的明暗度，也叫亮度(Brightness)。明度变化范围为 0～100％。

(4) YUV 色彩空间

电视系统中有一种常用的颜色模式 YUV(也称 YcbCr)。YUV 颜色模式由一个亮度信号 Y 和两个色差信号 U、V 组成。PAL 制式电视使用 YUV 彩色空间。NTSC 制式使用 YIQ 彩色空间(其区别是色度矢量图中的位置不同)，Y 是亮度，I、Q 是色差。

因为人眼对三种基色的感应能力并不相同，最敏感的是黄绿色，次之是红色，最弱的是蓝色。如果以同样比重记录这三原色，储存空间的利用率并不理想。所以在电视系统中，将 RGB 颜色通过公式转换为一个亮度信号 Y 和两个色差分量信号 U、V，最后发送端将三个信号进行压缩编码，用同一信道发送出去。这样就可以对色差信号进行频带压缩，节省带宽。

使用 YUV 色彩模式，一方面利用人眼对亮度信号敏感，对色差信号不敏感的视觉特性来减少传输带宽；另一方面亮度信号 Y 解决了彩色电视与黑白电视的兼容问题。如果忽略 U、V 信号，那么剩下的 Y 信号就是以前的黑白电视信号，从而使黑白电视机也能接收彩色电视信号。

三、电视信号制式(Broadcast Standards)

电视信号是视频处理的重要信息资源。为了使电视系统中各种信号和设备有统一的规范,必须制定电视制式。它是一个电视系统的体制和标准。

目前各国的电视制式不尽相同,不同制式之间的主要区别在于不同的刷新速度、颜色编码系统和传送频率等。目前世界上常用的电视制式有中国和欧洲等国使用的 PAL 制,美国和日本等国使用的 NTSC 制及法国等国所使用的 SECAM 制。常用三大电视制式的比较如表 2-3 所示。

表 2-3　常用三大电视制式的比较

制式	提出年代	行扫描线数	场频	帧频	优点	缺点	使用国家
NTSC 制(N 制)	1953 年	525 线(隔行扫描/逐行扫描)	60Hz	30Hz	兼容性最好	有相位失真敏感性对传输要求比较严格	美国、日本、韩国、加拿大
SECAM 制(塞康制)	1956 年	525 线(顺序传送彩色与存储)	50Hz	25Hz		兼容性差	法国、俄罗斯
PAL 制(P 制)	1960 年	625 线(隔行扫描)	50Hz	25Hz	解决了相位失真的问题	饱和度下降	中国、德国、英国(使用的国家最多)

1. PAL 制式

PAL(Phase Alteration Line)制式是联邦德国于 1962 年制定的一种兼容彩色电视广播标准,意思是逐行倒相,它采用逐行倒相正交平衡调幅的技术方法,克服了 NTSC 制相位敏感造成色彩失真的缺点。PAL 制对同时传送的两个色差信号中的一个色差信号采用逐行倒相,另一个色差信号进行正交调制,这样,如果在信号传输过程中发生相位失真,由于相邻两行信号的相位相反起到相互补偿作用,从而有效地克服因相位失真而引起的色彩变化。因此,PAL 制对相位失真不敏感,图像彩色误差较小,与黑白电视兼容,但是 PAL 制的编码器和解码器都比 NTSC 制的复杂,信号处理也较麻烦。新加坡、中国、澳大利亚、新西兰以及一些西欧国家采用这种制式。PAL 制式中根据不同的参数细节,又可以进一步划分为 G、I、D 等制式,其中 PAL-D 制是我国采用的制式。

PAL 制的主要扫描特性是:625 行(扫描线)/帧,25 帧/秒(40ms/帧);高宽比:4∶3;隔行扫描,2 场/帧,312.5 行/场;颜色模型:YUV。

一帧图像的总行数为 625,分两场扫描。行扫描频率是 15625Hz,周期为 64μs;场扫描频率是 50Hz,周期为 20ms;帧频 25Hz,是场频的一半,周期为 40ms。在发送电视信号时,每一行中传送图像的时间是 52.2μs,其余的 11.8μs 不传送图像,是行扫描的逆程时间,同时用作行同步和消隐。每一场的扫描行数为 625/2=312.5(行),其中 25 行作场回扫,不传送图像,传送图像的行数每场只有 287.5 行,因此每帧只有 575 行有图像显示。

2. NTSC 彩色电视制式

NTSC(National Television Standard Committee)是 1953 年由美国国家电视标准委员会制定的一种兼容彩色电视广播标准,它采用正交平衡调幅的技术方式,故也称为正交平衡调幅制式。美国、加拿大等大部分西半球国家以及日本、韩国、菲律宾等均采用这种制式。它定义了彩色电视机对于所接受的电视信号的解码方式、色彩的处理方式、屏幕的扫描频率。NTSC 制规定水平扫描线 525 行、30 帧/秒、隔行扫描，每一帧画面由两次扫描完成，每一次扫描画出一个场需要 1/60 秒，两个场构成一帧。

3. SECAM 制式

SECAM 制式即“塞康制”，它是法文“Sequentiel Couleur A Memoire”的缩写，意思为“按顺序传送彩色与存储”，是由法国在 1966 年研制成功的。在信号传输过程中，亮度信号每行都传送，而两个色差信号则是逐行依次传送，即用行错开传输时间的办法来避免同时传输时所产生的串色以及由其造成的彩色失真。SECAM 制色度信号的调制方式与 NTSC 制和 PAL 制的调幅不同，它不怕干扰，彩色效果好，但其兼容性较差。使用 SECAM 制的国家主要集中在东欧和中东一带。

不同制式的电视机只能接收和处理其对应制式的电视信号。也有多制式或全制式的电视机，这为处理和转换不同制式的电视信号提供了极大的方便。全制式电视机可在各国各地区使用，而多制式电视机一般为指定范围的国家生产。

四、电视信号的类型

电视信号从技术角度来划分，有模拟电视信号和数字电视信号。模拟电视信号是用电压（或电流）表示光信号及声音信号，在时间和幅度上都是连续的。数字电视信号是用数字编码表示光信号及声音信号。他们在时间、幅度上是离散的。按照电视信号的格式来划分，主要有复合电视信号和分量电视信号等。

1. 全电视信号

电视信号中除了图像信号外，还包括同步信号。所谓同步是指摄像端（发送端）的行场扫描要与显像端（接收端）扫描步调完全一致，即要求同频率、同相位才能得到一幅稳定的画面，一帧电视信号称为一个全电视信号，它又由奇场行信号和偶场行信号顺序构成。

2. 复合电视信号

复合电视（Composite Video）信号是将亮度信号 Y 和色度信号 UV 采用频谱间置方法复合在一起的信号，通常也称为复合电视广播信号（Composite Video Broadcast Signal）。此信号包括亮度和色度的单路模拟信号，即从全电视信号中分离出伴音后的视频信号，这时的色度信号还是间插在亮度信号的高端。由于复合视频的亮度和色度是间插在一起的，因此在信号重放时很难恢复完全一致的色彩。这种信号一般可通过电缆输入或输出到家用录像机上，其信号带宽较窄，一般只有水平 240 线左右的分辨率。早期的电视机都只有天线输入端口，较新型的电视机才备有复合视频输入和输出端（Video In，Video Out），即可以直接输入和输出解调后的视频信号。视频信号已不包含高频分量，处理起来相对简单一些，因此计算机的视频卡一般都采用视频输入端获取视频信号。由于视频信号中已不包含伴音，故一般与视频输入、输出端口配套的还有音频输入、输出端口（Audio-In、Audio-Out），以便同步传输伴音。因此，有时复合式视频接口也称为 AV（Audio Video）口。

3. 分量电视信号（component video signal）

分量电视信号是指每个基色分量作为独立的电视信号。每个基色既可以分别用 R、G

和B表示，也可以用亮度-色差表示，如Y、I和Q，Y、U和V。使用分量电视信号是表现颜色的最好方法，但需要比较宽的带宽和同步信号。

YUV分量又称视频色差分量。电视系统中使用YUV颜色模式对色彩进行编码与传输。YUV分量接口分别对Y、U、V三个信号进行编码，然后使用三个物理信道，或者按时分复用方式用一个物理信道进行传输，提高了编码效率，减少了信号传输中的干扰，避免了因繁琐的传输过程所带来的图像失真。

YUV分量接口一般用红、绿、蓝色的三个RCA端子分别输出Y、U和V信号，加上输出音频信号的红白两个RCA端子，共五个RCA端子。目前的新型电视一般都应该有YUV色差接口。

注意：数字电视的YUV(Ycb-Cr)色彩空间是由ITU(国际电信联盟)规定的，但分量接口尤其是模拟分量接口并没有统一的国际标准，美国常用YpbPr表示模拟视频分量接口。

4. 色度信号

在NTSC制中，将正交调幅与平衡调幅结合起来，将两个色差信号分别对相位正交的两个副载波进行平衡调幅，由此而得到已调信号，称为色度信号。

为了传送彩色图像，从兼容的角度出发，彩色电视系统中应传送一个只反映图像亮度的亮度信号，以Y表示，其特性应与黑白电视信号相同。同时还需传送色度信息，常以F表示。根据三基色原理，必须传送反映R、G、B三个基色的信息。亮度方程 $Y=0.30R+0.59G+0.11B$ 告诉我们在Y、R、G、B这4个变量中，只有3个是独立的。所以只要在传送Y的同时，再传送三个基色中的任意两个即可。注：(此处的亮度信号Y、基色信号R、G、B指的是已经过光电转换后的电信号。)

色度信号频率也叫色副载波频率，简称色副载波。一般将色度信号的中心频率安排在亮度信号频带的靠后一段，即色度信号的中心频率在图像载波频率后面3.85MHz或4.43MHz处。我国PAL-D制的是4.43MHz，日、美、韩、加的NTSC-M制的是3.85MHz。由于色度信号的中心频率位置的不同，就形成了不同制式电视的色彩标准不一样。不同制式的彩色电视，其主要区别还不在于各自色副载波的中心频率不一样，而主要区别在于两个色差信号插入亮度信号频率间隔中的方式不同，NTSC制为“正交平衡调幅”制，SECAM制为“顺序-同时”制(又称“对副载波调频”)，PAL制为“逐行倒相正交平衡调幅”制。

5. 亮度信号

由于每个基色信息中都含有亮度信息，如果直接传送基色信号，已传送的亮度信号Y(为各基色亮度总和)与所选出的两个基色所包含的亮度参量就重复了，因而使得基色与亮度之间的相互干扰也会十分严重。所以通常选择不反映亮度信息的信号传送色度信息，例如基色信号与亮度信号相减所得到的色差信号(R-Y)、(G-Y)和(B-Y)，可从中选取两个代表色度信息。因此，在彩色电视系统中，为传送彩色图像，选用了一个亮度信号和两个色差信号。

亮度方程：$Y=0.30R+0.59G+0.11B$　(2-1)

色差信号：$R-Y=R-(0.30R+0.59G+0.11B)=0.70R-0.59G-0.11B$　(2-2a)

$G-Y=G-(0.30R+0.59G+0.11B)=-0.30R+0.41G-0.11B$　(2-2b)

$B-Y=B-(0.30R+0.59G+0.11B)=-0.30R-0.59G+0.89B$　(2-2c)

6. 色同步信号

要实现同步解调，需要一个与色差信号调制时的副载波同频、同相的恢复副载波。由于色度信号中副载波已被平衡调制器所抑制，所以在彩色电视接收机中需要设置一个副载波产生电路（副载波恢复电路）。为保证所恢复副载波与发端的副载波同频、同相，需要发端在发送彩色全电视信号的同时发出一个能反映发端副载波频率与相位信息的“色同步信号”，以使电视接收机中的副载波恢复电路所产生的恢复副载波与发端的副载波同步。色同步信号是由8～12个周期副载波组成的一小串副载波群构成（正弦填充脉冲），这个正弦填充脉冲的周期与行周期相同，位于行消隐的后肩上，前沿滞后行同步脉冲前沿5.6μs。

色同步信号与彩色电视信号一起传送到接收端，彩色电视机将其从彩色电视信号中分离出来，去控制接收机的副载波发生器，使之产生与发送端副载波同频、同相的恢复副载波。再将此恢复副载波加于同步检波电路，从而解调出色差信号。

7. S端子信号(S-Video)

分离电视信号S-Video(Separated video-VHS)是亮度和色差分离的一种电视信号，是分量模拟电视信号和复合模拟电视信号的一种折中方案。使用S-Video有两个优点：

(1) 减少亮度信号和色差信号之间的交叉干扰。

(2) 不需要使用梳状滤波器来分离亮度信号和色差信号，这样可提高亮度信号的带宽。

复合电视信号是把亮度信号和色差信号复合在一起，使用一条信号电缆线传输。而S-Video信号则使用单独的两条信号电缆线，一条用于亮度信号，另一条用于色差信号，这两个信号称为Y/C信号。S-Video使用4帧连接器。

8. 彩色电视信号的兼容

在彩色电视信号中首先必须使亮度和色度信号分开传送，以便使黑白电视和彩色电视能够分别重现黑白和彩色图像。用YUV空间表示法就能解决这个问题。采用YUV空间还可以充分利用人眼对亮度细节敏感而对彩色细节迟钝的视觉特性，大大压缩色度信号的带宽。我国规定的亮度信号带宽为6MHz，而色度信号U、V的带宽仅为1.3MHz。色度信号的高频分量几乎都被压缩掉了，如果仅靠1.3MHz的色度信号来反映图像细节将会使图像模糊，界限不清楚。实际上由于亮度信号具有6MHz的带宽，其细节是很清晰的，用它完全可以补偿色度信号缺少高频分量的缺陷。这种用亮度信号来补偿色度信号高频不足的方法称为高频混合法，它类似大面积着色原理，图像细节完全依靠黑白细节来满足。

尽量压缩彩色电视信号的频带宽度，使其与黑白电视信号的带宽相同。为了解决信号频带的兼容问题，采用频谱交错的方法，把两个1.3MHz的色度信号频谱间插在亮度信号频谱的高端，这是因为亮度信号的频谱高端信号弱，而且间隔较大，这样既不增加6MHz的带宽，又不会引起亮度和色度信号的混乱，而且也不会与伴音信号混叠。

除了新设置的色同步信号以外，应采用与黑白电视信号完全一致的行场扫描以及消隐、同步等控制信号。色同步信号是叠加在行消隐脉冲之上的，这样可以保证彩色电视与黑白电视的扫描和同步完全一致。黑白电视在接收到彩色电视信号以后，可从中获取黑白电视信号，实现彩色电视与黑白电视兼容。

第四节　视频格式

视频文件的类型与视频压缩技术和视频编辑处理技术的不断创新和改进分不开。随着视频技术的发展，新的视频格式不断出现，视频文件的质量和传输性能也不断提高。

目前，视频格式可以分为适合本地播放的本地影像视频和适合在网络中播放的网络流媒体影像视频两大类。尤其是网络流媒体影像视频技术的流行，被广泛应用于视频点播、网络演示、远程教育、网络视频广告等互联网信息服务领域，其发展前景十分广阔。

一、本地视频格式

1. AVI 格式

AVI(Audio Video Interleave)，即音频视频交错格式，是一种音频视像交叉记录的数字视频文件格式。1992 年初 Microsoft 公司推出了 AVI 技术及其应用软件 VFW(Video for Windows)。在 AVI 文件中，运动图像和伴音数据以交替的方式存储，并独立于硬件设备。这种按交替方式组织的音频和视频数据，使得读取视频数据流时能更有效地从存储媒介得到连续的信息。

AVI 一般采用帧内有损压缩，可以用一般的视频编辑软件如 Adobe Premiere 进行再编辑和处理。这种视频格式的优点是图像质量好，可以跨多个平台使用，其缺点是体积过于庞大，而且更加糟糕的是压缩标准不统一，最普遍的现象就是高版本 Windows 媒体播放器播放不了采用早期编码编辑的 AVI 格式视频，而低版本 Windows 媒体播放器又播放不了采用最新编码编辑的 AVI 格式视频，所以我们在进行一些 AVI 格式的视频播放时常会出现由于视频编码问题而造成的视频不能播放或即使能够播放，但存在不能调节播放进度和播放时只有声音没有图像等一些莫名其妙的问题，如果用户在进行 AVI 格式的视频播放时遇到了这些问题，可以通过下载相应的解码器来解决。

2. N-AVI 格式

N-AVI 是 New AVI 的缩写，是一个名为 Shadow Realm 的地下组织发展起来的一种新视频格式(与我们上面所说的 AVI 格式没有太大联系)。它是由 Microsoft ASF 压缩算法修改而来的，但是又与下面介绍的网络影像视频中的 ASF 视频格式有所区别，它以牺牲原有 ASF 视频文件视频“流”特性为代价而通过增加帧率来大幅提高 ASF 视频文件的清晰度。

3. DV-AVI 格式

DV 的英文全称是 Digital Video Format，是由 SONY、Panasonic、JVC 等多家厂商联合推出的一种家用数字视频格式。目前非常流行的数码摄像机就是使用这种格式记录视频数据的。它可以通过计算机的 IEEE1394 端口传输视频数据到计算机，也可以将编辑好的视频数据回录到数码摄像机中。这种视频格式的文件扩展名一般是 AVI，所以也叫 DV-AVI 格式。

4. QuickTime 的 MOV 格式

QuickTime(MOV)是 Apple 公司专有的一种视频格式。在开始时以 MOV 为扩展名，使用自己的编辑格式。自从国际标准化组织(ISO)选择 QuickTime 文件格式作为开发 MPEG-4 规范的统一数字媒体存储格式以来，MOV 文件就以 MPG 或 MP4 为其扩展名，并且采用了 MPEG-4 压缩算法。QuickTime 以其领先的多媒体技术和跨平台特性、较小的存储空间要求、技术的独立性以及系统的高度开放性等优点，目前已成为数字媒体软件技术领域中事实上的工业标准，而且这些文件也可以在任何兼容 MPEG-4 的播放器上播放。

5. MPEG 格式

MPEG(Moving Picture Expert Group)即运动图像专家组格式，家里常看的 VCD、SVCD、DVD 就是这种格式。该格式包括了 MPEG-1、MPEG-2、MPEG-4 在内的多种视频格式。MPEG-1 被广泛地应用在 VCD 的制作和一些视频片段下载的网络应用上面，大部分 VCD 都是用 MPEG-1 格式压缩的(这种视频格式的文件扩展名包括 MPG、MPE、MPEG 及 VCD 光盘中的 DAT 文件等)。MPEG-2 压缩技术采用可变速率技术，能够根据动态画面的复杂程度，适时改变数据传输率以获得较好的编码效果，目前使用的 DVD 就是采用了这种技术。MPEG-2 在 HDTV(高清晰度电视)和一些高要求视频编辑、处理上面也有相当多的应用。

经过 MPEG-4 编码优化处理后的图像文件较小，与 MPEG-1、MPEG-2 相比，压缩率更高，清晰度也更好。能够在带宽较小的情况下进行视频传输。这种视频格式的文件扩展名包括 MSF、MOV 等。

另外，MPEG-7 与 MPEG-21 仍处在研发阶段。

6. Div X 格式

Div X 是根据 Microsoft MPEG-4 V3 修改而来的一种数字视频编码技术，是目前使用最广泛的一种 MPEG-4 的兼容技术，采用两种压缩算法用于编码，把视频和声音合拼在一起。Div X 文件通常只有标准 DVD 容量的 15%左右，而视频解析度仍然能够保持 DVD 的标准不变。这些优点使得 Div X 成为家庭用视频格式的最佳选择。

7. MOV 格式

美国 Apple 公司开发的一种视频格式，默认的播放器是 QuickTime Player。具有较高的压缩比率和较完美的视频清晰度等特点，但是其最大的特点还是跨平台性，即不仅能支持 Mac OS，同样也能支持 Windows 系列。

二、基于网络传输的流媒体视频格式

随着 Internet 的快速发展，目前很多视频数据要求通过 Internet 来进行实时传输，视频文件的体积往往比较大，而现有的网络带宽往往比较“狭窄”，客观因素限制了视频数据的实时传输和实时播放，于是一种新型的流式视频格式应运而生了。这种流式视频采用一种“边传边播”的方法，即先从服务器上下载一部分视频文件，形成视频流缓冲区后实时播放，同时继续下载，为接下来的播放做好准备。这种“边传边播”的方法避免了用户必须等待整个文件从 Internet 上全部下载完毕才能观看的缺点。

目前，Internet 上使用较多的流媒体视频格式主要有以下几种。

1. QuickTime 格式(MOV)

MOV 也可以作为一种流文件格式。QuickTime 能够通过 Internet 提供实时的数字化信息流、工作流与文件回放功能，为了适应这一网络多媒体应用，QuickTime 为多种流行的浏览器软件提供了相应的 QuickTime Viewer 插件，能够在浏览器中实现多媒体数据的实时回放。该插件的“快速启动”功能，可以令用户几乎能在发出请求的同时便收看到第一帧视频画面，而且，该插件可以在视频数据下载的同时就开始播放视频图像，用户不需要等到全部下载完毕就能够进行欣赏。此外，QuickTime 还提供了自动速率选择功能，当用户通过调用插件来播放 QuickTime 多媒体文件时，能够自己选择不同的连接速率下载并播放影像，当然，不同的速率对应着不同的图像质量。此外，QuickTime 还采用了一种称为 QuickTime VR 的虚拟现实技术，用户只需要通过鼠标或键盘，就可以观察某一地点周围 360 度的景象，或者从空间任何角度观察某一物体。

2. ASF(Advanced Streaming Forma)格式

ASF(高级流格式)是微软为了和现在的 Real Player 竞争而推出的一种在 Internet 上实时传播多媒体数据视频格式，用户可以直接使用 Windows 自带的 Windows Media Player 对其进行播放。ASF 格式的主要优点包括：本地或网络回放、可扩充的媒体类型、部件下载以及扩展性等。

3. WMV 格式

WMV 的英文全称为 Windows Media Video，是 Microsoft 推出的一种采用独立编码方式并且可以直接在网上实时观看视频节目的文件压缩格式。WMV 格式的主要优点包括：本地或网络回放、可扩充的媒体类型、部件下载、可伸缩的媒体类型、流的优先级化、多语言支持、环境独立性、丰富的流间关系以及扩展性等。

4. RM(Real Media)格式

RM 格式是 Real Networks 公司开发的一种新型流式视频文件格式，用户可以使用 Real Player 或 Real One Player 对符合 Real Media 技术规范的网络音频/视频资源进行实况转播并且 Real Media 可以根据不同的网络传输速率制定出不同的压缩比率，从而实现在低速率的网络上进行影像数据实时传送和播放。这种格式的另一个特点是用户使用 Real Player 或 Real One Player 播放器可以在不下载音频/视频内容的条件下实现在线播放。另外，RM 作为目前主流网络视频格式，它还可以通过其 Real Server 服务器将其他格式的视频转换成 RM 视频并由 Real Server 服务器负责对外发布和播放。它包含三种格式：Real Audio、Real Video 和 Real Flash，由专门设计的播放器 Real Player 播放。

5. RMVB 格式

这是由一种 RM 视频格式升级延伸出的新视频格式，它的先进之处在于打破了原先 RM 格式那种平均压缩采样的方式，在保证平均压缩比的基础上合理利用比特率资源，就是说静止和动作场面少的画面场景采用较低的编码速率，这样可以留出更多的带宽空间，而这些带宽会在出现快速运动的画面场景时被利用。这样在保证了静止画面质量的前提下，大幅度提高运动图像的画面质量，从而使图像质量和文件大小之间达到较好的平衡。

6. FLV 格式

FLV 流媒体格式是一种新的视频格式，全称为 Flash Video。Flash MX 2004 对其提供了完美的支持，它的出现有效地解决了视频文件导入 Flash 后，因导出的 SWF 文件体积庞大，而不能在网络上很好使用的缺点。

课后习题

1. 什么是视频？简述视频的分类及各类视频间的根本区别。
2. 常用的电视信号都有什么制式？我国电视信号使用什么制式及其原因？
3. 视频文件的类型都有哪些？简述几个重要视频文件的特点和用处。

第三章

影视后期制作

本章提要

影视后期制作由传统的线性编辑发展到现在的非线性编辑，迎来了影视编辑行业的新时代。理论是实践的基础，本章对影视后期制作的基础知识做了详尽的阐述。系统介绍了影视后期制作中的蒙太奇技巧、影视声画组接等知识，为技术操作提供了理论支持。

第一节　影视制作概述

影视制作广义上是指影视作品制作的全过程，包括艺术创作、技术处理两大部分。狭义上专指影视节目的后期制作。而影视的后期制作大多是针对节目的录播来讲的，并不适合直播、转播等那些前期拍摄、编辑混录与播出同步进行的过程。

从19世纪末至今，种类繁多的艺术运动推动了人类文明发展的脚步，不难发现近代艺术史其实就是一部近代科技史，科技进步和观念的创新是推动现代艺术发展的动力。影视艺术的发展也同样遵循着这样的规律，电视节目后期制作从诞生录像机和录像带开始，经历了几次重大的变革：物理剪辑、电子编辑、时码编辑、模拟磁带编辑、数字磁带编辑到非线性编辑。因此剪辑方式经过了多次演变，最终形成了可以不按时间顺序进行节目编辑的非线性编辑形式，以及具备更多种优质的视频及音频功能。现在，电视节目的剪辑师就是利用专门的非线性编辑软件及一些后期包装软件来完成相应剪辑工作的。节目制作人员通过技术的不断更新体会到了高清晰度、高画质及多种特技技巧的便捷使用。

进入21世纪，数字技术的广泛应用对各项事业产生了积极的推动作用。在影视制作方面，数字技术也显现出巨大优势，众多影片采用数字化制作技术不断创新，让亿万观众领略到了数字科技的魅力，如《指环王》《变形金刚》《阿凡达》《爱丽丝梦游仙境》等。影视制作是技术与艺术的同时展现，技术更新换代、与时俱进，艺术创作的理念既有历史积淀的深度，又需要有不断革新的创新意识。因此，影视制作过程中的艺术创作和技术处理是一个不可分割的整体。作为一个艺术行业的从业人员，要懂得技术方面的基础知识，同时也要具备扎实的艺术功底，这样才能通过技术手段实现自己的艺术创作，向“T”型人才全面发展。特别是随着影视制作数字化制作设备的高度集成，使得制作环节和制作工种相互融合，需要工作人员不仅要具备良好的艺术修养，还要有随时掌握和更新技术的能力。数字化的影视制作，需要艺术家和技术人员能够较好地配合，把艺术家心中的故事转化为可见的影视空间，而这个转化的过程离不开影视技术人员的辛勤劳动。针对学习影视制作及编导专业的学生。

影视制作的过程分为构思创作、拍摄录制和编辑混录三个阶段，通常定义为前期和后期两个制作阶段。

前期制作是作品的筹备阶段。影视作品也像一种商品一样需要在投入生产之前，进行市场调查、观众分析及播出等情况的详尽分析和了解，然后确定选题和立项，进而产生一个不错的艺术构思，开始进入分门别类的创作环节。电影或电视剧都需要给剧本创作腾出最大的空间和时间，由编剧在剧本大纲的基础上完成最终的剧本。导演在筹备阶段需要选演员、挑选外景拍摄地等。

进入实拍阶段，首先要成立摄制组。大小可根据拍摄内容及投资规模而定。有的可能达上千人，有的才几个人。通常必须具备以下人员：导演、副导演、导演助理、场记、制片人、剧务、摄像师、摄像助理、录音师、作曲家、拟音师、照明师、美术师、服装师、化妆师、道具员、机械师、电工等技术人员以及后期剪辑人员。我们常说，影视是一门集体团结合作的艺术，各部门相互之间要有良好高效的配合，全心全意为剧组服务。导演协商全组成员，作为总指挥，指导各部门拍摄情况。

前期摄制阶段完成后进入剪辑阶段，在这里着重讲解后期制作阶段当中的编辑工作。剪辑师对于拍摄回来的所有零散素材按导演的分镜头脚本进行排序。然后再进行后期合成包装工作。近些年，许多电视台及影视制作公司都开始使用非线性编辑的方式来进行后期编辑。

步骤图：

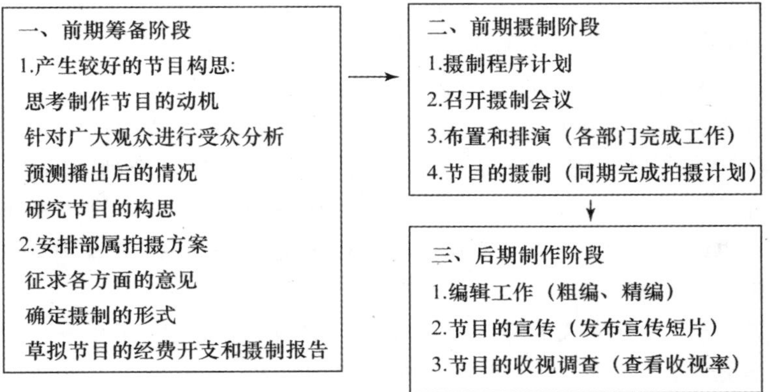

目前一些高端的影视制作开始采用数字化电视制作的方式，从节目制作之初到节目全部完成都离不开数字技术支撑，它包括影视制作程序的数字化，在片子拍摄之前，采用计算机软件实现剧本的创作、编制计划、分镜头脚本等。拍摄时也采用高清摄像设备进行拍摄，在后期处理时，制作方法更是把数字化体现得淋漓尽致。通过软件和硬件的配合可以实现数字影像特效制作和合成制作、计算机数字图形制作、数字化的多轨录音、MIDI 制作等。在影视节目发行阶段，各种数字化设备更是应有尽有，可以满足不同观众的欣赏需求。数字电视、高清晰度电视、网络互动电视、数字影院等的不断开发及使用，使人们的生活变得日益丰富多彩。

第二节　影视叙述——蒙太奇技巧

影视艺术归根到底是剪辑的艺术，一段画面，无论镜头内部剪辑还是外部剪辑，都以最完美的状态完成叙事。画面当中最小的单元是镜头，由镜头组成蒙太奇句子，再由句子形成蒙太奇段落，最后形成一部完整的影视作品。剪辑的关键在于把握影视作品的总体节奏。构成整部片子的节奏包括内部节奏和外部节奏两种，内部节奏可由拍摄时导演的安排进行设置，如演员本身的运动和摄影师的摄影手法。但外部节奏就需要由剪辑师来适当进行调整，不同的镜头组合方式将形成影视作品多种多样的外部节奏。而且，优秀的剪辑师还能够对拍摄效果不佳的镜头场景进行“补救”。

蒙太奇是影视艺术创作最基础、最重要的表现手段。它经历了发生、发展到成熟的演变过程，积累了不同的艺术样式，并逐渐从狭义的组合技巧手段发展成为广义的艺术思维方式，形成了一整套完整的理论体系，并且成为影视制作的理论依据。

一、蒙太奇概述

蒙太奇源于法语，是 montage 的译音，原是建筑学上的名词，意为构成、装配。后来被运用在影视中，有构成组接之意。在节目创作中，根据创作构思将全片所要表现的内容分解为不同的段落、场面、镜头、分别进行拍摄和处理。然后再根据原有的创作构思，运用艺术技巧将这些镜头、场面、段落，合乎逻辑地、富于节奏地组合在一起，产生相辅相成，相互对应，互相作用的关系，创造连贯、对比、呼应、联想、悬念等效果，构成一个连绵不断的有机整体，这种构成一个完整节目的独特的表现方法称为蒙太奇。狭义的蒙太奇专指对镜头画面、声音、色彩诸元素编排组合的技巧手段，也就是在后期制作时，根据导演的总体构思及文学剧本精心剪辑排列，构成一部完整的影视作品。广义的蒙太奇不仅指镜头画面的组接技巧手段，也指从影视剧作开始直至作品制作完成的整个过程中，艺术家所具有的一种独特的艺术思维方式，即“蒙太奇思维”。导演及拍摄者在进行拍摄之前就要有蒙太奇思维，这样才能在后期剪辑制作时做到有备无患。

电视和电影一样，是诉诸人的视听艺术相结合的表现形式，因此在节目制作时会常常用蒙太奇这种思维方式：打破了空间、时间相对完整的限制，使屏幕形象处在一个更广阔的运动形态中。即在构思和设计未来影视片的创作时，始终脱离不了影视的特殊表现手段（蒙太奇的方法和语言）所进行的一种形象思维活动。

根据著名的库里肖夫实验，将一个面无表情的镜头分别与不同的事物相接，得到的含义却是不同的，因此可以看出蒙太奇的组接意义。蒙太奇除了指基本意义的镜头之间或镜头段落之间的组接外，电视画面的蒙太奇表意有以下特性：单个镜头往往不能独立用以叙事或表意，意义的产生通常由几个镜头组接而形成的段落来实现；而且镜头的排列顺序对意义表达有很大影响，不同的顺序可能造成不同的含义，两个镜头连接后的意义有可能超过基本意义之和，影视语言有自己独特的时空结构。

画面镜头景别的不同排列顺序决定了多种蒙太奇句型的产生，在进行蒙太奇句子组接时，通常有以下几种常见的方式：前进式、后退式、循环式、积累式和两极式镜头。

前进式句子（远景—全景—中景—特写），这样一种镜头序列有利于展现空间环境中的人物关系与冲突，人物当时的心理情绪及个性。视线从对象的整体引向局部，使观众情绪逐渐从低沉向高昂发展或观众情绪从高昂向低沉发展。

后退式（特写—中景—全景—远景），这种组接形式往往倾向于表现结束段落，从高潮中逐步推落，调整节奏转换到下一句段或场面。实现从对象的局部引向整体，使观众情绪逐渐从高昂向低沉发展或观众情绪从低沉向高昂发展。

循环式（远景—全景—中景—近景—特写—全景）也就是将前进式和后退式组合应用，使观众情绪呈波浪、循环往复式发展。

积累式句子（主体相同或相似的景别拍摄一组画面：用一系列画面去表现同一个主题）这是一种运动镜头技巧，在一个片段或一场戏中，也可称在一个独立的语义段里，围绕一个主人公，用不同镜头景别、角度等连续表现这一人物的动作行为或表情，以镜头的累积式展示这一刻人物的心态和性格，既有细腻的量的积累，又有多层次的节奏感。

两极式镜头（表现同一主体的两个景别跨度很大的镜头组接）这种方法能使情节的发展

在动中转静或者在静中变动，给观众的冲击感极强，节奏上形成突如其来的变化，产生特殊的视觉和心理效果。

因此可以将蒙太奇理解为电影反映现实的独特形象思维方法，它是电影的基本结构、叙述方式和组接技巧与技法。

二、蒙太奇的功能效果

蒙太奇的运用是影视制作的基础，也是构成影视语言的基础。因此正确运用镜头语言可使视听组合的节目形成同文学作品一样的功能：选择概括、引导关注、结构时空、创造节奏、创造悬念、创造情绪、创造思想等。

1. 选择概括

通过镜头、段落的分解组合，可以对素材进行有机取舍，强调重点，突出富有表现力的细节，从而使内容表现主次分明，实现高度概括。

2. 引导关注

一定的镜头表现一定的内容，一定的组接顺序严格规范和引导了观众的注意力，人为地影响了观者的欣赏情绪以及对剧情的理解。

3. 结构时空

影视时空和现实时空不同，通过对影视时空重组，能够创造出丰富多彩的叙述方式和艺术意境。例如在影片《阳光灿烂的日子》里，马小军抛起书包，接到书包，两个镜头组接在一起，自然地将他的成长过程缩短，巧妙地运用了蒙太奇。在爱森斯坦著名影片《战舰波将金号》当中，在短短六分钟的屠杀段落里，爱森斯坦足足用了一百五十多个镜头（每个镜头平均不到三秒），将不同方位、不同视点、不同景致的镜头反复组接扩大了阶梯的空间，奥德塞阶梯显得又高又长，这种空间的变形渲染了沙皇军队的残暴，给观众留下了深刻印象。蒙太奇手法不仅能创造时间的压缩和延长，而且还能将时间冻结和倒转，以得到相应的效果。

4. 创造节奏

影片质量和性质在很多方面都取决于自身的内部节奏和外部节奏。内部节奏是指以情绪为表现依据的情节起伏变化的处理；外部节奏是指以运动形态和镜头的造型特性相比较的方式来处理镜头长度以及镜头之间的衔接。通过运用蒙太奇剪辑手法，使故事情节的速度和节奏都大有改观，不同的画面镜头组接顺序可以更改内部节奏使画面更富动感，既可呈现快速紧张亦可显露平稳松弛。利用镜头外部（摄像机）的运动关系，把镜头按不同长度和幅度关系连接起来，并作用于观众心理，使之产生共鸣。

5. 创造悬念

通过重组镜头的顺序以及改变镜头速度的变化，使故事情节富有一定的艺术张力，从而激发观众的观赏情绪，造成紧张的戏剧效果。

6. 创造情绪

以人们的心理活动为依据，根据不同形式的表情因素，结合镜头造型特性来连接镜头和转换场面，从而使观众的情绪受到感染，不断升华和高涨。

7. 创造思想

通过镜头间的逻辑关系，根据画面内容的含义而形成一定概念性的思想意义，形象表达抽象或隐喻。例如《战舰波将金号》中，用卧着、坐着、站着的三个石狮子隐喻被沙皇压迫下的群众开始从沉睡到觉醒再到革命爆发时的奋力反抗。

三、蒙太奇类型及其特点作用

在影视理论中，通常将蒙太奇分为叙事蒙太奇、表现蒙太奇、理性蒙太奇三种类型。

1. 叙事蒙太奇

叙事蒙太奇由美国电影大师格里菲斯等人首创，是影视剧中最常用的一种叙事方法，以交代情节、展示事件为主旨，按照事件发生的时间顺序及因果关系来组接镜头，形成段落，引导观众理解故事情节。这种蒙太奇组接逻辑清晰连贯，明白易懂。

叙事蒙太奇又包含以下几种具体技巧：

(1) 平行蒙太奇。又称“并列蒙太奇”。这种蒙太奇常以不同时空（或同时异地）发生的两条或两条以上的情节线索并列表现、分头叙述而将其统一在一个完整的结构之中，或两个以上的事件相互穿插表现，揭示一个统一的主题或情节。这几条情节线，几个事件，可以是同时同地，也可以在同时异地，还可以在不同时空里进行。格里菲斯、希区柯克都是极其善于运用这种蒙太奇的大师。平行蒙太奇应用广泛，因为用它处理剧情，可以删节过程，节省篇幅，扩大信息量。由于这种手法是几条线索平列表现，相互烘托，形成对比，有利于加强影片节奏，产生强烈的艺术感染效果。

(2) 交叉蒙太奇。又称交替蒙太奇，它将同一时间不同地域发生的两条或数条情节线迅速而频繁地交替剪接在一起，其中一条线索的发展往往影响另外的线索，各条线索相互依存，最后在一个点汇合。交叉蒙太奇运用的特点是：压缩影片时间，使繁杂的故事情节在极少数的有艺术表现力的人物和事件中讲述清楚。可以引起悬念，造成紧张激烈的气氛，加强矛盾冲突的尖锐性，是激起观众情绪的有效手法。多用于惊险片、恐怖片和战争片当中，描绘紧张激烈的追逐场面和危急关头。如影片《党同伐异》中，格里菲斯设计了著名的“最后一秒钟营救”：丈夫被绑缚刑场，而妻子拿着赦免令赶来营救。通过剪辑和组接，让这两种场面反复交替出现，营造紧张气氛，戏剧效果强烈，是最早运用交叉蒙太奇的成功范例。

(3) 重复蒙太奇。类似于文学中的重复手法，重复蒙太奇是将具有一定寓意的镜头在关键时刻反复出现，以达到简化情节、刻画人物、深化主题的目的。例如基耶斯洛夫斯基系列影片《三色：蓝、白、红》，在《蓝》、《白》、《红》三部影片当中都曾出现一个驼背的老太太将一个瓶子扔进垃圾箱的镜头，在最后一本片《红》中，女主角范伦蒂诺帮老人将瓶子扔进了垃圾箱，也预示着片子即将接近尾声。三次扔瓶子的表现形式不同，诠释了对自由、平等、博爱的意义，使三部影片具有整体性、风格化特征。

(4) 连续蒙太奇。这种蒙太奇不像平行蒙太奇或交叉蒙太奇那样多线索地发展，而是沿着一条单一的情节线，以及事件的逻辑顺序，有节奏地连续叙事。这种叙事自然流畅、朴实平顺，但由于缺乏时空与场面的变换，难以展示同一时间不同空间的剧情，结构上不丰富，不利于概括，给人以拖沓冗长、平铺直叙且乏味的感觉。一般很少单独使用，可与平行或交叉蒙太奇搭配使用。

(5) 积累式蒙太奇。它是将一组在某种因素上有联系的镜头组接在一起，并在一种不断叠加的积累效果中树立一种思想或主题。这里所说的“有联系”，可以是镜头内容上的，也可以是景别或运动方式上的。这类剪辑方式，镜头之间大多没有剧情上的联系，意义的产生要靠剪辑上形成的一种节奏。例如体育节目当中通过快速简洁的切换来形成一种有韵律的节奏，达到感染观众的目的。由导演李安剪辑的影片《饮食男女》在开头段落也采用积累式的处理。导演将一系列的切菜、准备工作并列在一起，展示了主人公的高超厨艺。通过屋内摆设的刀具、照片等镜头，可以明显看出这是一位技艺超群的厨师。这种剪辑手法新颖、独特，以特殊的艺术特色强烈地吸引了观众。

（6）叫板式蒙太奇。这种结构方法在故事影片中起到承上启下，上下呼应的作用。而且节奏明快，如同京剧中的叫板，叫到谁，谁就出场。叫板式蒙太奇类似俗话中说的："说曹操，曹操就到"的形式。在片子当中同样是上一个镜头中提到的人物，紧接着会出现在下一个镜头画面的开始。

2. 表现蒙太奇

表现蒙太奇以镜头对列为基础，通过相连或相叠的镜头、场面、段落在形式或内容上相互对照、冲突，产生单个镜头本身所不具有的丰富涵义，从而引发观众联想，启迪观众的思考，以表达某种情绪、情感、心理或思想。人们在观察事物时，不会把目光始终固定在一个地方，由于视觉生理和心理的需要，只有不断地改变空间范围和视觉角度，才可以更好地全面细致的观察和认识外界事物。加之人类天生有将两个或两个以上的独立事物并列在一起加以"联想"的思维习惯。这种由生活经验和审美意识所带来的"联想"思维习惯也为蒙太奇的产生奠定了基础。这也正是此类蒙太奇产生的心理基础。

（1）隐喻蒙太奇。通过镜头或画面的对列进行类比，含蓄而形象地表达创作者的某种寓意。这种手法往往将不同事物之间某种相似的特征突显出来，以引起观众的联想，领会导演的寓意和领略事件的情绪色彩。如影片《巴顿将军》开场就运用了这种手法，巴顿背后的星条旗无比巨大，占据着整个荧幕。国旗象征着美国，其高大的形象也喻指巴顿的伟岸，二者成为美国和美国精神的象征。隐喻蒙太奇将巨大的概括力和极度简洁的表现手法相结合，往往具有强烈的情绪感染力。需要注意的是叙述和隐喻应当相结合，以免造成牵强之感。

（2）对比蒙太奇。类似文学中的对比描写，镜头之间、段落之间、场景之间的内容进行对比组接，形成强调、反衬、联想、喻义等效果。通过镜头或画面之间在内容（如贫富、美丑、善恶、苦乐、生死、输赢、高尚卑微等）或形式（如景别大小、色彩冷暖、声音强弱、动静等）的强烈对比，产生明显的冲突作用，以表达创作者的某种寓意或强化所表现的内容和思想。

（3）抒情蒙太奇。是一种在保证叙事和描写的连贯性同时，表现超越剧情之上的思想和情感的手法。让·米特里指出，它的本意既是叙述故事，亦是绘声绘色的渲染，并且更偏重于后者。抒情蒙太奇是最常见且最易被观众感受到的蒙太奇，而所有景别当中尤其是一些小景别，例如特写，最能揪住观众的心，也最适合感情的渲染，因此，抒情蒙太奇借助景别的特点，通常把意义重大的事件分解成一系列近景或特写，并且从不同的侧面和角度捕捉事物的本质含义，表现事物的特征。在一段故事的叙述之后往往加入带有象征情绪或情感含义的空镜头，更把故事中所要表达的情感进行升华，往往定格为经典。

（4）心理蒙太奇。心理蒙太奇是人物心理描写的重要手段，它通过画面镜头组接或声画有机结合，形象生动地展示出人物的内心世界，常用于表现人物的梦境、回忆、闪念、幻觉、遐想、思索等精神活动。这种蒙太奇在剪接技巧上多用穿插的手法，打破了线性叙事的模式。其特点是：画面和声音形象的片断性、叙述的不连贯性和节奏的跳跃性等，声画形象带有剧中人物强烈的主观性。例如英格玛伯格曼的影片《野草莓》当中，年老的医生伊萨克在去领奖的途中，一路上不断回忆自己的经历。

（5）联想式蒙太奇。把一组内容上互不相关的镜头画面按照一定的顺序连续地组接起来，造成一种意义，使人们去推测这个意义的本质的方法。这种剪辑的方法就是联想式蒙太奇。例如我们拍摄一系列民工生活的镜头，并将其进行组接成段，镜头中包含民工劳作、民工伙食差、住宿条件差等内容，交叉组接后的镜头使人们联想到一种不健康的社会现象，引发对这些问题的深思。

3. 理性蒙太奇

理性蒙太奇是一种比表现蒙太奇更为理性、更抽象的一种蒙太奇形式，甚至可上升为哲学的角度，是以辩证思维为基础的一种艺术思维方式。它与连贯性叙事的区别在于，即使它的画面属于实际经历过的事实，按这种蒙太奇组合在一起的事实也总是作为主观视像而出现的。

（1）杂耍蒙太奇。由爱森斯坦创立，他认为杂耍是一个特殊的时刻，其间一切元素的运用都是为了促使把导演打算传达给观众的思想灌输到他们的意识中，从而达到影响观众思想的精神状况以及心理状态，以造成强烈情感的冲击。这种手法在内容上可以随意选择，不受原剧情约束，促使造成最终能说明主题的效果。例如影片《辛德勒名单》中就曾多次运用杂耍蒙太奇这种方式。尤其在开头段落，导演为凸现舒特拉的本身品质，运用了一些画面进行组接，如戴戒指、穿衣服、拿钱等动作，以及进场后的一些动作。对于爱森斯坦来说，蒙太奇的重要性不限于造成艺术效果的特殊方式，而是表达意图的风格，传输思想的方式：通过两个镜头的撞击确立一个思想，一系列思想造成一种情感状态，然后借助这种被激发起来的情感，使观众对导演打算传递的思想产生共鸣。

（2）反射蒙太奇。它不像杂耍蒙太奇那样为表达某种抽象概念而插入与剧情内容毫无关联的画面，它是在符合逻辑的情况下，插入可以理解和意会的事物，描述的事物和用来作比喻的事物同在一个空间，它们互为依存，或是为了与该事件形成对照，或是为了确定组接在一起的事物之间的反应，或是为了通过反射联想揭示剧情中包含的类似事件，以此作用于观众的感官和意识。

（3）思想蒙太奇。由维尔托夫提出，是利用新闻影片中的文献资料重新编排表达一个思想。这是一种更为抽象的蒙太奇形式，因为它只表现一系列思想和被理智所激发的情感。观众冷眼旁观，在银幕和他们之间造成一定的“间离效果”，其参与完全是理性的。

第三节　影视声画组接

影视是一门视听相结合的艺术。以光波和声波为材料的视听媒介给人类带来了前所未有的视觉享受。在影视诞生后，人们对于影视的热爱不断攀升，对影视的精神享受需求也不断显露。影视行业蓬勃发展，不断发挥着它的深度潜质，也给从事影视行业的创作者带来了更多挑战：如何运用影视语言创作高水平的作品，以满足社会的需求。

一、声画组接技巧

声音的出现带来了很多好处。比如声音的出现加快了叙事节奏，增加了容量，丰富了内涵，拓展了表现力。声音的出现影响了画面的节奏，控制了蒙太奇，使电影节奏多了一个控制元素。声音增加了感官接受的刺激层面，使电影更加吸引人，使观众更加沉迷其中。声音出现后，带动和生产出了好多优秀的影视作品，比如《雨中曲》《窈窕淑女》等。虽然一开始的录音手段有些拙劣，但录制水平在逐渐提高，到后来有了完善的录音系统：包括前期录音、同期录音和后期合成，以及必要时还需要拟音等等。录音人员也在一步步地探索如何获得高品质的声音，如何做到声音和画面完美的结合。包括录音技巧的理解运用，录音设备的提高与完善，录制人员的训练培养等等。

电影由于增加了听觉因素而更接近于现实生活。观众可以从我们自身的角度去体味影片。由于听觉因素的出现，使演员们的表演可以不用那么刻意和夸张，自然表现到位即可。音乐逐渐摆脱了无声电影时期为画面伴奏的从属地位，成为平等的创作因素之一。电影是四度空间的艺术，而声音的出现又使其成为五度空间的艺术。电影的内在运动更加丰富，体现在对白和音乐增加了内在的理性思维运动和内在的感情运动。先前的影片镜头与镜头之间的时空关系是由视觉语言来表达的，而声音出现后，就成为时空转换、镜头衔接的契机。声音成为塑造空间的手段之一，加强了电影空间的立体感、层次感和运动感，这一点在使用同期录音时会比较明显。声音的出现还改变了时空的调度，两个不同时代的场景可以用一句话来进行过度，而不必用画面的拖沓来表现。而且利用声音还可以突破四框制约，使我们可以在有限的画框中感受到更多的东西。声音的出现，使电影的视觉时空节奏变成了视听结合的时空节奏，其形成因素不仅更加丰富，并且更复杂，更细腻。

影视作品中，画面剪辑要比声音剪辑更为重要一些，在具体的剪辑工作中会遇到一些问题，需要根据一些常规的思路来进行剪辑，重要的是保证流畅，也可以根据自己的技艺去做一些创新。

1. 画面组接原则

电视画面提供的信息量很多，画面本身的构成元素极为丰富，包括形态、色彩、运动、影调等，这些因素都影响着观众对信息的接受。在进行视频剪辑的过程中，要根据脚本中特定的表现目的来处理和运用镜头。要充分协调好各方因素，保证片子的流畅及拥有视觉美感。观众在日常生活中观察和感受到的事物，具有一定的思维模式，而对素材进行剪辑时，也同样要尽量适应观众的心理。在进行具体的剪辑时，可利用上述各种蒙太奇形式进行镜头的排列，除此外还应遵循最基本的镜头组接原则：

(1) 位置的匹配。上下两个画面中的同一主体所处的位置，从逻辑上讲要保证空间上的统一性，即视觉上的一致，不能越轴，保证在同一侧拍摄事物主体，在摄像机运动或其他情况下可以更改。在改变景别时同样要做到主体位置在画面中的一致性。

(2) 方向的匹配。由于摄影机拍摄存在角度问题，被摄主体的运动也就存在了一定的方向性。在剪辑时，同样要注意运动方向不要改变，以免造成视觉上的混乱。

(3) 注意画面中主体的位置。

① 按主体的运动方向组接，要一致，不能相反。

② 按主体运动的速度和节奏组接，把握整体一致性原则。

③ 按照摄影的方向组接，这里叙述最多的是轴线问题，不仅在剪辑时要注意，在摄影师拍摄画面时也要注意到不能越轴，以及若需要越轴该做如何处理的问题。主体物在进出画面时，需要注意拍摄的总方向，从轴线一侧拍，否则两个画面接在一起主体物就会"撞车"。在拍摄的时候，如果拍摄机的位置始终在主体运动轴线的同一侧，那么构成画面的运动方向、放置方向都是一致的，否则就"跳轴"了，跳轴的画面除了特殊的需要以外是无法组接的。

④ 按景别的大小组接。最常见的分类形式是把景别大致分为：远、全、中、近、特五种，往下还可以进一步细分，例如大全景、中近景、大特写等等，在剪辑中，也应该注意景别的正确使用。在剪辑时可能同一个镜头会拍摄一组画面，这就需要剪辑人员要注意前后景别相接的问题。例如若是常规剪辑，景别范围变化可能不会很大，但如果要制造特殊效果，如制造悬念或视觉上的冲击和震惊，就需要用一种景别的变化在视觉上有跳跃感的安排，可以用两级镜头的组接或同一景别进行组接。

⑤ 按镜头运动的速度来组接。摄影镜头的运动节奏是表现情绪的有利因素，可以通过对节奏的控制，找到合适的不同主体不同感情基调的节奏感。要注意前后画面速度上的和谐，不能忽快忽慢，要有一个统一的节奏，要接得流畅。

⑥ 按影调、色彩、光线组接。同一组镜头里各画面的影调、色彩和光线应该尽量统一，哪怕更换场景，影调的变化也不宜过于强烈。但如果要表达某种情感或渲染某种情绪，也常用反差比较大的效果，例如明暗等的对比。

(4) 注意动作的连贯(主体动作相匹配)。

① 固定镜头与固定镜头相同主体的组接。要采用"静接静"的方式，在运动镜头里要留出镜头运动前的起幅画面和镜头运动结束后落幅画面，以便作静接静的处理。

② 固定镜头与运动镜头相接。应根据"静动之间加过渡"的原则。静接动时，由静到动的瞬间应接入一个运动镜头起始动作的静止画面(起幅)过渡，以保持主体由静到动的流畅转换。

③ 运动镜头与运动镜头相接。

运动镜头与运动镜头相同主体的相接，应根据"动接动"的原则，保持运动方向的一致性。动接动、静接静的组接点均不需起幅或落幅过渡。另外，还应注意各种运动镜头组接之后，要尽量保持运动方向一致，和前后画面两种运动速度的和谐统一，以及掌握好由主体运动、镜头长短和组接形成的事件情节发展的轻重缓急，即节奏感。

(5) 与人们的生活逻辑相匹配。所谓生活逻辑是指事物发展过程中在时间、空间上连续的纵向关系和事物之间各种内在的横向逻辑关系，诸如因果关系、对应关系、冲突关系、并列关系等。一是时间上要有连贯性，在表现动作或事件时，要把握其变化发展的时间进程，安排有关镜头，让观众感受正确的时间概念。二是空间上要有连贯性，事情发展要有同一空间，即事件发生的特定空间范围，它是表现一个空间范围内发生的事情和它们的活动，这种空间统一感主要是靠环境和参照物提供的。三是建立事物之间的相关性，事物之间往往具有某种关系，在编辑中交替表现两个或更多的注意中心时，应注意清楚地交代线索之间的联系或冲突。

(6) 与人们的思维逻辑相匹配。人们观察周围的事物或是观赏艺术作品，都是使自身处于积极的思维活动中，有着特定的心理需求。通过对不同景别、不同角度、不同方向、不同长度、不同速度、不同色调等各种画面镜头的叙事和表意，使人们产生各种不同的视觉感受和连续思维。镜头组接时可以任意伸缩镜头的时间和空间，可以剪切掉一些过场画面，但是要有助于突出主体，加强视觉感受和对事物本质的认识，而不能影响人们对画面段落和场景所反映主题的理解和思维。否则，将出现视觉语言不完整、交代不清的错误。

（7）与日常的艺术逻辑相匹配。电视镜头的组接是以视觉语言的蒙太奇表现形式作为切入点的制作过程。在许多情况下，这种制作过程不仅仅是为了叙事，而且是为了通过一定的艺术形式，表达主题内容所需要的某种意境和情感，即表意功能。例如镜头越来越短，切换越来越快，可以营造一种紧张的气氛，两组镜头的频繁切换可以产生强烈的视觉刺激等。

（8）对影视语言节奏的掌握。电影必须有节奏，只有这样才富有表现力，节奏是影视艺术形式美的重要内容，也是影视作者的一种内心感觉，是创作者艺术个性的反映。节奏的表现形式是一种连续而又有间歇的运动。影视作为时空艺术，节奏存在于画面中和声音中，是视觉节奏和听觉节奏的有机结合。节奏在影视作品中是通过创作的多个环节来实现的。如情节的发展、人物心理变化及形体言语动作，影像的造型，色彩的组合与对比，镜头的运动速度和长度的变化，镜头的角度与景别的变换，镜头间的转换与组接，语言、音响、音乐的时值和力度等诸多因素都可以用来体现影视作品的节奏。节奏不同于速度，而是一个十分复杂的综合体，但在表现形态上时常与速度相吻合。

要掌握两个概念，一是内部节奏，二是外部节奏。内部节奏是由情节发展的内在矛盾冲突或人物内心的情绪起伏而产生的节奏。内部节奏除了人物言语动作外，还可以通过场面调度和蒙太奇的手法来实现。在电影中，内部节奏显现的一个重要方面，是与场面调度和蒙太奇技巧等密切融合的演员的表演、演员饰演的角色情感的内在张力。外部节奏是由画面上一切主体的运动，各种长度镜头组接和镜头的各种转换方式，以及速度和光影、色彩、各种画面形式的变换而产生的节奏。外部节奏表现有时和内部节奏相一致，有时不一致，甚至可以做完全相反的表现，但要服从于统一的艺术构思。依据影视作品内容和结构的要求安排起伏变化，并做到内外节奏的有机统一。此外，镜头长短和影视作品的节奏也有密切关系，镜头长短的不同，会造成不同的剪辑率。剪辑率的多少能够直接影响到外部节奏。我们可以运用所学的各种蒙太奇技巧来形成影视片的节奏，将内部节奏和外部节奏、视觉节奏和听觉节奏有机组合以体现剧情发展的来龙去脉，使影视片的节奏丰富多变、生动自然而又和谐统一，产生强烈的艺术感染力。

2. 画面组接技巧

影视作品中，画面剪辑要遵循常规的组接原则，但也可以根据创作需要，运用画面组接技巧去创新。画面组接分为：无技巧和技巧两种。

（1）无技巧组接

① 两级镜头转场：前后两个镜头的景别正好是两个极端。突出一种强烈的对比效果，例如特写和远景相接。

② 同景别转场：前后两画面景别相同。例如特写和特写镜头相接，可使观众注意力集中，场面过渡衔接紧凑。

③ 特写转场：用一个特写镜头来与前面段落画面进行衔接，展现一种平时在生活中用肉眼看不到的景别。可以对局部进行突出强调和放大。我们称之为“万能镜头”，“视觉的重音”。

④ 声音转场：用音乐，音响，解说词，对白等和画面的配合实现转场。

⑤ 空镜头转场：采用只有景物没有人物的空镜头来进行转场，能很好地渲染气氛，刻画心理，有明显的间离感，常用来表现时间，地点，季节等的变化。

⑥ 封挡镜头转场：画面主体在运动过程中完全挡住镜头，使得观众无法从镜头中辨别出被摄物体对象的性质、形状和质地等物理性能。

⑦ 相似体转场：利用前后两个画面中相似的两个主体进行转场。两主体在内容或形状构图等方面有相似之处。

⑧ 地点转场：根据叙事的需要，不顾及前后两幅画之间是否具有连贯因素而直接切换。

⑨ 运动镜头转场：摄影机不动，主体运动。摄像机运动，主体不动。或者两者均为运动。此类转场真实，流畅，可连续展示一个又一个空间的场景。

⑩ 同一主体转场：前后两个场景用同一物体来衔接，上下镜头有一种承接关系。

⑪ 出画入画：前一个场景的最后一个镜头走出画面，后一个场景的第一个镜头主体走入画面。

⑫ 主观镜头转场：前一个镜头是人物去看，后一个镜头是人或物所看到的场景。具有一定的强制性和主观性。

⑬ 逻辑因素转场：前后镜头具有因果、呼应、并列、递进、转折等逻辑关系，转场合理自然。

(2) 技巧组接

技巧组接如淡入淡出、缓淡、闪白、划像、翻转、定格、叠化、多画屏分割等。镜头的组接技法是多种多样的，按照创作者的意图，根据情节的内容和需要而创作，也没有具体的规定和限制。我们在具体的后期编辑中，可以尽量地根据情况发挥，但不要脱离实际的情况和需要。

二、声画关系

自 1928 年有声电影《爵士歌王》诞生，电影从纯粹的视觉艺术变成了视听相结合的艺术，声音和画面的有机结合产生了比纯画面及纯声音更为强大的含义。在历史的不断演变过程中，声音和画面结合的方式也呈现出固定的几种类型模式。

1. 声画元素

1895 年电影诞生初期，默片长期占据电影市场，但当声音出现后，人们又利用各自的特点及相互之间的关系创造一个又一个神奇的艺术传说。

(1) 人声。人声包括对白、独白、旁白等，它是最直观意义的表达者，没有语言的影片看起来没有一点生气，而对于人声的运用要做到恰如其分。除了具有表达逻辑思维的功能以外，还因其音调、音色、力度和节奏等因素而具有表达人物性格情绪及气质形象等方面的能力。录音在技术上要求尽量创造有利的物质条件，保证良好的音质、音量，能够尽量在专业的录音棚录制。在录音的现场，要有录音师统一指挥，默契配合。

随着影视的逐渐发展，制作者们逐渐发现了新方法，出现了传声器。传声器是声电转换的换能器，通过声波作用到电声元件上产生电压，再转为电能。所以说任何一种拾音设备都可称为传声器，但平时指的还是话筒。传声器技术的不断改良，研制了可以收录较远声音的强指向性话筒，这样保证了同期录音实施的可能性。同期录音技术是指在拍摄画面的同时用摄像机随机话筒或者外接话筒，或者专门的录音机把声音记录下来。这样获取的声音，不管是环境声还是人的说话声等声音都是同期声。越来越多的影视制作者开始使用同期录音的方式，这大大减少了影片在后期配音时经常出现口型对不上或声画不同步的难题。除运用挑竿架话筒录音外，对于拾取较远处声音，还可以采取佩戴无线传声器，这样，不论离的多远，都能将人声拾取的非常干净。话筒的种类非常多，而且在不同的场合根据不同的用途，也可能会选用不同的话筒，即具体问题具体分析。

(2) 影视音乐。音乐是影视作品中所不可缺少的，它具有多种含义，如：影响节奏、烘托气氛、激发联想、抒发情感、沟通思想、作用主题等，是作品思想主题凝结的灵魂。影视作品中的音乐通常包括：主题歌、主题音乐、情绪音乐和背景音乐、插曲、场景音乐。每一个独立的个体都有自身的特点并发挥着相应的功效。

(3) 音响。音响在电影诞生之初，由于放映机的噪声招致人们的极为反感，大多用现场配乐或加音乐的形式进行掩盖。全篇一律的音乐让观者开始有些头疼，现实生活中本该有的自然音响声在影片中找寻不到，缺乏了一定的艺术感染力。音响最大特点就是写实，真实的模拟还原了需要的环境特征，同时还可以作用于人的心理描写。音响是不可缺少的，人的任何一个动作和大自然的繁衍都有声音，而这声音也正传达着某种特定的含义。音响的表现力极为丰富，它的作用主要是强化画面，增强画面的真实感和扩大画面的空间属性。

人耳对声音时空属性的感觉很大程度上取决于音响的表现。对于一些现实中存在的音响，在录音时多采用实录的方式，对于现实中不存在的声音，则需要借助于拟音的方式。对于写实音响采用再现的形式，而对于写意的音响则采用表现的形式，也会采用一些特殊的手法去表现。例如模拟一些声音，如影片《赤壁》中拟音师通过特殊手段模拟马蹄声、火声、刀剑声等，为影片带来了丰富的声响效果。

在影视剧作中，语言表达寓意，音乐表达感情，音响表实，它们各自有各自的功能，可以先后出现，也可以同时出现，但要注意三者的相互结合。

总而言之，在影片中各种声音要有目标有变化有重点的来运用，应当避免声音运用的盲目、单调和重复。当我们运用一种声音时，必须首先肯定用这声音来表现什么，必须了解这种声音表现力的范围，必须考虑声音的背景，必须消除声音的苍白无力、堆砌和不自然的转换，让声音和画面密切结合，发挥声画结合的表现力。

2. 声音的作用

(1) 描绘景物、渲染环境气氛。影片《帝企鹅日记》是一部记录企鹅迁徙生产的纪录片，影片的主人公是动物，没有对白，因此，整部电影全部由音乐和解说词贯穿始终。解说词很少，唯美真切的画面全部用音乐来渲染情感。

(2) 扩展画外空间。影片《巴顿将军》片头，巴顿上台后开始讲话，没有观众镜头，但是通过画外空间有观众的声音，判断出台下有一群观众正在听巴顿将军的演说。声音的出现，同样可以表现画外空间，我们根据声源的大小、远近、有无等特点来判断画外空间，从而打破了画框的限制。画框虽框得住画面，却框不住声音。由此以来，画内画外的空间便构成一个统一的整体。

(3) 刻画描写人物心理。电影《钢琴别恋》的片头，哑女为死去的丈夫用音乐倾诉内心的思念、痛苦和喜悦，这是她对过去爱情的祭奠，也是自我救赎的方式；电影后部，哑女与印第安男人热切相爱，小女儿是见证者，观众难忘在海边弹奏钢琴的时刻。最终，救赎完成，钢琴沉入海底，一种感情的寄托物消失，取而代之的是另一段真爱，内心世界激情的再次复活。音乐再次回荡，纪念着哑女在海中的“洗礼”，而音乐是哑女爱的序曲。

(4) 打破时空限制、声音转场。影片《拯救大兵瑞恩》的开头，年迈的大兵瑞恩带领全家人到烈士公墓看望曾经救了他但却战死在战场上的人，瑞恩低头哭泣，表情凝重，此时镜头不断推进，直至他的蓝色眼睛，渐强的枪炮声也开始慢慢显现，画面当中不搭调的声音把观众立即引向了另一个场面。声音叙述内容的自由性，打破了画面的时空局限，让我们可以随意跟随人声、音响、音乐的改变而进入另外一个情境，自然而精彩。而在奥马哈海滩登陆那一段，声音的运用同样非常精彩。尤其是汤姆·汉克斯出现的一段暂时的失聪，无声的静默好像是预示剧情的发展，以及战争的残酷。电影告诉我们，无声同样具有魅力，它是一种具有积极意义的表现手法，在影视片中通常作为恐惧、不安、孤独、寂静以及人物内心空白等气氛和心情的烘托。无声可以与有声在情绪和节奏上形成鲜明的对比，具有强烈的艺术感染力。如在暴风雨后的寂静无声，会使人感到时间的停顿，生命的静止，给人以强烈的感情冲击。无声的运用通常制造了一种特殊的紧张气氛或不祥预兆，具有特殊含义。它是一种境界，是声音元素中极具表现力的手段之一。

(5) 激发观众的联想空间。影片《花样年华》中，梁朝伟和张曼玉二人在楼梯上一上一下，背景是暧昧的主题音乐，并且画面也作了慢镜头处理，给观众埋下伏笔。声音的出现，从另一个侧面上激发了观众无限的想象空间，让有限的片子更突出讲述无限的故事，这也正是一部影片的成功之处。

(6) 展示事件的时代特点和地方色彩。影视作品中出现的音乐也具有与画面同时代的风格、形态。例如当我们听到苏格兰风笛的声音，就会首先联想这也许是发生在苏格兰民族及英国的故事，如影片《勇敢的心》。

(7) 参与影片的剧情创作。音乐可以像剧中的一个角色一样参与到剧情当中，成为影片情节发展的动机。如改编自金庸小说的电视连续剧《笑傲江湖》，流传于世的琴谱“笑傲江湖”曲，不仅是曲洋和刘正风的杰作，在后来也成为令狐冲和任盈盈相聚结缘的证物。

(8) 概括和揭示主题。音乐对于渲染特定的环境气氛有着明显的感染效果，并且能够极强的概括全片的主题。任何一部片子都少不了音乐的渲染作用，如电影《泰坦尼克号》的主题曲《我心永恒》，极好的渲染了当时的环境气氛，突出了男女主人公生离死别的悲痛，整段旋律忧伤、催人泪下，渲染了悲剧气氛，使观众在观影后久久不能自拔，成为电影音乐的成功范例。

(9) 代替音响。在影片《翠堤春晓》中，声音和画面的巧妙结合：施特劳斯和女歌唱家坐着马车穿过维也纳森林的一段，有节奏的马蹄声好像是“鼓点”，二人跟随有动感的节拍不觉哼唱起来，曲子越来越成熟，施特劳斯赋予单调的马蹄声以丰富的旋律，下一段画面和声音马上便是完成的作品圆舞曲《维也纳森林之歌》。

3. 声画关系的具体形式

1928 年，有声电影《爵士歌王》诞生，电影从纯粹的视觉艺术变成了视听相结合的艺术，声音和画面的有机结合，产生了比纯画面及纯声音更为强大的含义。在历史的不断演变过程中，声音和画面结合的方式也呈现出固定的几种类型模式。

(1) 声画合一。声画合一又称声画同步，是影视作品当中最常见的一种形式。指画面中的影像和发出的声音同时呈现、同时进行又同时消失，特点是声画同步发生、发展，视听高度统一，相互吻合，声音和画面所表现的思想、感情、情绪、气氛基本上一致，语言、音乐、音响各声音元素在基本内容、时代色彩、环境特征、人物情绪上与画面风格相统一。画面和声音具有最高的保真度。

通常，人们的视听感觉总是一致的，经常是通过画面和声音的共同阐述和相互配合，来理解画面中想表达的内容，这为声画合一搭建了一个良好的基础。有声有色的画面使观众更相信画面内容的逼真性，提高了对画面内容的可信度，影视艺术也更贴近人的生活。声音离不开形象，画面也离不开声音，但是谁也不能成为谁的附属品，应当是相辅相成，互相依存、互为补充的关系。画面赋予声音以可见性，声音使画面形象更为生动。只有声音和画面共同作用于观众的感观，片中形象才能更好诠释。

音画同步在创作当中需要注意的是音乐与画面中演绎的内容处于同一种运动节奏中，或表现的是同一种情绪、情调。例如电影《红高粱》中的几个汉子嚎歌的场面，就是典型的由画内音乐而产生的音画同步。

(2) 声画并行(声画分立)。指声音与画面在两条线上并行发展，不同步，各自独立，二者之间若即若离，画面上不出现声源，往往以画外音的形式出现，有意识的造成画面和声音的相互辉映，实质上是貌离神合。通过声画并行调动观众的联想，去理解此种声画结合方式的新意义。

在日常生活中，往往会出现视觉和听觉不统一的情况。例如当你看一事物时，耳朵可能会注意其他发出的声音，这也正是人耳具有选听性的特点，人们可以自由选择想听的声音，从而打破了那种声画合一的状况。艺术家们根据这种情况开创了声画分立的新方式，更增加了影视作品的艺术表现力。

(3) 声画对位。声画对位指在相反、对立的关系中，声画按照各自不同的规律，独自表现不同的事物，却有机地围绕和表现同一内容，表达同一个主题。通过对立双方的反衬作用，表现出更为深刻的思想意义，得到更加感人的艺术效果。如果用得不好，则会造成表意不明，使观众费解，因此使用时要慎之又慎，不可滥用。否则会造成表意不明，使观众费解。

电视连续剧《红楼梦》当中，孤苦无依的林黛玉带着痛苦离开人世，画面当中的声音却是贾宝玉迎娶薛宝钗的敲锣打鼓之声，更加体现出林黛玉的可悲和无奈的世事。声音和画面逆向发展的根据来源于对生活的感悟，现实生活丰富多彩，人心却复杂多变。导演出于一定的目的，有意识的制造画面与声音在节奏、情绪、气氛、格调、内容、速度、境界、倾向上的对立、相反，达到相反相成，殊途同归的效果，产生某种新的寓意。

与音画同步相反，音画对位是指画面中演绎的内容与音乐所表达的情绪、状态之间具有某种对抗性，以此使音画的配置产生更加丰富的表现层面，揭示更加深刻的内涵。例如影片《辛德勒名单》中就大量运用了音画对位的手法，很多场面中，音乐对美好人性的张扬和画面中对残忍杀戮场面的真实表现形成了鲜明的对比，产生了强烈的艺术表现力，深刻揭示出法西斯灭绝人性的丑恶嘴脸。

利用声画对位，还可以实现隐喻、象征、暗示、揶揄、讽刺等效果。可见，它使声音真正成为独立的艺术元素，更增添了电影的表现力。

总之，每个影视作品的编辑制作都有很多规矩可循，有很多固定的模式要遵守，但这也不是一成不变的，需要在不断得探索中去找寻最合适片子的剪辑思路和方法，以便能创作出更好的影视作品。

课后习题

1. 影视节目的制作流程是什么？
2. 蒙太奇的类别有哪些？
3. 声画组接的技巧是什么？

第四章

行业内软件应用概况

本章提要

当代科学技术的突飞猛进对各项事业都产生了积极的推动作用。在影视制作领域，数字技术带来了影视制作手段的不断革新。影视非线性编辑成为当前的主流手段。本章在分析非线性编辑系统工作流程的基础上，详细介绍了几款流行的非线性编辑软件，他们各自具有强大的功能及特有的优势。

第一节　非线性编辑系统的工作流程及输出格式

每一次技术的进步都会使各项事业产生突飞猛进的变化，在影视制作领域也凸现数字技术带来的强大的震撼力，不断更新的数字化制作技术，让亿万观众领略到了数字科技的魅力，如《侏罗纪公园》、《泰坦尼克号》、《后天》、《木乃伊归来》等，以及近几年出现的很多运用了视觉特技的影片，如《变形金刚》、《星球大战》、《2012》、《阿凡达》等。非线性编辑已经成为目前国际影视制作的标准编辑方式。

任何非线性编辑的工作流程，都可以简单地概括为输入、编辑、输出这样三个步骤。根据不同软件功能的差异，其使用流程还可以进一步细化。以 Premiere Pro 为例，其工作流程主要包括如下 5 个步骤：

一、素材采集与输入

采集就是利用 Premiere Pro 将模拟视频、音频信号转换成数字信号存储到计算机中，或者将外部的数字视频存储到计算机中，成为可以处理的素材。输入主要是把其他软件处理过的图像、声音等导入到 Premiere Pro 中。

二、素材编辑

素材编辑就是设置素材的入点与出点，以选择最合适的部分，然后按时间顺序组接不同素材，对素材进行浏览和粗编的过程。输入视频、音频素材到时间线，可按导演规定的顺序放置镜头，可以分段进行剪辑，然后再进行系统串接，形成完整片子的大体轮廓。

三、特技处理

对于视频素材，特技处理包括转场、特效、合成叠加。对于音频素材，特效处理包括转场、特效。令人震撼的画面效果就是在这一过程中产生的。而非线性编辑软件功能的强弱，往往也是体现在这方面。配合某些硬件，Premiere Pro 还能够实现特效播放、添加过渡效果（即镜头切换——不同的镜头串接，例如淡入淡出等）添加各种滤镜、添加运动效果等。

四、字幕制作

字幕是节目中非常重要的部分，它包括文字和图形两个方面。Premiere Pro 中制作字幕很方便，几乎没有无法实现的效果，并且还有大量的模板可以选择。其他几款新研发的软件也都具备超强的字幕编辑功能。

五、输出与生成

节目编辑完成后，就可以输出到录像带上；也可以生成视频文件，发布到网上，刻录 VCD 和 DVD 等。目前常见的视频、音频记录素材有：VHS 录像带（Video Home System）、DV 磁带、SONY DVCAM / Panasonic DVCPRO、Panasonic DVCPRO、Panasonic P2、松下 AG-HVX200、VCD/DVD 光盘、硬盘等。

第二节　目前流行的非线性编辑软件

随着计算机技术的日益普及，非线性编辑越来越受到广大群众的青睐。除作为电视台必需的剪辑工具之外，在日常生活领域中，随时可接触到各类视频编辑产品，如电影电视剧、企业专题片、新产品宣传片、婚庆录像片、各种教学片、生日聚会留念等。目前在市面上流行的非线性编辑的种类也很多，例如 Canopus Edius、DPS、DY3000、Sobey 的 E7、Final Cut Pro、Adobe Premiere Pro 等，广泛应用于电视台及各类影视制作公司、广告公司甚至是个人，下面将对其中几款软件做详细的介绍。

一、Adobe 的 Premiere Pro 系列非线性编辑软件

Adobe 公司推出一款常用的视频编辑软件，它集视频、音频编辑于一身，广泛地应用于电视节目制作、广告制作以及电影剪辑等领域，以其高质量的视频编辑制作成为主流的 DV 编辑产品，曾推出过 6.5、Pro1.5、2.0、CS3 等版本。编辑画面质量较好，有较好的兼容性，可与 Adobe 公司推出的其他软件相互协作。由于现在同类性质的编辑软件发展的更为尖端，目前 Premiere 作为最基础的非线性编辑软件常应用于学校教学领域。

Premiere 可在计算机上观看并编辑多种文件格式的电影，方便进行素材的采集、将作品输出至录像带、CD-ROM 和网络上或将 EDL 输出到录像带生产系统。并且 Premiere 构成的桌面系统具有良好的性价比。它拥有多种高档软件采用的品质，提供了更强大的、高效的增强功能和先进的专业工具，包括尖端的色彩修正、强大的音频控制和多个嵌套的时间轴。PR 历史上的经典版本：6.5（历史性的飞跃，真正意义上的非线性编辑软件，实时预览），2.0（全套专业的解决方案），CS（是 Creative Suite 的缩写）。其最新版本为 Adobe Premiere Pro CS6。值得注意的是 Adobe Premiere Pro CS4 兼容 32 位和 64 位操作系统，而 Adobe Premiere Pro CS5 及以上版本只有 64 位版本。

1. 特点

（1）兼容性。1394 接口可兼容多种输入的视频、音频素材，和硬件卡之间兼容。

（2）实时性。实时的采集和输出、实时播放、实时字幕、实时色彩校正、实时特技效果、流畅准确的实时运动路径，制作的效果可以马上渲染、生成和输出。

（3）首创时间线（Timeline）编辑、编辑项目（Project）管理等概念。可自定义工作环境。所以 Premiere 实际上已成为一种工业标准。

2. 功能

Premiere 可实现视频文件以帧的精度进行编辑，并且与音频文件精确同步，内置百余种实时视频、音频特效可供使用，功能强大、效率高。关键帧控制以及内建子像素定位生成更加流畅准确的运动路径。尖端的色彩修正（三点），保证校正色调、饱和度、亮度以及其他色彩要素都可以得到实时的画面反馈。可以实时、全解析度的方式生成广播级质量的字幕。强大的音频控制（AC3-5.1 环绕声、24 位 96kHz、VST 插件增强音频编辑特性、音频注解录音到叙述轨）、用于制作复杂项目的多个时间线嵌套等。使用增

强的交互式项目窗口调整入点与出点，生成定制的列表选择区域，还可以直接生成故事板及手动定位视频文件缩略图。

3. 常用的音视频格式

（1）视频：① AVI（微软的标准，Video for windows 播放）。② MOV（苹果公司的标准，Quick time）。③ MPEG 格式 MPEG-I/MPEG-2（网络流式文件）。④ 流式视频格式：RM（real media、RV/RA/RF）、ASF 高级数据流格式。

（2）音频：WAV、MP3（midi/ra/mp4 较少用）。

（3）动画：FLI/ FLC。

（4）静止画面：BMP、JPG（压缩）、PCX（数码相机）、TIFF（PC 和 MAC）、GIF、PSD（多层 PHOTOSHOP 专用）、WMF（WINDOWS MEDIA FILE）、EPS（矢量图）、PIC（苹果机矢量图）、TGA（truvision 公司采用）。

（5）字幕文件：PTL（PREMIERE 专用）、prtl。

支持标清和高清两种格式，可输入输出各种音频和视频（MPEG2、AVI、WAV、DVD、SVCD、MPEG-4、MPEG-2、VCD、RM 等）。

二、索贝(Sobey)的 E7 系列非线性编辑软件

索贝数码科技股份有限公司，2006 年推出非线性编辑软件 E7 2.0 系列高标清一体化节目制作平台，为用户提供了更加精确的高质量编辑工具，更加轻松而出色地实现节目编辑。

1. 特点

具备超强的实时编辑能力，支持高标清混编。高清系统支持 4 层实时编辑，标清系统支持 7 层实时编辑。170 多种精确的特技创作效果，编辑界面个性友好。

2. 窗口简介

- 资源管理器：多功能的 Windows 风格资源管理器。
- 时间线回访窗：时间线。支持直接烧录 DVD、VCD，创意无限的嵌套容器，经典的一级界面，实时状态显示。
- 素材编辑窗口：可同时支持单窗口和双窗口两种显示方式。
- 新介质设备编辑窗口：拥有 XDCAM HD、P2 HD、Infinity 等设备的全新操作方式。
- 字幕编辑窗口：图文视频一体化编辑创作方式，可根据创作状态自动切换编辑工具。
- 任务栏（Timeline Editor）：支持同时打开多个菜单，菜单界面可以自由最大化，最小化。
- 混音器：即调音台，国际通用标准音频全功能调整工具。

3. CPU＋GPU new power

E7 2.0 采用索贝最新开发的 CPU＋GPU 引擎的底层技术，可以更加高效精确地实现高标清实时编辑。E7 2.0 的全新引擎提供的编辑环境，较之以往的非线性编辑产品具备更加广泛的兼容性，更高效率的实时性，更高质量的画面处理能力。可以在有效降低对硬件板卡一级系统资源依赖的同时，提升画面质量以及运行效率。

- 在通用平台上实现了 4 层以上特技的高清画面，多区域的颜色校正，曲线变速，多区

域动态遮罩，多点动态跟踪等多种高运算的高清编辑实时输出。

● 优异的画面质量和效果。全新升级的GPU引擎算法，有效降低对硬盘以及系统资源的依赖，提升了画面质量以及运行效率。

● 像素级的特技编辑。全部采用YUV处理，8/16bit颜色分辨率内部处理。特技内部帧、场处理算法得以增强和改进，实现画面像素级实时处理。从容完成实时动态跟踪，多区域颜色校正等特技。

● 全面更新的音频引擎。支持16/24/32bit音频编辑；时间线实现精确、完善的自动增益调整；基于采样率音频特技处理方式；音频特技提供低/高通、带通/阻、低音增强、均衡器、变调、降噪等特技。

4. 强大的特技功能

E7 2.0具备强大的特技能力，特效的多变性和多样性，令创作思路不再受到任何限制，使创意得以淋漓尽致的展现。

● 实现像素级的颜色调整。

● 精确而且量化的特技质量。

● 多区域的自由勾勒遮罩范围。

● 动态跟踪，跟踪轨迹可以与大部分特技进行叠加。

● 无限形变：高质量的3D模型贴图变换，可创建逼真的三维转场效果。

● 快慢动作：突破性地采用两种运动检测算法分离场景的静态背景与动态前景，对慢动作画面进行有效的运动补偿，确保所有画面细节没有衰减，显著提升运动画面的平滑度。

5. 超凡的图文创作

● 手写字：自由描绘字幕笔画，轻松完成手写字效果，支持自定义笔画运动速率。

● 图表：支持Excel数据导入，Windows操作风格，轻松演绎各种图表演示。

● 编辑字幕和图文动画时，可以实时预览最终合成效果。

● 图文字幕与视频特技通用，支持字幕对象的任意轨迹任意缩放形变的矢量运动。

● 独立的字幕时间线，支持无限层容器嵌套操作。

● 矢量3D玻璃材质的物件元素，轻松创作出优美图文效果。

● LightBox独家提供的飞光，使中国各省地图、国旗等素材与E7 2.0完美结合。

6. 轻松的编辑风格

● Scroll Toolbar滚动式工具栏：支持任意操作界面自定义功能按钮排布、自定义键盘快捷键设置，为每个用户创建各自的编辑环境。

● 桌面编辑：节目素材可在桌面上调整入、出点后，直接发送至时间线完成粗编。

● 无极缩放技术：时间线素材剪切、视觉效果特技编辑、图文创作是非线性编辑提供的最主要的创作工具，E7 2.0中提供了无极缩放的编辑手段。可随意调整时间线显示区域，无极缩放整个时间线，特技编辑和图文创作画布的无极缩放可随意改变编辑空间。

● 支持DVD抓轨功能，扩大了素材的使用面，简化了转码流程，可按章节来采，也可自行选择片段抓进来，即“片段抓轨”。

● 有场景自动检测功能，能够把分镜头信号自动识别出来。

三、大洋的系列非线性编辑软件

北京中科大洋科技发展股份有限公司主要从事视频领域图形图像处理技术及相关产品

的研制开发和生产。主要产品有大洋视频网络系统、虚拟演播室、字幕机、节目包装系统、节目资料存储系统及非线性编辑系统等，产品线涵盖了广电领域电视台全部数字产品。到目前已推出 DY-3000、X-Edit 以及 D³-Edit 三代针对于广电高端应用的非线性编辑产品。

1. DY-3000/DY-3300 系列

大洋传统的非线性编辑系统主要有 DY-3000/DY-3300 系统，具有非线性编辑、中文字幕、节目渲染包装等强大的功能。

DY-3000 为工业机箱式设计，采用 Matrox DigiSuite LE 或者 DTV 卡，达到广播级的视频质量。它采用 M-JPEG 压缩格式，单通道传输速率可达 15MB/s，双通道 30MB/s。支持无损压缩，压缩比可以达到 1.6∶1。可支持五层画面实时混合，其中两路视频层可实时叠加带 Alpha 通道的图文层，并同时应用三路数字视频实时 DVE 通道，提供缩放、运动、色度校正等效果。可任意调整多层视频的回放速度，二维特技实时处理，实时抠像，而不需切换台，可随时观看自定义特技预演效果，并可存储随时调用。音频符合 AES/EBU 及 S/PDIF 数字标准，提供平衡、非平衡音频输入输出和复合、YUV 信号接口。另外，因为大洋本身是从做字幕机开始的，因此大洋的非线性编辑系统内附带的字幕制作系统功能非常强大，可进行中英文字幕实时处理，特技画面与字幕一版合成，并可以制作中文唱词。DY-3000 具有极高的性价比，适用于中、小型电视台、电教、企业有线台编辑合成后期节目，制作广告、电视剧等。

DY-3300 与 DY-3000 相比，采用了 Matrox DigiSuite 套卡及 Genie DVE 三维卡，增加了许多特技功能。除了画中画、飞像、切换划像等二维特技的实时处理之外，还实现了卷页、水波、球化、破碎、透视等三维特技的任意调整，并且自带几百种特技预制效果，大大丰富了特技效果的选择。适用于大、中型电视台、广告公司、企业有线台编辑合成后期节目，制作广告、电视剧，包装栏目制作片头。

2. X-Edit 后期编辑系统

2001 年夏，大洋推出了 X 系列非线性编辑系统桌面后期解决方案，包括后期视频编辑系统 X-Edit 和多层字幕包装系统 X-CG。其中，X-Edit 后期编辑系统是整个系统的核心，它是基于多板卡（DTV/LX、Targa3000 等）及跨平台支持（Windows NT 和 Windows2000）的新一代非线性后期视频、音频编辑系统。

该系统具有全新的专业化界面，全面支持 DV1394 及 SDTI 多倍速上下载功能，可以直接从 DV 设备采集 DVSD 格式的视频文件，并进行视频编辑，同时支持多种文件格式编辑，如 MPEG2-I、DV25、DV50、MPEG4，并且加入了 DVD 刻录功能。系统支持无限层视频、音频轨道编辑，视频、音频合成一次完成。在多层操作时，还可以提供实时的逐帧浏览功能。

X-Edit 提供了特技关键帧的高级曲线调整方式，所有特技的关键点之间的过渡效果都可以用曲线进行调节，使得关键点之间的过渡可以拥有丰富的特技效果。

X-Edit 添加了大洋特有的软特技，实现丰富的二、三维效果无需硬件板卡的支持。内置的几百种大洋软特效效果，软特效算法都经过优化，使特技运行效率得到提升。如：动态马赛克、跟踪马赛克、人物勾边、浮雕、素描、颜色调整等。特技采用插件技术，可以不断的升级，同时对特效进行相应的调整，可保存为新的固定特技使用。同时，系统还支持 Matrox 公司最新推出的 MAX 三维特技卡，可以完成卷页、粒子、翻转、变形、模糊、毛玻璃等三维特技效果。结合 MAX 三维特技卡，系统可以以实时的速度进行 MPEG-2 格式文件的输出。

X-Edit DV 内嵌功能强大的多层字幕效果 X-CG，可做到多层实时的字幕效果，同时提供几百种系统内置的字幕效果，如曲线运动、爆炸、虚化、旗飘、各种飞光等，支持导入多种格式的图像以及动画，包括 FLC 动画格式到字幕文件中，支持滚屏的淡入淡出效果、不同唱词入出方式调整，不规则曲线制作等。

另外，X-Edit 系统符合 Dayang Net2.0 规范，可使系统与大洋非线性编辑网络无缝连接，系统既可以作为便于携带灵活的单机产品，又能作为大洋网中的网编工作站进行节目的编辑工作。系统提供了通过 Internet 远程传输的能力，取代了通过磁带交流节目的方式，大大提高了节目交换的效率。

3. D^3-Edit 广播级非线性编辑产品

D^3-Edit 产品家族具备广播级高清与标清视频、音频处理能力，提供从 DV 到 HD 的完整解决方案。D^3-Edit 系列内置可扩展的先进软件编解码器，可以完成多种高标清压缩/非压缩视音频格式的采集、编辑和播放。系统基于高效能渲染引擎，确保编辑效率的同时保证了画面的高质量。全面考虑到高标清兼容的需要，提供灵活且实时的时间线级上下变换；D^3-Edit 配置的高质量视音频板卡提供全面的专业接口。系统还内置专业音频特效处理插件和 D^3-CG 专业图文动画制作软件，可轻松实现适用于高清电视环境下的 5.1 声道的环绕立体声音频制作和高清环境下的字幕的包装功能。开放式的架构允许用户将本地资源与第三方系统进行时间线级和素材级的交互。

四、Edius 系列非线性编辑软件

EDIUS 非线性编辑软件是日本 Canopus 公司在 1998 年发行的一款专门为广播电视和后期制作环境而设计的视频编辑软件，非常适合新式、无带化视频记录和存储设备的制作环境。它拥有基于文件工作的完善流程，提供了实时、多轨道、多格式混编、合成、色键、字幕和时间线输出功能。现在的 EDIUS 6 归属于美国草谷公司。

1. EDIUS 6

EDIUS 6 较前些版本，功能更加强大。该版本采用业内速度最快的 AVCHD 编辑格式，同时支持所有业内主流编解码格式，可以对包括 1080p 50/60 和 4K 数字电影格式、数字 SLR 摄像机（如佳能 EOS 系列）拍摄的视频内容进行编辑。在后期制作方面，EDIUS 6 的功能也有所扩展，多机位编辑增加至 16 路 ISO 摄像机码流，可选择多种画面显示方式。另外在视频遮挡、键控等高级编辑功能上也有所增强。

EDIUS 具有实时回放和输出所有的特效、键特效、转场和字幕。EDIUS 提供了 27 种实时视频滤镜，包括白平衡/黑平衡、颜色校正、高质量虚化和区域滤镜。此外，还具有实时色度键和亮度键功能，用于复合效果；具有完全的用户化 2D/3D 画中画效果。软件中的所有效果都易调整，还可以组合起来形成更多新的效果。

EDIUS 能够处理实时字幕和图文层。EDIUS 的动态和透明度控制允许用户叠放多个字幕层，字幕运动滤镜效果包括虚化、淡入淡出、飞像、划像和激光。快速便捷的创造精美、高质量的视频字幕。EDIUS 支持 DVRaptor RT2，DVStorm 和 DVRex RT 产品线，拥有无限视频和音频轨、多轨过渡特技、同步配音录制、更加灵活的三点和四点编辑、多种格式转换能力和实时输出、提供了空前的制作效率和灵活性。

EDIUS 还包括 Xplode for EDIUS 和 EDIUS FX，Canopus 先进的实时二维和三维视

频效果引擎。有可供选择的40多种特技组，每种都具有用户化的选择和多种预置功能，即便是最苛刻的视频编辑者，Xplode for EDIUS 和 EDIUS FX 也能够满足他们的要求。

EDIUS 同样保证了视频高质量的输出。EDIUS 通过采用以 ProCoder 转换软件包特有的技术，提供快速、高质量、多格式的输出功能。ProCoder LE - EDIUS 专用版本允许用户快速输出到 MPEG-1，MPEG-2，QuickTime RealVideo 和 Windows Media 格式，还有 Canopus 独有的 DV AVI 格式。

EDIUS 非线性编辑软件专为广播和后期制作环境而设计。实时编辑所有常用标清(SD)和高清(HD)格式，包括 Canopus 无损、Infinity JPEG 2000、DV、DVCAM、HDV、AVCHD、MPEG-2、AVC-Intra 和无压缩视频。

2. EDIUS NX 标清/高清实时数字非线性编辑系统

EDIUS NX 是先进的非线性编辑解决方案，具有编辑加速硬件和高品质的视频输入输出电路，同时具备专业的编辑设备接口。采用无缝的实时工作流程，混合编辑各种模拟、数字视频格式，无限的视频、音频和特效层，有广阔的升级空间可以平滑地过渡到高清世界。通过增加 HD 扩展选件可实现完善的 HD 输入/输出，并可将高清视频输出到高质量的监视器上预览。

五、AVID 的 MC 系列非线性编辑软件

Avid 公司创立于1987年，它的创始人比尔·沃纳通过两年不懈的努力，于1989年使 Avid Media Composer 成功问世。

Avid 从一开始就有非常高的平台，它从研发伊始就是为了做电影的剪辑，其制定的各项技术标准成为整个非线性编辑系统的行业标准，一直引领着行业发展的方向。在几十年的飞速发展中，Avid 从电影制作向电视制作大步挺进，早已获得了全球影视制作专业人员的广泛认可和好评。

全球2600家著名电视台采用了 Avid 全数字化电视整体解决方案。Avid 非线编辑类产品在中国拥有大量客户群体。其软件功能非常强大，多适合于一些大的影视公司和电视台使用。国内普遍使用的是：低端的 Avid Liquid 和 Avid Xpress Pro 版本。而一些大型电视台则使用的是 Avid MC 系列以及更高的产品。Avid 全面支持高清信号的采编、混编。目前 Avid 不仅推出了以苹果机为载体的工作站，还推出了以 PC 为载体的工作站，该工作站是建立在 XP 系统下的产品。

Avid 公司开发的软件版本中，Avid xpress 系列为家用级软件，适合非专业制作者对影视节目的制作需要。Avid Media Composer 为专业级软件，为影视制作专业人员提供更全面、标准更高的系统解决方案和制作手段，适用于专业级或广播级节目制作。Avid Mojo 是硬件加速器，是 Avid 自己研发的一款硬件产品，它主要针对 Avid Media Composer，帮助软件快速读取视频、音频数据，减轻计算机硬件负担，各种现行的接口标准极大地方便了用户对系统连接或扩展的需要。

从 Avid Media Composer 问世到现在，其系统已经成为非线性影片和视频编辑的标准。

Media Composer 系列产品为电影和视频专业制作人员，提供业界领先的后期制作解决方案。最新的 Media Composer 系列产品可以向 Mac 和 PC 平台用户提供实时的 HD、SD

和DV处理性能、更高的图像质量和无可比拟的媒体管理性能。专业人士可以选择的Media Composer解决方案组件，包括：

1. Media Composer软件

为专业人士提供强大的Media Composer创造性工具集，不包含任何附加的硬件设备。Media Composer软件适用于桌面电脑和笔记本电脑，可以为PC和Mac平台提供全面的HD支持性能，并可以充分发挥两个平台最新的多核CPU的强大处理性能。Media Composer软件还支持SD和HD素材全屏DVI输出，是所有分布式工作流程客户端的最佳软件产品。

2. 配备Avid Mojo® SDI Digital Nonlinear Accelerator™的Media Composer软件

增加一个全新的串行数字接口(SDI)输入/输出设备，用于非压缩SD摄取和实时的输出监控，并提供DV、HDV和DVCPRO HD火线连接性能。

3. Media Composer Adrenaline™

专为那些需要强大的模拟和数字输入/输出性能和硬件加速设备，来保障整体系统系能的专业人士而设计，将最佳的处理性能和最精确的DV、SD、HD影片编辑工具，与高性能设备结构整合在一起。

4. 配备Avid DNxcel™的Media Composer

增加10比特或8比特Avid DNxHD™ HD素材编码性能，通过采用Avid高质量媒体格式，编辑人员可以在SD带宽条件下，以10比特非压缩HD图像质量进行实时的HD编辑协作。

六、DPS的Velocity系列非线性编辑软件

DPS公司最早在加拿大成立，专门从事与广播电视行业相关的研发和制作工作。20世纪90年代曾推出多款具有非线性编辑功能的动画录制卡：PAR3100(1993年)、PVR3500(1995年)、SPARK(DV I/O卡(1997年)、RT5200/5250(1998年底)。1999年在香港成立了DPS China分公司，主要负责DPS产品在香港和中国内地的推广及售后服务。同年推出了"DPS Velocity"非线性编辑系统。2002年DPS全新推出了功能强大、先进的DPS VelocityQ四通道全实时非线性编辑系统；2004年底推出了具有划时代意义的产品VelocityHD，此款可以完全做到无压缩，二、三维实时，是一款极高质量的高清非线性编辑产品，在业界引起了轰动。2006年7月左右推出VELOCITY X无卡编辑软件。

1. 广播级双通道非线性编辑系统

全实时非线性编辑系统硬件平台采用的是DPS公司的Velocity，达到10比特数字量化，12比特的DVE处理。同时，Velcity8.2可实现多达五层的画面的实时生成，使视频、音频编辑完美的结合。支持600多种用户自定义的实时DVE特技，拥有强大的字幕功能。

2. 实时HD非线性编辑系统

VelocityHD是一款革命性的可兼容多格式的非线性编辑系统，向后期制作领域提供了一个强大且价位适中的HD优质解决方案。

VelocityHD对HD进行直接的非线性编辑并可以很方便地进行标清的编辑，VelocityHD提供的实时功能，保证了完全质量的二通道HD回放，二路动态图文和实时三维DVE选件。

（1）先进的硬件技术

VelocityHD 的核心是 ground-breaking 高级硬件，具有真实的双通道实时 HD 操作，实时多通道 SD 性能，压缩与无压缩视频格式兼容，以及额外的扩展性能。

在线回放两个 HD 视频通道，两个动态图文通道，以及真实的二通道实时 HD 划像和特效。一个实况 HD 视频通道（由摄像机或背景产生器提供），可与基于磁盘的通道合并。

VelocityHD 支持 1080i，1080Psf and 720p HD 格式以共用的帧率，附以 525 和 625 线（NTSC and PAL）的标清格式，VelocityHD 提供多样化的输入和输出选择。附加 HD/SDI I/O，高性能的 VGA HD 输出，支持 HD 回放并兼容 VGA 显示器显示，以减少高清显示的花费。HD 输出也向下兼容 SD 显示器显示，标清 I/O 也可通过 SDI 或 IEEE-1394 接口应用。支持 SDI 嵌入音频，也支持 AES/EBU I/O 和非平衡模拟监听。

Leitch Across-Card Edge eXpansion（LACEX）总线，提供了即时且直接的灵活性连接和开放式的硬件模块组件，以便于增加新的 HD 格式和性能。

（2）直观、灵活、可定制的用户界面

VelocityHD 可扩展的性能和直观的软件界面，全部的编辑特性帮助完成 Velocity 双通道非线性编辑和 VelocityQ 多通道 NLE 的工作。

VelocityHD 时间线包括了强大的创作能力和可兼容性，性能包括可变量的轨道缩放，静音和单视/音频轨，实时支持带 Alpha 通道的视频文件，多时间线支持，多素材编辑，能同时编辑和应用特效到多素材上。

VelocityHD 自定义界面包括一个宽泛的特性，以增强编辑界面和工作流程，以简易快速地扩展 VelocityHD 性能。

七、Final Cut Pro 非线性编辑软件

20 世纪 90 年代，苹果电脑凭借其优越的系统构架和人性化的图形用户界面，成为众多专业非线性编辑开发商首选的软硬件平台。目前，苹果拥有视频编辑软件 Final Cut Pro、图文创作软件 LiveType、编码转换软件 Compressor、24P 转换工具 Cinematools、音频处理软件 Sound track，特效合成软件 Shake（已停产）、实施效果软件 Motion、DVD 编著软件 DVD Studio Pro、专业音频软件 Logic Pro 的 Apple Mac Pro 工作站，凭借其强大的运算能力，成为影视后期制作中的一个"全能选手"和经典产品，构成了享誉业界的苹果专业视音频解决方案。

Final Cut Pro 是苹果公司开发的剪辑软件。其中 Final Cut Pro 7 是苹果公司荣获艾美奖的剪辑软件的最新版本，包括：新版 Apple ProRes 编解码器，可通过新增的 ProRes Proxy（用于低带宽的离线和移动编辑）实现对几乎所有工作流程的支持；用于通用剪辑的 ProRes LT；以及用于最高质量剪辑和视觉特效制作的 ProRes 4444。Easy Export 允许用户在进行后台编码的同时继续处理项目，而且序列可以导出到 YouTube、MobileMe™、iPhone™、iPod®、Apple TV®、DVD 或蓝光光盘。同时支持 iChat Theater，允许用户与世界任何地方的 iChat 用户共享 Final Cut® 时间轴或各个素材，即使没有 Final Cut Pro，也可以实现实时协作。改变剪辑速度的工具、利用动态遮罩创造过渡效果的 Alpha 过渡以及高品质 Panasonic 摄像头的原生 AVC-Intra 的支持。

Final Cut Pro 7 新增了大量的 ProRes 编解码器选项，使界面得以改进，协作工具简单易用。

第三节 非线性编辑软件选用的原则

非线性编辑软件有很多种,如何选择适宜的非线性编辑软件是很关键的。在选择软件时应该遵循技术为艺术服务的理念,在综合考虑多种情况的前提下找到适合的软件,而不是越新、越复杂的软件越好。

一、非线性编辑系统和软件选用的原则

非线性编辑软件有专业型和通用型两大类,在选择非线性编辑软件时,应根据需要选择合适的非线性编辑软件。选择非线性编辑软件时应遵循以下原则。

1. 经济实用性原则

非线性编辑系统是一个复杂的系统,各种结构的非线性编辑系统在性能、成本、管理等方面有着很大的差别。非线性编辑软件种类很多,在选择时可以根据需要,选择经济实用的系统和软件。

2. 先进性原则

非线性编辑技术日新月异,我们不能固步自封。在经济实用的基础上,要选用较新的非线性编辑软件。较新的、先进的软件在功能和兼容性方面得到提升,可以同时兼容多种格式的视频素材,在操作界面方面也更人性化,能更好地满足我们编辑视频的需要。

3. 循序渐进原则

初学者应该遵循循序渐进的原则,先选择比较容易操作的非线性编辑系统和软件,在掌握了一定的流程之后再学习较复杂的软件,这样可以达到事半功倍的效果。虽然非线性编辑软件有很多种,但是其基本操作流程很相似,学习了操作较简单的编辑软件再学习较复杂的会很容易。

二、非线性编辑系统和软件选用的方法——根据需要选择适宜的系统和软件

近年来,除电视台以外的媒体从业者不断涌现,他们独立制作影视作品、企业宣传片、内参、教学课件和婚庆视频,甚至直接给电视台供片。同时,随着技术的长足进步,包括非线性编辑在内的摄录编设备逐渐走下神坛,在广播级产品之外,逐渐出现了专业级和消费级的非线性编辑系统和软件。媒体从业者可以根据应用,选择一款最适合自己的非线性编辑系统和软件。

当前的视频、音频应用领域被划分为广播级、专业级和消费级。消费级应用主要指家庭应用,价格低廉,功能单一的软件。专业级应用和广播级应用的业务有重叠的部分,但又有各自不同的取向和侧重点。下面按两种应用在采购设备时的关注度排序,列出各自的五大关注点。

1. 专业级非线性编辑应用

(1) 保护投资。在大量传媒机构不断涌现的今天,影视制作市场竞争空前激烈,专业级用户在采购时根据预算和对投入产出比的预期,选择适合使用的高性价比产品。专业级产

品往往也以“板卡＋软件”的套装产品形态出现（比如大洋的 ME 专业非线性编辑产品），将工业设计和组装、储运等人工成本降至最低，就是为了给用户节省资金，让更多用户能够使用优质的产品。

（2）一机多能。受限于有限的设备和人力资源，专业影视制作机构往往需要全能型的工作站，在一台设备上完成节目制作。以大洋公司出品的 ME 系列产品为例，一个软件就可以完成采集、编辑、特效、字幕、音频、输出等各种功能，无须不同软件、不同设备间切换，省去了中间版本拷贝的时间，构建出一个高度集成化的桌面编辑环境。

（3）模板化的高效节目制作。专业级用户往往没有时间去制作自己的模版，如果有大量预置的模板就可以实现较短周期的高质量节目制作。比如 ME 就提供了大量来自专业机构积累的精美字幕模板，包括新闻标题、片头、滚屏、唱词、动画文件，用户的工作简化到只需替换其中的文字。同时预置的丰富特效、转场模板也使得制作周期短的节目拥有绚烂的效果。

（4）灵活的发布模式。专业级应用的发布方式更为多样，除了传统的用作与播出机构的节目交换以外，还存在生成网络流媒体文件、硬盘存档、刻录 DVD 光盘/蓝光光盘等多种发布方式。

（5）良好的系统备份还原能力。专业级应用的制作环境往往比较简单，一旦系统因断电等造成系统中断乃至崩溃，创意的损失将是不可估量的。所以，专业级设备也应有良好的系统备份还原能力。以 ME 为例，对故事板的操作可以实现实时备份，系统中断后也可以恢复到之前的任何一步操作；整套的数据库自动还原备份工具，保证即使系统崩溃，也可以完整恢复之前的工作状态和既有工作成果。

2. 广播级非线性编辑应用

（1）视频、音频指标。广播级应用对于音、视频质量要求有着明确的定义。无论是 CCIR601，还是高清演播室标准，都明确提出对 SDI 通道的要求。PQR、幅度、抖动、过冲、总谐波失真等，每一项都有极其严格的指标要求。比如 D^3-Edit 全部提供 SDI（标清或高清）接口，并且全部指标符合广电总局甲级标准。

（2）严密的设备使用权限管理。用户的制作部门，越来越像一个大工厂，产出的是节目，而编辑设备就像工厂中隆隆作响的生产工具，设备的使用管理非常严密。什么人可以使用什么设备，使用设备中的哪些功能，可以使用多长时间，都需要专业的软件进行管理。而一个使用者可以使用多少硬盘空间，有没有权限对共享素材进行调用、修改、删除操作都有明确的定义。所有这些都需要有效的管理，否则就是事故。

（3）多人、多部门配合节目生产。大量时效性极强的节目需要多专业的通力协作，就像汽车工厂的流水线作业。新闻有文稿、有串联单、有通稿；专题有脚本、分镜头本、场记和导演笔记；即使一般的栏目也有包装、音频制作的需求；最后所有节目可能都需要分布式的合成打包、转码迁移、技术审查、归档等。非线性编辑作为编辑的核心设备，需要与各个子系统打交道，与新闻、收录、打包、转码、播出、演播室、媒资都要有接口，让视频、音频不仅要行得通，还要行得快、自动化。

（4）Turnkey 安全保证。广播级非线性编辑一般提供 TurnKey（开钥匙，意即整机交付，用户只负责开机即可应用），这背后是整个设计、生产和质控团队的努力。以 D^3-Edit 为例，它的整机结构、前后面板及接口、风道、散热都经过精细设计，出厂前必须进行高温、高湿以及长时间烤机；ISO、CCC、CE、RoHS认证一个都不能少。

(5) 海量数据管理。正在制作中的节目、待播/正播的节目、存档的珍贵历史镜头，无不受到严密保护。加上成千上万的素材，搜索、查询压力都很大。数据库作为基础层应用，广播级应用通常选用企业级数据库产品配合包括非线性编辑在内的制作设备使用，比如Oracle、IBMDB2、SQLSever2005等。

通过以上分析可以看出，由于业务特征不同，用户在选购非线性编辑设备时有着不同的侧重点。但是以上谈到的也不是绝对的。随着用户视频制作越来越专业化，对所用设备提出更高的要求。专业级用户中拥有演播室，或者拍摄高清电视剧的也不在少数。相反，电视台用户也在进军以往没有涉及的领域，比如开办网站进行直播、点播，移动电视、手机电视业务的开展，发布渠道也逐渐丰富起来。顺应这种潮流，广播级非线性编辑和专业级非线性编辑各自都在不断发展、完善自我，这两类产品从功能、价位和应用方面都可能会产生一些交叉。选择什么，还要看应用而定。

作为非线性编辑的入门学习软件，通常情况下选择Adobe Premiere软件，这是一款专业领域里的基础软件，操作简单，与专业编辑系统的操作基本一致，如果熟练掌握了premiere的操作，其他各种各样的非线性编辑系统都容易操作。因此，本书将详细讲解Premiere的操作。

课后习题

1. 简述非线性编辑系统的工作流程及输出格式。
2. 简述常用的非线性编辑软件及其代表性产品。
3. 简述选择非线性编辑系统的基本原则。

第二篇　基础应用篇

第五章
Premiere 的工作环境设置

本章提要

本章主要介绍 Adobe Premiere Pro CS6 的工作流程和界面窗口的属性设置，包括 Adobe Premiere Pro CS6 的运行环境、Adobe Premiere Pro CS6 的工作流程及 Adobe Premiere Pro CS6 的参数设置。

第一节　Adobe Premiere Pro CS6 概述

一、Premiere Pro CS6 简介

Premiere 最早是 Adobe 公司基于苹果(Macintosh)平台开发的视频编辑软件,经历了十几年的发展,其功能不断扩展,被业界广泛认可,成为数字视频领域普及程度最高的编辑软件之一。

Adobe Premiere Pro CS6 是 Adobe 公司于 2012 年 4 月 26 日发布的版本,它可以实时编辑 HD、SD 和 DV 格式的视频影像,其功能更加强大,能更好地满足专业和广电领域的需求。它可以和 Adobe 公司的其他软件进行完美结合,获得了更为广泛的硬件支持,使得 Adobe Premiere Pro CS6 的功能更加强大,其简单的操作和友好界面,使之成为非线性编辑中的优秀软件。

二、Premiere 的发展历史

以前,视频编辑只能在高级的非线性编辑工作站进行。1993 年,Adobe 推出了 Premiere 的早期版本 Premiere for Windows,那时的 Premiere 功能十分简单,只有两个视频轨道和一个立体声音频轨道。

随着奔腾处理器的出现,PC 的性能有了长足的发展,对多媒体处理的性能也不断提高。1995 年 6 月,Adobe 公司推出了 Premiere for Windows 3.0,这个版本可以实现很多专业非线性编辑软件的功能,PC 真正实现了专业的非线性编辑。

在 Premiere 3.0 和 Premiere 4.0 获得成功后,Adobe 公司又于 1998 年推出了功能更为强大的 Premiere 5.0,迅速占领了 Mac 和 PC 平台的市场,成为这两个平台上使用范围最广的视频编辑软件。

为了巩固 Premiere 的低端市场并力求占领高端市场,Adobe 于 2003 年 7 月发布了 Premiere 的第七个正式版本——Premiere Pro,并于 2004 年 6 月对其进行了部分升级,推出 Premiere Pro 1.5。

这两个版本相对于以前的版本可以说是革命性的进步,将之前的 A/B 轨编辑模式变为更加专业的单轨编辑模式,可以实现序列嵌套,还加入了新的色彩校正系统和强大的音频控制系统等高级功能。

Premiere Pro 的诞生在 PC 平台和 Windows XP 系统上建立了数码视频编辑的新标准,将软件提升到了一个新的高度,为进一步开拓市场、赢得更多的用户奠定了基础。

2003 年 9 月,Adobe 发布 Creative Suite(创意套装)软件系列,简称 CS。2006 年 1 月,Adobe 正式发布 Production Studio 软件套装,是 CS2 家族中的一部分,其中主要包括:After Effects 7.0,Premiere Pro 2.0,Audition 2.0 和 Encore DVD 2.0,还有 Adobe CS2 套装中的 Photoshop CS2 和 Illustrator CS2。

Production Studio 套装中的软件组成了一条完美的工作流程:After Effects 7.0 可以高效、精确地创建各种动态图形和视觉效果;Premiere Pro 2.0 可以获取和编辑几乎各种格

式的视频，并按需进行输出；Audition 2.0 集音频录制、混合、编辑和控制于一身，可轻松创建各种声音，并完成影片的配音和配乐；而 Encore DVD 2.0 可以将视频内容创建刻录为带有环绕声的音频解码和动态菜单的专业级 DVD。

2012 年 4 月 Adobe 公司发布了 Adobe CS6 软件套装，其中包括最新的 Premiere Pro CS6，在用户界面和操作上进行了大幅度的提升，并且只支持 64 位系统。这套软件可以实时编辑 HD、SD 和 DV 格式的视频影像，其功能更加强大，能更好地满足专业和广电领域的需求。并且可以和 Adobe 公司的其他软件进行完美结合，获得了更为广泛的硬件支持，使得 Premiere Pro cs6 的功能更加强大。

第二节　Adobe Premiere Pro CS6 的工作流程

一、Adobe Premiere Pro CS6 的运行环境

Premiere Pro CS6 对系统要求比较高，下面是 Windows 平台下的硬件环境要求：

- 需要支持 64 位 Intel Core2 Duo 或 AMD Phenom II 处理器
- Microsoft Windows 7 Service Pack 1(64 位)
- 4GB 的 RAM(建议分配 8GB)
- 用于安装的 4GB 可用硬盘空间；安装过程中需要其他可用空间(不能安装在移动闪存存储设备上)
- 预览文件和其他工作文件所需的其他磁盘空间(建议分配 10GB)
- 1280×900 显示器
- 支持 OpenGL 2.0 的系统
- 7200 RPM 硬盘(建议使用多个快速磁盘驱动器，首选配置了 RAID 0 的硬盘)
- 符合 ASIO 协议或 Microsoft Windows Driver Model 的声卡
- 与双层 DVD 兼容的 DVD-ROM 驱动器(用于刻录 DVD 的 DVD+-R 刻录机；用于创建蓝光光盘媒体的蓝光刻录机)
- QuickTime 功能需要的 QuickTime 7.6.6 软件
- 可选：Adobe 认证的 GPU 卡，用于 GPU 加速性能

下面是 Mac OS 平台的硬件要求：

- 支持 64 位多核 Intel 处理器
- Mac OS X v10.6.8 或 v10.7
- 4GB 的 RAM(建议分配 8GB)
- 用于安装的 4GB 可用硬盘空间；安装过程中需要其他可用空间(不能安装在使用区分大小写的文件系统卷或移动闪存存储设备上)
- 预览文件和其他工作文件所需的其他磁盘空间(建议分配 10GB)
- 1280×900 显示器
- 7200 RPM 硬盘(建议使用多个快速磁盘驱动器，首选配置了 RAID 0 的硬盘)

- 支持 OpenGL 2.0 的系统
- 与双层 DVD 兼容的 DVD-ROM 驱动器(用于刻录 DVD 的 SuperDrive 刻录机;
- 用于创建蓝光光盘媒体的蓝光刻录机
- QuickTime 功能需要的 QuickTime 7.6.6 软件
- 可选:Adobe 认证的 GPU 卡,用于 GPU 加速性能

二、Adobe Premiere Pro CS6 的常用窗口

1. Project(项目)窗口

Project(项目)窗口是一个素材文件的管理器,进行编辑操作之前,要先将需要的素材导入其中。Premiere 利用 Project(项目)窗口来存放和管理素材。

将素材导入 Project(项目)窗口中后,将会在其中显示文件的缩略图和文件名字、持续时间,如图 5-1 所示。

图 5-1 Project(项目)窗口

图 5-2 Source(素材源)窗口

2. Source(素材源)窗口

Source(素材源)窗口是用来播放视频、音频素材的窗口,用来监控素材内容,也可以在其中设置素材的入点和出点,改变静止图像的持续时间,设立标记等,如图 5-2 所示。

3. Timeline(时间线)窗口

Timeline(时间线)窗口是用来组装和编辑影像的,此窗口中包括一个编辑工具框。时间线窗口水平地显示时间,时间靠前的片段出现在左边,靠后的出现在右边,影片时间由时间线窗口顶部的时间标尺表示,如图 5-3 所示。

图 5-3 Timeline(时间线)窗口

4. Audio Mixer(调音台)窗口

Adobe Premiere Pro CS6 具有专业的音频处理能力。调音台窗口可以有效地调节节目的音频,可以实时混合各轨道的音频对象。用户可以在影片 Audio Mixer(调音台)窗口中选择相应的音频控制器进行调节,控制 Timeline(时间线)窗口对应轨道的音频对象,如图 5-4 所示。

图 5-4 【调音台】窗口

5. Tools(工具)面板

Tools(工具)面板为编辑影片提供了常用的工具,通过它可以对素材进行移动、选择、调节、分段等操作,如图 5-5 所示。

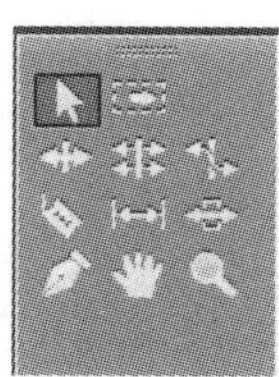

图 5-5 【工具】面板

6. History(历史)面板

History(历史)面板可以记录用户的每一步操作,如果执行了错误的操作,可以单击 History(历史)面板中的相应的步骤,返回到错误之前的某一个状态,如图 5-6 所示。

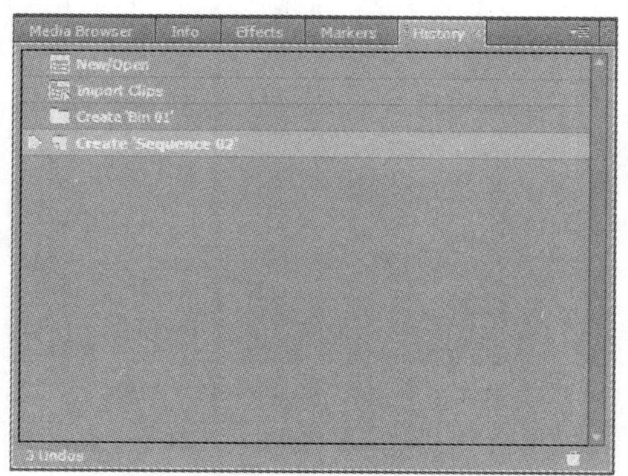

图 5-6 History(历史)面板

7. Effects(特效)面板

Effects(特效)面板用于存放视频、音频切换效果和特技效果，是进行视频编辑的重要部分，主要针对时间线上的素材进行特效处理，如图 5-7 所示。

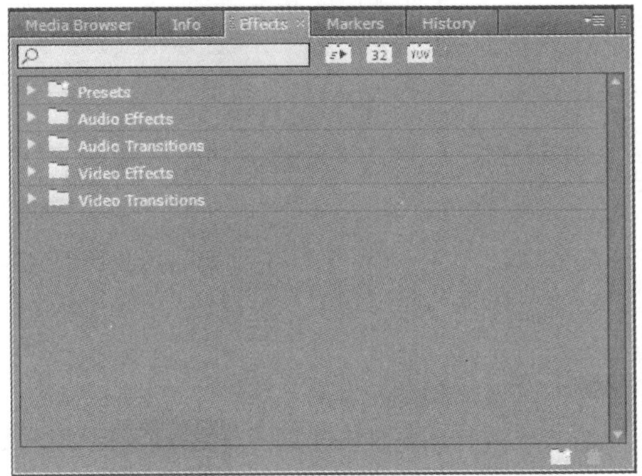

图 5-7　【特效】面板

8. Effect Controls(效果控制)面板

Effect Controls(效果控制)面板主要用于对各种特效进行参数设置，当一种特效添加到素材中时，该面板将显示该特效的相关参数，通过参数可以控制对象的运动、透明度、切换等，以便达到所需要的效果，如图 5-8 所示。

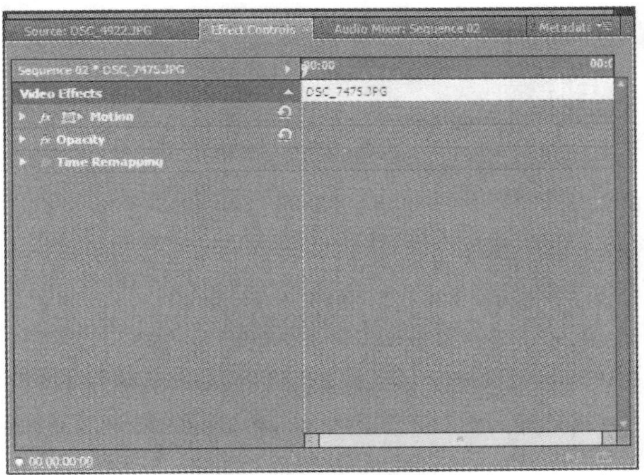

图 5-8　【效果控制】面板

三、Adobe Premiere Pro CS6 的命令菜单

Adobe Premiere Pro CS6 的命令菜单如图 5-9 所示。

图 5-9　【命令】菜单

1. File（文件）菜单

File（文件）菜单主要用于对文件进行操作，主要包括 New（新建）、Open Project（打开项目）、Close Project（关闭项目）、Save（保存）、Save As（另存为）、Capture（采集）、Import（输入）、Export（输出）和 Exit（退出）等文件操作的基本命令，如图 5-10 所示。

File Edit Project Clip Sequence Marker Title W
New ▸
Open Project... Ctrl+O
Open Recent Project ▸
Browse in Adobe Bridge... Ctrl+Alt+O
Close Project Ctrl+Shift+W
Close Ctrl+W
Save Ctrl+S
Save As... Ctrl+Shift+S
Save a Copy... Ctrl+Alt+S
Revert
Capture... F5
Batch Capture... F6
Adobe Dynamic Link ▸
Adobe Story ▸
Send to Adobe SpeedGrade...
Import from Media Browser Ctrl+Alt+I
Import... Ctrl+I
Import Recent File ▸
Export ▸
Get Properties for ▸
Reveal in Adobe Bridge...
Exit Ctrl+Q

图 5-10 【文件】菜单

Edit Project Clip Sequence Marker Title W
Undo Ctrl+Z
Redo Ctrl+Shift+Z
Cut Ctrl+X
Copy Ctrl+C
Paste Ctrl+V
Paste Insert Ctrl+Shift+V
Paste Attributes Ctrl+Alt+V
Clear Backspace
Ripple Delete Shift+Delete
Duplicate Ctrl+Shift+/
Select All Ctrl+A
Deselect All Ctrl+Shift+A
Find... Ctrl+F
Find Faces
Label ▸
Edit Original Ctrl+E
Edit in Adobe Audition ▸
Edit in Adobe Photoshop
Keyboard Shortcuts...
Preferences ▸

图 5-11 【编辑】菜单

2. Edit（编辑）菜单

Edit（编辑）菜单主要用于制作节目时的编辑操作，主要包括 Undo（撤销）、Cut（剪切）、Copy（复制）、Paste（粘贴）、Preferences（参数设置）等，如图 5-11 所示。

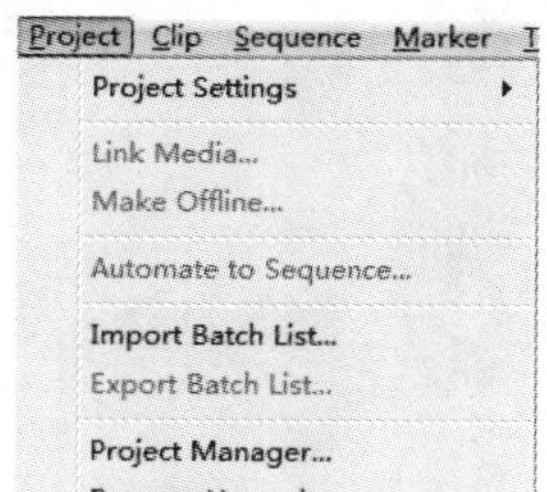

图 5-12 Project（项目）菜单

3. Project（项目）菜单

Project（项目）菜单主要用于进行工作项目的设置，以及针对项目窗口的一些操作，包括 Project Settings（项目设置）、Import Batch List（导入批量列表）、Project Manager（项目管理）等操作，如图 5-12 所示。

4. Clip（素材）菜单

Clip（素材）菜单主要用于对素材片段的编辑操作，包括 Rename（重命名）、Insert（插入）、Overwrite（覆盖）、Enable（启用）、Link（捆绑）、Group（成组）、Ungroup（解组）和 Speed/Duration（速度/长度）设置等命令，如图 5-13 所示。

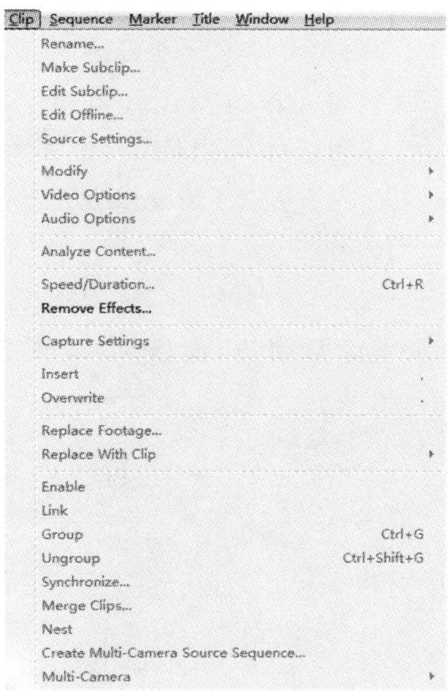

图 5-13 Clip(素材)菜单

5. Sequence(序列)菜单

Sequence(菜单)主要用于轨道属性和预演切换特效的设置,包括 Render Effects in Work Area(预演工作区)、Apply Video Transition(应用视频切换特效)、Add/Delete Tracks(添加/删除轨道)、导入/导出素材记录等操作,如图 5-14 所示。

6. Marker(标记)菜单

Marker(标记)菜单主要用来 Mark In(设置入点)、Mark Out(设置出点)、Add Marker(添加标记)等。主要用来对素材入点、出点和编号进行设置,是视频编辑中基础性的实用命令,如图 5-15 所示。

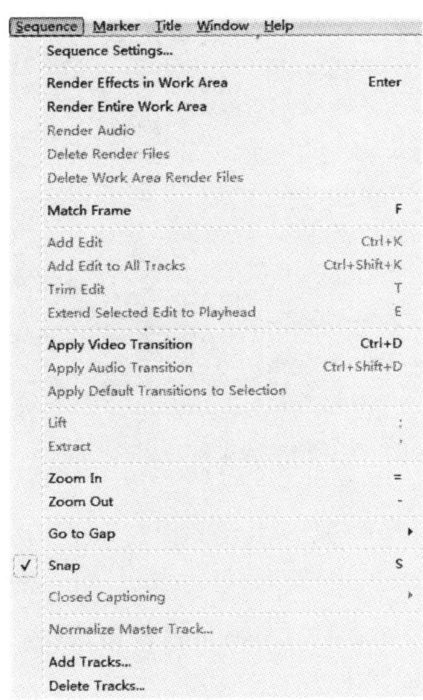

图 5-14 Sequence(序列)菜单

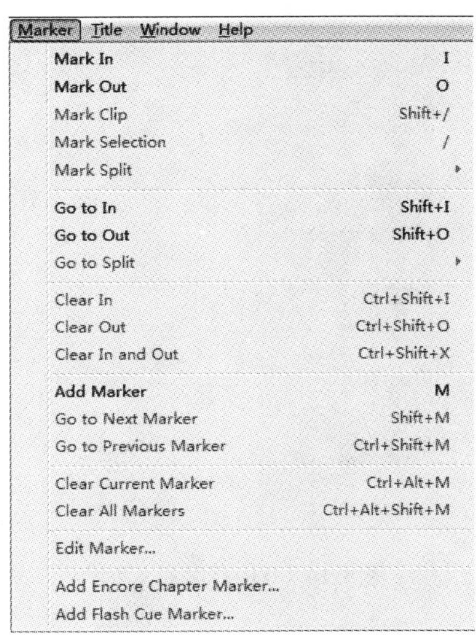

图 5-15 Marker(标记)菜单

7. Title(字幕)菜单

只有选择了 File(文件)/Title(字幕)/New Title(新建字幕)命令，或是使用其他方法打开字幕对话框，Title 菜单中的大部分命令才可以使用，该菜单主要用于设置文字的 Font(字体)、Size(字号)、Type Alignment(对齐方式)、Orientation(方向)、Position(位置)等操作，如图 5-16 所示。

8. Window(窗口)菜单

Window(窗口)菜单用于显示或隐藏窗口、面板，以及整个界面的不同显示状态，如图 5-17 所示。

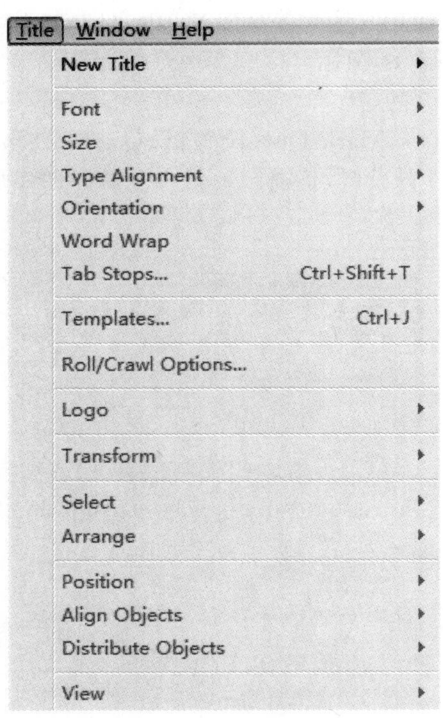

图 5-16 Title(字幕)菜单

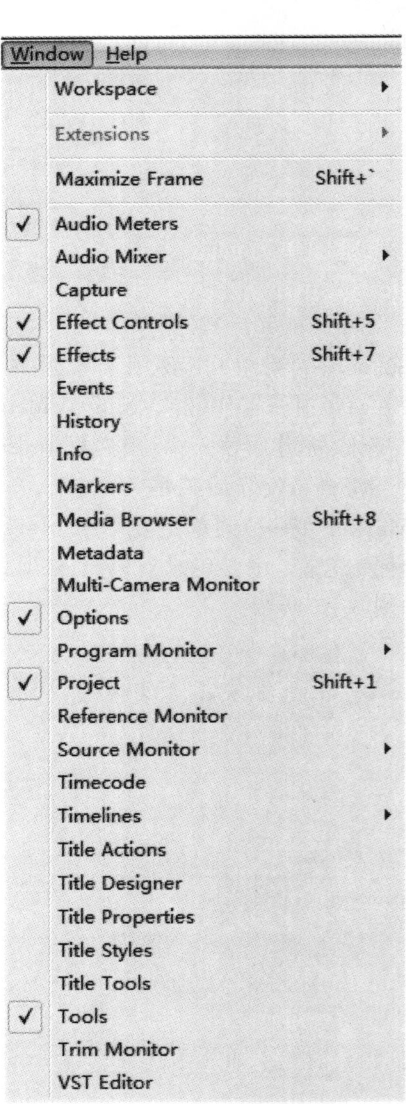

图 5-17 Window(窗口)菜单

9. Help(帮助)菜单

Help(帮助)菜单主要用于提供对 Adobe Premiere Pro CS6 内容的帮助,还可以连接 Adobe 网址,寻求在线帮助,享受在线服务,如图 5-18 所示。

四、Adobe Premiere Pro CS6 的基本工作流程

1. Adobe Premiere Pro CS6 的启动

选择【开始】/【所有程序】/Adobe Premiere Pro CS6 命令,便可启动 Adobe Premiere Pro CS6 软件。如果已经在桌面上创建了快捷方式,则直接双击桌面上的快捷方式图标,也可启动该软件,启动页面如图 5-19 所示。

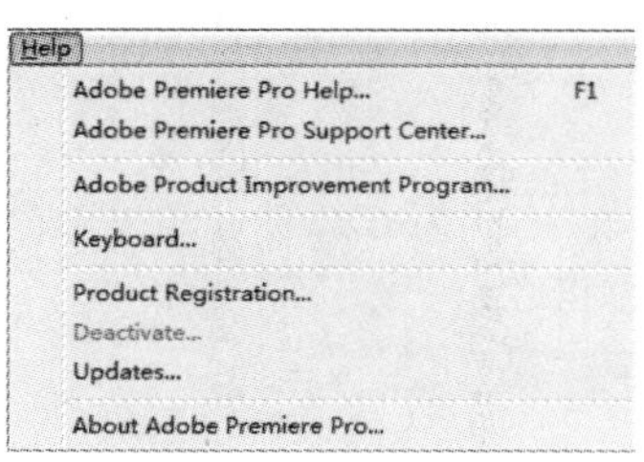

图 5-18 Help(帮助)菜单

图 5-19 启动页面

启动程序后将出现欢迎界面(如图 5-20 所示),在欢迎界面的上部,用蓝色字体显示了最近使用过的项目文件,可以通过单击打开其中的一个文件;在文件的下方有三个按钮,可以单击 New Project(新建项目)可以创建一个新的项目文件,也可以单击 Open Project(打开项目)打开一个已经存在的项目文件,还可以单击 Help(帮助)打开 Adobe Premiere Pro CS6 的帮助系统,以便进行学习。

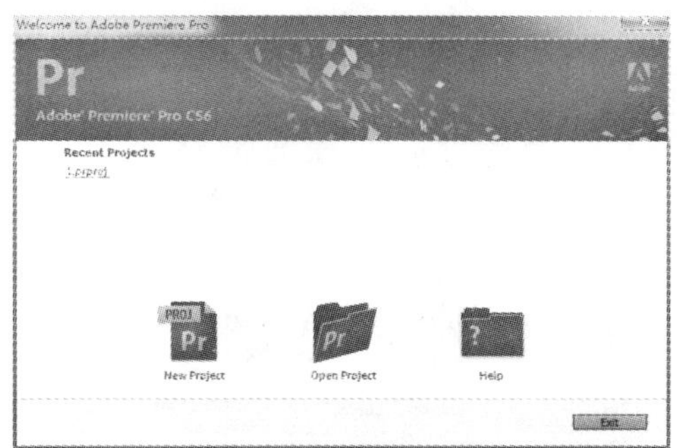

图 5-20 欢迎界面

2. Adobe Premiere Pro CS6 的基本工作流程

如果是初次使用 Adobe Premiere Pro CS6 软件,一般要创建一个新的项目,创建的操作流程如下。

(1) 新建一个项目

① 启动 Adobe Premiere Pro CS6,弹出新建项目对话框,如图 5-21 所示。

General(常规)面板,设置 Video(视频)Audio(音频)的显示格式、Capture(采集)的采集格式。

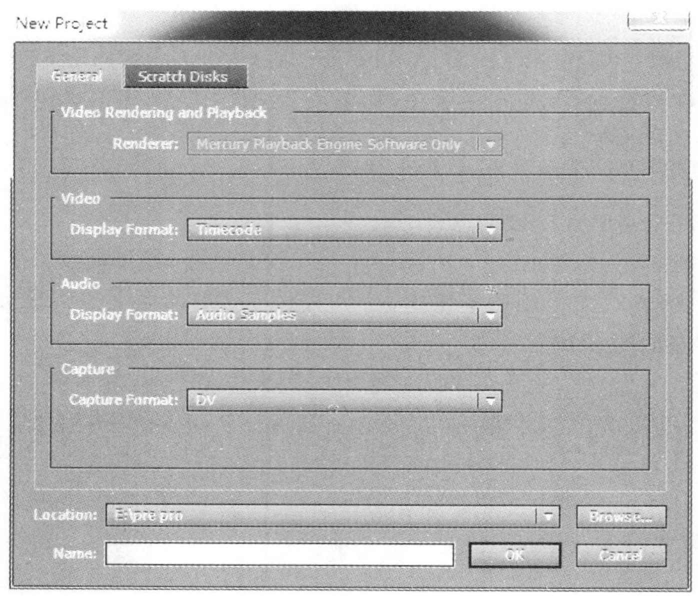

图 5-21　General(常规)面板

Scratch Disks(暂存盘)面板，设置暂存文件路径，包括 Captured Video(视频采集)，Captured Audio(音频采集)，Video Previews(视频预览)，Audio Previews(音频预览)，如图 5-22 所示。

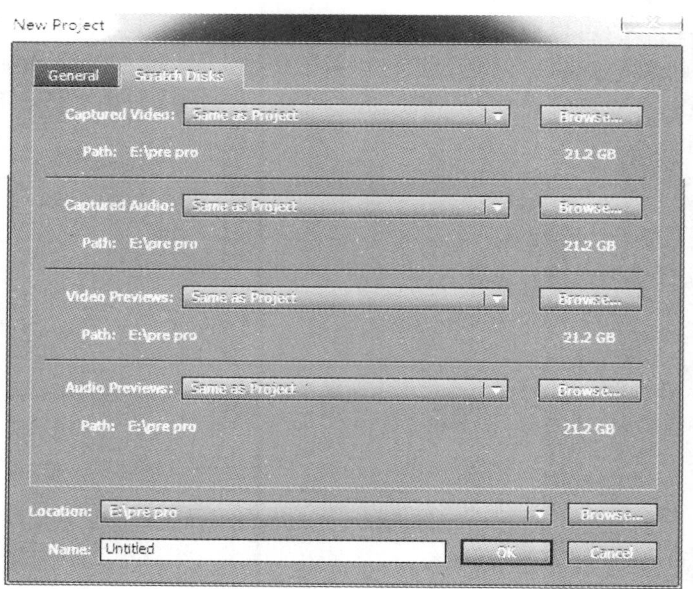

图 5-22　Scratch Disks(暂存盘)面板

② 弹出 Sequence Presets(加载预置)面板，列出了常用的视频编辑设置，选择需要的参数即可，如图 5-23 所示。

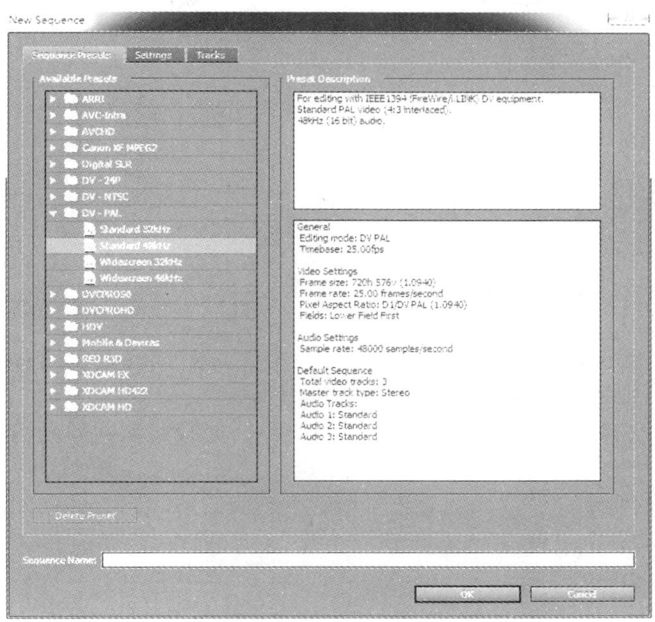

图 5-23　加载预置面板

③ 如果需要自设参数，可以单击 Settings(自定义设置)面板，设置自定义参数，包括 Editing Mode(编辑模式)，Timebase(时间基准)，Frame Size(画幅大小)，Pixel Aspect Ratio (像素纵横比)，Fields(场)等，如图 5-24 所示。

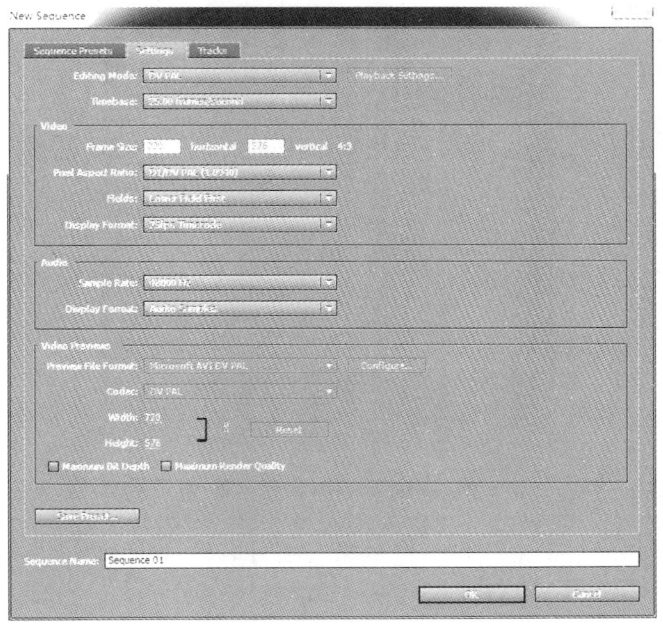

图 5-24　Settings(自定义设置)面板

④ Tracks(轨道设置)，可以设置视频、音频轨道数量，以及音频轨道类型，如图 5-25 所示。

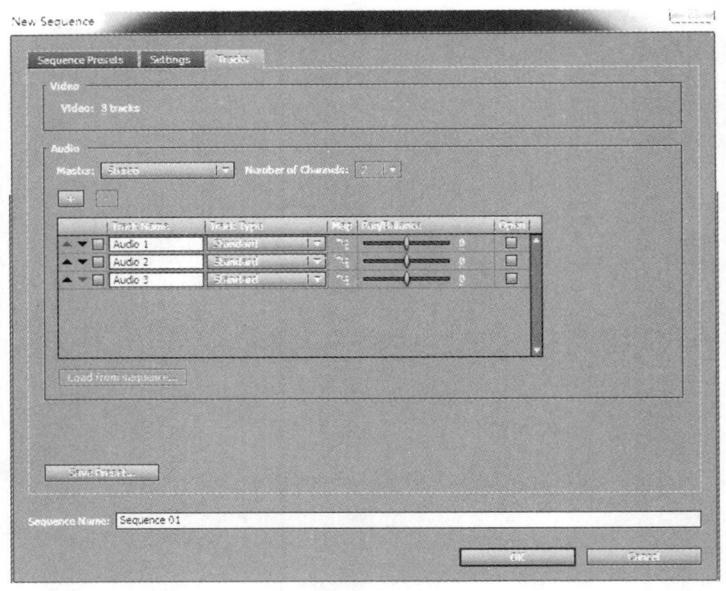

图 5-25　Tracks(轨道设置)面板

⑤ 单击 Save Preset(保存设置)按钮，打开 Save Preset 对话框，可以将设置好的参数进行保存，以便下次直接调用，省去每次都设置的麻烦，如图 5-26 所示。

图 5-26　Save Preset(保存设置)对话框

完成上述操作后，在 Name(名称)栏中输入项目名称，Location(路径)栏中输入保存路径，单击 OK 按钮完成一个新项目的建立。

设置完成后，单击 OK 按钮，即可完成 Premiere 的启动，进入操作界面(如图 5-27 所示)，Premiere Pro CS6 默认的操作界面为编辑模式。

(2) 导入素材

在 Project(项目)窗口的空白处双击，弹出“导入”对话框，打开指定文件夹中的文件，把

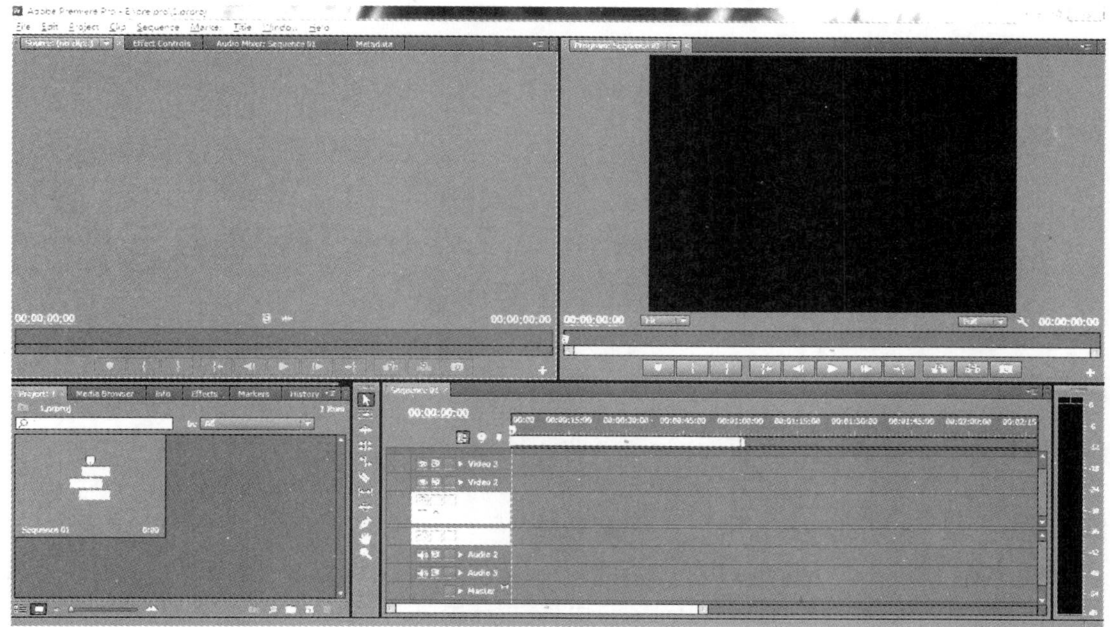

图 5-27　操作界面

素材导入到 Project(项目)窗口中。

(3) 整合并剪辑素材

① 在素材窗口中检索素材内容,根据需要对素材进行剪裁。

② 在 Timeline(时间线)窗口中装配和编辑素材。

③ 对 Timeline(时间线)窗口中的素材应用切换特效和设置运动。

(4) 嵌套序列

Adobe Premiere Pro CS6 允许将一个序列加入另一个序列作为素材使用,这种动作被称为嵌套。

(5) 应用特效

Adobe Premiere Pro CS6 中,可以使用特效对素材片段进行处理。例如,调整影片色调、进行抠像以及进行艺术化设置等。

(6) 加入声音

加入声音素材后,整个影片更加具有震撼力。基于轨道音频编辑,Adobe Premiere Pro CS6 中的混音器相当于一个全功能的调音台,几乎可以实现各种音频编辑。Adobe Premiere Pro CS6 中还支持实时音频编辑,使用合适的声卡可以通过麦克风进行录音或者混音输出 5.1 环绕声。

(7) 添加字幕

字幕是影片中的重要元素,Adobe Premiere Pro CS6 提供了功能强大的字幕制作工具,可以建立字幕与图形,并可以对其随时修改。

(8) 保存项目

Premiere Pro CS6 将用户对项目进行的所有编辑操作,以及所使用到的素材可以全部保存在一个扩展名为.prproj的文件中。

（9）渲染输出

最后工作就是将完成的节目渲染输出为独立的数字视频文件，使用相应的视频播放器可以观看最后效果。

第三节 Adobe Premiere Pro CS6 项目参数与环境参数的设置

在进行视频编辑之前，为了更好地进行操作，可以对 Adobe Premiere Pro CS6 软件的项目参数和环境参数进行修改，以更好地符合操作习惯。

一、项目参数设置

初次使用 Adobe Premiere Pro CS6，运行后会出现 New Sequence（新建序列）面板，可以看到默认情况下将打开 Sequence Presets（加载预置）选项卡，如图 5-28 所示。

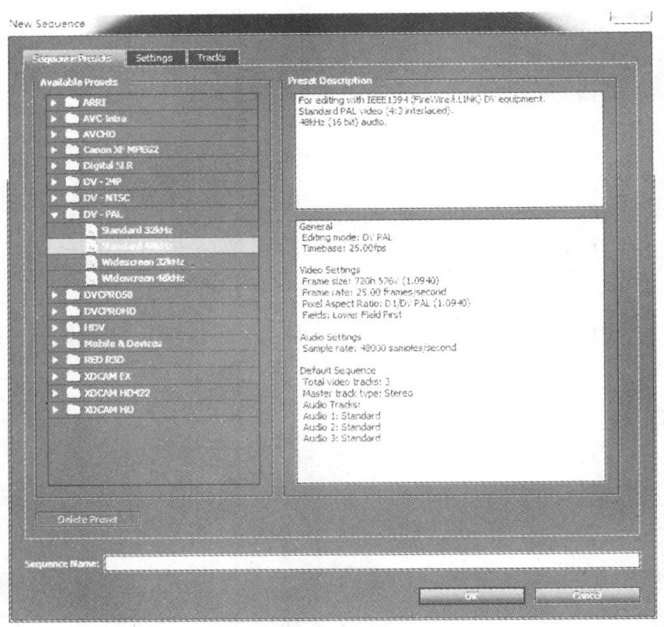

图 5-28 Sequence Presets（加载预置）选项卡

在 Available Presets（有效预置模式）选项组中，可以选择默认的模式，以默认的形式创建一个新项目，在 Presets Description（描述）选项组中，可以看到相应模式的相关参数。

为了适合不同用户的需求，还设置了 Settings（自定义设置）选项卡，以定义自己需要的参数，如图 5-29 所示。

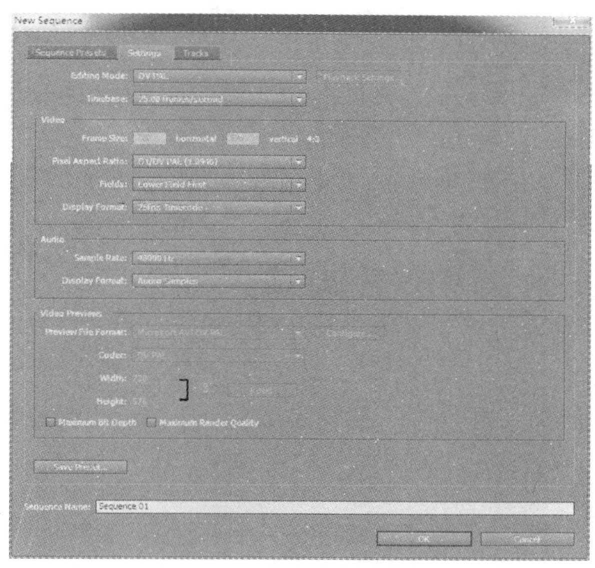

图 5-29 Settings(自定义设置)选项卡

1. 模式设定

(1) Editing Mode(编辑模式):可以设置编辑素材的方式,如 PAL 制式或 NTSC 制式等,可以根据需要自定义。

(2) Timebase(时间基准):设置每秒钟视频被分配的帧数,不同的编辑模式,其下拉菜单的内容也不同。比如编辑电影时应选择 24,编辑 PAL 和 SECAM 制式的视频文件时应选择 25,编辑出版 NTSC(北美标准)制式的视频文件时应选择 29.97,编辑其他视频时可以选择 30。

2. Video(视频)

(1) Frame Size(画幅大小):即视频的画面大小。可以自由设置,也可以使用默认大小,PAL 制式的标准尺寸为 720 * 576 像素,NTSC 制式为 720 * 480 像素。若只是在设计阶段可以采用较小的屏幕尺寸,这样可以得到较快的预览生成速度,编辑完成后更改成需要的尺寸来输出。

(2) Pixel Aspect Ratio(像素纵横比):用来为单个像素设定宽高比,对于模拟视频、扫描图像和计算机生成图形,选择方形像素就可以了,当然也可以使用视频本身的格式。

(3) Fields(场):视频扫描的一个过程,分奇数场和偶数场,一般情况下选择“无场”。

(4) Display Format(显示格式):设置视频显示格式,可以更加精确地设置帧速率。

(5) 字幕安全区域:设置字幕显示的安全范围。因为在视频播放时,有些在安全范围外的图像或文字会模糊或不显示,所以,字幕安全范围可提示字幕的有效范围,避免出现错误。

(6) 动作安全区域:与字幕安全范围类似,是用来设置动作的安全范围。

3. Audio(音频)

(1) Sample Rate(取样值):音频的采样频率,频率越高音频质量越好。

(2) Display Format(显示格式):音频的显示格式设置。

4. Video previews(视频渲染参数区)的含义

(1) Preview File Format(文件格式):与编辑模式相对应,用来选择文件的格式。

(2) Codec(压缩)：用来设置预演视频时的压缩模式。

(3) Width(宽度)，Height(高度)设定。

(4) Maximum bit Depth(最大位数深度)：设置以最大位深的形式进行视频渲染。

(5) Maximum Render Quality(最高质量渲染)。

此外，在 Tracks(默认序列)面板中，可以对默认的时间线进行设置，包括视频、音频、视频的轨道数和音频声道，如图 5-30 所示。

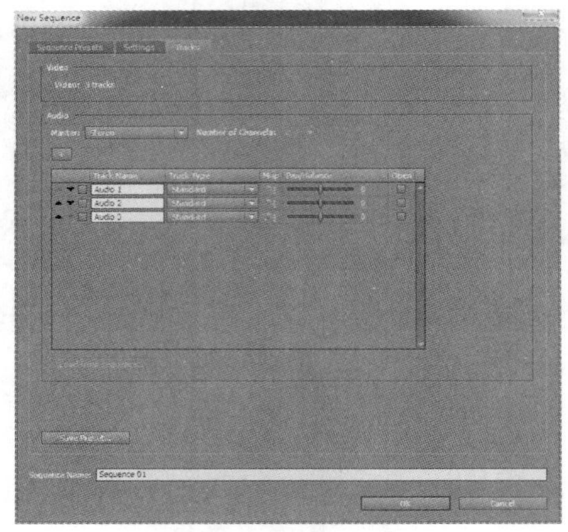

图 5-30　Tracks(默认序列)选项卡

二、环境参数设置

环境参数主要是对 Adobe Premiere Pro CS6 的环境进行设置，以便于更好地编辑操作。选择 Edit(编辑)/Preferences(参数)可以看到一个子菜单，如图 5-31 所示，从中任意选择一个命令，可以打开 Preferences(参数)对话框。

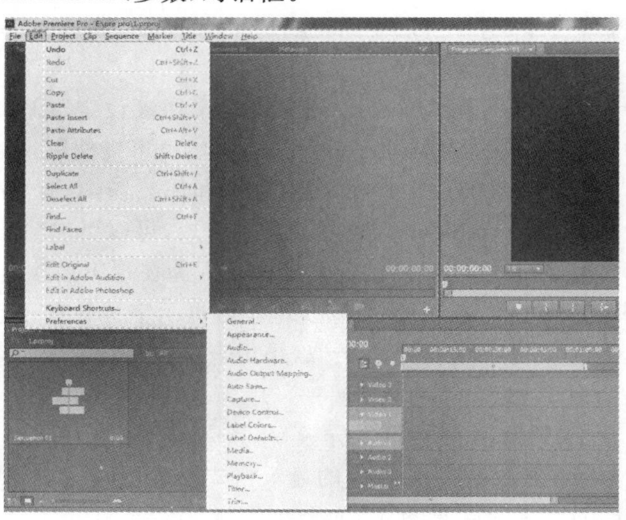

图 5-31　Edit(编辑)/Preferences(参数)

1. General(常规)选项卡

General(常规)选项卡主要设置基本的参数,如图 5-32 所示。

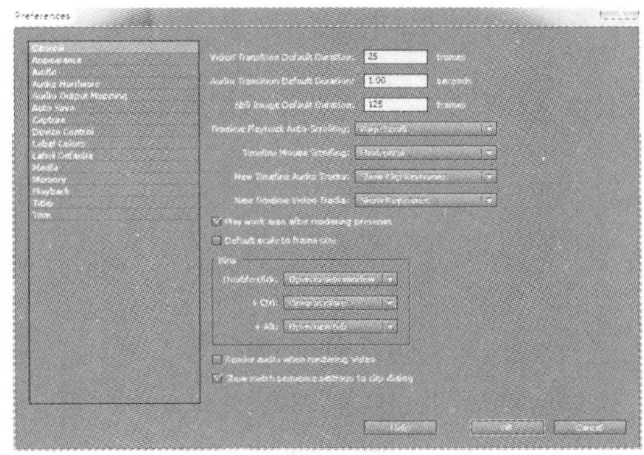

图 5-32　General(常规)选项卡

(1) Video Transition Default Duration(视频切换默认持续时间):设置视频在切换到另外一个画面时,所需要的帧数,默认为 25 帧。

(2) Audio Transition Default Duration(音频切换默认持续时间):设置音频在切换到另一个音频时,所需要的时间,默认为 1 秒钟。

(3) Still Image Default Duration(静帧图像默认持续时间):设置导入的静止图像的持续帧数,默认为 125 帧。

(4) Timeline Playback Auto-Scrolling(时间线自卷播放):设置时间线重放时的滚动,可以设置为不滚动、逐页滚动和平滑滚动。

(5) Play work area after rendering previews(渲染后播放工作区):设置在预演后播放视频。

(6) Show match sequence settings to clip dialog(默认画面宽高比为项目设置大小):选中后,将以默认的形式显示缩放比例。

2. Appearance(用户界面)选项卡

Appearance(用户界面)选项卡主要对用户界面进行亮度设置,如图 5-33 所示。

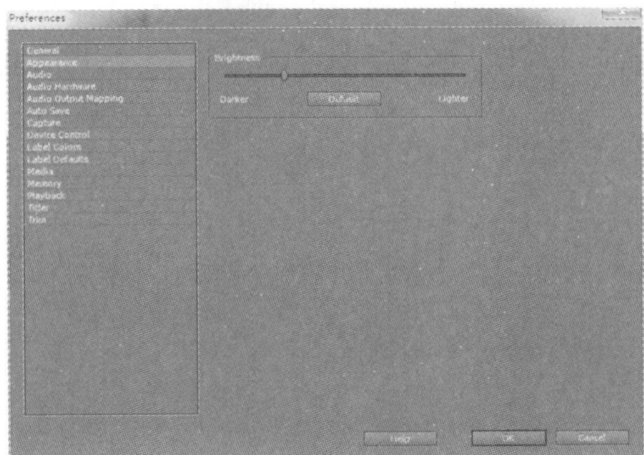

图 5-33　Appearance(用户界面)选项卡

3. Audio（音频）选项卡

Audio（音频）选项卡用于设置与音频相关的参数，如图 5-34 所示。

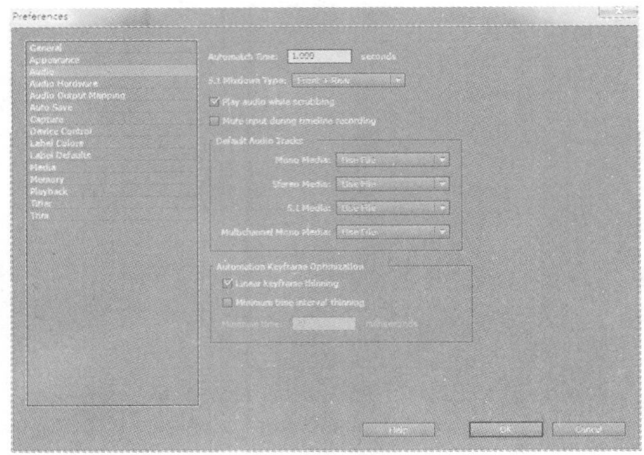

图 5-34　Audio（音频）选项卡

（1）Automatch Time（自动匹配时间）：设置音频播放时自动匹配的时间，默认为 1 秒钟。

（2）5.1 Mixdown Type（5.1 下混类型）：5.1 声道混合模式，查看其下拉菜单，可以选择四种模式。

（3）Play audio while Scrubbing（在搜索走带中播放音频）：在单击试播或拖动时间滑块时，将播放音频效果。

（4）Mute Input during timeline recording（时间线录制过程中以静音输入方式进行）：在进行时间线记录时，将关闭导入设置。

（5）Linear keyframe thinning（减少线性关键帧密度）：以线性的形式优化关键帧。

（6）Minimum time interval thinning（减少最小时间间隔）：以最小的时间间隔的形式优化关键帧，可以确定最小的时间间隔值。

4. Audio Hardware（音频硬件）选项卡

Audio Hardware（音频硬件）选项卡主要用于设置音频硬件设备的参数，如图 5-35 所示。

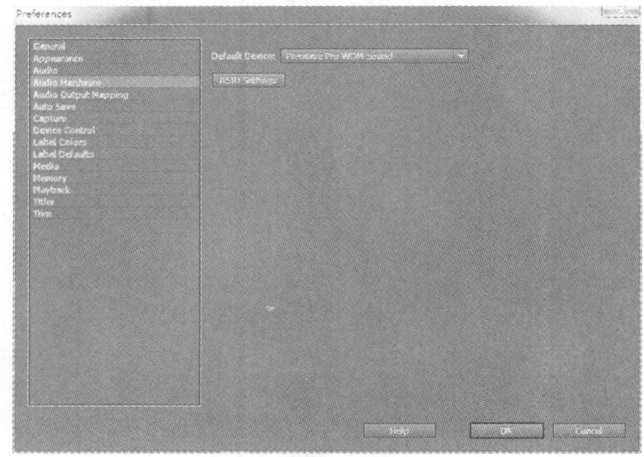

图 5-35　Audio Hardware（音频硬件）选项卡

如果没有安装该硬件设备，则无法设置参数。

5. Audio Output Mapping（音频输出映射）选项卡

Audio Output Mapping（音频输出映射）选项卡用于设置音频映射输出，单击下拉菜单可以选择相应的格式，如图 5-36 所示。

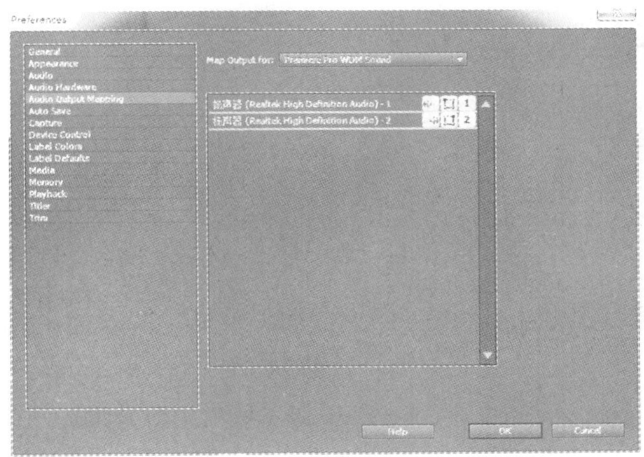

图 5-36　Audio Output Mapping（音频输出映射）选项卡

6. AutoSave（自动保存）选项卡

AutoSave（自动保存）选项卡用于对自动保存的参数进行设置。如图 5-37 所示。

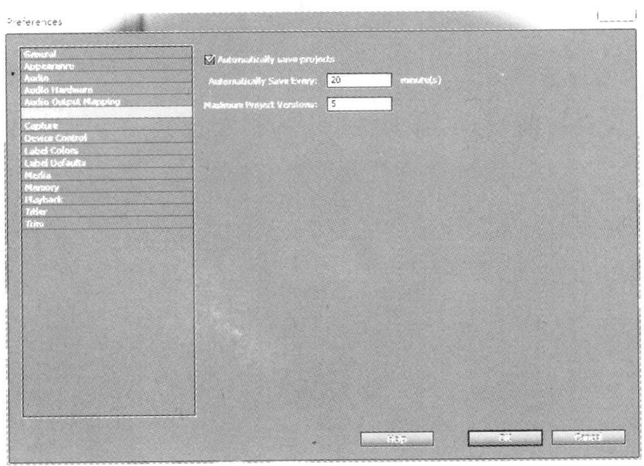

图 5-37　AutoSave（自动保存）选项卡

(1) Automatically Save Projects（自动保存）：选中该复选框，则会自动保存项目文件。

(2) Automatically Save Every（自动保存时间间隔）：设置自动保存项目文件的间隔时间，默认为 20 分钟。

(3) Maximum Project Versions（最大保存项目数量）：设置最大保存的项目的数量，默认为 5。

7. Capture（采集）选项卡

Capture（采集）选项卡主要用于设置采集时常见问题的解决方法，如图 5-38 所示。

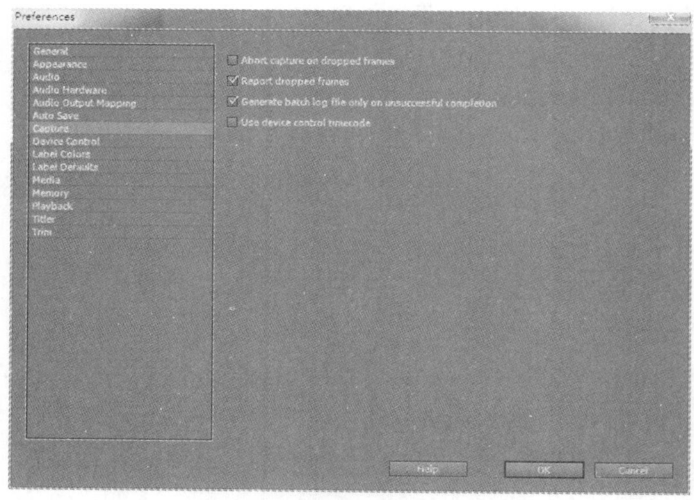

图 5-38　Capture(采集)选项卡

(1) Abort Capture on Dropped Frames(因丢帧而中断采集)：在进行采集过程中，如果丢失过多帧，系统将会自动中断采集。

(2) Report dropped frames(报告丢帧)：在采集过程中，如果丢失帧，则会记录报告。

(3) Generate batch log file only on successful completion(仅在失败时生成批处理日志文件)：如果采集失败，将生成一个 log 文件。

(4) Use device control timecode(使用设备控制时间码)：可以使用相关的设备来控制时间码。

8. Device Control(设备控制)选项卡

Device Control(设备控制)选项卡主要用于对控制设备进行设置，如图 5-39 所示。

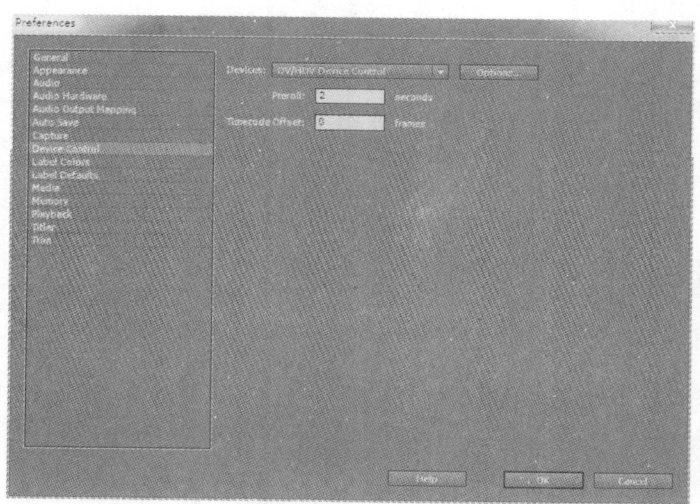

图 5-39　Device Control(设备控制)选项卡

(1) Devices(设备)：设置在采集时，硬件设备的控制方式。

(2) Preroll(预卷)：设置进行素材采集时，在素材采集前多少秒进行播放。

(3) Timecode Offset(时间码补偿):设置时间编码。

9. Label Colors(标签颜色)选项卡

Label Colors(标签颜色)选项卡主要对导入的不同类型素材进行标签颜色设置,以区别不同的素材,如图 5-40 所示。

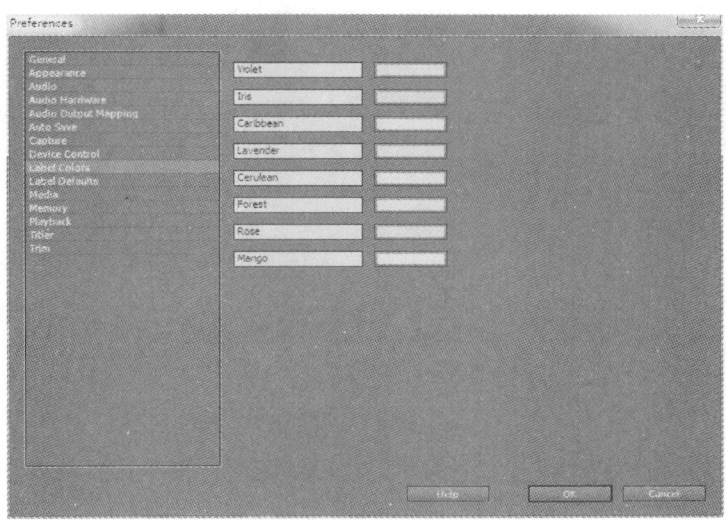

图 5-40 Label Colors(标签颜色)选项卡

10. Label Defaults(默认标签)选项卡

Label Defaults(默认标签)选项卡在此选项卡中,可以根据自己的喜好对素材库、时间线、视频、音频等面板进行标签设置,可以从下拉菜单的 8 种颜色中选择自己喜欢的颜色,如图 5-41 所示。

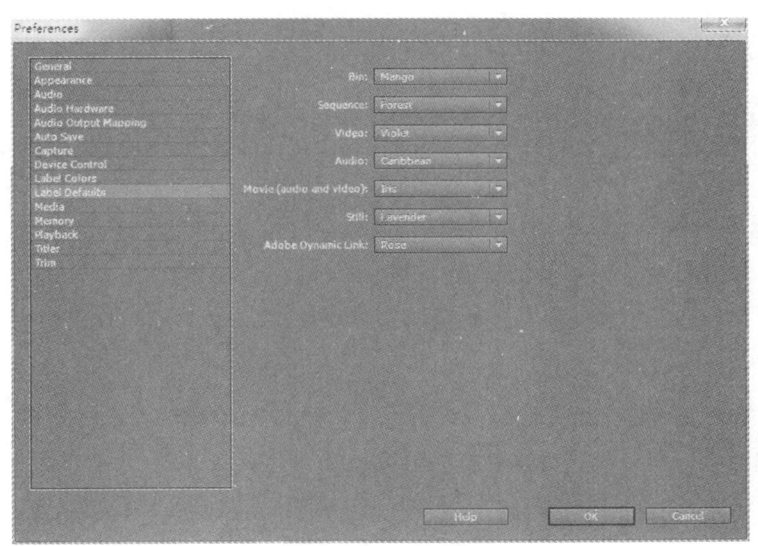

图 5-41 Label Defaults(默认标签)选项卡

11. Media(媒体)选项卡

Media(媒体)选项卡用来设置【媒体】缓存的位置(如图 5-42 所示)。如果缓存过大,可以单击 Clean(清除)按钮,将缓存清除。

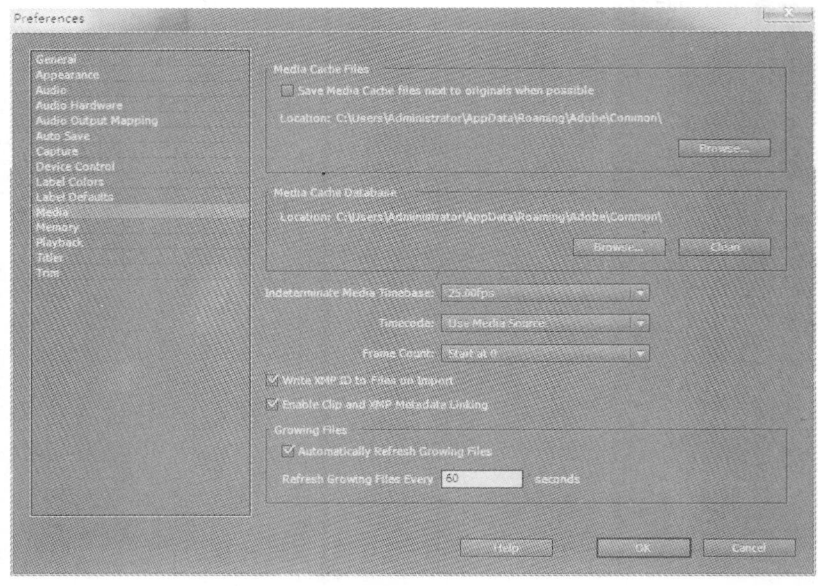

图 5-42 Media(媒体)选项卡

12. Memory(内存)选项卡

Memory(内存)选项卡用来分配电脑内存给软件使用,如图 5-43 所示。

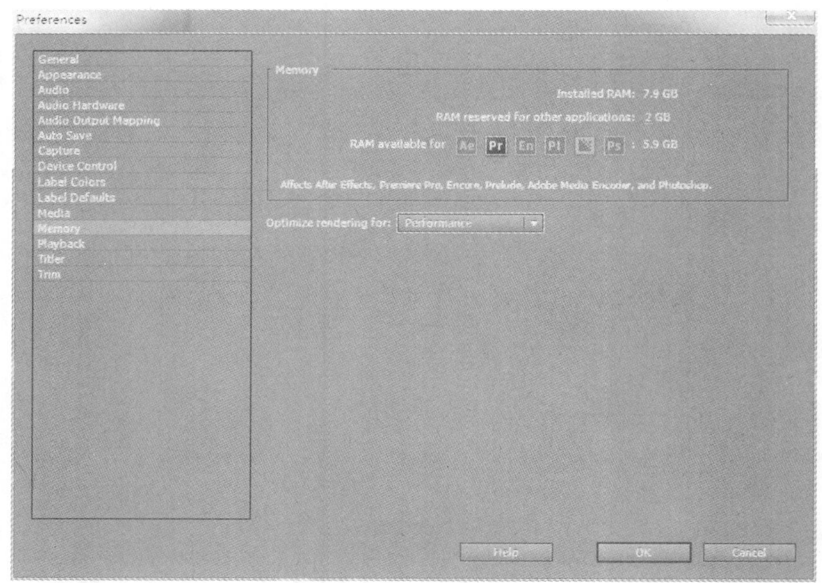

图 5-43 Memory(内存)选项卡

13．Playback（重放）选项卡

Playback（重放）选项卡主要用于对控制设备进行设置，如图 5-44 所示。

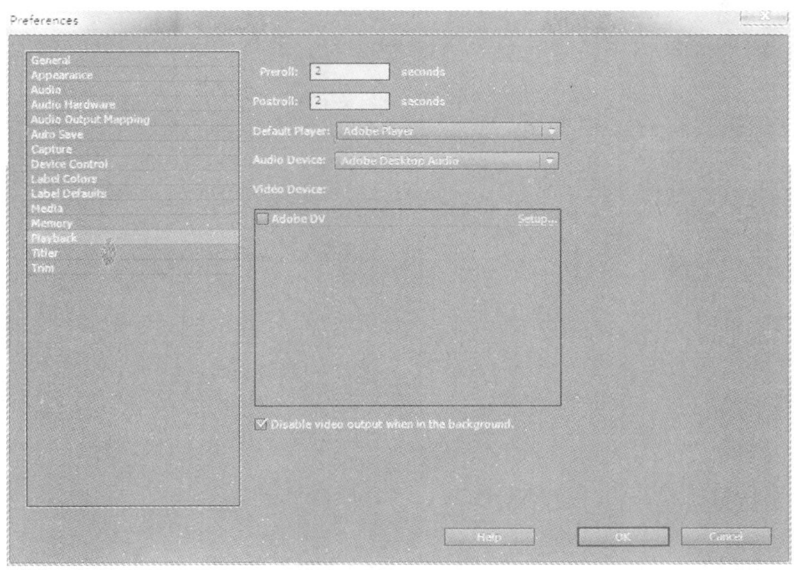

图 5-44　Playback（重放）选项卡

（1）Preroll（预卷）：设置进行视频播放时，在开始播放时提前多少秒进行播放。

（2）Postroll（后卷）：设置进行视频播放时，在结束播放后提前多少秒停止播放。

14．Title（字幕）选项卡

Title（字幕）选项卡主要用于设置字幕样本和字幕浏览，如图 5-45 所示。

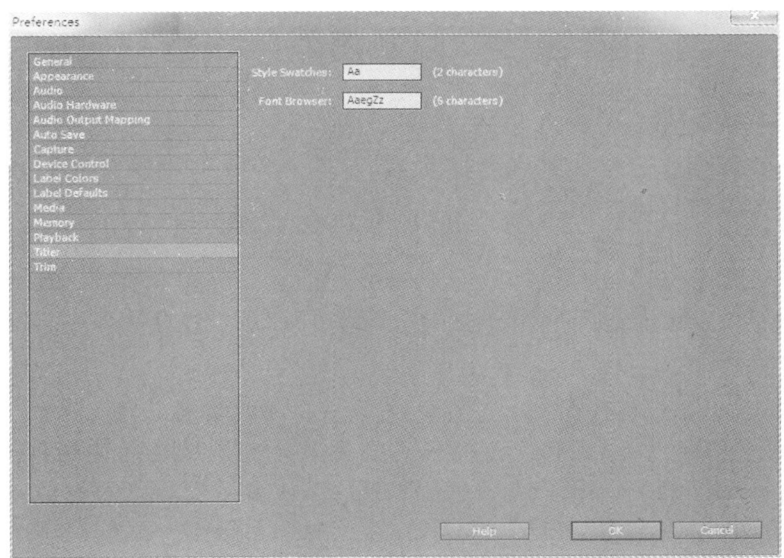

图 5-45　Title（字幕）选项卡

(1) Style Swatches(样式示例)：设置字幕样本的风格。

(2) Font Browser(字体浏览)：设置字幕浏览方式。

15. Trim(修整)选项卡

Trim(修整)选项卡用于设置视频和音频修剪的大小值，如图 5-46 所示。

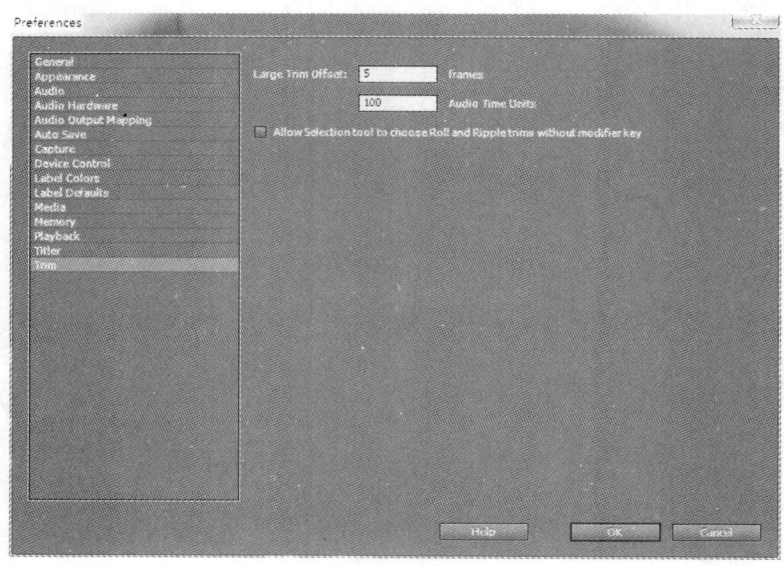

图 5-46　Trim(修整)选项卡

Large Trim Offset(最大修整偏移)：设置修正偏移的帧数及音频单位。

第四节　预演方式与设置

影视作品在制作过程中，需要在节目窗口实时渲染素材，即时预览效果。渲染生成影片过程中也要先渲染然后输出。

一、预演方式

节目预演的方式有两种：实时预演和生成预演。

1. 实时预演

实时预演指不需要等待时间，直接按照相关选项的参数设置，观看节目的编辑效果。这种方式支持转场、特效和字幕等所有的设置处理。拖动播放指针到节目的开始位置，按 Program(节目)面板的 Play(播放)▶按钮，或者按键盘上的空格键，就可以进行实时预演。

实时预演时所看到的节目质量好坏，取决于两个因素：

(1) 节目编辑制作的复杂程度。节目叠加的轨道越多，添加的视频特效和关键帧越多，预演时所花费的计算时间就越多。

(2) 计算机的硬件配置。配置越高,计算速度越快,实时预演的效果也越好。

2. 生成预演

当使用实时预演无法观看到满意的效果时,可以使用生成预演。生成预演时首先把节目中不能实时播放的内容,生成一个临时文件存储在硬盘上,然后预演时,就播放生成的临时文件。不能实时预演的内容,Timeline(时间线)面板的时间线标尺下方会有一条红色的线段,如图 5-47 所示。

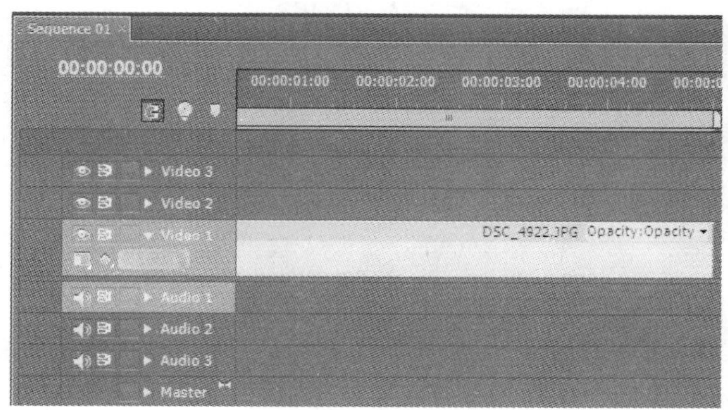

图 5-47 生成预演

3. 渲染预演文件

选择 Sequence(序列)/Render Effects in Work Area(渲染工作区域)菜单命令,或者按键盘上的回车键,就可以渲染预演文件。预演文件生成后,时间线标尺上相对应部分的红色线段就会变为绿色,并开始播放节目。

二、设置预演范围

节目的预演可以在设定的时间范围内进行,因为在节目制作的过程中,有时候我们只需要查看节目的某个特定部分的编辑效果,这时可以通过 Timeline(时间线)面板的工作区上的标尺来设定预演范围,如图 5-48 所示。

图 5-48 Timeline(时间线)工作区上的标尺

在 Timeline(时间线)面板的时间线标尺的下方有一栏灰色的滑动条,这就是时间线的工作区条，如图5-49所示。它的作用是控制影片预演和生成输出的长度，当用户对影片进行预演的时候，只有工作区内的内容才会被预演。因此，当用户对某一部分内容进行预演时，应注意调整工作区的范围来界定要预演的段落，以免浪费时间。

用户可以通过鼠标的操作来改变工作区条的长短和位置。

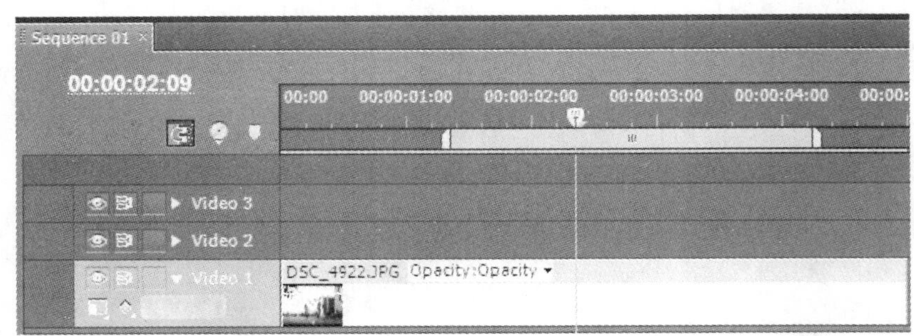

图 5-49　Timeline(时间线)工作区的调整

(1) 用户可以拖动【工作区条】的中间部分，移动其到时间线上的任意位置。

(2) 在工作区上双击，则工作区自动设定为当前时间线窗口显示范围。

(3) 拖动【工作区条】两个端点，可以向左或向右改变其长度。

(4) 定位编辑线到指定位置，按Alt+[组合键，把当前编辑线设置为工作区的起点。

(5) 定位编辑线到指定位置，按Alt+]组合键，把当前编辑线设置为工作区的终点。

三、设置预演文件的存储位置

(1) 选择菜单Project(项目)/Project Settings(项目设定)/Scratch Disks(暂存盘)。

(2) 在面板上，Video Previews(视频预演)和Audio Previews(音频预演)选项中，指定视频和音频预演文件的存储位置。因为预演文件要占用大量的磁盘空间，所以要把存储位置设置在容量大、速度快的硬盘分区中。

四、删除预演文件

激活Timeline(时间线)面板，选择菜单Sequence(序列)/Delete Render Files(删除渲染文件)，单击OK按钮，就可以删除预演文件，以释放磁盘空间。最好不要通过操作系统的资源管理器删除，否则打开项目时，Premiere会提示预演文件的位置。

第五节　节目输出方法

Adobe Premiere Pro cs6提供了Media(文件)输出，Title输出，Tape输出，EDL输出，OMF输出，AAF输出，Final Cut Pro XML输出，如图5-50所示。

图 5-50　节目输出选项

以上节目输出选项主要包括两个类型的输出方式：

(1) 输出为可编辑文件

利用此类选项，可以把节目输出为不同格式的视频文件。包括 Media(文件)输出，Title 输出。

(2) 外部输出

利用此类选项，主要把当前时间线节目输出到外部设备或其他软件中。主要包括 Tape 输出，EDL 输出，OMF 输出，AAF 输出，Final Cut Pro XML 输出。

一、输出为可编辑文件

在使用 Adobe Premiere Pro cs6 进行节目编辑制作的过程中，有时可能需要输出部分节目内容，以方便编辑过程中的素材调用，或者导入到其他软件中进行下一步的特效处理。这时就可以利用标准输出选项，把节目输出为 Media(媒体)、Title(字幕)类型的可编辑格式文件。

1. 输出 Media(媒体)

输出 Media(媒体)时的主要操作步骤：

(1) 在 Timeline(时间线)面板上选择要输出的"时间线"；

(2) 通过【工作区域条】设置节目的输出范围；

(3) 选择菜单 File(文件)/Export(输出)/Media(媒体)，打开 Export Settings(输出设定)对话框，如图 5-51 所示。

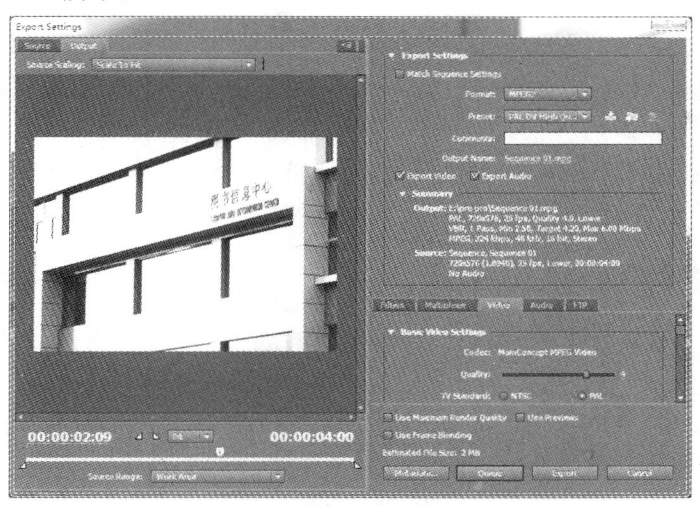

图 5-51　Export Settings(输出设定)对话框

(4) 单击对话框中的 Format(格式)按钮，打开格式下拉菜单，选择相应的格式。格式中可以选择视频、声音、图片多种格式，如图 5-52 所示。

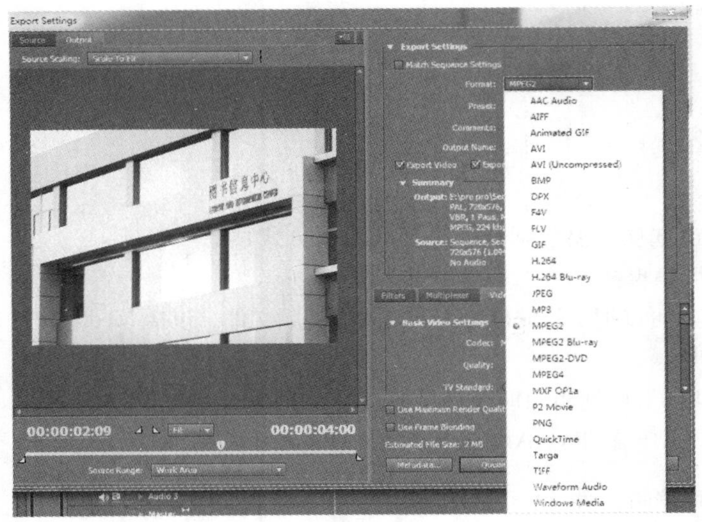

图 5-52　Format(格式)列表

(5) 选择 Video(视频)标签，然后可以设定所需要的视频设置，如图 5-53 所示。

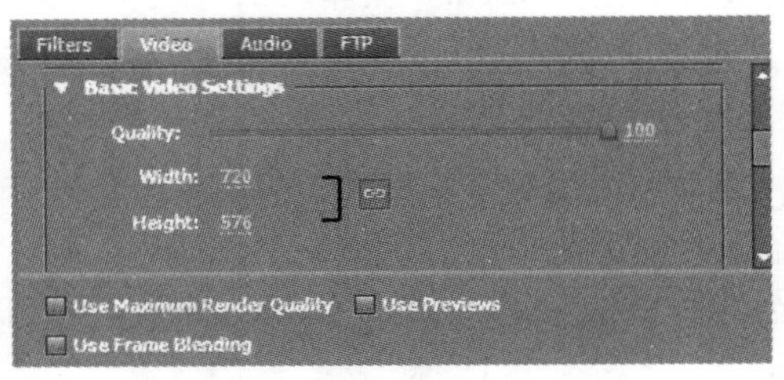

图 5-53　Video(视频)标签

(6) 单击 Export(输出)按钮确认，文件将输出到创建新项目时所设定好的路径。

2. 输出 Title(字幕)

利用此选项可以把 Project(项目)面板上选中的字幕文件，输出为扩展名为 PRTL 的独立文件。

二、输出到外部设备或软件

借助相关的计算机板卡和外部设备，Premiere Pro CS6 可以把节目输出(录制)到 DV 磁带中。

1. Tape(输出到磁带)

如果有相应的硬件设备支持，Premiere Pro CS6 可以把编辑好的节目直接输出到 DV、HDV、HD 或者模拟设备中。

以输出到 DV 为例，其操作步骤如下。

(1) 开启 DV 摄录一体机，把工作模式设置为 VCR 或 VTR(录像机)状态；

(2) 通过 IEEE1394 接口，把 DV 机和计算机相连接；

(3) 启动 Adobe Premiere Pro,打开要输出的项目;

(4) 激活想输出的 Sequence(序列),选择菜单 File(文件) /Export(输出)/Tape(输出到磁带);

(5) 单击 Record(录制)按钮;

(6) 录制结束后,单击 Cancel(取消)按钮,关闭对话框。

2. EDL(输出为 EDL)

此选项可以把当前 Timeline(时间线)面板 Sequence(序列)中使用的素材名称、剪辑片段的入点和出点的时码信息和一些其他基本信息,存储到一个扩展名为 EDL 的文件中,如图 5-54 所示。

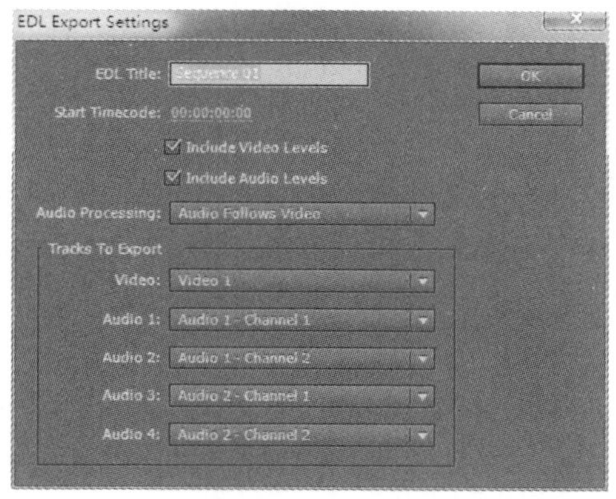

图 5-54 EDL Export Settings(输出 EDL 设置)对话框

EDL 是 Editing Decision List(编辑决策表)的简称。大多数非线性编辑软件都支持 EDL 功能,所以可以通过 EDL 在不同的编辑系统或平台中交换项目内容。比如使用 Adobe Premiere Pro 编辑的项目软件,可以通过 EDL 功能,导入到其他非线性编辑软件中继续编辑。要注意的是,EDL 文件只存储项目文件中调用的素材信息,并不存储素材内容,所以还要把原始素材一起复制到其他编辑平台,才能正常使用 EDL 功能。

3. OMF(输出为 OMF)、AAF(输出为 AAF)、Final Cut Pro XML(输出为 XML)

OMF 是 AVID 公司发起并推广的交换格式。将音频导出到音频工作站,修改后再把最后的音频导回到 Adobe Premiere Pro 中进行使用。

AAF 是由 AAF 协会创立并进行推广的交换格式,取得了包括 Microsoft、Panasonic、Sony、AVID、Apple、Digidesign、Merging、Dayang、Steinberg 等众多主流厂商的支持;AAF 可以只包含元数据,不含实体数据,可以跨平台使用,具有良好的开放性、扩展性。将文件导出为 AAF,进入到其他非线性编辑系统编辑,无需转换或重新渲染,保存常用的效果和过渡,共享项目。

XML 也是一种交换格式,XML 是 IT 领域标准的"容器"文件,几乎可以容纳任何文件信息。Adobe Premiere Pro 和 Final Cut Pro 7 的早期版本,无需转换或重新渲染之间来回项目,保留常用的效果和过渡。

课后习题

1. 简述 Adobe Premiere Pro CS6 的发展历程和系统安装需求。
2. 使用 Adobe Premiere Pro CS6 进行影片剪辑的基本工作流程是什么？
3. 简述使用 DV 进行预演的主要操作步骤。
4. 简述两种不同类型的输出方法。

第六章

Premiere 视频、音频的基本编辑

本章提要

本章主要介绍 Adobe Premiere Pro SC6 的基本剪辑，包括采集、导入各种类型的素材，利用【监视器】窗口剪辑视频、音频素材，利用 Timeline（时间线）窗口剪辑视频、音频素材及利用【工具栏】面板中的工具剪辑视频、音频素材等操作。

第一节　利用 Project(项目)窗口管理素材

要进行视频、音频的编辑工作，首先要有素材，而素材可以是从录像带上采集的或者从外部导入的各种格式的视频、音频、动画、图片等文件。

一、采集素材

在进行采集前，要连接并设置好设备。通常需要连接一台摄像机或录像机和一台监视器，有时还需要一台设备控制器。这些设备可以记录并采集素材、监视图像质量，并最终将完成的影片输出到视频带。

1. 手动采集

手动采集是在任何情况下都可以使用的最简单的采集方法。一般对于不支持 Premiere Pro 设备控制功能的摄像机机型使用手动采集的方式。

(1) 将装入录像带的数字摄像机与计算机的接口相连，打开摄像机调至放像状态。

(2) 使用菜单 File(文件)/Capture(采集)或 F5 快捷键，打开采集设置窗口。在 Logging(记录)选择卡中，选择 Setup(设置)栏中的采集种类：Video and Audio(视频和音频)、Audio(音频)、Video(视频)。在 Settings(设置)标签下的 Capture Locations(采集位置)栏中，设置采集素材存放的位置，如图 6-1 所示。

(3) 按下摄像机上的播放按钮，播放并预览录像带素材。当播放到欲采集内容的入点位置之前几秒钟时，单击控制面板上的[按钮图标]按钮，开始采集；播放到出点后几秒钟的位置时，可以按 Esc 键停止采集。

(4) 在弹出的 Save Captured Clip(保存捕捉剪辑)对话框中输入文件名等相关内容，单击 OK(确定)按钮。

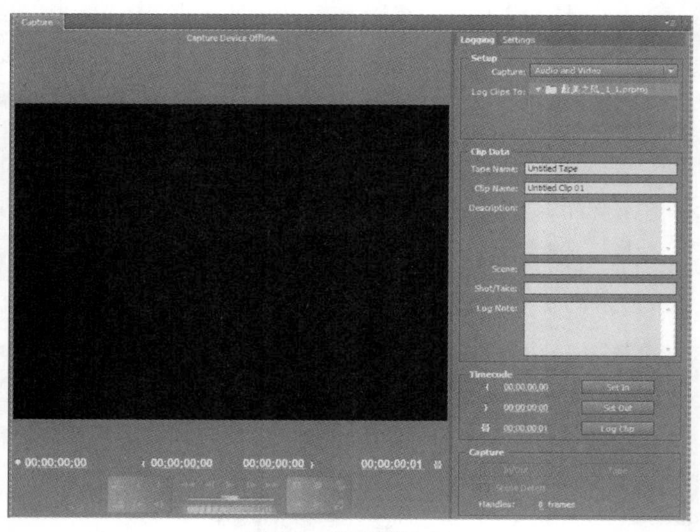

图 6-1　【采集】窗口

2. 自动采集

利用 Premiere Pro 内置的设备控制功能进行自动采集，可以采集整卷磁带，或对采集的出点、入点进行精确的定位采集。还可以实现一次性采集大量素材片段的批采集。

(1) 步骤(1)和(2)，与手动采集的步骤(1)和(2)一样。

(2) 在 Setting(设置)标签的 Device Control(设备控制)栏中，选择设备的种类，单击 Options(选项)按钮，如图 6-2 所示。在弹出的【设备控制】对话框中进一步设置，确定摄像机的品牌和型号，如图 6-3 所示。

若 Premiere Pro 没有提供所选摄像机的品牌和型号，可以选择 Go Oline for Device Info 按钮，联网查看设备的相应信息。

(3) 在设置 Capture(采集)窗口的控制面板中，利用定位按钮界定好片段进行采集；若采集整卷磁带，需要将磁带倒回开始位置，单击 Capture(采集)栏中的 Tape 按钮即可。

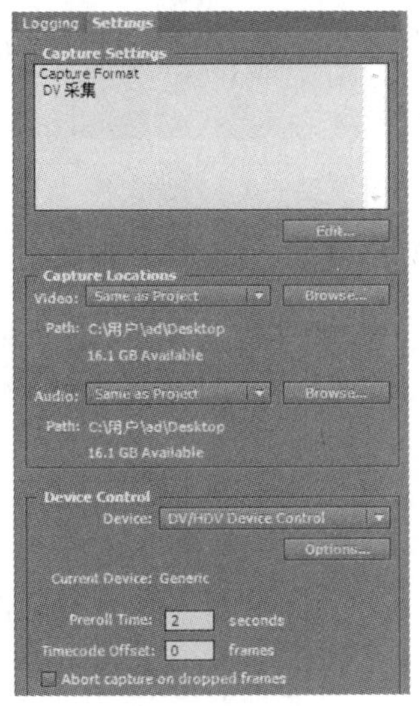

图 6-2　【设置】窗口

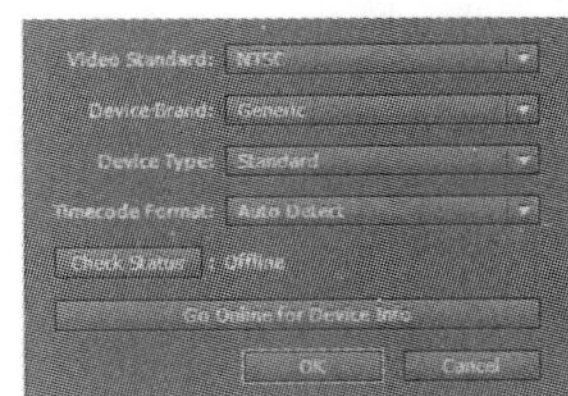

图 6-3　【设备控制】对话框

3. 批采集

批采集是基于自动采集的，若对磁带中的多个素材片段进行采集，可使用此方式提高工作效率。

(1)当对欲采集的素材片段记录完后，在 Logging(记录)标签中的 Timecode(时间编码)栏中单击 Lop Clip 按钮，设置记录信息，单击 OK 按钮，素材便以离线文件的形式出现在【项目】窗口中，如图 6-4 所示。

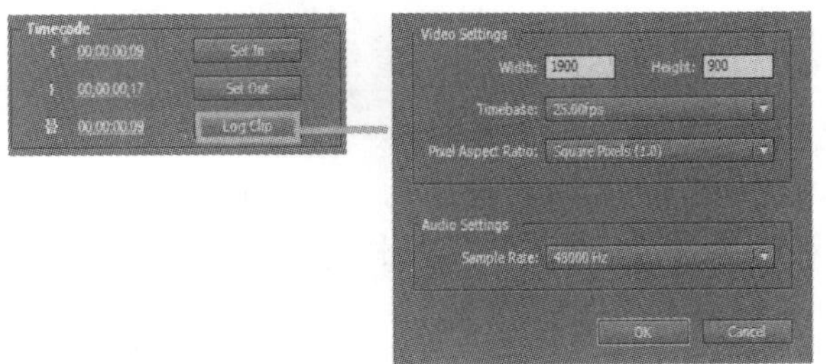

图 6-4　设置记录信息

（2）反复记录，将所有的素材以离线文件的方式记录。

（3）在【项目】窗口中，选中所有的离线文件，使用菜单 File/Batch Capture（文件/批量采集）或快捷键 F6，在弹出的 Batch Capture（批量采集）对话框中选择【额外帧及保留】或更改采集设置，单击 OK 按钮，开始自动对记录的片段进行采集。采集完毕后，离线文件全部替换成采集的片段，并生成一份文本格式的批量采集记录，如图 6-5 所示。

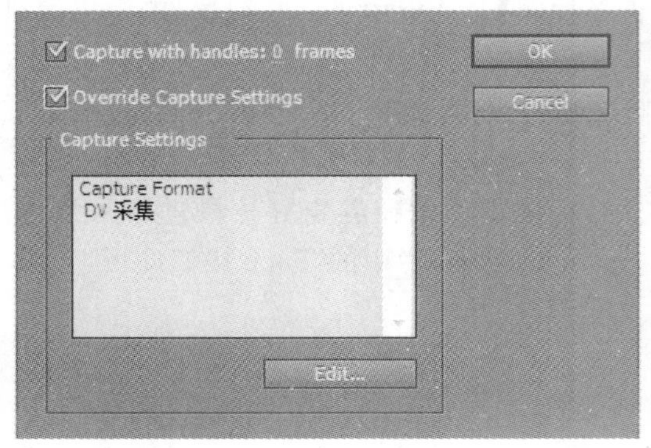

图 6-5　Batch Capture（批量采集）对话框

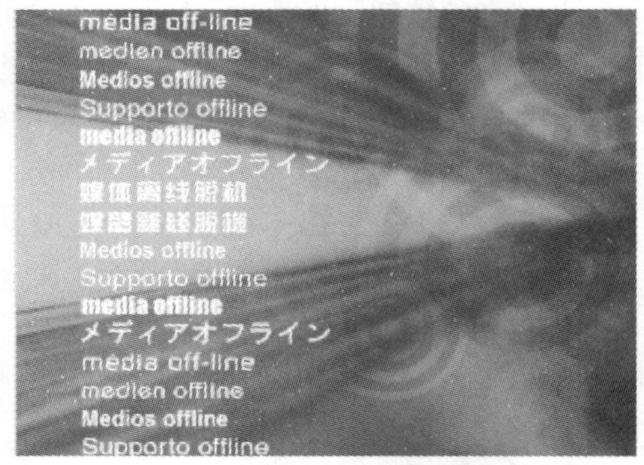

图 6-6　离线文件

4. 使用离线文件

Offline File（离线文件）相当于占位符，暂时代替待采集和丢失的素材文件。当离线文件在时间线上时，监视器调板显示“Media Off-line”，如图 6-6 所示。

使用菜单 File（文件）/New（新建）/Offline File（离线文件），或单击【项目】面板底部的新建分类按钮，在弹出的菜单中选择 Offline File 选项，都可以新建离线文件。在批采集前，可以使用离线文件记录将要采集内容的信息，采集完成后，离线文件会被采集的素材文件替换。

当素材源文件被删除、重命名或移动到其他文件夹时，链接将会丢失，素材显示为离线文件。在【项目】面板中选择离线文件，使用菜单命令 Project/Link Media（项目/链接媒体），可以在调出的对话框中选择相应文件来重新链接。使用菜单命令 Project/Unlink Media（项目/离线媒体），可以断开链接，将选中的素材转化为离线文件。

5. 录音

在 Premiere Pro 中，可以通过麦克风将声音录入计算机，并将其转换为可编辑的数字音频，从而完成影片的录音。

（1）将麦克风与计算机的音频输入接口连接，打开麦克风。

（2）使用菜单命令 Window/Audio Mixer（窗口/调音台），打开音频调音台面板，按下录制轨道的【启用轨道录音】按钮。

（3）按下录音按钮，单击播放按钮，开始录音，如图 6-7 所示。

（4）录制完毕后，单击停止按钮。录制的音频文件以 WAV 格式保存在硬盘上，并自动调入到【项目】窗口和【时间线】窗口，完成影片的录音。

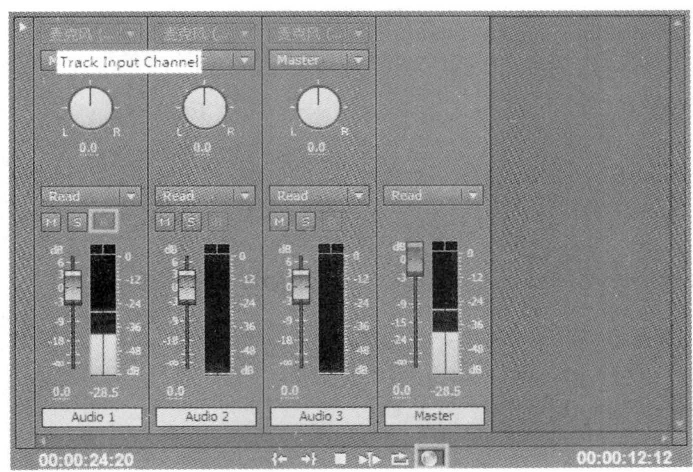

图 6-7 【调音台】面板

二、导入素材

1. 素材的导入

素材的导入主要是将素材导入到 Project(项目)窗口中或相应的文件夹中,其方法主要有:

① 选择 File(文件)/Import(导入),或按"Ctrl+I"组合键,在打开的 Import(导入)对话框中选择要导入的素材,然后单击【打开】按钮即可。

② 在 Project(项目)面板的空白处右键单击鼠标,在弹出的快捷菜单中选择 Import(导入)命令,在打开的 Import(导入)对话框中选择要导入的素材,然后单击【打开】按钮即可。

③ 在 Project(项目)面板的空白处,直接双击,在打开的 Import(导入)对话框中选择要导入的素材,然后单击【打开】按钮即可。

④ 找到素材所在位置,直接将所需素材拖曳到 Project(项目)中即可。

2. 图层文件的导入

Premiere Pro 可以导入 Photoshop 等含有划像图层的文件。PSD 是 Adobe 公司的图像处理软件 Photoshop 的专用格式,里面包含各种图层、通道、遮罩等信息,它本身是一种含有层的文件格式,利用 PSD 格式文件可以轻松制作出透明的背景效果,省去了在视频编辑软件中复杂的抠图操作。导入该类型文件时,需要对导入图层进行设置。

选择 File(文件)/Import(导入),或按"Ctrl+I"组合键,在打开的 Import(导入)对话框中选择 PSD 文件,单击【打开】按钮将打开 Import Layered File(导入图层文件)对话框,在该对话框中,选择要导入的图层,可以是 Merge All Layers(合并所有图层)、Merge Layers(合并图层)、Individual Layers(单个图层)或 Sequence(序列),如图 6-8 所示。

① 合并所有图层。将所有图层作为一个文件导入。

② 合并图层。选择将要导入的部分图层导入。

③ 单个图层。选择将要导入的某一个图层导入。

④ 序列。以序列的形式导入多层文件。分层文件被自动转化为序列,层被转化为轨道

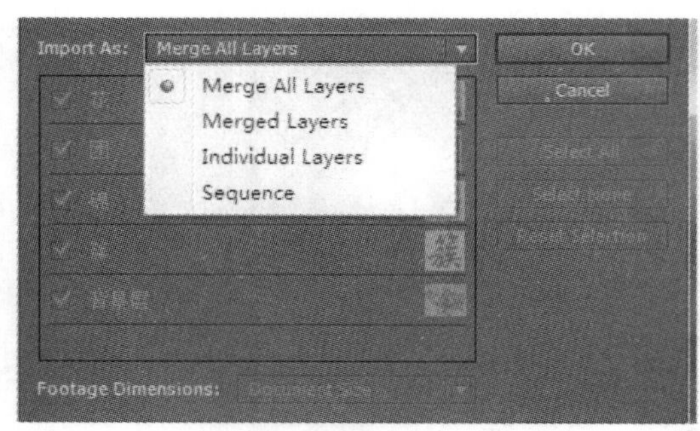

图 6-8　导入图层文件

上的静止图片素材，并保持源文件层的排列方式。

3. 序列素材的导入

序列图片素材是由一个个静态的图片所组成的，它一般是利用其他的动画软件，通过输出设置而将动画画面导出成一幅幅静态图像而形成的。在导入序列素材后，通过适当的设置，可以将序列素材自动组合成动画效果。

序列文件以数字序号为序进行排列。当导入序列文件时，应在首选项对话框中设置图片帧速率，也可以在导入序列文件后在素材对话框中改变帧速率。

File(文件)/Import(导入)，打开 Import 对话框，选择序列文件的编号，同时选中 Numbered Stills(编号图片)复选框，然后单击【打开】按钮，即可将编号的序列文件以动态的形式导入(如图 6-9 所示)。

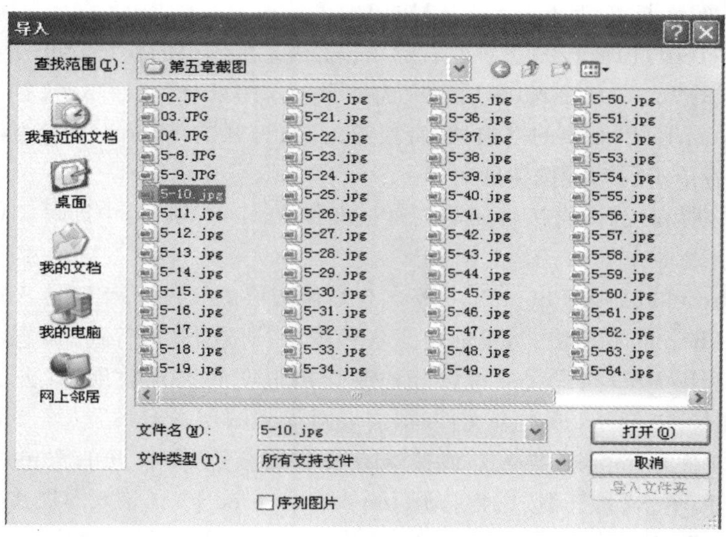

图 6-9　Import(导入)对话框

三、新建元素

在 Premiere Pro 中可以新建一些彩条与音调、黑场视频、彩色蒙版倒计时和透明视频等常用元素。新建元素需要首先设置元素的相关属性。

1. Bars and Tone(彩条与音调)

在节目制作过程中,为了校准视频监视器和音频设备,通常在节目前加上一段时间的彩条和 1kHz 的测试音,如图 6-10 所示。

图 6-10 彩条与音调

使用菜单命令中的 File(文件)/New(新建)/Bars and Tone(彩条与音调),或单击【项目】面板底部的 New Item(新建分类)按钮,在弹出的菜单中选择 Bars and Tone(彩条与音调)选项,设置好参数,创建一个带有 1kHz 测试音的彩条文件。

2. Black Video(黑场视频)

在节目制作过程中,有时需要黑色的背景,Premiere Pro 中提供了黑场视频元素,可以通过创建黑场视频生成与项目尺寸相同的黑色静态图片,默认持续时间为 5s。

选择菜单命令中的 File(文件)/New(新建)/Black Video(黑场视频),或单击【项目】面板底部的 New Item(新建分类)按钮,在弹出的选项中选择 Black Video(黑场视频)选项,并设置相应的参数,即可创建一个黑场视频文件。

3. Color Matte(彩色蒙版)

彩色蒙版与黑场视频类似。选择菜单命令中的 File(文件)/New(新建)/Color Matte(彩色蒙版),或单击【项目】面板底部的 New Item(新建分类)按钮,在弹出的选项中选择 Color Matte 选项,设置相应的参数,调出拾色器对话框,选择好相应的颜色,单击 OK 按钮。在弹出的 Choose Name(选择名称)对话框中填写合适的彩色蒙版名称,单击 OK 按钮,即可创建一个彩色蒙版文件。

4. Counting Leader(倒计时)

有时需要在电影开始前添加一个倒计时(如图 6-11 所示)来帮助校验视频、音频是否同步,并起到提示正片的作用。

选择菜单命令 File(文件)/New(新建)/Counting Leader(倒计时),或单击【项目】面板底部的 New Item(新建分类)按钮。在弹出的菜单中选择 Universal Counting Leader(通用倒计时)选项,并设置相应参数后,单击 OK 按钮,即可创建一个倒计时文件。

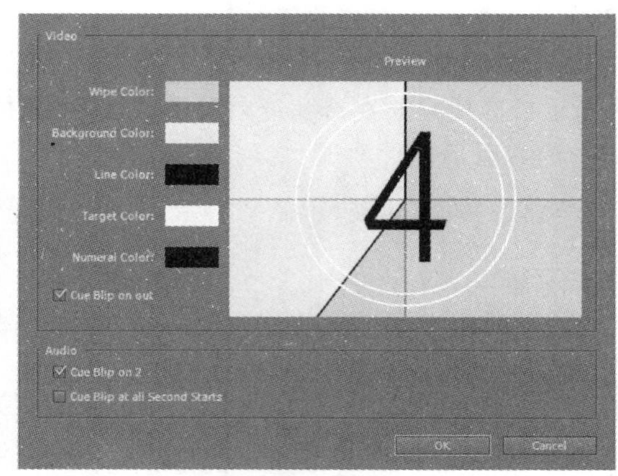

图 6-11　Counting Leader(倒计时)面板

5. Transparent Video(透明视频)

利用透明视频可以对空轨道施加效果。选择菜单命令 File(文件)/New(新建)/Transparent Video(透明视频),或单击[项目]面板底部的 New Item(新建分类)按钮 。在弹出的菜单中选择 Transparent Video(透明视频)选项,设置好相关参数,即可创建一个透明视频文件。

四、管理素材

1. 查看素材信息

对导入素材的相关信息的了解,有利于以后的视频编辑,可以通过以下方法查看所导入素材的信息。

(1) 在 Project(项目)窗口中,在素材上单击鼠标右键,在弹出的快捷菜单中选择 Properties(属性)命令,打开 Properties(属性)面板,如图 6-12 所示。

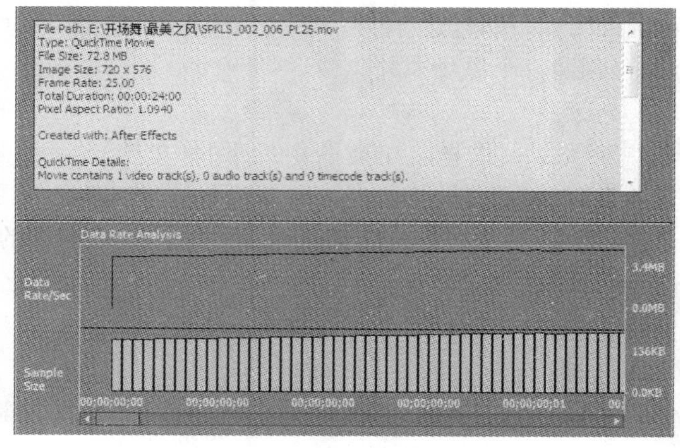

图 6-12　Properties(属性)面板

在 Properties(属性)面板中可以看到素材的路径、类型、大小、图像尺寸、像素深度等基本信息。

(2) Project(项目)面板上方的预览区域有一个缩略图浏览器，可以预览该素材的内容，并在其右侧显示素材的基本属性。

(3) Metadata(元数据)面板。Metadata(元数据)面板可以显示素材的相关属性，如图6-13所示。

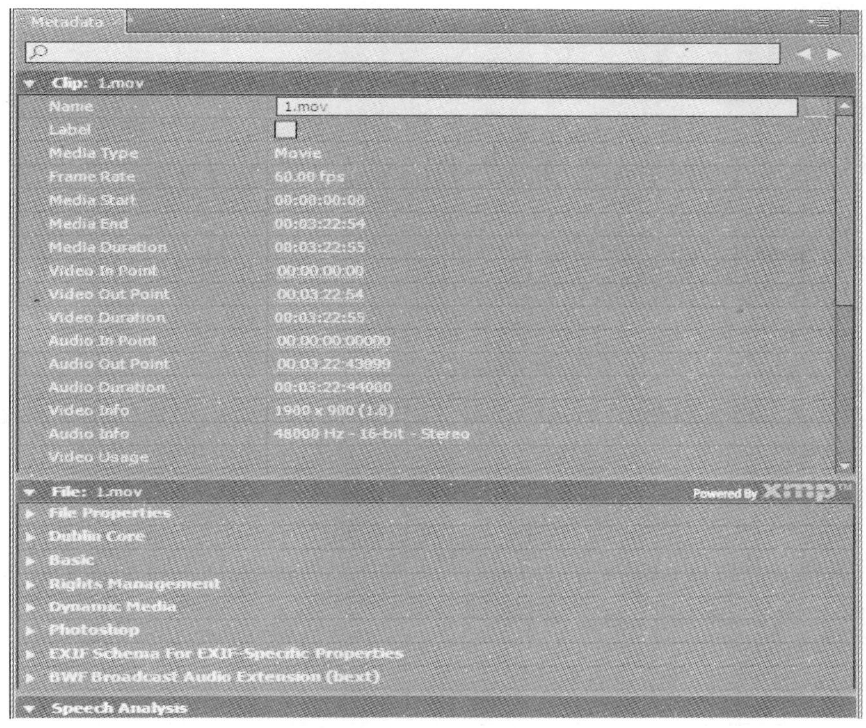

图 6-13 Metadata(元数据)面板

2. 改变素材名称

用户可以给素材起一个别名以改变它的名称，这在一部影片中重复使用一个素材或者复制一个素材，并为之设定新的入点和出点时极为有用。给素材命名可避免用户在Project(项目)窗口和序列中观看一个复制的素材时产生混淆。

在项目库中选中素材单机鼠标右键，选择快捷菜单中的Rename(重命名)，素材名称会处于可编辑状态，输入新名称即可。

3. 分类管理素材

(1) 建立素材文件夹

可以在Project(项目)窗口建立素材文件夹来管理素材，将素材进行分类管理，这样在大型的项目中是非常有必要的。素材文件夹中可以包含源文件、序列和其他不同类型的素材文件夹。创建素材文件夹的方法有三种，分别如下。

① 单击File(文件)/New(新建)/Bin(文件夹)命令。

② 在Project(项目)窗口中的空白处单击鼠标右键，在弹出的快捷菜单中选择New Bin(新建文件夹)命令。

③ 在Project(项目)窗口中，单击该窗口下方的Bin(文件夹)▭，即可创建一个新素材文

件夹。默认状态下，使用以下方式操作素材文件夹。

① 直接拖曳。将对象拖曳到素材文件夹图标上，即可将其移动到此素材文件夹中。

② 在列表视图中，单击素材文件夹左边的三角，可展开素材文件夹。

③ 当显示嵌套的素材文件夹内容时，单击 Project（项目）面板中的父级文件夹按钮，逐级打开每一级文件夹内容。

(2) 管理素材的基本方法

使用菜单命令 File（文件）/Cut（剪切）/Copy（复制）/Paste（粘贴）/Clear（清除）可以对所选择的对象进行剪切、复制、粘贴、清除的操作，其对应的快捷键分别为“Ctrl＋X”、“Ctrl＋C”、“Ctrl＋V”、“Delete”。单击 Project（项目）面板底部的清除按钮，可以删除所选对象。

当素材比较多时，为了方便查找，可以利用 Project（项目）面板的 Find（查找）功能，在 In 下拉菜单中选择要进行查找的范围，在 Find（查找）文本框中输入查找的关键词，则在 Project（项目）面板中仅显示指定范围中包含关键词的素材。

4. 设定故事板

在一些复杂的节目制作中，通常在编辑前需要根据剧情对素材进行简单的整理。故事板的设定，大概勾勒出影片的结构顺序，可以对之后的编辑工作起到导向作用。Project（项目）面板的图标视图模式可以大致实现故事板的功能。

单击 Project（项目）面板底部的图标视图按钮，以缩略图的形式显示素材。通过 Project（项目）面板上方的预览窗口可以对素材进行预览。根据剧情可以用拖曳的方法对各个素材排列顺序，从而设定该片的故事板。

第二节　利用 Source（素材源）窗口编辑

监视器窗口中有两个监视器，分别用来显示素材和节目在编辑时的情况。左边为 Source（素材源），显示和设置项目中的素材，右边为 Program（节目）窗口，显示和设置序列。

一、Source（素材源）窗口

在 Source 素材源窗中，可以将原始素材打开，并进行初始的设置修改，比如设置素材的出点等，以更好地为视频笔画做准备。

要想在 Source 素材源窗中编辑素材，首先要将素材添加到 Source 素材源窗口中，在 Project（项目）面板中双击素材就可以打开 Source 素材源面板，如图 6-14 所示。

打开 Source（素材源）窗口后，可以利用其下方的控制按钮来调整和编辑素材帧的位置，如图 6-14 所示，下面将一一介绍。

Mark In（设置入点）：单击该按钮，可以在当前时间位置，为素材设置入点。

Mark Out（设置出点）：单击该按钮，可以在当前时间位置，为素材设置出点。

Clear In（清除入点）：单击该按钮，可以清除素材的入点。

图 6-14 Source(素材源)窗口

Clear Out(清除出点)：单击该按钮，可以清除素材的出点。

Go to In(跳转到入点)：单击该按钮，可以将当前时间调整到素材的入点位置。

Go to Out(跳到出点)：单击该按钮，可以将当前时间调整到素材的出点位置。

Play In to Out(播放入点到出点)：单击该按钮，将只播放入点到出点间的视频片段。

Add Marker(设置时间标记)：单击该按钮，在时间线中，可以在当前时间位置，添加一个时间标记。

Go to Next Mark(跳到下一个标记点)：单击该按钮，将时间调整到当前位置下一个时间标记的时间位置。

Go to Previous Marker(跳到上一标记点)：单击该按钮，将时间调整到当前位置前一个时间标记的时间位置。

Step Back(逐帧倒退)：单击该按钮，将时间向后移动一帧。

Step Forward(逐帧前进)：单击该按钮，将时间向前移动一帧。

Play/Stop(播放/停止)：单击该按钮，将播放动画，该按钮变成停止按钮。

Play Around(播放邻近区域)：单击该按钮，将播放入点或出点附近的内容。

Loop(循环)：单击后该按钮呈按下状态时，动画将循环不停地播放，否则只播放一次。

Insert(插入)：将 Source(素材源)窗口中设置好入点和出点的素材，插入到时间指示器所在位置的视频轨道上。插入点右边的素材会向后推移，再顺序衔接。

Overwrite(覆盖)：将 Source(素材源)窗口中设置好入点和出点的素材，插入到时间指示器所在位置的视频轨道上。插入的新素材会覆盖插入点右边相应长度的原有素材。

Safe Margins(安全框)：单击后该按钮呈按下状态时，将在节目面板中显示安全框，以便进行视频和字幕的设置。

Export Frame(导出单帧)：单击该按钮，可以导出指示器指定的单帧图像。

二、在 Source(素材源)窗口中剪辑素材

剪辑素材可以增加或删除帧以改变素材的长度。素材开始帧的位置被称为“入点”，素材结束帧的位置被称为“出点”。用户对素材入点和出点的改变不会影响源素材本身。

用户不能使影片或音频素材比其源素材更长，除非使用速度命令减慢素材播放速度或延长其长度。任何素材最短的长度为 1 帧。

Source(素材源)窗口中每次只能显示一个单独的素材，大部分情况下，项目库中的素材都不会完全适合最终的需要，往往需要去掉素材中不需要的部分。这个时候可以通过设置入点和出点的方法来剪辑素材。

如果素材同时含有影像和声音，则在 Source(素材源)窗口中单击切换目标，使素材只显示影像或只显示声音或视频、音频同时显示，用户可以根据需要向时间线中提取素材的影像或声音。

三、Program(节目)监视器

Program(节目)监视器是为了观看 Timeline(时间线)窗口中正在编辑使用的素材的窗口，其控制按钮的功能类似于 Source(素材源)窗口，不再赘述。其中在窗口右下方的三个按钮功能不同。如图 6-15 所示。

图 6-15　Program(节目)监视器窗口

Lift(提取)：单击该按钮，将 Program(节目)监视器中设置好入点和出点的素材从时间线中提取出来，素材位置保持不变。

Extract(抽取)：单击该按钮，将 Program(节目)监视器中设置好入点和出点的素材从时间线中抽取出来，后面的素材依次前移，填补抽取的空间。

Closed Captioning(隐藏字幕)：单击该按钮，通过字幕进行一些解释性的语言来描述当前画面中所发生的事情。

第三节　利用 Timeline(时间线)窗口编辑

在 Premiere Pro 中，大部分视频、音频编辑工作都是在 Timeline(时间线)窗口里完成的。

一、Timeline(时间线)窗口中的素材处理

1. 添加素材

在编辑素材时，首先要向 Timeline(时间线)窗口导入素材，其导入方法是：

在 Project(项目)窗口中，选中所需的素材，直接拖动到 Timeline(时间线)窗口的相应轨道上，松开鼠标即可。

2. 删除素材

如果用户不需要 Timeline(时间线)窗口中某轨道上的素材，则可以将其删除。在 Timeline(时间线)窗口中删除素材，不会将其在 Project(项目)窗口中删除。在轨道上删除一个素材时，可以在该素材处留下空位，也可以执行 Ripple Delete(涟漪删除)将其他所有轨道的内容向前移动覆盖被删除的素材留下的空位。

(1) 删除素材的方法：在 Timeline(时间线)窗口中，选择一个或多个素材，按键盘上的 Delete 键。

(2) 涟漪删除的方法：在 Timeline(时间线)窗口中，选择一个或多个素材，单击鼠标右键，在弹出的快捷菜单中选择 Ripple Delete(涟漪删除)。

3. 粘贴素材

在 Edit(编辑)菜单中，Premiere 软件提供了 Cut(剪切)、Copy(复制)和 Paste(粘贴)命令，其用法和含义同 Windows 编辑命令，在这里不再赘述。

Premiere Pro 软件还提供了两个独特的 Paste(粘贴)命令：【适应粘贴】命令和【属性粘贴】命令。

(1)【适应粘贴】命令。此命令将所复制或剪切的素材粘贴到时间线窗口的所在轨道位置上，处于后方的影片将会等距离后退。

使用方法：

① 选择素材，然后选择 Edit(编辑)/Copy(复制)命令。

② 在 Timeline(时间线)窗口中，把时间指示器移动到需要粘贴的位置，然后选择 Edit(编辑)/【适应粘贴】。

(2)【属性粘贴】命令。此命令用来粘贴一个素材的属性(比如滤镜效果、运动设置等)到时间线的目标位置上。其使用方法同【适应粘贴】。

4. 调整显示比例

当素材添加到时间线上时，可能会因为素材的持续时间短，在时间线上显示较小，这时就需要调整显示比例，其方法如下：

(1) 使用 Tool(工具)栏中的 Zoom Tool(缩放工具)🔍，单击 Timeline(时间线)窗口使其放大或缩小。

(2) 在 Timeline(时间线)窗口处于选中状态时，直接按键盘上的“+”或“－”就可以放大或缩小显示比例。

(3) 利用 Timeline(时间线)窗口左下角的缩放滑块，拖动这个滑块可以放大或缩小当前素材的显示比例。

5. 视频、音频轨道的添加、删除与重命名

在创建新项目时，默认的视频、音频轨道数目往往不能满足工作需求，这时就需要添加新的轨道。选中其中一条轨道单击鼠标右键，打开 Add Tracks(添加轨道)对话框，如图 6-16 所示。

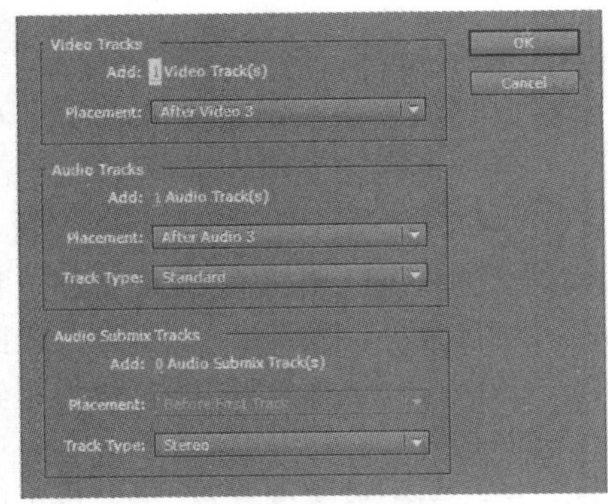

图 6-16　添加轨道

Add Tracks 对话框包括 Video Tracks(视频轨道)、Audio Tracks(音频轨道)、Audio Submix Tracks(混音轨道)3 个选项组。在 Add Video Tracks(添加视频轨道)文本框中输入要添加视频、音频的轨道数量，如果不想添加视频或音频轨道，可以将其值设置为 0。Placement(放置)用来设置添加的轨道的位置，可以在下拉列表中选择一种方式。Before First Track(首轨道前)表示在第一个轨道之前；After Target Track(目标轨道后)表示在当前选择轨道之后；After Last Track(末轨道后)表示在末尾轨道之后。

Track Type(轨道类型)表示用来设置添加音频轨道的类型。其中包括 Mono(单声道)、Stereo(立体声道)和 5.1 声道 3 种类型。

Delete Tracks(删除轨道)的方法与新建轨道类似。

新建的轨道在默认状态下，是以 Audio1、Audio2、…和 Video1、Video2、…的形式显示的，这样不利于多轨道多素材的操作，为了便于区别，可以将轨道重命名。选中轨道，单击鼠标右键，从弹出的菜单中选择 Rename(重命名)命令，输入确定的名字，按下回车键即可。

6. 轨道的锁定与隐藏

在轨道素材编辑过程中，为了避免对其他轨道上的素材误操作，可以将暂时不编辑的轨道锁定，单击轨道左侧的【禁止/启用轨道】按钮即可。这样可以锁定所选轨道，将不能再编辑此轨道。如果想再次编辑该轨道，可以继续单击该按钮，当锁形标志消失时，表示该轨道已经解锁。

在视频制作中，通过隐藏轨道的方法，可以将某条或某几条轨道排除在项目之外，使其素材暂时不能被预览及输出，有利于操作的方便和素材效果的查看。单击轨道区域的眼睛图标或扬声器图标，使其暂时隐藏；再次单击该图标，图标出现，轨道恢复有效性。

7. 调整素材的位置

为了更好地安排时间线上的多个影片片段的顺序，需要调整素材的位置，这样才能制作出更好的视频效果。对素材位置的调整有以下几种方法：

(1) 直接拖动素材。直接用鼠标选中素材，向目标位置进行拖动，此过程中会有“时间显示框”来提示到达什么位置了，使用起来比较简单。

(2) 利用时间指示器定位素材位置。使用直接拖动的方法不太容易控制精确的位置，

那么使用时间指示器定位则比较容易。其步骤是：① 在时间线的“时间码区域”直接输入需要调整到的位置，比如“00 ：00 ：22 ：02”，则时间指示器会直接跳到这个时间位置处。② 打开 Timeline(时间线)面板上方的【吸附边缘】按钮，用鼠标拖动指定素材到所需位置，可以看到吸附效果，当吸附确定后释放鼠标即可。

(3) 不同轨道间移动素材。有的时候需要在不同轨道间移动素材，其移动方法与同轨道的移动方法类似，只需要用鼠标把指定素材拖到指定轨道的指定位置即可。

(4) 利用剪切命令移动素材。除了使用直接拖动的方法移动素材外，还可以使用剪切板来完成移动，利用剪切板不仅可以在同轨道移动，还可以在不同轨道间移动素材。

8. 改变影片速度

选中需要调整的素材单击鼠标右键，在弹出的快捷菜单中选择 Speed/Duration(速度/持续时间)命令，如图 6-17 所示。在 Duration(持续时间)文本框中对素材的持续时间进行调整，或者直接调整速度的百分比，即可以调节素材的播放速度。选中 Reverse Speed(速度反向)复选框，可以设置素材的播放顺序，即素材将反向播放；选中 Maintain Audio Pitch(保持音频同步)复选框，音频文件将保持音频属性同步效果。

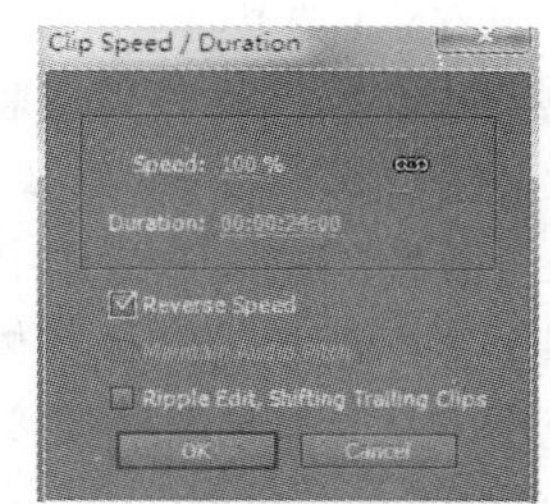

图 6-17　【速度/持续时间】对话框

9. 设置标记点

时间线标记是用来指定时间线的位置，以方便快速定位和查找时间线的某帧画面。可以在 Source(素材源)窗口中设置标记点，也可以在 Timeline(时间线)窗口为素材设置标记点，单击标记按钮，即可在当前指示器下创建标记。同时，在该标记处单击鼠标右键或者直接单击菜单 Marker(标记)命令，在弹出的快捷菜单中，选择 Edit Marker(编辑标记)，可对该标进行命名、注释、创建网络链接和 Flash 等操作。如图 6-18 所示。

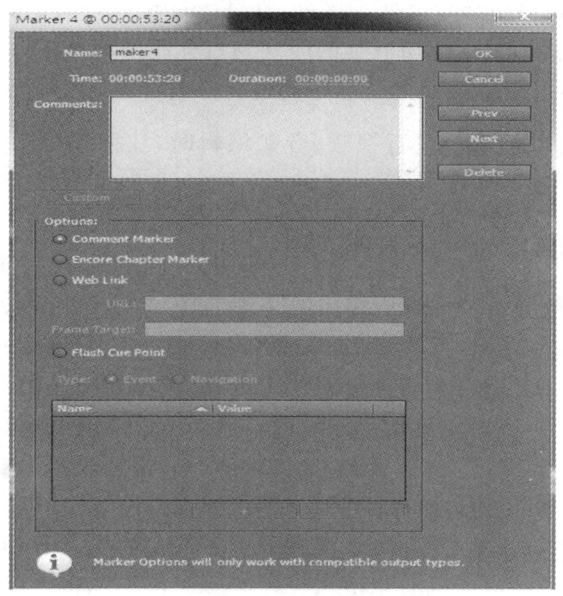

图 6-18　Edit Marker(编辑标记)窗口

为时间线添加标记后，可以在标记处进行跳转。选择 Marker/Go to Next Marker/Go to Previous Marker（标记/跳转到下一个标记/跳转到上一个标记）命令。如果要将某个标记删除，可以先将时间指示器移动到该标记上，然后单击菜单 Marker/Clear Current Marker/Clear All Marker（标记/清除当前标记/清除所有标记）命令，即可将标记清除。

10. 分离和联结素材

有的素材包含视频和音频两部分，导入到 Timeline（时间线）窗口后，视频和音频是联结在一起的。为了编辑工作的方便，用户可以将素材的视频和音频进行分离操作，也可以重新联结在一起。

使用方法：选中素材，在弹出的快捷菜单中选择 Unlink（分离）或 Link（联结），可以对素材的视频和音频进行分离或联结。

11. Group（群组）和嵌套

(1) 群组。在编辑工作中，常需要对多个素材整体进行操作，使用 Group（群组）命令可以将多个片断组合为一个整体，之后进行移动、复制等操作就很方便了。

使用方法：框选所有需要群组的素材（或用其他方法选择），在选中的素材上单击鼠标右键，选择 Group（群组）命令，即可把选定的素材组合在一起。

注意：群组的素材无法改变其属性（例如改变群组的不透明度等，这些操作只对单个素材有效）。

如果取消群组，则在群组对象上单击鼠标右键，选择菜单命令 Ungroup（取消群组）即可。

(2) 嵌套。在 Premiere Pro 中，可以将 Timeline（时间线）窗口中的一个时间序列嵌套到另一个时间序列中，把这个时间序列作为一整段素材来使用。

对嵌套的源素材进行任何修改，都会影响到嵌套素材；而对嵌套素材的修改则不会影响到其源素材。使用嵌套可以在很大程度上提高工作效率。

使用方法：

① Project（项目）窗口中至少有两个序列，在 Timeline（时间线）窗口中切换到要加入嵌套的目标序列，然后直接用鼠标拖动嵌套的序列到目标序列即可。

② 双击嵌套素材，可以直接回到其源序列进行修改和编辑。

利用 Timeline（时间线）窗口进行视频、音频编辑时，往往配合工具栏里的常用工具，熟练应用工具可以有效地提高工作效率。

二、利用 Tools（工具栏）的常用编辑工具

Tools（工具栏）面板提供了编辑所使用的必备工具，如图 6-19 所示：

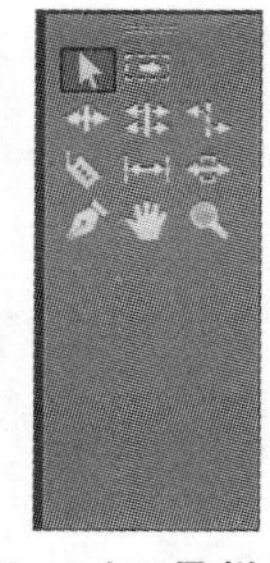

图 6-19　Tools（工具栏）面板

(1) Selection Tool（选取工具）：用于选择对象、移动对象，为对象设置新入点、出点等基础操作，按住 Shift 键单击目标对象可以进行加选。拖动可以范围框选对象。

(2) Track Select Tool（轨道选取工具）：利用轨道选取工具可以选择一个轨道上从被选择的第一个素材开始到该轨道结尾处的所有素材。要选取更多的轨道，按住 Shift 键并单击素材即可。

(3) Ripple Edit Tool（涟漪编辑工具）：涟漪编辑在改变当前素材的入点、出点的同时，会根据素材伸缩时间将随后的素

材向前或向后推移,使节目总长度发生变化,但不会影响轨道上其他素材的长度。

(4) Rolling Edit Tool(滚动编辑工具)：滚动编辑工具对相邻的前一个素材的出点和后一个素材的入点进行同步移动,其他素材的位置和长度保持不变。

(5) Rate Strech Tool(速度调整工具)：速度调整工具改变素材的长度,并调整速度以适合素材的新长度。

(6) Razor Tool(刀片工具)：用于将一个素材切成两个或多个分离素材。按住 Shift 键使用该工具可以将处于分割位置的所有轨道上的对象切为两段。

(7) Slip Tool(错落编辑工具)：用于改变一个对象的入点和出点,保持其总长度不变,且不影响相邻其他对象。

(8) Slide Tool(滑动编辑工具)：用于保持要剪辑片段的入点和出点不变,通过其相邻片段入点和出点的改变,改变其时间线上的位置,并保持项目总长度不变。

(9) Pen Tool(钢笔工具)：用于调节对象关键帧和不透明度等。

(10) Hand Tool(手掌工具)：可以拖动时间线窗口中的内容,以显示影片中的不同区域,以拖动的方式滚动窗口。

(11) Zoom Tool(缩放工具)：用于改变时间单位。放大工具缩小时间单位,缩小工具(按住 Alt 键)增大时间单位。还可以使用该工具画一个方框,并将方框内的区域填满 Timeline(时间线)窗口,时间单位也相应变化。

第四节　声音素材的基本编辑

一、音频的种类

在 Adobe Premiere Pro CS6 中,包含了 Mono(单声道)、Stereo(立体声道)和 5.1 声道三种音频类型。这三种音频具有不同的含义:

(1) 单声道:一种比较原始的音频形式,只包含一个声道。

(2) 双声道:包含左右两个声道,也叫做立体声,听起来有身临其境的感觉。

(3) 5.1 声道:主要应用在影院中,是目前应用最广泛的一种音频形式。这种声道包含左、右、中心三个前置声道和左、右两个后置声道以及一个发送到重低音喇叭的低频声道使声音更加具有震撼力。

二、Audio Mixer(音频混合器)

Audio Mixer(音频混合器)能比较专业地处理音频,它可以实时混合 Timeline(时间线)窗口中各轨道的音频对象。用户可以在音频混合器中选择相应的音频控制器进行调节。

Audio Mixer(音频混合器)由若干个轨道音频控制器、主音频控制器和音频播放控制器组成。每个控制器由控制按钮和调节滑竿调节音频,如图 6-20 所示。

① 轨道音频控制器。轨道音频控制器用于调节与其对应轨道上的音频对象,控制器 1 控制音频轨道 1,依次类推,其数量与时间线窗口中的音频轨道数一致。

图 6-20 音频混合器

② 主音频控制器。主音频控制器可以调节 Timeline 窗口中所有轨道上的音频对象，其使用方法同轨道音频控制器。

③ 音频播放控制器。音频播放控制器用于音频播放，使用方法与 Source 窗口的控制栏相同。如图 6-21 所示。

图 6-21 音频播放控制器

轨道音频控制器由控制按钮、调节滑轮和调节滑竿组成。

① 选中 M 按钮：该轨道音频设置为静音状态。

② 选中 S 按钮：只有该轨道音频有声音，其他轨道为静音状态。

③ 选中 R 按钮：利用录音设备往该轨道上录制声音。

④ 控制按钮。控制按钮用来控制音频的调节状态，分别有 M(静音)、S(独奏)和 R(录音)三种状态。如图 6-22 所示。

⑤ 声道调节滑轮。声道调节滑轮是用来调节声音的播放声道的。向左拖动滑轮，左声道的声音增加；向右拖动滑轮，右声道的声音加强。如图 6-23 所示。

⑥ 音量调节滑竿。通过音量调节滑竿可以控制该轨道音频的音量，单位是分贝。向上滑动增大音量，向下滑动减小音量，也可以在数值栏里直接输入声音分贝数。音量表顶部的小方块代表了音量的极限，当方块为红色时，说明音量超过极限，声音过大。如图 6-24 所示。

图 6-22 控制按钮三种状态

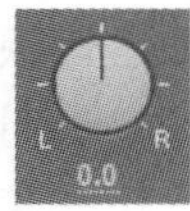

图 6-23 声道调节滑轮

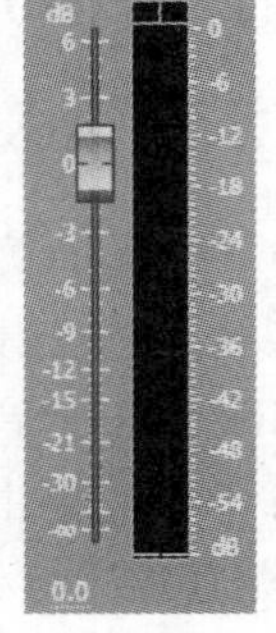

图6-24 音量调节滑竿

三、音频的调节

1. 调节音频的速度和长度

选中需要调整的音频素材，单击鼠标右键，在弹出的快捷菜单中选择 Speed/Duration（速度/持续时间）命令，在 Duration 持续时间文本框中对音频的持续时间进行调整，或者直接调整速度的百分比，即可以调节音频的速度。

2. 调节音频的增益

音频增益是指音频信号的音量高低。通过调节音频增益，设置音频信号的高低，可实现音量的合适效果。

使用方法：选中音频素材，单击鼠标右键，在弹出的快捷菜单中选择 Audio Gain（音频增益）命令，在此命令框中改变数值调节音频的增益，如图 6-25 所示：

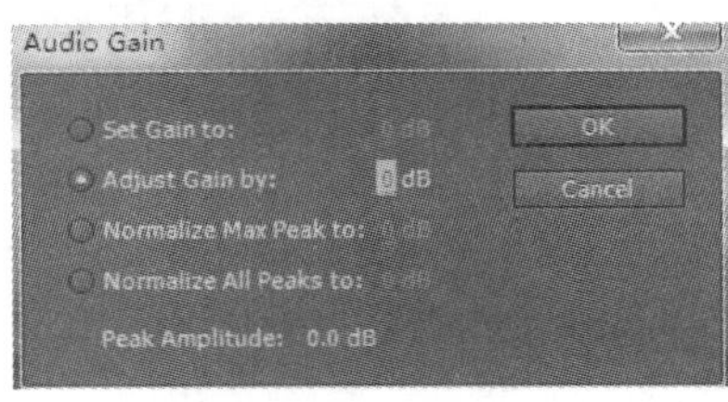

图 6-25　Audio Gain（音频增益）窗口

3. 声音的淡入、淡出

在音频轨道上设置音频关键帧可以调节声音的淡入、淡出效果。

使用方法：单击需要设置音频的轨道前面的 Show Keyframes（显示关键帧）按钮，在弹出的快捷菜单中选择 Show Track Keyframes（显示轨道关键帧）命令，然后在不同的时间位置处，单击 Add-Remove Keyframe（添加/删除关键帧）按钮来添加关键帧，拖动关键帧的上下位置即可设置声音的淡入和淡出，如图 6-26 所示。

图 6-26　Add-Remove Keyframe（添加/删除关键帧）按钮

四、音频的处理与转换

在编辑合成音频之前，首先需要对素材、声道和轨道等进行设置或必要的转换，以适应音频混合的需要。

1. 音频的提取和渲染替换

在项目面板中选择一个或者多个包含音频的素材，使用菜单命令“clip/Audio Options/Extract Audio”提取音频。

除了在项目面板中提取音频外，还可以在序列中选择一个素材片段，使用菜单命令“Clip/Audio Options/Render and Replace”，通过渲染生成新的音频素材，以替换原有素材中的音频。所有在源素材上对其音频进行的处理操作和效果会全部施加到新提取出的音频素材上。

2. 声道转换

在进行音频混合前，有时需要对素材进行声道转换，将其转化为所需的声道组合形式。

(1) Breakout to Mono(分离为单声道)

当需要对一个多声道素材的每个声道进行单独编辑时，可以使用菜单命令“Clip/Audio Options/Breakout to Mono Clips”将该音频素材分离为单声道素材。立体声分为左、右两个单声道，5.1 环绕声分为 6 个单声道。

(2) Treat as Stereo(转换为立体声)

有时需要将单声道的音频素材作为立体声素材，使其与立体声轨道相吻合，从而对其进行编辑。使用菜单命令“Clip/Audio Options/Treat as Stereo”，可以将项目面板中选中的单声道素材视为立体声素材，将其添加到立体声轨道进行编辑。

第五节　三点编辑和四点编辑

除了使用鼠标拖曳的方式添加素材，还可以使用监视器窗口底部的控制面板中的按钮进行三点编辑和四点编辑操作，将素材添加到序列中。

通俗讲，三点编辑就是通过设置两个入点和一个出点或者一个入点两个出点对素材在序列中进行定位，第四个点会自动计算出来。

在监视器窗口底部的控制面板中使用【设置入点】按钮和【设置出点】按钮，为素材和序列设置所需的三个入点和出点；再使用【插入】按钮或【覆盖】按钮，将素材添加到序列的指定位置上，完成三点编辑。

四点编辑需要设置素材的入点和出点以及序列的入点和出点，通过匹配对齐将素材添加到序列中，方法与三点编辑类似。如果标记的素材与序列的持续时间不同，会弹出相应的对话框，在其中选择改变素材速率以匹配标记的序列。当标记的素材长于序列时，可以选择自动修剪素材的开头或结尾；当标记的素材短于序列时，可以选择忽略序列的入点或出点，相当于三点编辑。设置完成后，单击 OK 按钮，完成编辑操作。

课后习题

使用 Adobe Premiere Pro CS6 缩编电影(电影可自选)。

第七章

Premiere 特效

本章提要

基本的编辑完成后，可以用镜头表达基本创作意图，为了增强影视作品的视觉和听觉效果，添加视频、音频特效是影视创作中的一个重要环节。Adobe Premiere Pro CS6 提供了很多特效命令，包括视频转换特效、音频转换特效、视频特效和音频特效，可同时实现包装制作，减少了中间环节。本章主要介绍 Adobe Premiere Pro CS6 视频、音频特效的参数设置和视频、音频特效的应用。

第一节　视频转换特效

默认情况下，一个镜头直接切换到另一个镜头，叫做硬切，往往用在叙事性的剪辑过程中。但在有些情况下，如电子相册、宣传片的制作中，要求画面切换方式丰富多彩，需要适当地、合理地添加视频转换特效。

一、视频转换的应用原则

当不同场景的镜头画面组接在一起时，由于时间、事件、地点、情节的不同，而使前后场景画面间出现逻辑的、视觉心理的不连续性。转场是为了使不同场景的画面组接在一起时，具有逻辑的和视觉心理的连贯性而采用的组接方法。那么，划分场景的依据又是什么呢？通常情况下，有三种划分依据：

第一种：以时间区域划分场景。所拍摄的事件在不同时间段具有明显不同的特征。

第二种：以空间区域划分场景。所拍摄的事件在不同空间具有明显不同的特征。

第三种：根据情节段落划分场景。根据剧本自然形成的情节段落，如开始、发展、转折、高潮、结束等。

二、视频转换的种类

视频转换有技巧性转场和无技巧性转场两类。无技巧性转场就是直切（硬切）。

1. Adobe Premiere Pro CS6 中常用的技巧性方法介绍

(1) 淡入、淡出转场。

利用 V 或 U 淡变特技将两组不同场景的画面组接起来的转场方式。淡入、淡出给观者的感觉有如日落日出的间歇感，多用于表示一个段落的结束和新段落的开始。

淡入、淡出以及中间停顿的时间长度，主要取决于影视作品的剧情、气氛、情绪和节奏等因素。

(2) X 淡变转场。

利用 X 淡变特效将不同场景的两组画面组接起来的转场方式。是一种比较平缓、流畅的镜头转换方式，常用于表示时间的推移，进行比较、抽象、进展、变化、想象等概念的表述。使用过多，容易造成节奏的缓慢。

X 淡变转场往往给观者以“光阴似箭，日月如梭”、“有话则长，无话则短”等跨越（压缩）时空的感觉。这种“跨越”的前提是前后镜头具有某种联系的因素。

(3) 划变转场。

利用划变特效将不同场景的两组画面组接起来的转场方式。

划变转场给人明显的时空转换的感觉，恰当运用划变的形式，会增强转场的艺术感染力。表现舞台拉幕效果。

(4) 定格转场。

利用静帧特效将不同场景的两组画面组接起来的转场方式。

定格转场必须利用前一个镜头中主体运动或动作状态处于意义特征明显的瞬间将其定格，这样可强调主体形象，或强调某一细节的含义，定格结束，自然转入下一场景。

Adobe Premiere Pro CS6 提供了上百种内置的视频转换特效，根据影片的需要，选择适当合理的转场方式，切忌滥用。

2. Premiere Pro CS6 无技巧转场方法介绍

(1) 出入画转场。

不同场景的两组画面中，前一组画面在结束时主体走出画面，紧接着的是另一场景没有主体的画面，然后主体才从画外进入。应该注意的是：前后两组画面的主体可以是人、可以是物；可以是相同的主体，也可以是不同的主体；主体出、入画的方向应一致。

(2) 两极转场。

不同场景的两组画面，前一组画面远景(或特写)接后一组画面特写(或远景)，利用不同景别在视觉心理上的强大落差而形成的段落感，消除两组不同场景画面组接在一起出现的不连贯性。

(3) 特写转场。

利用不同场景两组画面中同一(或相似)物件的特写实现转场。

(4) 遮挡转场。

利用不同场景的两组画面，前一组画面的主体向镜头迎面走来，直至其胸部将摄像机镜头完全遮挡而形成黑画面，后一组画面从主体背部形成的黑画面开始，主体远离镜头出现在不同的场景中。

(5) 形似转场。

利用不同场景的两组画面中主体的外形结构的相似性而实现两组画面的连贯组接。

(6) 主观镜头转场。

不同场景的两组画面，利用前一组画面主体观看动作的提示，紧接着的后一组画面是前一画面主体逻辑上可能看到、而不在同一场景的景物。

(7) 空镜头转场。

空镜头转场不同场景的两组画面，前一组画面从主体转移到该场景中一些诸如汹涌的海浪、青天白日、青松、鲜花等带象征或烘托性的景物画面，以刻画前一画面主体的心绪或象征意境，利用这种带有余韵的空画面，在观众心中形成段落感，以消除两组不同场景画面组接在一起时引起的不连贯性。

(8) 运动拍摄转场。

利用运动拍摄方式，连续地展现一个又一个的场景。

(9) 因果转场。

利用前后两组不同场景画面间的因果、呼应等逻辑关系实现连贯组接。

(10) 声音转场。

利用声音的延续或相似性进行画面连贯的组接。

三、视频转换特效操作

1. 添加视频转换特效

在 Effects(特效)面板，展开视频转换特效的文件夹，选择一个视频特效，用鼠标拖曳至

Sequence(序列)窗口视频轨道上两个相邻素材的中间位置，如图 7-1 所示。

图 7-1　添加视频特效

此时 Program(节目)监视器窗口里看到的是添加视频转换特效默认参数下的视觉效果，如图 7-2 所示。

图 7-2　视频特效

在添加视频转换特效时，特别要注意为视频素材预留持续时间。视频转换过程中，前后两个镜头的内容同时显示在画面中，不同的视频转换特效，变化的方式也不同。例如，前一个镜头 A 有 1、2、3、4、5、6 六个帧画面，后一个镜头 B 有 d、e、f、g、h、j 六个帧画面，当添加了持续时间为 6 帧且居中放置的视频转换特效时，此时的显示画面内容为如图 7-3 所示。

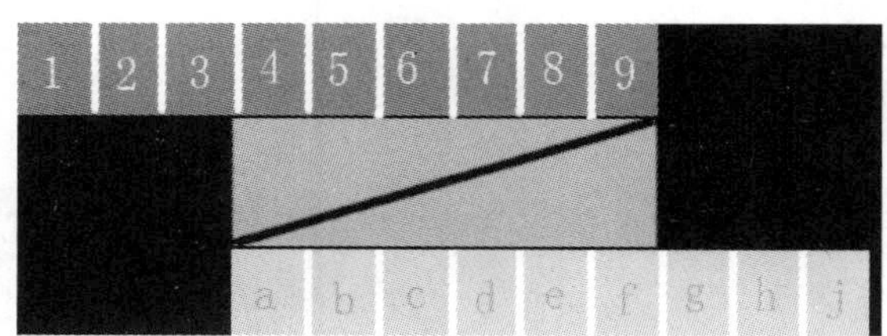

图 7-3　预留持续时间

为了避免视频转换过程中出现镜头加帧现象，应该为前后镜头预留出转换的持续时间长度。

2. 设置视频转换特效的参数

单击时间线上添加的【视频转换特效】图标，打开 Effects Controls(特效控制)面板，可以看到当前视频转换特效的控制参数。如图 7-4 所示。

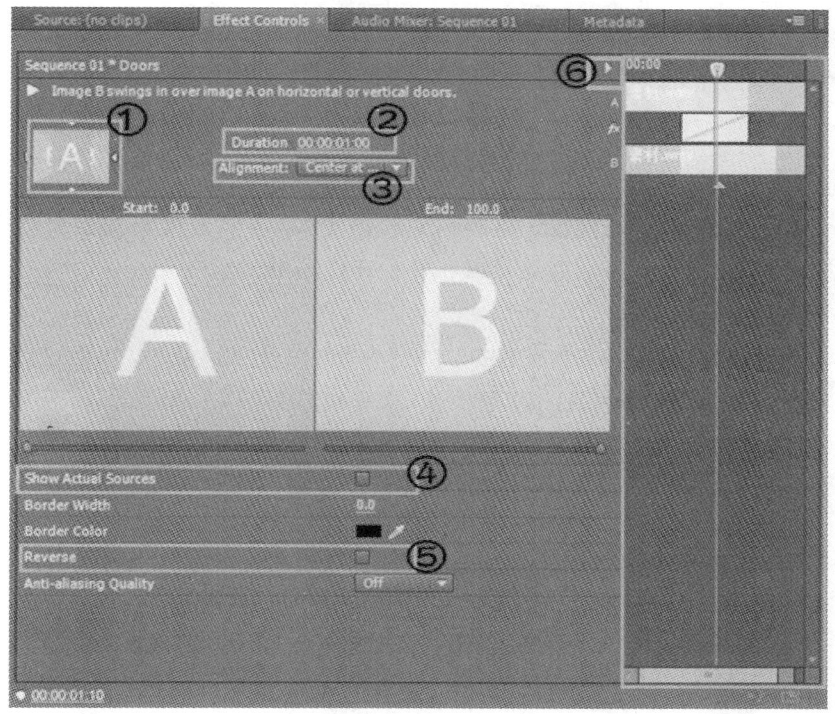

图 7-4　Effects Controls 面板

① 【示意图预览窗口】：通过单击上方的播放按钮，预览特效。

② Duration(持续时间)：定义视频转换特效持续的时间。

③ Alignment(排列)：定义视频转换特效的开始位置，有居中在切点、开始在切点和结束在切点三种选项。

④ A、B 代表前后两个画面的内容，可通过选中 Show Actual Sources(显示真实来源)选项，显示实际的画面。

对于某些视频转换特效，可以定义边框的大小和颜色。

⑤ Reverse(反转)：把 A、B 画面的转换位置交换。

⑥ Timeline (时间线)区域：通过单击右上方的按钮▶，打开相对应的时间线。

3. 删除视频特效

在时间线上选中要删除的视频转换特效，单击鼠标右键，选择 Clear(清除)命令，或者选中按键盘上的 Delete 键删除，如图 7-5 所示。

两个相邻视频素材之间，只能添加一个视频转换特效，当再次添加视频转换特效时，原来的视频转换特效将被新的所代替。

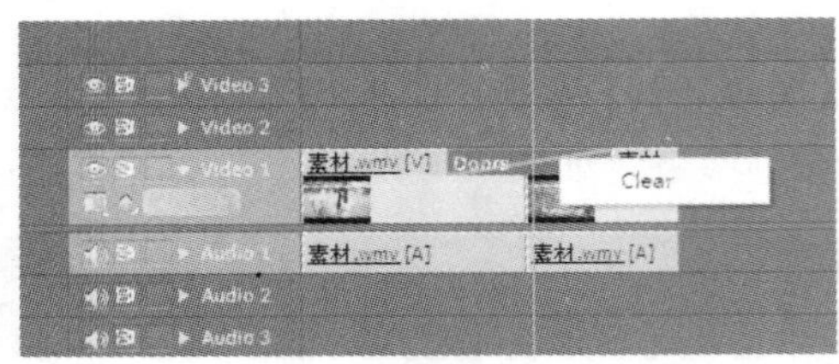

图 7-5 删除视频特效

4. 视频特效的分类

Adobe Premiere Pro CS6 提供了多种视频转换特效，为了方便查找需要的视频转换特效，根据视觉效果的不同，分门别类地存放在各个文件夹里。

(1) 3D Motion(3D 运动)

模拟三维空间的视觉效果，包括 Cube Spin、Curtain、Doors、Flip Over、Fold Up、Spin、Spin Away、Swing In、Swing Out、Tumble Away 等，如图 7-6 所示。

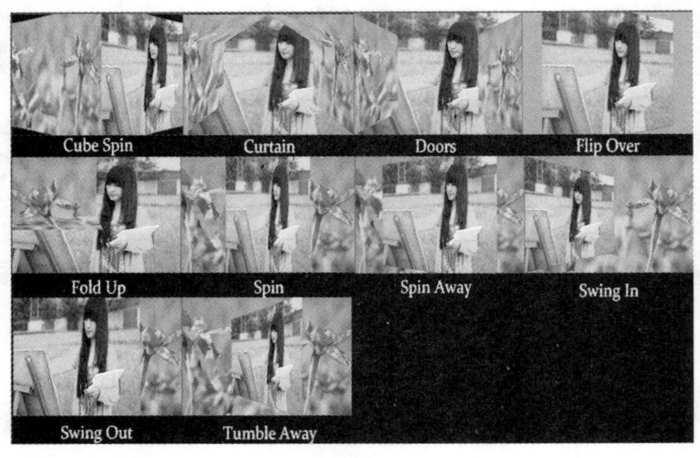

图 7-6 3D Motion (3D 运动)

(2) Dissolve(叠化)

常用的叠化过渡方式，包括 Additive Dissolve、Cross Dissolve、Dip to Black、Dip to White、Dither Dissolve、Non-Additive Dissolve、Random Invert 等，如图 7-7 所示。

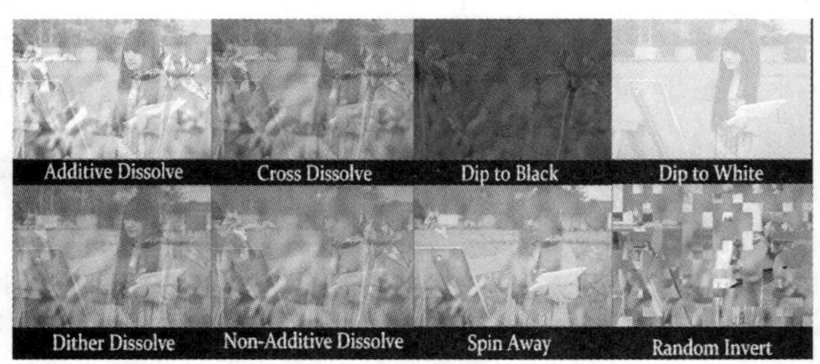

图 7-7 Dissolve (叠化)

(3) Iris(划像)

以图形的方式进行视频转换,包括 Iris Box、Iris Cross、Iris Diamond、Iris Points、Iris Round、Iris Shapes、Iris Star 等,如图 7-8 所示。

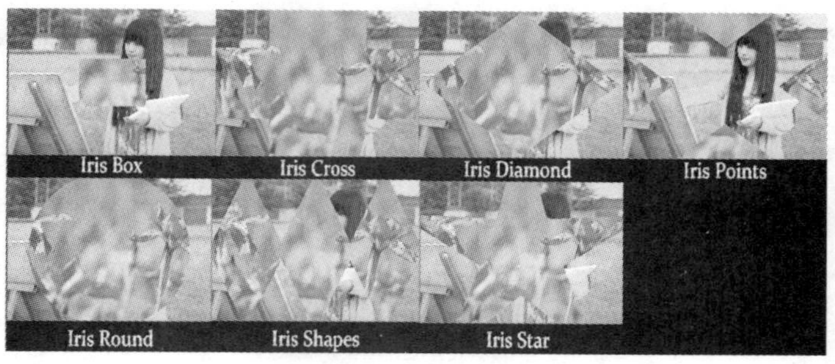

图 7-8　Iris(划像)

(4) Map(图像)

通过图像的颜色通道或者亮度通道进行视频转换,包括 Channel Map、Lumance Map 等,如图 7-9 所示。

图 7-9　Map(图像)

(5) Page Peel(翻页)

模拟翻书的效果,包括 Center Peel、Page Peel、Page Turn、Peel Back、Roll Away 等,如图 7-10 所示。

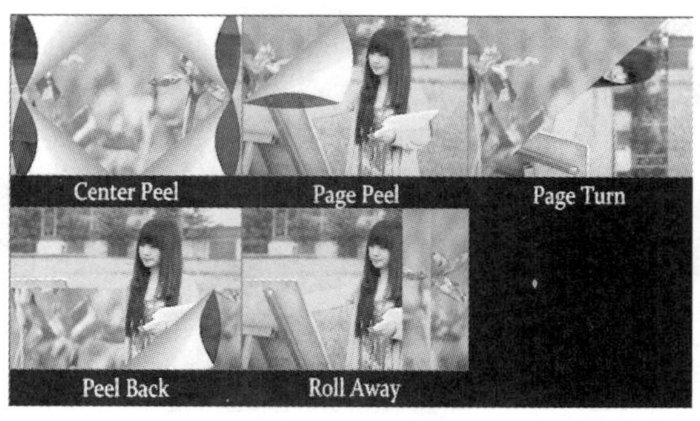

图 7-10　Page Peel(翻页)

(6) Slide(滑动)

以各种滑动方式切换,包括 Band Slide、Center Merge、Center Split、Multi-spin、Push、Slash Slide、Slide、Sliding Bands、Sliding Boxes、Split、Swap、Swirl 等,如图 7-11 所示。

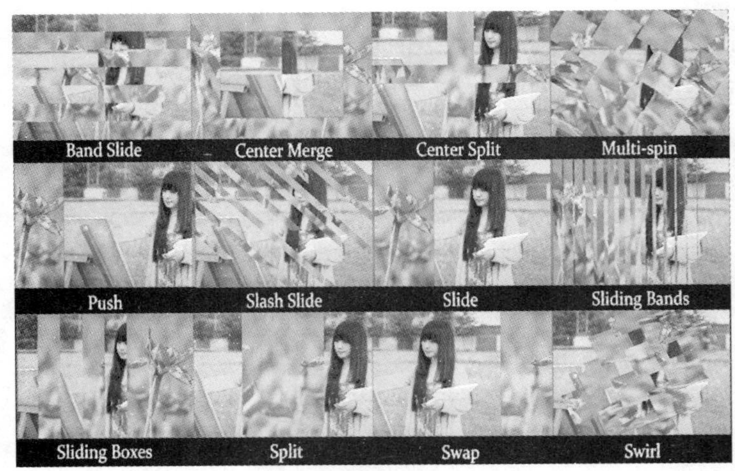

图 7-11　Slide（滑动）

（7）Special Effect（特殊效果）

以特殊效果实现切换，包括 Displace、Texturize、Three-D 等，如图 7-12 所示。

图 7-12　Special Effect（特殊效果）

（8）Stretch（拉伸）

以各种形式的拉伸效果实现切换，包括 Cross Stretch、Stretch、Stretch In、Stretch Over 等，如图 7-13 所示。

图 7-13　Stretch（拉伸）

（9）Wipe（擦除）

以各种形式的擦除切换到新的镜头，包括 Band Wipe、Barn Door、Checker Wipe、Checker Board、Clock Wipe、Gradient Wipe、Inset、Paint Splatter、Pinwheel、Radial Wipe、Random Blocks、Random Wipe、Spiral Boxes、Venetian Blinds、Wedge Wipe、Wipe、Zig-Zag Blocks 等，如图 7-14 所示。

图 7-14 Wipe（擦除）

（10）Zoom（缩放）

通过画面的缩放切换画面，包括 Cross Zoom、Zoom、Zoom Boxes、Zoom Trails 等，如图 7-15 所示。

图 7-15 Zoom（缩放）

四、视频转换特效实例——随机滑动的过渡条

（1）新建项目，把一个视频或者图片素材放在时间线的视频轨道，新建 Color Matte（彩色蒙板）素材，也放在时间线的视频轨道上，持续时间为 6 秒，添加 Sliding Bands（滑动条带）视频转换特效，如图 7-16 所示。

图 7-16 添加 Sliding Bands（滑动条带）视频转换特效

(2) 选择第一个 Sliding Bands(滑动条带)视频转换特效,设置参数如图 7-17 所示。

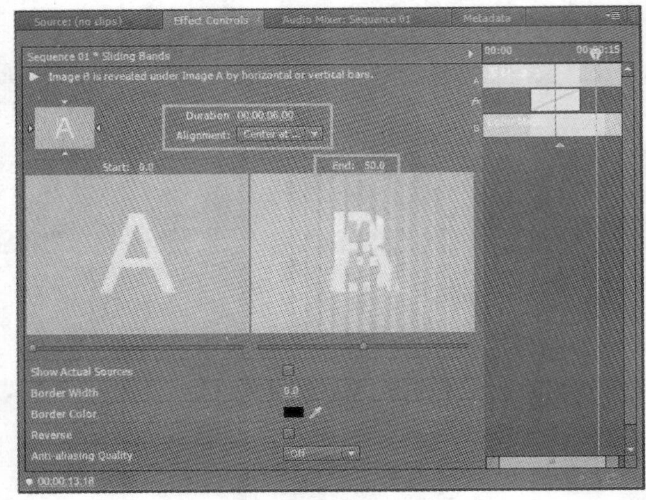

图 7-17　特效参数

(3) 选择第二个 Sliding Bands(滑动条带)视频转换特效,参数设置如图 7-18 所示。

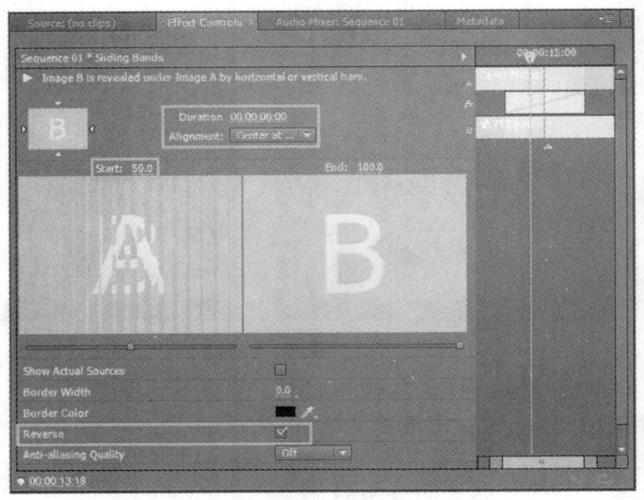

图 7-18　特效参数

时间线的视频轨道上素材如图 7-19 所示。

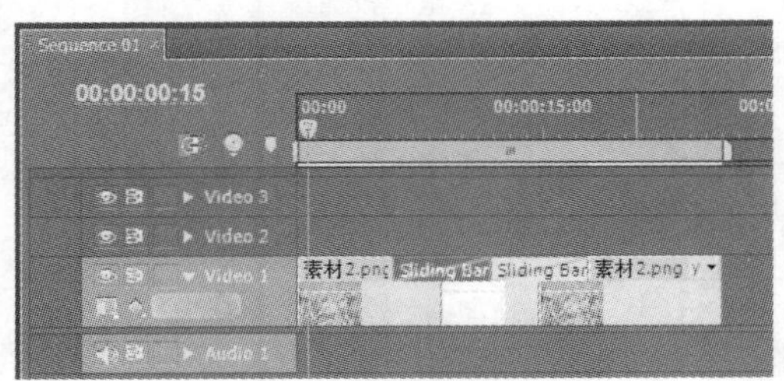

图 7-19　时间线上的素材

视频效果如图 7-20 所示。

图 7-20 视频效果

第二节 音频转换特效

音频转换没有视频转换那么丰富，只有音量淡入、淡出的转换方式，如图 7-21 所示。

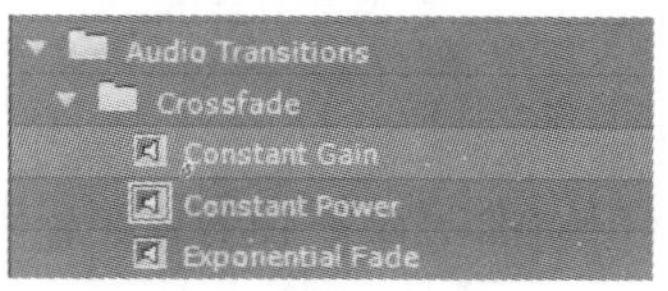

图 7-21 音频转换特效

应用 Constant Gain(恒定增益)音频转换特效，前后两个音频素材的音量呈直线交叉变化，使声音自然出现，如图 7-22 所示。

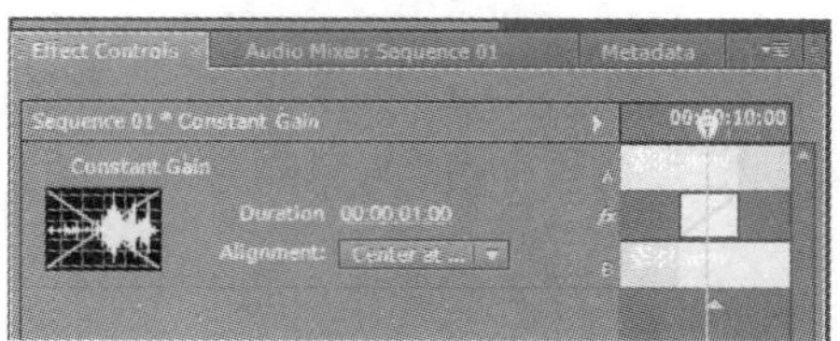

图 7-22 Constant Gain(恒定增益)

应用 Constant Power(恒定放大)音频转换特效，前后两个音频素材的音量呈抛物线交叉变化，变化得更加柔和，如图 7-23 所示。

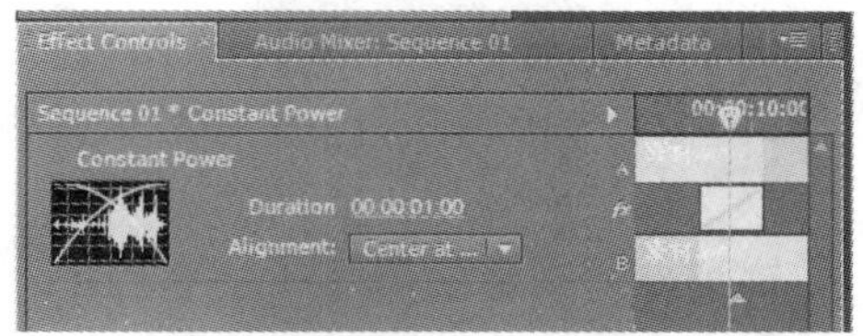

图 7-23 Constant Power(恒定放大)

应用 Exponential Fade(指数型淡出)音频转换特效，前后两个音频素材的音量呈直线交叉变化，使声音自然消失，如图 7-24 所示。

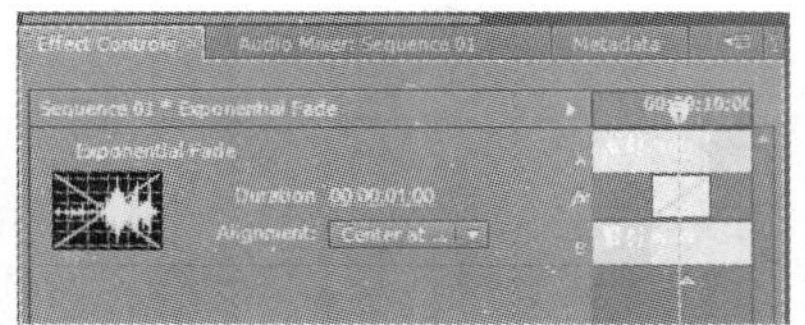

图7-24 Exponential Fade(指数型淡出)

默认情况下，应用的是 Constant Power(恒定放大)。

第三节 视频特效

视频特效应用于视频轨道上的视频、图片等素材，实现画面的各种艺术效果，增强画面的视觉感染力。一个素材片段可以添加多个视频特效。

一、抠像类

在 Adobe Premiere Pro CS6 中，经常要把各种对象元素合成到一起，需要使背景透明，计算机通过 Alpha 通道把所有元素合成到一起。而摄像机不会产生 Alpha 通道，这时候就需要键控，也就是俗称的抠像，其原理是把画面中某一个颜色属性的像素点变成透明或者半透明。

抠像虽然属于后期制作，但与前期拍摄有很大的关系，前期素材质量的一点点差别，对后期的抠像效果影响非常大。以人物抠像为例，拍摄时要选用标准的蓝色或者绿色背景，因为人体中含有这两种颜色最少。我国一般应用蓝色背景，因为东方人的肤色在蓝色背景下会更显得精神，而欧美一些国家根据西方人的肤色特点，一般选用绿色作为背景。在拍摄过程中，要注意打光，用光线勾勒出人物轮廓，把人物同背景分离开。在数字化的过程中，也要注意尽可能地进行无损压缩。

在 Adobe Premiere Pro CS6 中，抠像的特效插件都放在视频特效的“Keying(键)”文件夹里。

1. Blue Screen Key(蓝屏键)

蓝屏抠像是我国用得最多的人物抠像方式，也是最基本的抠像方法之一，原理是把画面中的蓝色像素点变透明。

把“背景素材”放在视频 1 轨道上，“蓝屏抠像素材”放在视频 2 轨道上，如图 7-25 所示。

图 7-25 蓝屏抠像

在特效面板展开 Video Effects 下的 Keying(键),把 Blue Screen Key(蓝屏键)添加到【蓝屏抠像素材】层上,如图 7-26 所示。

图 7-26 添加 Blue Screen Key

在特效控制面板中调整 Blue Screen Key(蓝屏键)的参数,如图 7-27 所示。

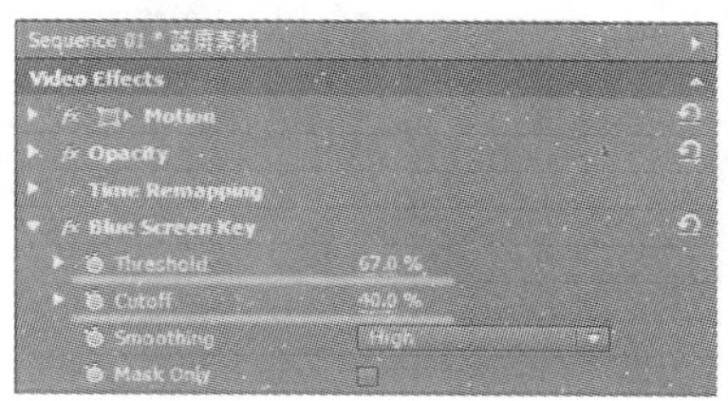

图 7-27 Blue Screen Key(蓝屏键)的参数

得到如图 7-28 所示的效果。

图 7-28 Blue Screen Key(蓝屏键)效果

2. Green Screen Key(绿屏键)

绿屏抠像是欧美国家用得最多的人物抠像方式,原理是把画面中的绿色像素点变为透明。效果如图 7-29 所示。

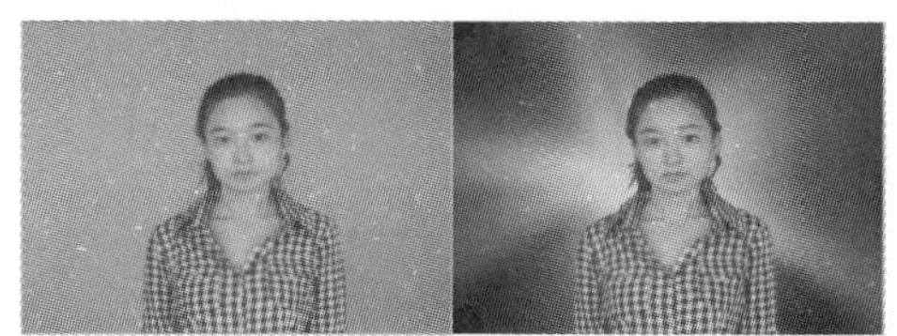

图 7-29 Green Screen Key(绿屏键)效果

3. Color Key(色彩键)

把画面中某一个彩色的像素点变为透明。效果如图 7-30 所示。

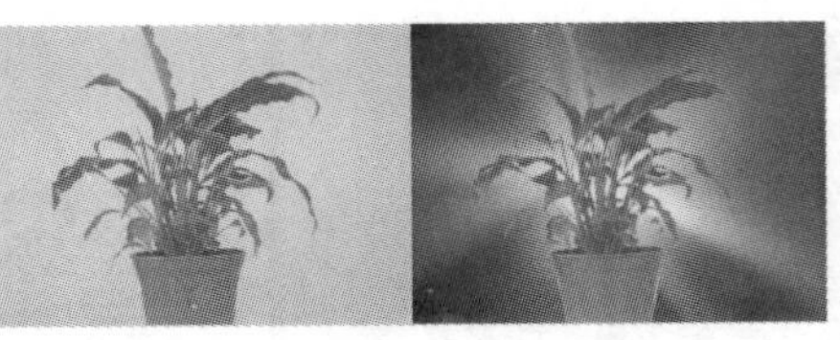

图 7-30 Color Key(色彩键)效果

4. Luma Key(亮键)

适用于明暗对比度比较大的抠像素材。效果如图 7-31 所示。

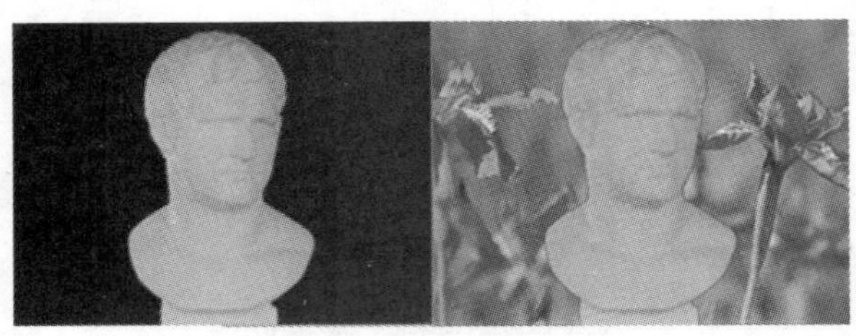

图 7-31 Luma Key (亮键)效果

二、调色类

在视频编辑过程中，把不同来源的素材放到一个时间线上，可能会存在色调不一致的情况，这时候就需要调色。抠像处理的对象要与新的背景素材合成，往往也需要调色。此外，通过色彩也可以传达一定的思想感情。

1. 色彩的基础知识

从本质上讲，色彩是物体对不同波长的光线选择吸收、反射所形成的。它表现出有不同色别、饱和度(纯度)、明暗的特征。色别指的是不同的颜色(色相)，如 红、橙、黄、绿等；饱和度指的是色彩中所包含的消色(黑白灰)的成分多少，包含的消色成分多则饱和度低；明度是指该色彩的反光率大小，反光率大则明度高，反光率小则明度低。

可以使用色轮来预测一个颜色成分中的更改如何影响其他颜色，并了解这些更改如何在 RGB 色彩模式间转换。

颜色也有自己的性格，主要指的是颜色给人的心理感受。

红色：温暖、热情、诚挚，危险、恐怖、动乱

橙色：热情、温暖，光明、活泼

黄色：明快、壮丽、辉煌、活泼

绿色：和平、宁静、理想、希望、生命活力

青色：高洁、沉静、安宁

蓝色：冷淡、理智、无限、平静

紫色：神秘、忧郁、消极、高贵、优雅

黑色：黑暗、阴郁、恐怖、安静、庄重

灰色：安静、柔和、质朴、抒情

白色：明亮、坦率、纯洁、爽朗

2. 调色特效

Adobe Premiere Pro CS6 的调色特效分别存放在 Adjust(调节)、Channel(通道)、Image Control(图像控制)和 Color Correction(色彩校正)文件夹下。

(1) Adjust(调节)：调节画面的颜色。

① Brightness & Constant(亮度和对比度)：调整的是画面中所有像素点的亮度和对比度。如图 7-32 所示。

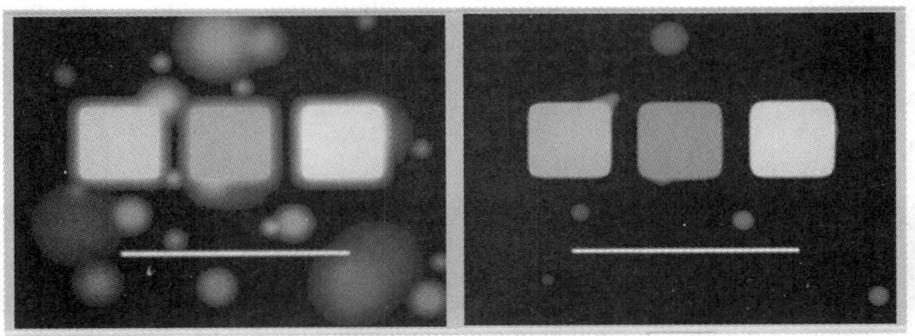

图 7-32　Brightness & Constant(亮度和对比度)

② Levels(色阶)：分别调整暗部区域、中间影调区域和高光区域的亮度对比度，也可以分别调整 R、G、B 三个通道的不同影调区域的亮度和对比度。单击特效控制面板 Levels(色阶)后面的【设置】按钮打开色阶设置对话框，进行直观的参数设置。效果如图 7-33 所示。

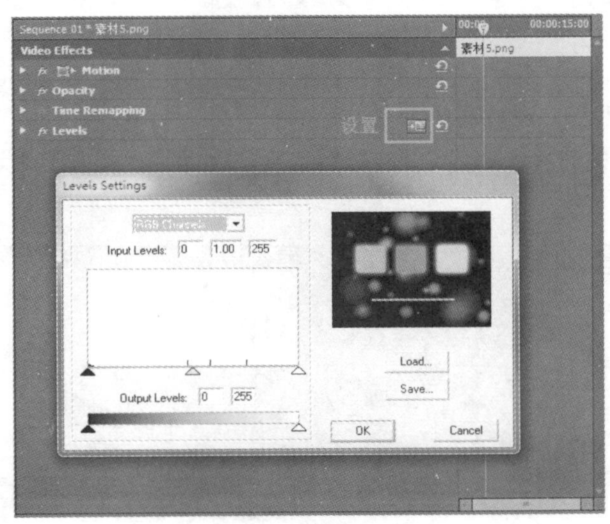

图 7-33　Levels(色阶)效果

③ Color Balance(色彩平衡)：通过分别调整 R、G、B 三个通道的暗部区域、中间影调区域和高光区域的参数值，调整影片的色彩。效果如图 7-34 所示。

图 7-34　Color Balance(色彩平衡)效果

④ ProcAmp(调色)：相当于一个综合的调色板，可以调整亮度、对比度、色调和饱和度。效果如图 7-35 所示。

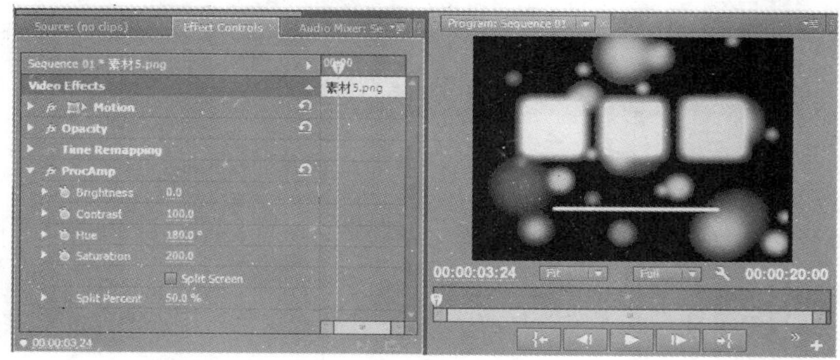

图 7-35　ProcAmp(调色)效果

(2) Channel(通道)：通过通道调整颜色。

此特效中，常用的有 Invert(反相)，根据选择的通道，定义相应通道的反相效果。效果如图 7-36 所示。

图 7-36　Invert(通道)效果

(3) Image Control(图像控制)：调整画面的色彩。

① Black & White(黑白)：把彩色画面转化为黑白画面。效果如图 7-37 所示。

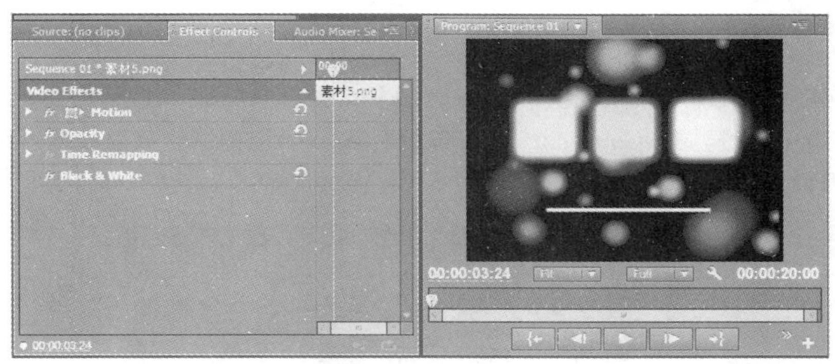

图 7-37　Black & White(黑白)效果

② Change to Color(替换颜色)：把画面中的一个彩色替换成另一个颜色。效果如图 7-38 所示。

图 7-38　Change to Color(替换颜色)效果

③ Color Pass(色彩通行)：在画面中保留定义的彩色，其余的色彩都变为黑白灰的消色。效果如图 7-39 所示。

图 7-39　Color Pass(色彩通行)效果

三、其他特效

1. Blur & Sharpen（模糊和锐化）

各种模糊与锐化处理特效，包括 Camera Blur（摄像机模糊）、Directional Blur（方向模糊）、Fast Blur（快速模糊）、Gaussian Blur（高斯模糊）、Radial Blur（放射模糊）、Sharpener（锐化）等。效果如图 7-40 所示。

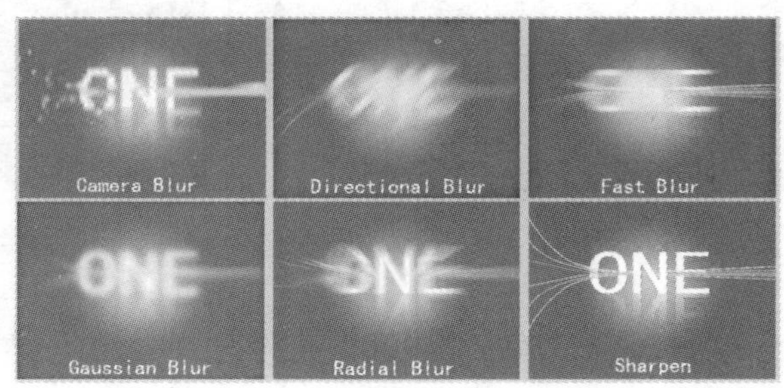

图 7-40　Blur & Sharpen（模糊和锐化）效果

2. Distort（扭曲）

各种变形特效插件，包括 Bend（弯曲）、Corner Pin（边角）、Lens Distortion（镜头失真）、Mirror（镜像）、Magnify（放大）、Wave Warp（波形弯曲）等。效果如图 7-41 所示。

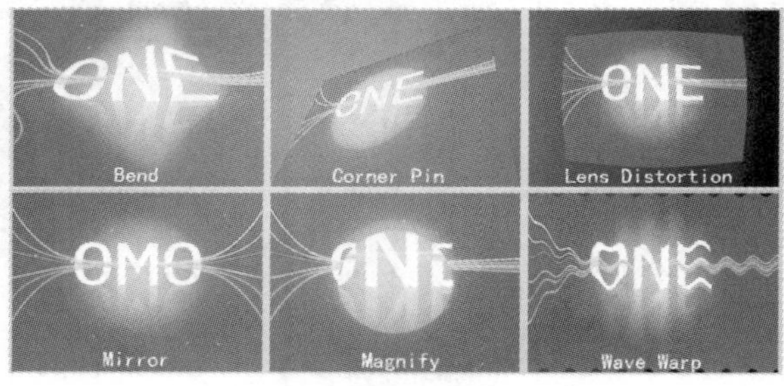

图 7-41　Distort（扭曲）效果

3. Rendering（生成）

对图像进行渲染来达到某种特殊的画面效果，包括 4-Color Gradient（四色渐变）、Checkerboard（棋盘格）、Circle（圆形）、Lens Flare（镜头晕光）、Lightning（闪电）、Ramp（斜面）。效果如图 7-42 所示。

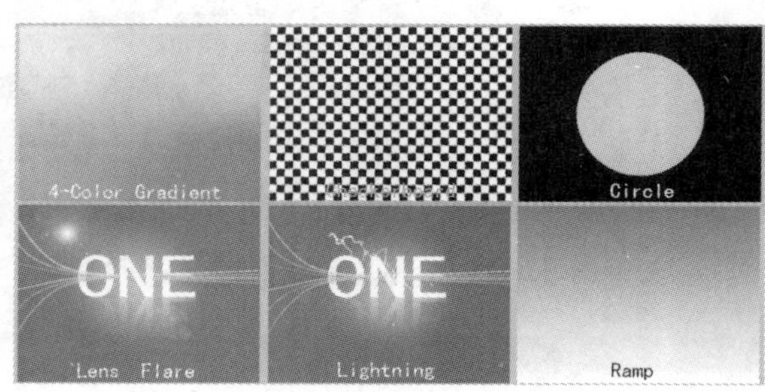

图 7-42　Rendering（生成）效果

4. Transformer(变换)

使图像的形状产生二维和三维的几何变化,包括Clip(修剪)、Crop(裁剪)、Edge Feather(边缘羽化)、Horizontal Flip(水平翻转)、Horizontal Hold(水平保持)、Vertical Flip(垂直翻转)、Vertical Hold(垂直保持)、Roll(滚屏)等。部分效果如图7-43所示。

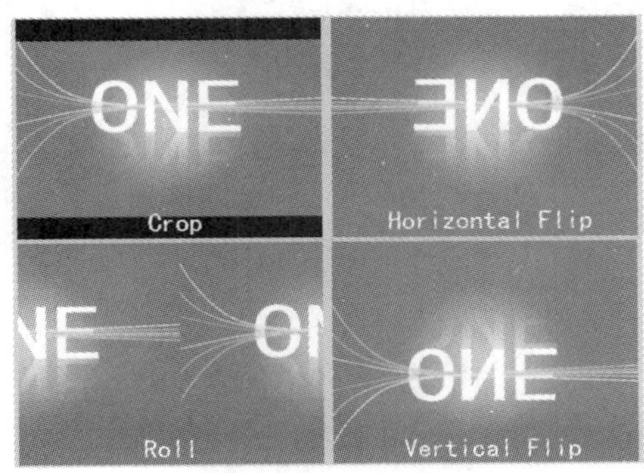

图7-43 Transformer(变换)效果

四、关键帧的操作

关键帧是动画的一个基本概念。在制作动画时,只需要定义动画过程的开始和结束帧的画面内容,而中间的动画过程帧画面由计算机自动计算完成,从而节省了大量的工作。

1. 添加关键帧

选择时间线轨道上的素材,打开特效控制面板,默认情况下就有固定的参数属性。以其中的位置属性为例,首先定位时间指示器的位置,确定添加关键帧的时间位置,单击位置属性前面的关键帧记录器,呈启用状态才能记录关键帧,此时在时间指示器的位置会自动创建一个关键帧,如图7-44所示。

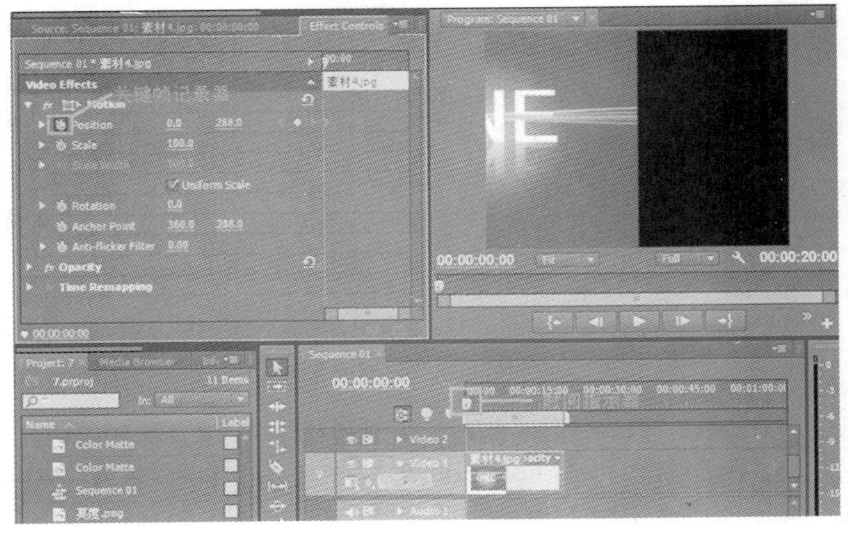

图7-44 添加关键帧

把时间指示器移动到另外一个时刻，单击关键帧面板上的【添加/删除关键帧】按钮，又添加了一个关键帧，如图 7-45 所示。

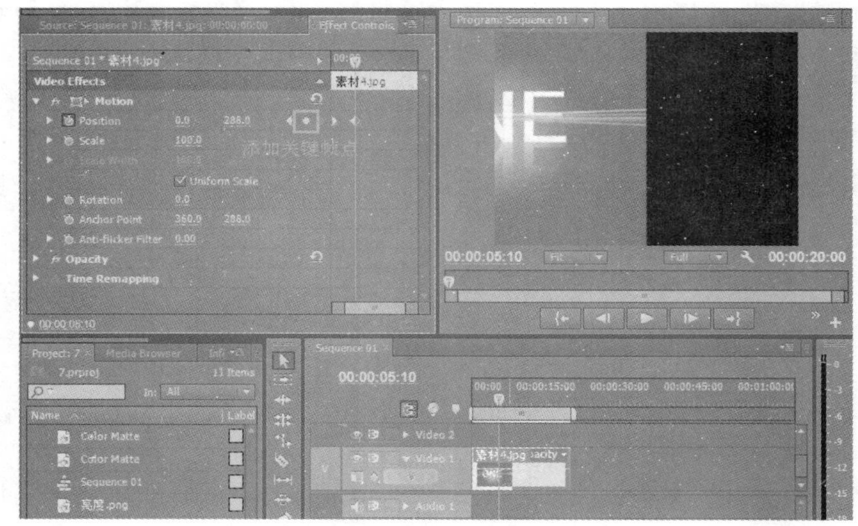

图 7-45　添加关键帧点

单击属性参数值，进入参数编辑状态，输入新的参数值，即可形成基本动画，如图 7-46 所示。

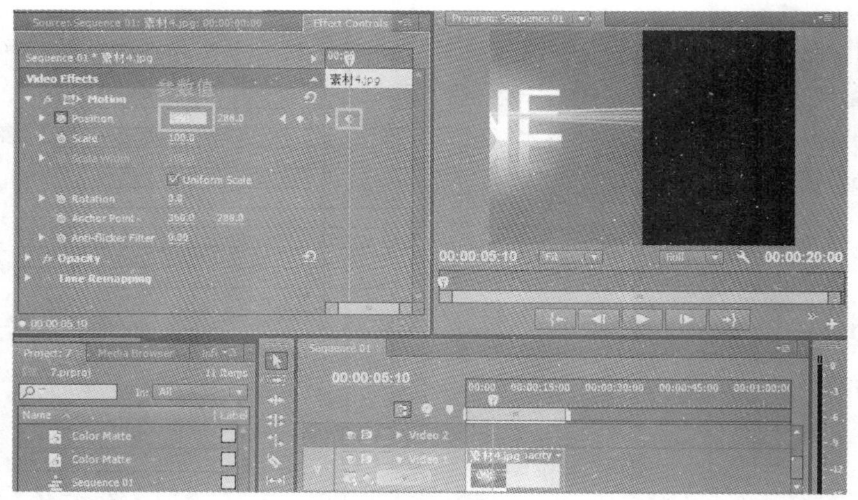

图 7-46　参数设置

2. 选择并移动关键帧

在特效控制面板的时间轴区域，单击关键帧点，即可选中一个关键帧。如果想要选中多个连续的关键帧点，配合键盘上的 Shift 键，或者用鼠标框选一个矩形区域。如果要选中不连续的多个关键帧点，配合键盘上的 Ctrl 键。选中后，用鼠标拖动到目标时间位置，如图 7-47 所示。

图 7-47　选择并移动关键帧

3. 搜索定位关键帧并修改参数值

当一个素材片断有多个关键帧时，要修改参数值，首先要精确地定位到相应关键帧。利用关键帧面板的导航按钮，可实现精确的定位，最大可能的减少关键帧的误操作，如图 7-48 所示。

图 7-48　搜索定位关键帧并修改参数值

（1）前一关键帧：从当前时间指示器的位置，向前搜索最近的一个关键帧。

（2）后一关键帧：从当前时间指示器的位置，向后搜索最近的一个关键帧。

定位到要修改参数的关键帧后，单击参数的属性值进入编辑状态，输入新的参数值，按 Enter 键确定即可，如图 7-49 所示。

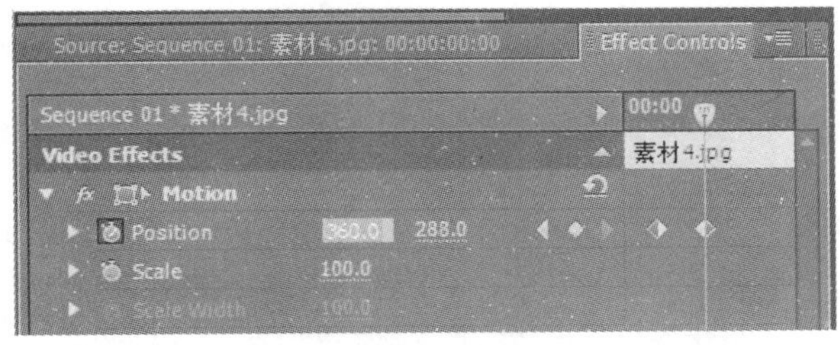

图 7-49　输入参数值

4. 删除关键帧

当确定不需要关键帧时，在特效面板的时间轴区域，把时间指示器定位到要删除的关键帧上，单击关键帧面板里的【添加/删除关键帧】按钮，如图 7-50 所示。

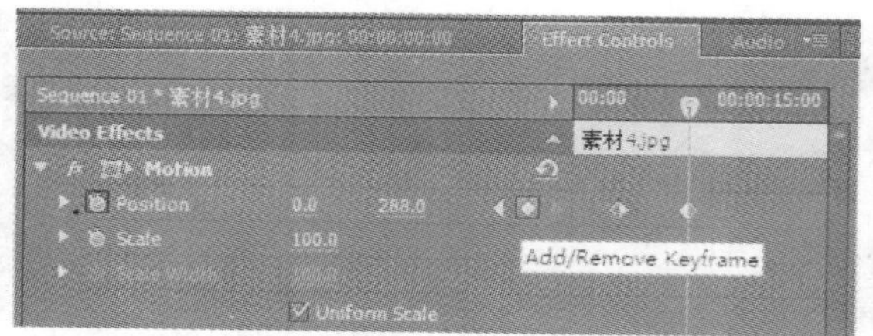

图 7-50　删除关键帧

或者选中要删除的关键帧，按键盘上的 Delete 键清除。

如果想要把当前属性上的所有关键帧删除掉，单击属性前面的［关键帧记录器］，关闭其记录功能，即可一次性删除这个属性上的所有关键帧，如图 7-51 所示。

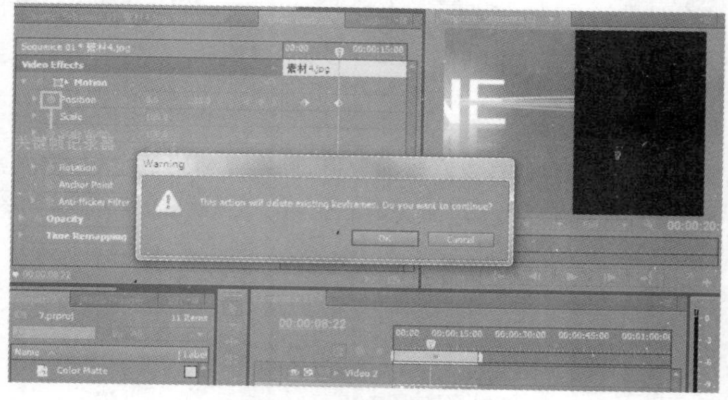

图 7-51　删除所有关键帧

第四节　固定特效

在 Adobe Premiere Pro CS6 界面中，选择时间线轨道上的素材，打开 Effects（特效）控制面板，默认情况下就有固定的参数属性，这是素材固有的属性。它包含固定的 Video Effects（视频特效）和 Audio Effects（音频特效）两类属性，如图 7-52 所示。

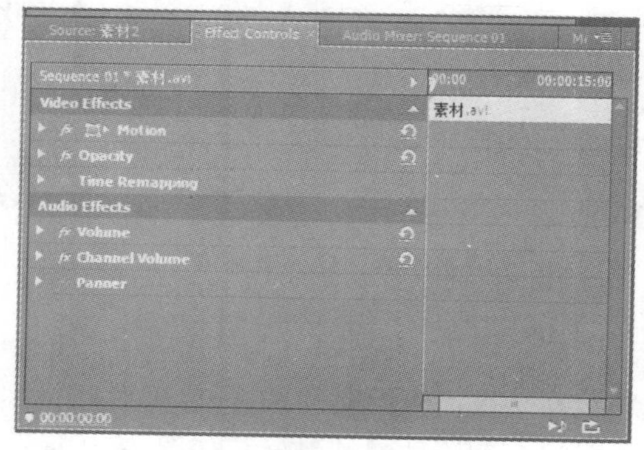

图 7-52　素材的固有属性

一、视频特效

视频轨道上的素材的基本属性包括运动和透明度两类。

1. Motion(运动)固定特效

Motion(运动)固定特效用于定义视频轨道上的素材的位置、旋转、缩放等运动效果。其参数包括：Position(位置)、Scale(缩放)、Rotation(旋转)、Anchor Point(锚点)等。

(1) Position(位置)。此参数定义素材层在节目窗口中的位置，通过定义位置属性的关键帧动画，可以实现简单的位移动画。如图 7-53 所示，定义时间指示器在 0 秒的位置，单击位置属性前面的关键帧记录器，在第 0 秒的位置参数值为(0,288)，此时就定义了一个关键帧。

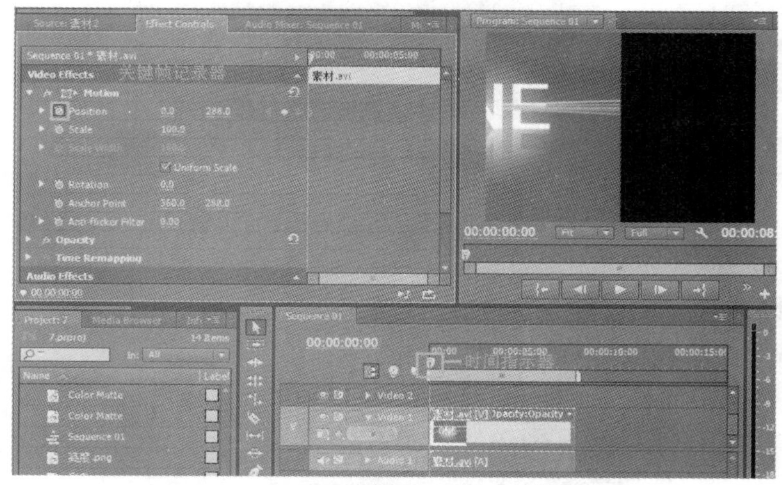

图 7-53　定义关键帧

把时间指示器定义到第 3 秒的位置，单击【添加关键帧】按钮，在当前位置添加一个关键帧点，修改位置的参数值为(360,288)。

最终的视觉效果如图 7-54 所示。

图 7-54　最终效果

(2) Scale(缩放)。此参数定义素材层的大小。默认情况下，锁定宽高比进行放大或者缩小。定义时间指示器在 0 秒的位置，单击缩放前面的关键帧记录器，在第 0 秒的缩放参数值定义为 0。

把时间指示器定义到第 3 秒的位置，缩放的参数值定义为 100。

最终的视觉效果如图 7-55 所示。

图 7-55　最终效果

也可以分别缩放宽和高的比例，形成画面水平方向或者竖直方向上的变形效果。如图7-56 所示，取消 Uniform Scale(统一比例)的选中状态。

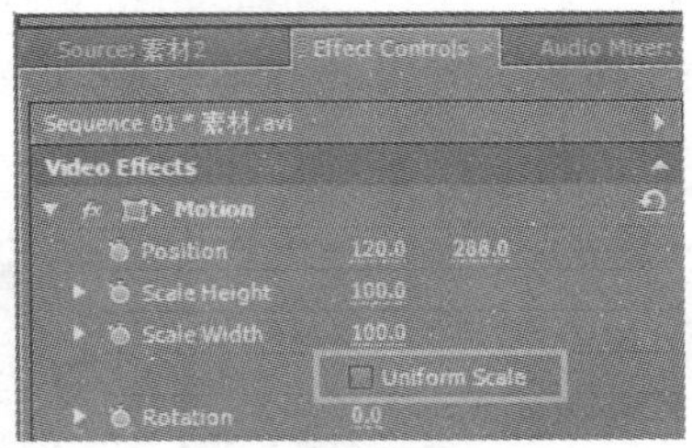

图 7-56　统一比例

定义时间指示器在 0 秒的位置，单击缩放高度前面的【关键帧记录器】，在第 0 秒的缩放高度参数值定义为 0。

在第 3 秒的位置，缩放高度的参数值定义为 100。

最终的视觉效果如图 7-57 所示。

图 7-57　最终效果

(3) Rotation(旋转)。此参数定义素材层的旋转角度。默认情况下，素材层以图层的几何中心为准进行旋转。定义时间指示器在 0 秒的位置，单击旋转前面的【关键帧记录器】，在第 0 秒的旋转参数值定义为 0。

在第 3 秒的位置，定义旋转的属性值为 180°。

最终的视觉效果如图 7-58 所示。

图 7-58　最终效果

(4) Anchor Point(锚点)。此参数定义素材层的参考中心点。如果把锚点的参数值定义为(0,288)，此时素材层在节目窗口里的位置、缩放、旋转的中心点就不再是自身的几何中心了，如图 7-59 所示。

图 7-59 锚点

2. Opacity(透明度) 固定特效

此参数定义素材层的透明度属性。如图 7-60 所示，定义时间指示器在 0 秒的位置，单击不透明度前面的[关键帧记录器]，在第 0 秒的不透明度的参数值定义为 0。

图 7-60 不透明度

在第 3 秒的位置，定义不透明度的参数值为 100，如图 7-61 所示。

图 7-61 参数设置

最终的视觉效果如图 7-62 所示。

图 7-62　最终效果

二、Audio Effects(音频) 固定特效

选中时间线上的音频素材，打开 Effects（特效控制）面板，选取 Audio Effects（音频特效）栏目中的 Volume（音量）特效命令，用于控制音频素材的音量变化，如图 7-63 所示。

图 7-63　音频特效

其中，音频素材的原始音量为 0dB，最小值为$-\infty$，为静音状态，最大值为 6dB。

第五节　音频特效

音频素材可以添加音频特效，类似于调音台效果器的作用。在 Adobe Premiere Pro CS6 中，音频特效存放在特效面板的 Audio Effects（音频特效）文件夹里，如图 7-64 所示。

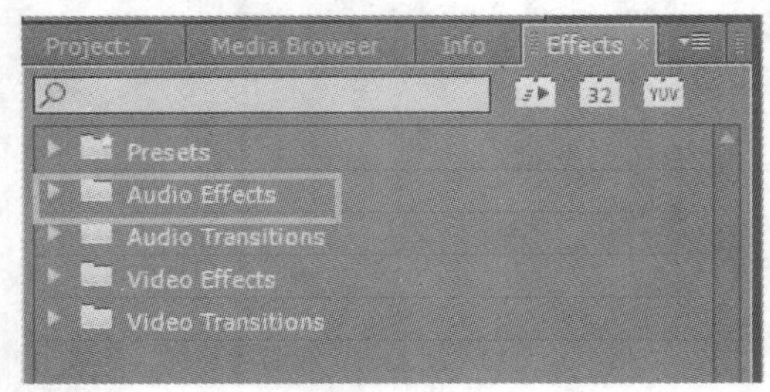

图 7-64　音频特效

一、音频特效的工作界面

在特效面板中,找到需要的音频特效,拖曳到 Timeline(时间线)窗口音频轨道里的音频素材上,在 Effects(特效控制)面板中设置属性参数值,如图 7-65 所示。

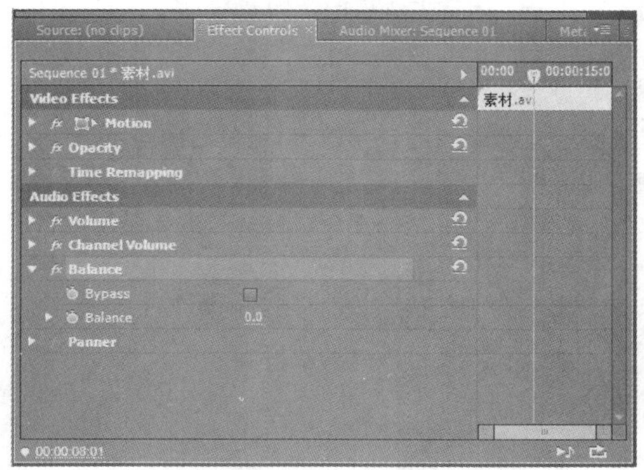

图 7-65　参数设置

1. 音频编辑工作界面

执行 Window/Workspace/Aduio(窗口/工作窗口/音频)菜单命令,打开 Aduio(音频)编辑工作界面,该界面类似于调音台的控制面板,如图 7-66 所示。

图 7-66　Aduio(音频)编辑工作界面

其中的【调音台】面板几乎涵盖了所有的音频素材的操作,这些操作针对整个音频轨道,如图 7-67 所示。

（1）效果器：在下拉菜单中选择预制的效果器，给当前轨道上所有音频素材添加音频特效。

（2）其余按钮在第六章第四节中已讲解，此处不再赘述。

（3）主轨道输出音量推子：调整主轨道的音频音量，以符合播出标准。

2. 录音的方法

（1）连接好外部录音设备。

（2）在时间线上选择要进行录音的音频轨道，定位时间指示器的位置。

（3）切换到音频编辑界面。

（4）单击打开 R（轨道录制）按钮，单击【录制】按钮，进入录制准备状态，再单击【播放】按钮开始录制，如图 7-68 所示。

图 7-67 【调音台】面板

图 7-68 打开轨道录制

（5）单击【停止】按钮，完成录制。

二、音频特效的操作

音频特效的添加、删除、设置参数的操作和视频特效的操作基本相同，此部分内容不做赘述。

课后习题

1. 无技巧转场和技巧转场主要有哪些？
2. 视频特效主要包括哪些？
3. 固定特效主要包括哪些？

第八章

Premiere 字幕应用

本章提要

本章主要讲解 Adobe Premiere Pro CS6 字幕窗口的应用，包括字幕的启动、认识字幕窗口、字幕的管理和滚动字幕的制作技巧。

第一节　Title(字幕)窗口简介

字幕是视频编辑的灵魂，对于视频编辑来说是相当重要的，它广泛应用于各种影视作品的片头和片尾以及各种合适的场合中，以起到解释说明、渲染气氛的作用，优美的字幕，还会使影片变得更加丰富、活泼，生动地表达作者的思想理念。

一、启动字幕窗口

可以通过以下三种方法启动字幕窗口。

(1) 选择 File(文件)/New(新建)/Title(字幕)命令，即可打开 New Title(新建字幕)对话框，如图 8-1 所示。在该对话框中输入 New Title 的名称，单击 OK(确定)按钮，即可打开字幕窗口。

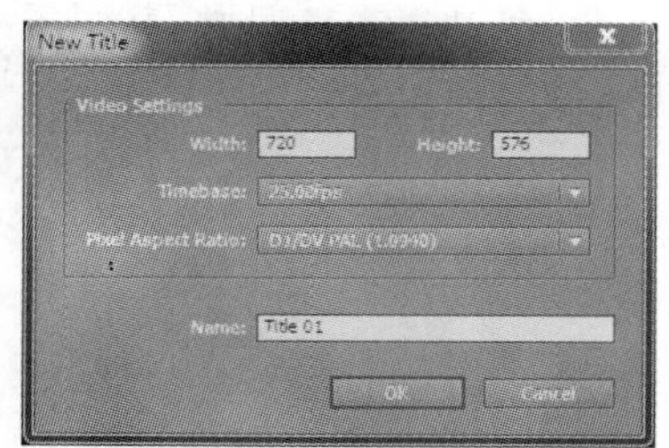

图8-1　New Title(新建字幕)对话框

图 8-2　Title(字幕)窗口

(2) 在 Project(项目库)面板中的空白处单击鼠标右键，在弹出的快捷菜单中选择 New Item(新建项目)/Title(字幕)命令，或单击下方的 New Item(新建项目)按钮，在弹出的菜单中选择 Title(字幕)命令，打开 Title(新建字幕)对话框，输入一个字幕名称，然后单击 OK(确定)按钮即可打开字幕窗口，如图 8-2 所示。

(3) 直接按快捷键“Ctrl＋T”，打开 New Title(新建字幕)对话框，输入一个字幕名称，然后单击 OK(确定)按钮即可打开字幕窗口。

二、认识字幕窗口

使用上述的任意一种方法打开 Title(字幕)窗口，打开后的 Title(字幕)窗口如图 8-2 所示。

第二节 认识Title(字幕)窗口中的各个窗体

Title(字幕)窗口中主要包括 Title Tools(字幕工具栏)、Title browsing area(字幕浏览区)、Title Properties(字幕属性)、Title operation(字幕操作)和 Title Styles(字幕风格)五个窗体部分。

一、Title Tools(字幕工具栏)

字幕工具栏提供了一些选择工具、制作文字和绘制图形的基本工具,如图 8-3 所示。

(1) Selection Tool(选择工具)

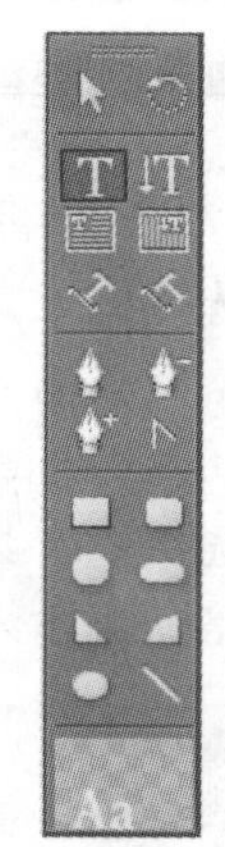

图 8-3 字幕工具栏

用于对文字或图形进行选择或调整大小、位置及旋转的操作。对象被选中后周围会出现八个控制点,如图 8-4 所示。拖动这些控制点就可以改变对象的大小、形状等,当光标指针放在控制点的外面变成弧箭头时,单击拖动还可以旋转对象。结合 Shift 键,可以同时选择多个对象。

注:对象被选中后,可以直接用鼠标拖动来移动位置;也可以用键盘上的方向键来进行比较精确的调整,按一次方向键对象移动一个单位的距离,按住 Shift 键,则可移动 5 个单位的距离。

(2) Rotation Tool(旋转工具)

用于对当前选择的对象进行旋转操作,选择该工具后,直接在文本或图形上拖动即可实现旋转,如图 8-5 所示。

(3) Type Tool(文本工具)

使用文本工具时,在字幕编辑区单击,可以沿水平方向输入横排的文字,或对已创建的横排文字进行修改,如图 8-6 所示。

图 8-4 字幕选择效果

图 8-5 字幕旋转效果

图 8-6 横排文字效果

(4) Vertical Type Tool(垂直文字工具)

使用垂直文字工具时,在字幕编辑区单击,可以沿垂直方向输入竖排的文字,或对已创建的竖排文字进行修改,如图 8-7 所示。

(5) Area Type Tool(水平排版工具)

用于在字幕编辑区输入多行横排文本。选择该工具后,将光标移动到【字幕】窗口的安全区内，按住鼠标左键拖动，将拖出一个矩形框，并出现一个闪动的光标，直接输入文字即可，如图 8-8 所示。

(6) Vertical Area Type Tool(垂直排版文字)

用于在字幕编辑区输入多行竖排文本。选择该工具后，将光标移动到字幕窗口的安全区内，按住鼠标左键拖动，将拖出一个矩形框，并出现一个闪动的光标，直接输入文字即可，如图 8-9 所示。

图 8-7　竖排文字效果

图 8-8　水平排版文字

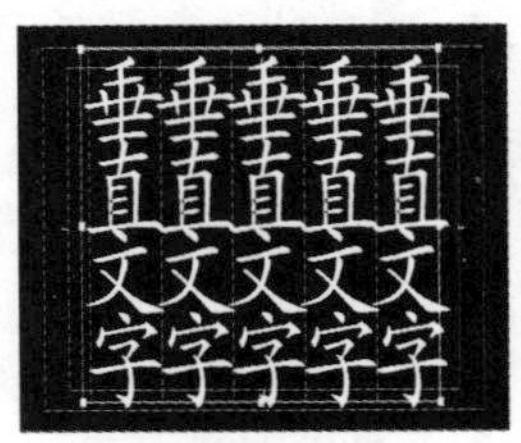

图 8-9　垂直排版文字

(7) Path Type Tool(路径工具)

选择该工具后，在文字编辑区的不同位置多次单击或拖动，可绘制折线或曲线路径，直接在路径上输入文字，输入的文字将沿路径放置且平行于路径，如图 8-10 所示。

(8) Vertical Path Type Tool(垂直路径工具)

选择该工具后，在文字编辑区的不同位置多次单击或拖动，可绘制折线或曲线路径，直接在路径上输入文字，输入的文字将沿路径放置且垂直于路径，如图 8-11 所示。

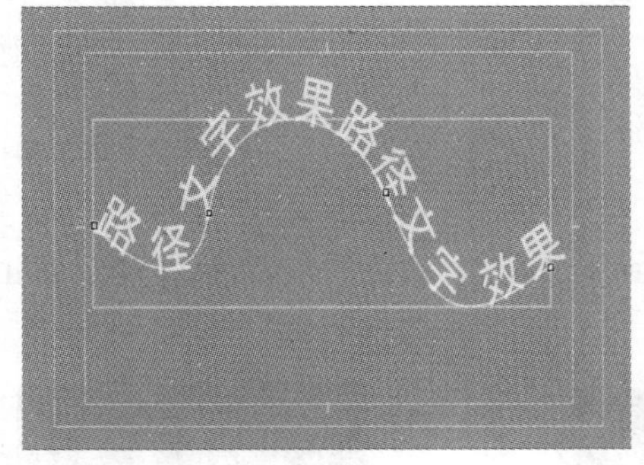

图 8-10　路径文字效果

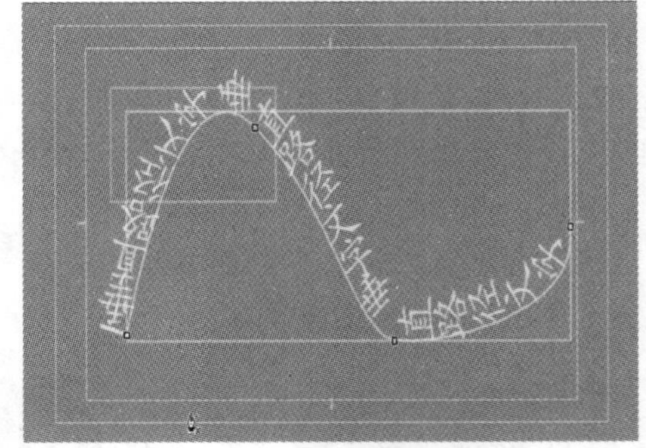

图 8-11　垂直路径文字

(9) Pen Tool(钢笔工具)

使用该工具单击或拖动鼠标可以创建直线或曲线路径；还可以调节由 Path Type Tool(路径工具)和 Vertical Path Type Tool(垂直路径工具)绘制的用于输入文字的路径形状，选择该工具，将其放置在路径的节点上或控制手柄上，然后按住鼠标拖动，就可调整节点的位置和路径的形状，如图 8-12 所示。

(10) Add Anchor Point Tool(添加锚点工具)

该工具主要用于对绘制的路径添加节点，同样还可以对由 Path Type Tool(路径工具)和 Vertical Path Type Tool(垂直路径工具)绘制的用于输入文字的路径形状添加节点。选择该工具，直接在路径上单击即可添加，如图 8-13 所示。

图 8-12　绘制路径

图 8-13　添加锚点

(11) Delete Anchor Point Tool 删除锚点工具

该工具主要用于删除已绘制的路径上的节点，同样还可以对由 Path Type Tool(路径工具)和 Vertical Path Type Tool(垂直路径工具)绘制的用于输入文字的路径形状删除节点。选择该工具，直接在路径节点上单击即可删除，如图 8-14 所示。

(12) Convert Anchor Point Tool(转换锚点工具)

该工具主要用于对路径上的节点进行调整，在曲线点上单击鼠标，可将曲线点转换成角点，如图 8-15 所示；如果在角点上单击并拖动，可以将角点转换成曲线点，如图 8-15 所示。

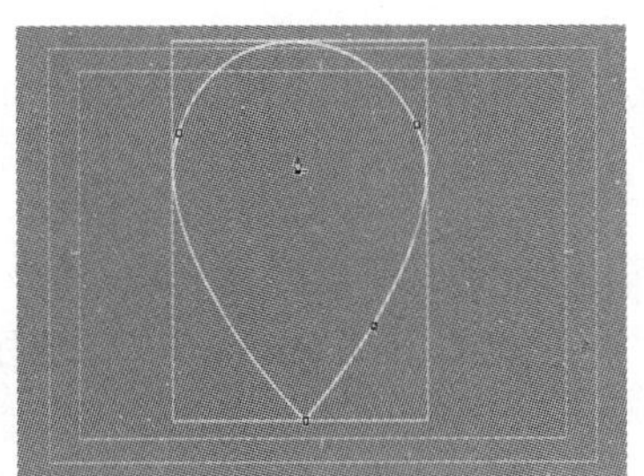

图 8-14　删除锚点

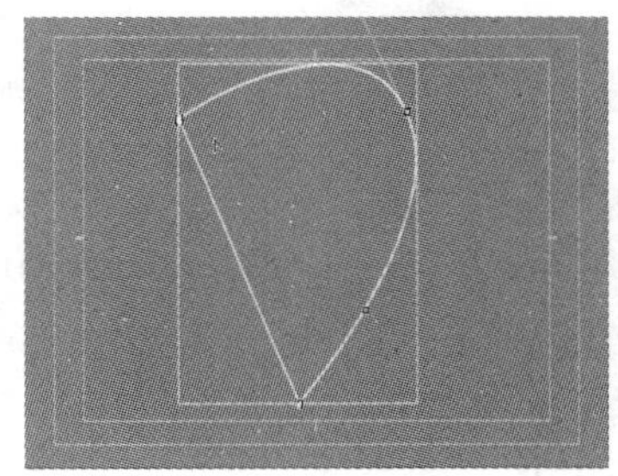

图 8-15　转换锚点

(13) Graphical tools(图形工具)

Graphical tools(图形工具)包括 Rectangle Tool(矩形工具)、Rounded Corner Rectangle tool(切角矩形工具)、Clipped Corner Rectangle tool(圆角矩形工具)、Rounded Rectangle tool(圆角形工具)、Wedge Tool(三角工具)、Arc Tool(扇形工具)、Ellipse Tool(椭圆工具)和 Line Tool(直线工具) 8 种，主要用于绘制各种几何图形。它们的使用方法相同，只需选择工具后在字幕编辑区单击拖动即可。结合 Alt、Shift、和 Alt＋Shift 键，可创建正方形、正圆或从圆心画正方形等，如图 8-16 所示。

绘制多个图形后，可以选择某一图形，单击鼠标右键，从弹出的快捷菜单中选择不同的命令，来变换图形的类型，调整位置，选择和排列等，以制作符合要求的图形效果，如图 8-17 所示。

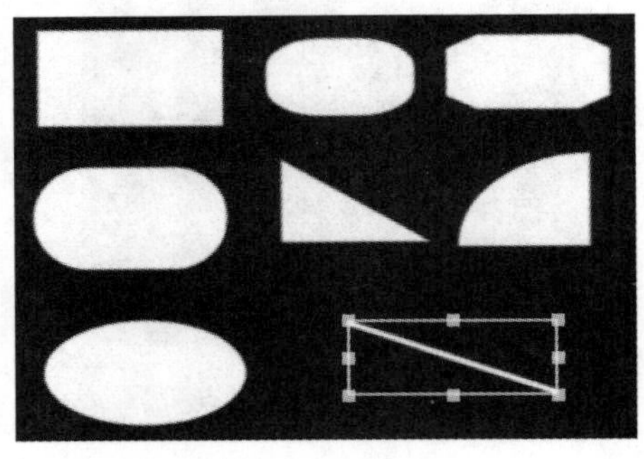

图 8-16　绘制各种图形

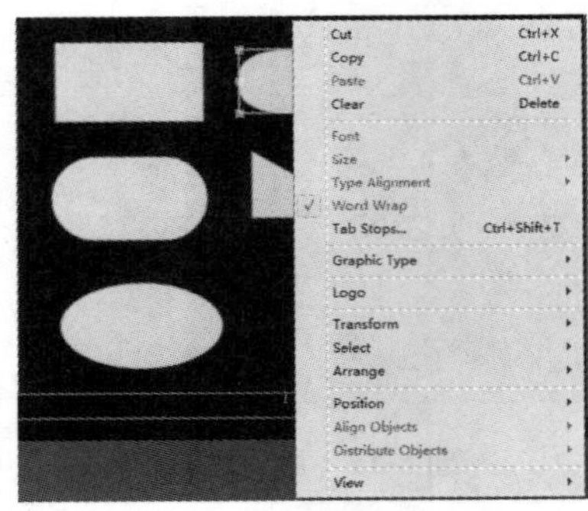

图 8-17　快捷菜单

二、Title browsing area(字幕浏览区)

字幕浏览区分为常用设置区和字幕预演区,【常用设置区】用来对字幕进行基本的设置,如字体、滚动、对齐和视频时间码显示(如图 8-18 所示);【字幕预演区】用来预演字幕效果和选择编辑文本图形的区域。

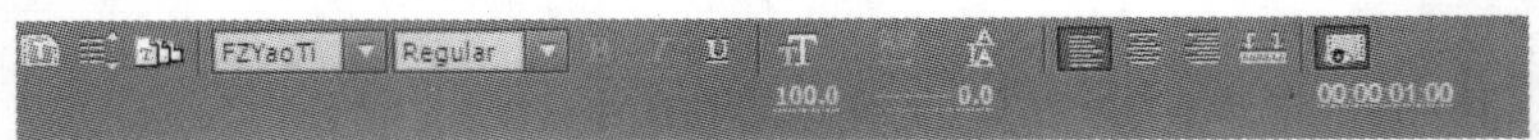

图 8-18　常用设置区

1. 常用设置区

(1) New Title Based On Current Title(在当前字幕的基础上新建字幕)：该按钮主要用于在当前字幕的基础上,创建一个新的字幕,单击该按钮,将打开 New Title(新建字幕)对话框,输入一个新的名称即可。

(2)Roll/Crawl Options(滚动/爬行设置)：用于设置字幕的类型、滚动方向和时间帧,单击该按钮将打开 Roll/Crawl Options(滚动设置)对话框,如图 8-19 所示。

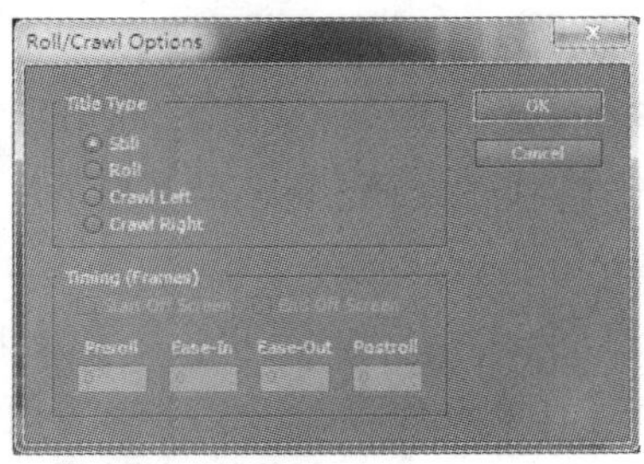

图 8-19　【滚动设置】对话框

Still(静态字幕)：选择静态字幕表示字幕不会产生运动效果,只是设置字幕。

① Roll(滚动)：设置字幕沿垂直方向运动,选中该单选按钮后,字幕将从下向上滚动。

② Crawl(爬行)：设置字幕沿水平方向运动,选中该单选按钮后,可以在【方向】选项组

中，选择一种运动的方向，“向左爬行”或“向右爬行”的效果。

③ Start Off Screen（开始屏幕）：选中该单选按钮，字幕从屏幕外开始滚入。在设置滚动字幕时，只有选择了该项，字幕才可以滚动。

④ End Off Screen（结束屏幕）：选中该单选按钮，字幕滚动到屏幕以外时结束。在设置滚动字幕时，只有选择了该项，字幕才可以滚动。

⑤ Preroll（向前滚）：为字幕设置滚动开始前的静止帧。

⑥ Ease-In（缓慢入）：用来设置字幕从滚动开始到匀速滚动的帧数。

⑦ Ease-Out（缓慢出）：用来设置字幕从匀速滚动到结束滚动的帧数。

（3）【浏览】：用于设置文字的字体，单击该按钮，将打开字体浏览对话框，可以拖动滑块快速查找需要的字体，如图 8-20 所示。

（4）【左对齐】、【居中】、【右对齐】：用来设置文字的不同对齐方式。

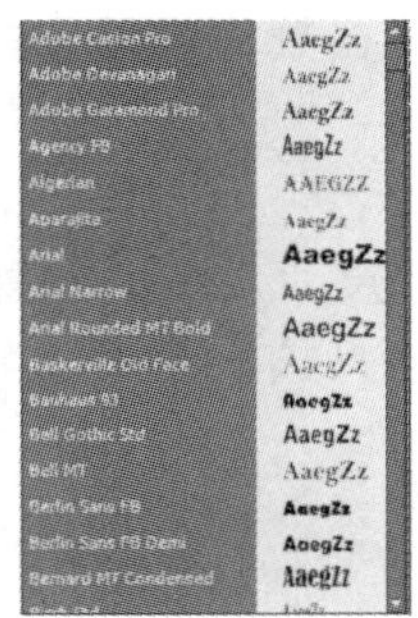

图 8-20　【浏览】对话框

图 8-21　字幕预演区

注：选中【显示视频】复选框，在时间码区，可以通过输入不同的时间，以显示视频轨道上不同的视频效果。

2. 字幕预演区

【字幕预演区】是字幕制作和预演的重要部分。在字幕设计区中显示了两个实线方框，外部的实线方框是字幕运动安全区，内部的实线方框是字幕标题安全区，如图 8-21 所示。某些显示器因为使用的是 NTSC 制式，如果文字或图形在动作安全区外，那么它们将不会显示出来，有时即使显示出来了，也会出现模糊或变形。

三、Title Properties（字幕属性）

Title Properties（字幕属性）参数区位于 Title（字幕）窗口的右边，是字幕文字设置的重要区域，主要包括 5 个部分：Transform（转换）、Properties（属性）、Fill（填充）、Strokes（笔画）和 Shadow（阴影），通过字幕属性参数设置，可以设置自己喜欢的任意风格，如图 8-22 所示。

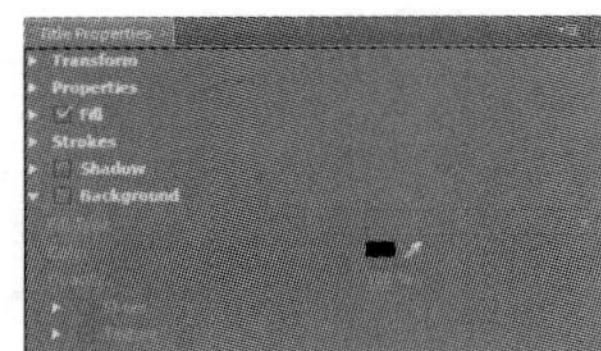

图 8-22　Title Properties（字幕属性）

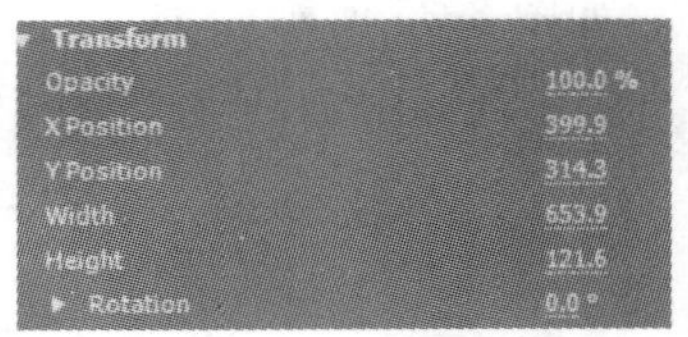

图 8-23　Transform（转换）参数区

1．Transform（转换）参数区

主要用于设置选择对象的 Opacity（透明）、Position（位置）、Width（宽度）、Height（高度）和 Rotation（旋转）等参数，展开后的【转换】参数区如图 8-23 所示。

Opacity（透明度）：设置所选对象的透明度，取值范围为 0～100%，其值为 0 时，所选对象完全透明；其值为 100%时，所选对象不透明。

X 位置：设置对象在 X 轴的位置。

Y 位置：设置对象在 Y 轴的位置。

Width（宽度）：设置对象的宽度值。

Height（高度）：设置对象的高度值。

Rotation（旋转）：设置对象的旋转角度，可以直接输入数值，也可以拖动下方圆形中的指针来设置对象的旋转角度。

注：在设置数值时，可以直接输入数值，还可以将光标放在数值区域直接拖动来改变数值。

2．Properties（属性）参数区

主要用于设置文字，如 Font Family（字体）、Font Size（字体尺寸）、Aspect（外观）、Leading（行距）、Kerning（字距）、Tracking（跟踪）、Small Caps（大写字母）和 Distort（扭曲）等参数，Properties（属性）参数区展开后的效果，如图 8-24 所示。

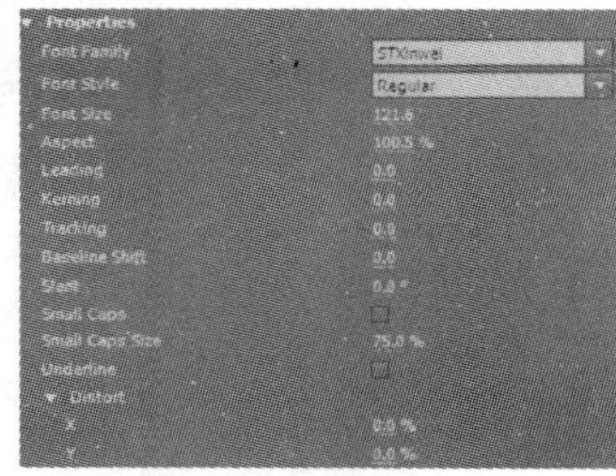

图 8-24　Properties（属性）参数区

Font Family（字体）：用来设置当前选择文字的字体。

Font Size（字体尺寸）：用来设置当前选择文字的大小。

Aspect（外观）：用来设置当前选择文字的长宽的比例。

Leading（行距）：用来设置当前选择文字的行间距或列间距。

Kerning（字距）：用来设置当前选择文字的字间距。

Tracking（跟踪）：与文字间距相同，进一步设置文字的字间距。

Baseline Shift（基线位移）：用来调整选择文字的基线位置，如：文字“2”设置不同的基线值效果，如图 8-25 所示。

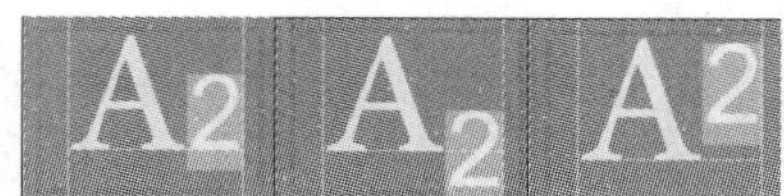

图 8-25　不同的基线值

Slant(倾斜)：用来调整选择文字的倾斜度。

Small Caps(大写字母)：用来调整英文字母，可以将选择的英文都改成大写字母，选择修改的字母后，直接选中后面的复选框即可。

Small Caps Size(大写字母尺寸)：与 Small Caps(大写字母)配合使用，用来调整转换后的大写字母的大小。

Underline(下划线)：为选择的文字添加下划线，选择修改的文字后，直接选中后面的复选框即可。

Distort(扭曲)：将选择的文字进行 X 轴向或 Y 轴向的扭曲变形。

3. Fill(填充)参数区

主要用于对选择对象进行填充，包括 Fill Type(填充类型)、Sheen(辉光)和 Texture(纹理)三个选项，如图 8-26 所示。

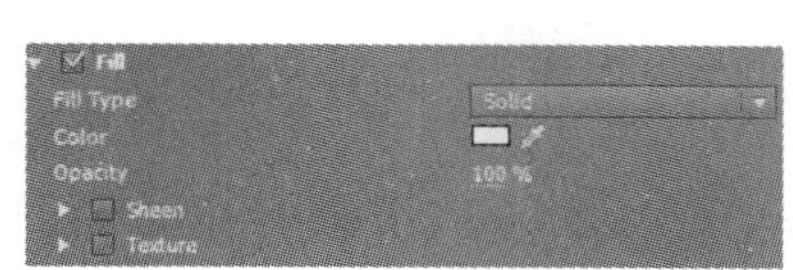

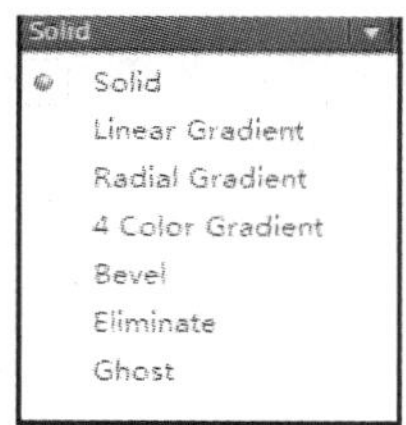

图 8-26　Fill Type(填充类型)参数及填充类型

(1) Fill Type(填充类型)：用来设置填充的类型，有 7 个选项可供选择，分别为 Solid(立体)、Linear Gradient(线性倾斜)、Radial Gradient(光线倾斜)、4 Color Gradient(渐变色)、Bevel(斜角)、Eliminate(清除)和 Ghost(重影)，如图 8-26 所示。

① Solid(立体)：为选择对象填充单一颜色，选择 Solid 命令后，Solid(立体)效果及参数如图 8-27 所示。单击 Color 色彩按钮，将打开【选择颜色】对话框，可以选择任意希望得到的颜色；单击【吸管】按钮，可以从显示器任意位置吸取需要的颜色。通过调整 Opacity(透明度)参数值，还可以设置文字的透明程度。

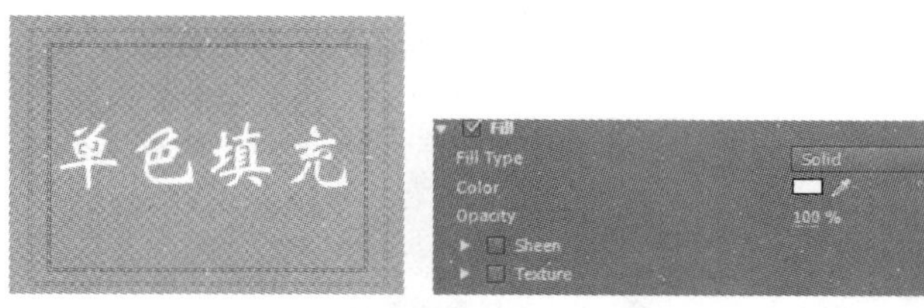

图 8-27　Solid(立体)填充效果及参数

② Linear Gradient(线性倾斜)：为选择对象填充由两种颜色混合的线性渐变，填充效果和参数设置如图 8-28 所示。通过 Color(色彩)后面的编辑区，可以对渐变的颜色和相对位置进行调整，双击【色彩滑块】，或选择【色彩滑块】后单击 Color Stop Color(色彩到色彩)后面的【色块】按钮，打开【选择颜色】对话框，设置渐变的颜色，也可以单击【吸管】按钮，从显示器任意位置吸取需要的颜色。通过调整 Color Stop Opacity(色彩到透明)的值，可以设置某种颜色的透明度，通过调整 Angle 角度值，可以改变渐变的角度。

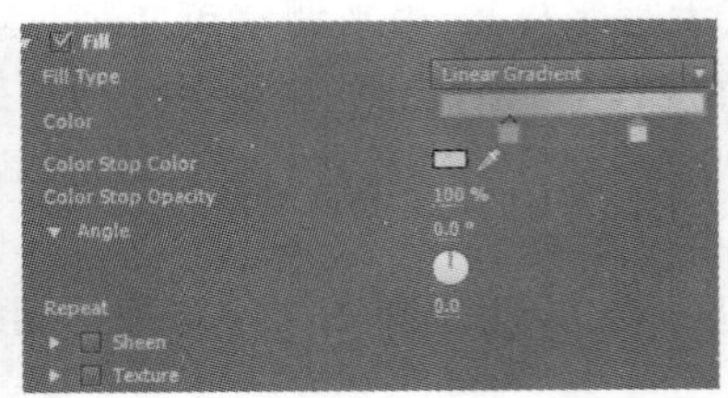

图 8-28 Linear Gradient(线性倾斜)填充效果及参数

③ Radial Gradient(光线倾斜)：为选择对象填充由两种颜色混合的放射渐变，通过调整重复值，可以设置两种颜色的重复程度。色彩的编辑与【线性倾斜】的编辑方法相同，这里不再赘述。

④ 4 Color Gradient(渐变色)：为选择对象填充由四种颜色组成的渐变，颜色的设置与线性倾斜的方式相似。

⑤ Bevel(斜角)：为选择对象设置一种浮雕效果，通过调整相关的参数，可以实现不同的浮雕效果。

⑥ Eliminate(消除)和 Ghost(重影)：这两个选项在应用上非常相似，都会将对象的填充去除，没有参数设置，但如果加上阴影，会显示出不同的效果。应用 Eliminate(消除)选项只会显示对象的阴影边框；应用 Ghost(重影)选项的阴影则为实体。为了方便观察，这里为文字加上一个描边效果，然后添加上阴影，Eliminate 消除和重影 Ghost 的效果分别如图 8-29 所示。

图 8-29 Eliminate(消除)和 Ghost(重影)填充效果

(2) Sheen(辉光)：主要用来为选择对象添加辉光效果，辉光效果及参数设置如图 8-30 所示。

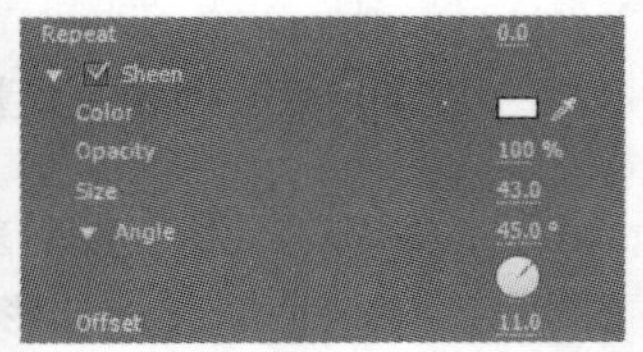

图 8-30 Sheen(辉光)效果及参数

① Color(色彩)：用于设置辉光的颜色。

② Opacity(透明度)：用于设置辉光的透明度。

③ Size(尺寸)：用于设置辉光的宽度。

④ Angle(角度)：用于设置辉光的旋转角度。

⑤ Offset(偏移)：用于设置辉光所在对象上的位置。

(3) Texture(纹理)：为选择对象填充一种纹理效果，填充效果及参数如图 8-31 所示。

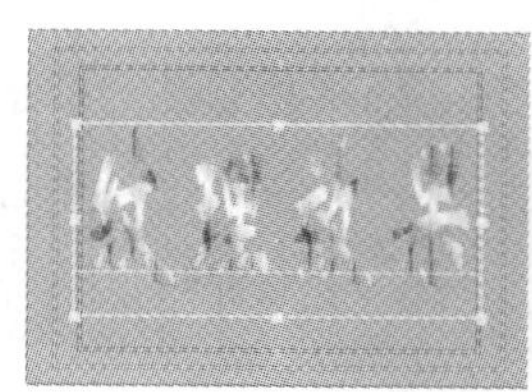

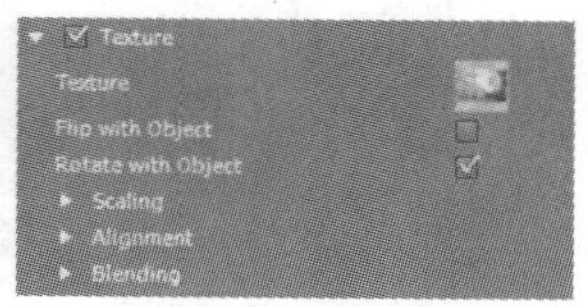

图 8-31　Texture(纹理)填充效果及参数

① Texture(纹理)：单击右侧的方框，将打开选择一个纹理图片对话框，从中选择一个图片，可以将这个图片作为纹理对象填充。

② Flip with Object(翻转物体)：选中其右侧的复选框，填充的图案将随图形一起翻转。

③ Rotate with Object(旋转物体)：选中其右侧的复选框，填充的图案将随图形一起旋转。

④ Scaling(缩放比例)：对选择的对象沿 X 轴和 Y 轴进行缩放和平铺设置，还可以水平或垂直缩放对象。

⑤ Alignment(队列)：对选择的对象沿 X 轴和 Y 轴的位置确定，可以通过偏移和对齐来调整填充图案的位置。

⑥ Blending(混合物)：可以对填充色和纹理进行混合，也可以通过通道进行混合，制作出不同的图案填充效果。

4. Strokes(笔画)参数区

为选择的对象进行描边处理，可以设置 Inner Strokes(内部笔画)和 Outer Strokes(外部笔画)效果。选择对象后，直接单击 Inner Strokes(内部笔画)和 Outer Strokes(外部笔画)右侧的【添加】文字即可。Inner Strokes(内部笔画)和 Outer Strokes(外部笔画)的参数设置方法相同，只是所描的位置不同。这里以 Outer Strokes(外部笔画)为例进行讲解。应用 Outer Strokes(外部笔画)后的效果及参数如图 8-32 所示。

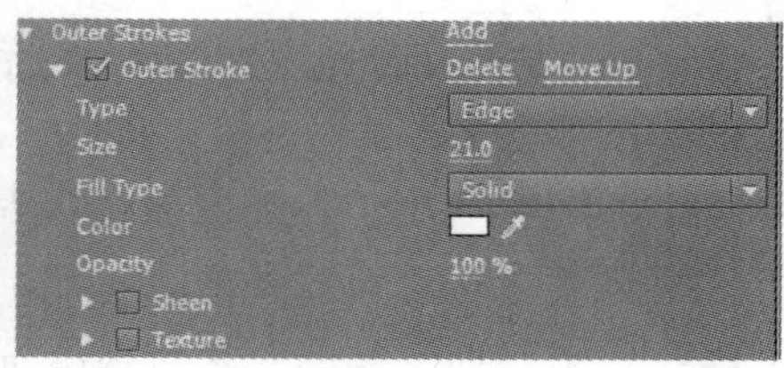

图 8-32　Outer Strokes(外部笔画)的效果及参数

Type(类型)：设置描边的类型。包括凸出、边缘和凹进三种选项，可以设置不同的描边效果。

Size(尺寸)：设置描边的笔画宽度。

其中 Fill Type(填充类型)、Color(色彩)、Opacity(透明度)、Sheen(辉光)和 Texture(纹

理）参数和 Properties（属性）参数设置相同，这里不再赘述。

5. Shadow（阴影）参数区

主要用于设置选择对象的阴影。Shadow（阴影）效果及参数如图 8-33 所示。

图 8-33　Shadow（阴影）效果及参数

① Color（色彩）：用于设置阴影的颜色。

② Opacity（透明度）：用于设置阴影的透明度。

③ Angle（角度）：用于设置阴影的角度，即阴影的位置。

④ Distance（距离）：用于设置阴影与原对象之间的距离。

⑤ Size（尺寸）：用于设置阴影的大小。

⑥ Spread（展开）：用于设置阴影的扩展程度。

四、Title operation（字幕操作）区

Title operation（字幕操作）区主要用于对选择对象进行排列与分布设置，共分为三个部分，即 Align（对齐）、Center（居中）和 Distribute（分布）。如图 8-34 所示。

1. Align（对齐）

对齐操作中各按钮含义如下，对齐对象至少有两个对象才可以应用，各种对齐方式：

【水平左对齐】：选择的所有对象以最左边的像素对齐。

【水平居中】：选择的所有对象以水平中心像素对齐。

【水平右对齐】：选择的所有对象以最右边的像素对齐。

【垂直顶对齐】：选择的所有对象以最上方的像素对齐。

【垂直居中】：选择的所有对象以垂直中心像素对齐。

【垂直底对齐】：选择的所有对象以最下方的像素对齐。

图 8-34　字幕操作区

2. Center（中）

主要用于设置当前选择对象与预演窗口的对齐，只要有一个对象就可以应用该对齐方式。

【垂直居中】：设置当前选择的对象与预演窗口在垂直方向上居中对齐。

【水平居中】：设置当前选择的对象与预演窗口在水平方向上居中对齐。

3. Distribute（分布）

主要用于设置当前选择对象的间距分布对齐，排列对象至少有 3 个对象才可以应用该操作。

【水平左排列】：选择的所有对象以最左边的像素进行分布对齐。

【水平中排列】：选择的所有对象以水平中心像素进行分布对齐。

【水平右排列】：选择的所有对象以最右边的像素进行分布对齐。

【水平平均排列】：选择的所有对象水平间距平均分布对齐。
【垂直顶排列】：选择的所有对象以最上方的像素进行分布对齐。
【垂直中排列】：选择的所有对象以垂直中心像素进行分布对齐。
【垂直底排列】：选择的所有对象以最下方的像素进行分布对齐。
【垂直平均排列】：选择的所有对象垂直间距平均分布对齐。

五、Title Styles(字幕风格)面板

Title Styles(字幕风格)面板提供了多种风格模板，为设计不同的特效提供了方便，其应用方法也很简单，只需选择一个对象，然后直接单击某个风格即可，Title Styles(字幕风格)面板如图8-35所示。

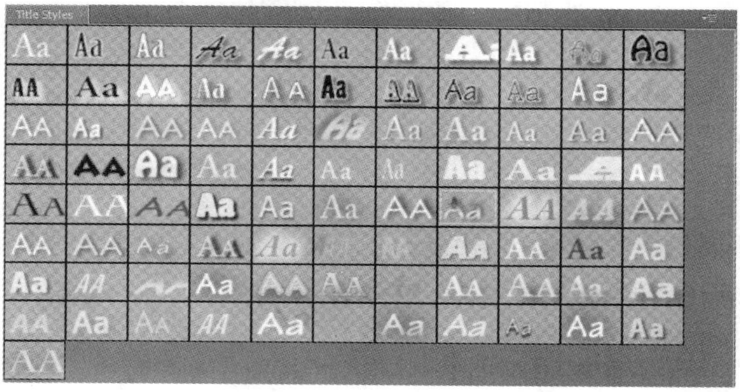

图8-35　Title Styles(字幕风格)面板

在Title Styles(字幕风格)面板中不但可以直接应用现有的风格，还可以通过新建、增加、替换和保存等操作对风格进行更细致的设置。单击Title Styles(字幕风格)面板右上角的三角形按钮，将会弹出一个下拉菜单，如图8-36所示，通过该菜单可以更加灵活地操作字幕风格面板。

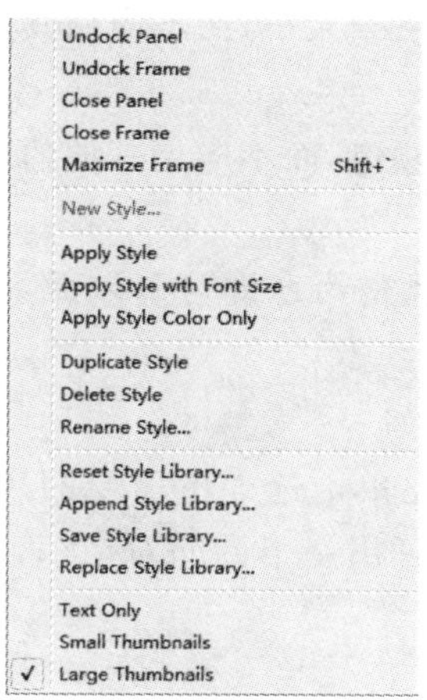

图8-36　Title Styles(字幕风格)下拉菜单

图8-37　设置属性

1. New Style(新建风格)命令

此命令主要用来创建新的风格，虽然在 Title Styles(字幕风格)面板中有很多风格，但有时也不能满足需要，这时用户可以自己制作新的风格，保存在 Title Styles(字幕风格)面板中，以便以后再次应用。具体操作步骤如下：

(1) 输入文字或绘制图形，然后在 Title Properties(字幕属性)区域设置文字或图形的属性，如图 8-37 所示。

(2) 从 Title Styles(字幕风格)下拉菜单中，选择 New Styles(新建风格)命令，打开 New Style(新建风格)对话框，设置 Name(名称)为“我的风格”，如图 8-38 所示。

图 8-38 New Style(新建风格)对话框

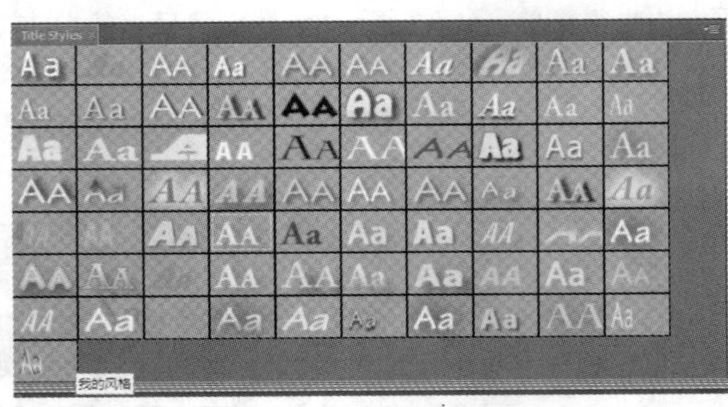

图 8-39 New Style 面板

(3) 单击 OK(确定)按钮，这时就可以在 Title Styles(字幕风格)面板中的最后面看到新建的风格了，如图 8-39 所示。

2. Apply Style(应用风格)命令

此命令主要是将设置好的风格应用到当前选择的对象上，应用的方法很简单，首先选择对象，然后直接单击某个风格即可；还可以先选择对象，然后在某个风格上单击鼠标右键，从弹出的快捷菜单中选择 Apply Style(应用风格)命令即可。

3. Apply Style with Font Size(只应用风格的字号)命令

使用此命令对文字应用某个风格时，只应用该风格的字号大小，而不应用其他的属性。

4. Apply Style Color Only(只应用风格的色彩)命令

使用此命令对文字应用某个风格时，只应用该风格的颜色，而不应用其他的属性。

5. Duplicate Style(复制风格)命令

选择某个风格后，单击字幕风格下拉菜单，选择复制风格命令即可复制此风格，复制的风格与原风格在属性设置上完全一致。

6. Delete Style(删除风格)命令

此命令主要用于清除某个不需要的风格。方法是首先单击选择不需要的风格，然后从 Title Styles(字幕风格)下拉菜单中选择删除风格命令，将弹出一个询问对话框，直接单击确定按钮，即可将选择的风格删除。

7. Rename Style(重命名风格)命令

此命令主要用于对风格进行重新命名。选择某个风格后，从 Title Styles(字幕风格)下拉菜单中，选择重命名风格命令，将弹出重命名风格对话框，为风格设置一个新的名称，单击【确定】按钮即可。

8. Reset Style Library(重置风格库)命令

由于设置的新风格会自动替换原有风格,因此当想恢复原有风格效果时,可以选择 Reset Style Library(重置风格库)命令。

9. Append Style Library(追加风格库)命令

此命令用来增加更多的风格列表。选择增加风格库命令,将打开风格库对话框,从该对话框中选择一个新的风格库名称,然后单击打开按钮即可将选择的风格库添加到当前风格库中。

10. Save Style Library(保存风格库)命令

新创建的风格只是保存在系统的临时风格库中,如果当前的风格库被替换或复原后,保存的风格将会丢失,因此,就需要将风格库保存下来,选择 Save Style Library(保存风格库)命令,将打开 Save Style Library(保存风格库)对话框(如图 8-40 所示)。为新的风格库命名后,单击【保存】按钮即可。

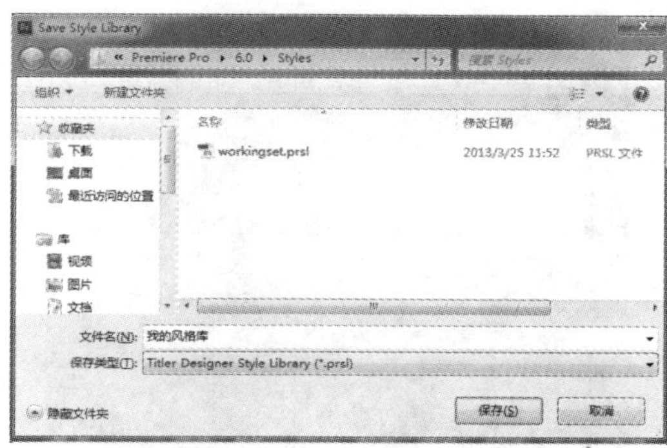

图 8-40　Save Style Library(保存风格库)对话框

11. Replace Style Library(替换风格库)命令

选择该命令,将打开【打开风格库】对话框,选择一个风格库名称,然后单击【打开】按钮,即可用新打开的风格库替换原来的风格库。

12. Text Only(仅正文)命令

选择该命令,在 Title Styles(字幕风格)库中仅显示各风格的名称。

13. Small Thumbnails(小缩略图)命令

选择该命令,在 Title Styles(字幕风格)库中所有风格将以小图标形式显示。

14. Large Thumbnails(大缩略图)命令

选择该命令,在 Title Styles(字幕风格)库中所有风格将以大图标形式显示。

第三节　字幕的管理

一、创建字幕

下面通过实例,详细介绍字幕的创建方法,操作如下:

（1）运行 Premiere Pro CS6 软件，选择 File（文件）/New（新建）/Title（字幕）命令，或按“Ctrl＋T”快捷键，打开 New Title（新建字幕）对话框，设置名称为“创建字幕文字”，然后单击 OK（确定）按钮，即可打开 Title（字幕）窗口。

（2）单击【字幕工具】中的 Type Tool（文字工具）按钮，然后在字幕工具区中单击输入“创建字幕文字”，文字效果应用模板的风格。

（3）单击【字幕工具】栏中的 Selection Tool（选择工具）按钮，然后单击选择文字，在 Title Properties（字幕属性）下面单击展开 Properties（属性）参数，修改文字的 Font Style（字体），Font Size（字号）、Fill（填充）、Strokes（笔画）等参数。

二、保存字幕

字幕制作完成后，直接关闭 Title（字幕）窗口，新创建的字幕将自动保存在 Project（项目）面板中，如图 8-41 所示。

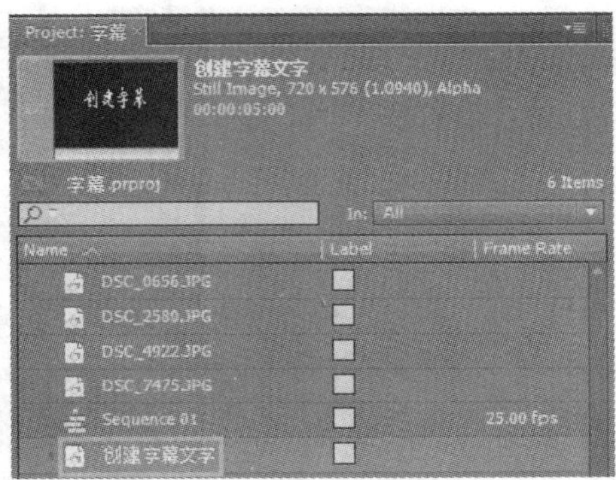

图 8-41　Project（项目）面板

三、编辑字幕

创建完字幕后，如果对创建的字幕不满意，可以重新打开字幕进行编辑，直接双击 Project（项目）库中的字幕，可以重新打开 Title（字幕）窗口，然后进行修改即可。

四、应用字幕

编辑好字幕后，在 Project（项目）面板中选择编辑好的字幕素材，然后将其拖动到时间线窗口中的视频轨道上，即可为影片添加字幕效果。

五、滚动字幕的制作实例

本实例制作包括滚动和静态字幕综合的字幕效果，字幕共分三段，第一段为滚动字幕，第二段为静态字幕，第三段为滚动字幕。制作过程如下：

首先运行 Premiere Pro CS6 软件，选择 File（文件）/New（新建）/Project（项目）命令，创建项目工程文件，并命名为“字幕实例”。在项目面板中导入备用视频或图片素材，如图 8-42 所示。选择 File（文件）/New（新建）/Title（字幕）命令，或按“Ctrl＋T”快捷键，打开 New Title（新建字幕）对话框，选择【横排文本工具】，在字幕预览区拖动出一个区域，输入文本，如图 8-43 所示。

图 8-42　新建字幕实例项目工程文件

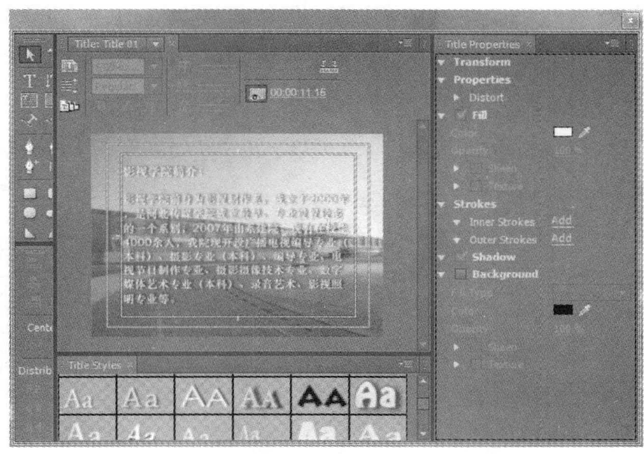

图 8-43　新建字幕和输入文本

选择【字幕设置】工具，打开 Roll/Crawl Options（字幕设置）面板，选择 Roll（滚动），勾选 Start Off Screen，关闭 Roll/Crawl Options（字幕设置）面板。在项目面板中，将有一个名为 Title01 的字幕视频文件，这样就完成了第一段滚动字幕的制作，如图 8-44 所示。

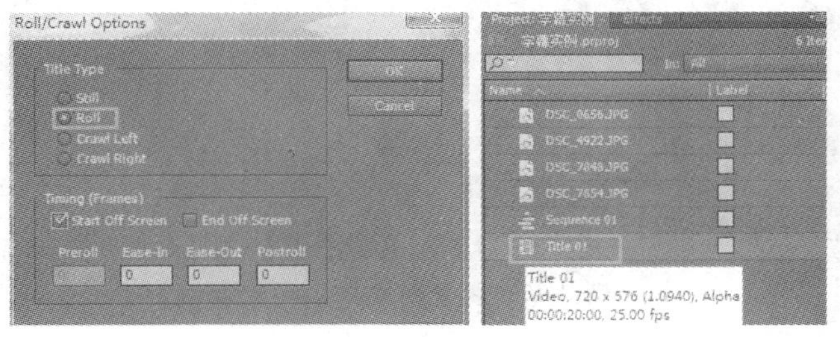

图 8-44　字幕设置 1

下面进行第二段静态字幕的制作。在项目窗口双击 Title 01，打开 Title（字幕）面板，选择工具，打开基于当前字幕创建新字幕面板，就会在 Title 01 字幕基础上创建新字幕 Title 02，单击 OK（确定）按钮，然后打开 Roll/Crawl Options（字幕设置）面板，选择 Still（静态字幕），单击 OK（确定）按钮，如图 8-45 所示。这样在 Project（项目）面板中将出现 Title 02 静态字幕文件，完成第二段静态字幕的创建。

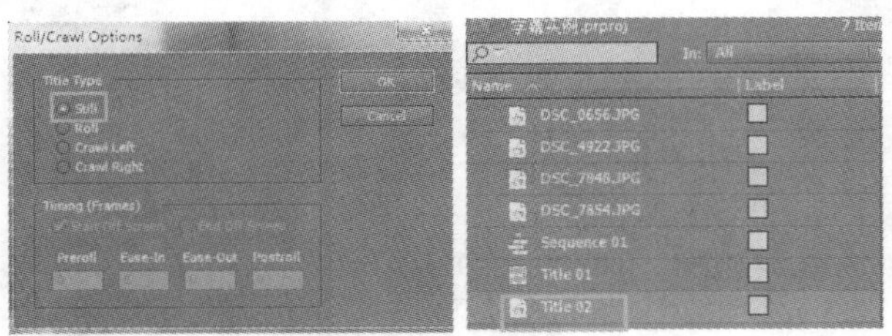

图 8-45　字幕设置 2

下面进行第三段滚动字幕的制作，方法与创建 Title 02 大致相同。在项目窗口双击 Title 01，打开 Title（字幕）面板，选择工具，打开基于当前字幕创建新字幕面板，就会在 Title 01 字幕基础上创建新字幕 Title 03，单击 OK（确定）按钮，然后打开 Roll/Crawl Options（字幕设置）面板，选择 Roll（滚动字幕），选中 End Off Screen 单击 OK（确定）按钮。这样就会在项目面板中出现 Title 03 字幕视频文件，如图 8-46 所示。

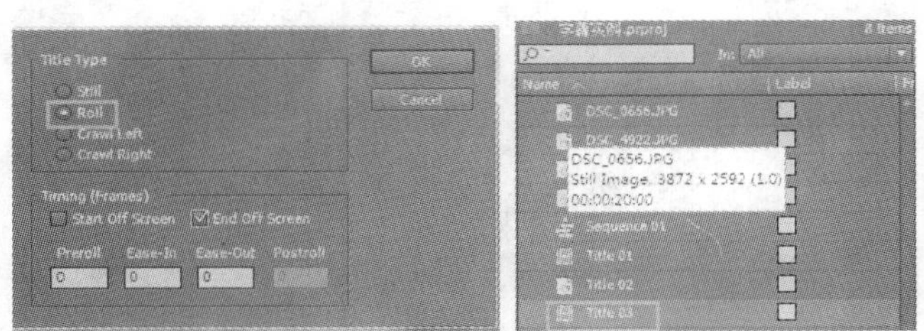

图 8-46　字幕设置 3

三段字幕制作完成后，将导入到项目面板中的视频或图片文件拖入到时间线的 Video 1（视频轨道 1），将字幕文件拖入到 Video 2（视频轨道 2）。完成三段字幕的制作，如图 8-47 所示。

图 8-47　将素材拖入视频轨道

下面把制作好的字幕文件输出生成一个视频文件。打开 File（文件）/Export（输出）/Media（影片），或用快捷键“Ctrl＋M”，打开 Export Settings（输出设置）面板，如图 8-48 所示。单击 Output Name 按钮，打开存储面板，给将要输出的字幕文件命名为“字幕实例”，并选择将要存储的位置，单击保存，返回到 Export Settings（输出设置）面板，如图 8-49 所示。单击 Export 选项，输出名称为“字幕实例”的字幕文件，如图 8-50 所示。这样就完成了整个滚动字幕的制作。

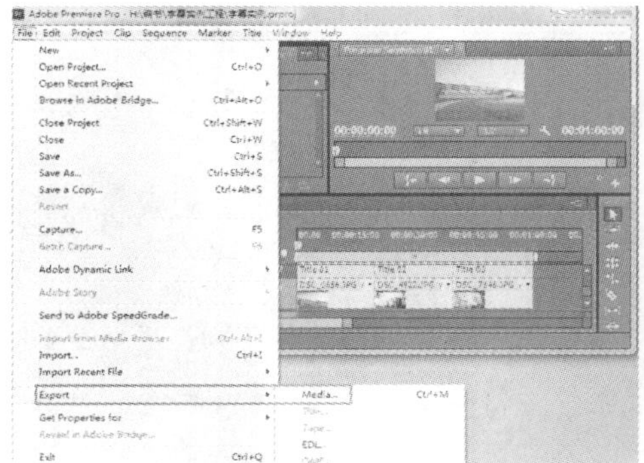

图 8-48　输出设置

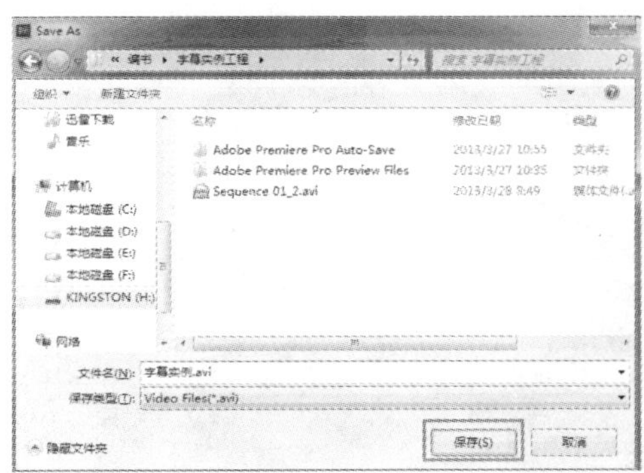

图 8-49　保存和输出影片

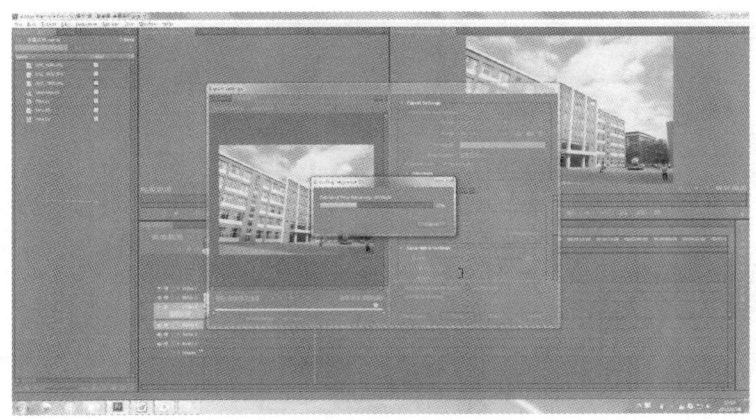

图 8-50　生成影片

注：以上三段字幕中字数以满一屏幕为限，字数太多，第一段滚动字幕文本结束的位置将与第二段静态字幕的文本显示位置不符。

课后习题

1. 如何使用字幕风格？
2. 滚动字幕是如何创建的？

第九章

EDIUS 6 的基础操作

本章提要

本章主要介绍 EDIUS 6 的启动、工作界面及基础操作，包括 EDIUS 6 项目文件的基础操作、各种格式素材的导入及素材的管理。

第一节 文件操作

一、创建项目文件

双击桌面上的 EDIUS 6 图标启动该软件，如图 9-1 所示。

图 9-1　EDIUS 6 启动状态

打开启动对话框，如图 9-2 所示。

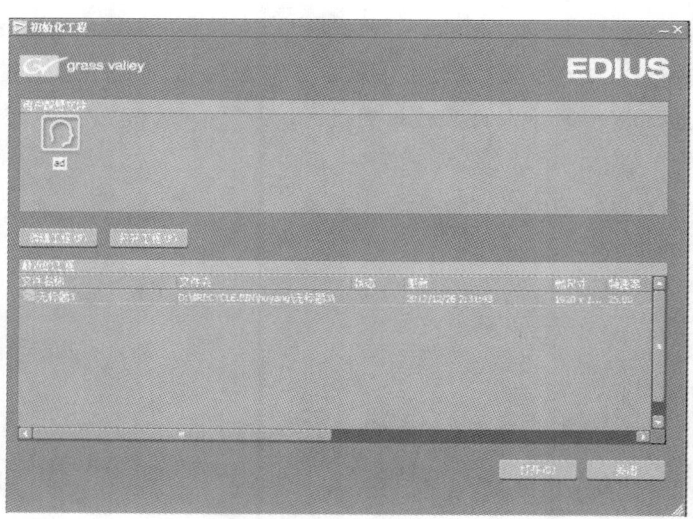

图 9-2　启动页面

【最近的工程】显示最近编辑过的工程文件，双击工程名称或单击底部的【打开】按钮可打开相应的项目文件。

【打开工程】如果继续编辑已经存在的项目，选择此操作。EDIUS 6 工程文件的后缀名为 * . ewc。

【新建工程】如果是第一次开始编辑项目，选择此操作，可打开工程设置对话框，如图 9-3 所示。

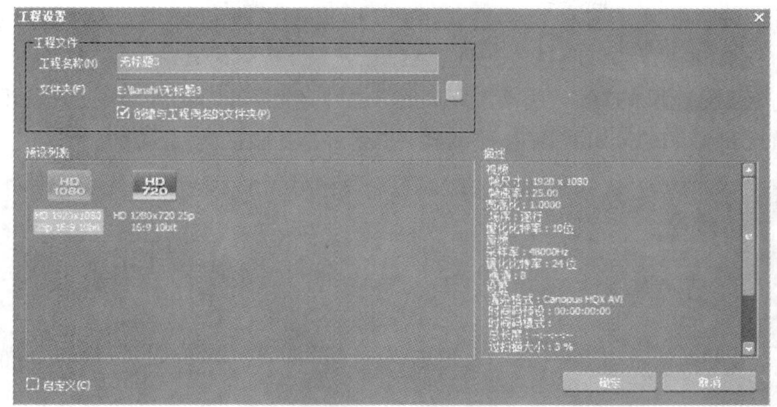

图 9-3 【工程设置】对话框

根据实际需要设置参数：

1. 工程文件

(1) 工程名称：为新建的工程命名，一般以项目的名称命名。

(2) 文件夹：定义工程文件的存放位置。为了便于工程文件的管理，开始新建工程之前先建立一个以项目名称命名的文件夹。

2. 预设列表

EDIUS 6 提供了两种高清视频的预设格式，分别是 HD 1920×1080 25p 和 HD 1280×720 25p，可根据设置的需要选择其中一种格式。选择相应的图标时，右侧的“描述”项里将显示该格式的具体设置参数。

3. 自定义

如果 EDIUS 6 提供的两种视频格式并不能满足剪辑的需求，可以勾选底端的【自定义】复选框，对视频格式进行自行设置。勾选后，单击【确定】按钮，进入自定义对话框，如图 9-4 所示。

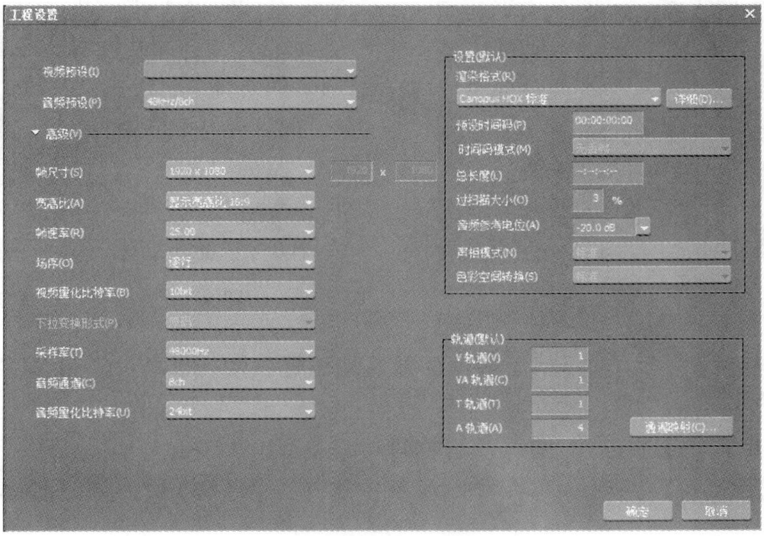

图 9-4 自定义对话框

（1）视频预设：提供了多种视频格式，可以根据需求进行选择。比如，以创建适用于我国电视制式的视频格式为例，应选择 SD PAL DV 720×576 50i 4∶3，如图 9-5 所示。选定该格式后，【高级】设置里的“帧尺寸”、“宽高比”、“帧速率”和“场序”等项会呈现相应的数据，可根据具体情况加以修改，如我国电视制式的“场序”应设置为“下场优先”。

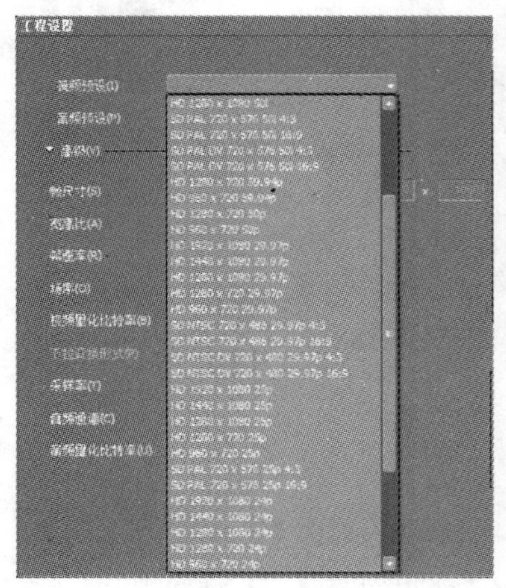

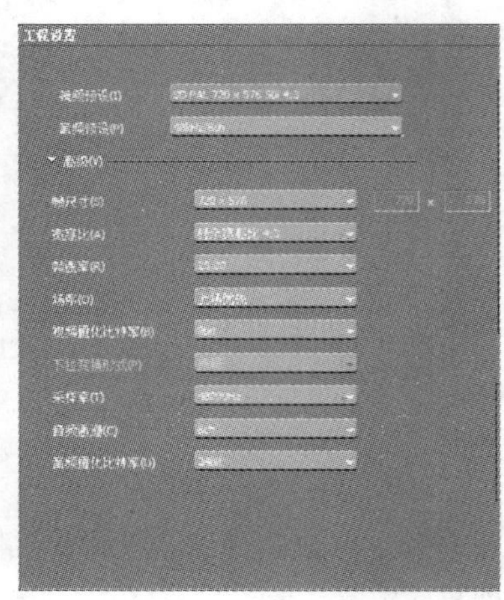

图 9-5　视频预设

（2）音频预设：提供了多种音频采样率和音频通道格式，选定后，【高级】设置里的“采样率”、“音频通道”和“音频量化比特率”等项会呈现相应的数据，可根据具体情况加以修改，如图 9-6 所示。

（3）设置(默认)选项区域如图 9-7 所示。

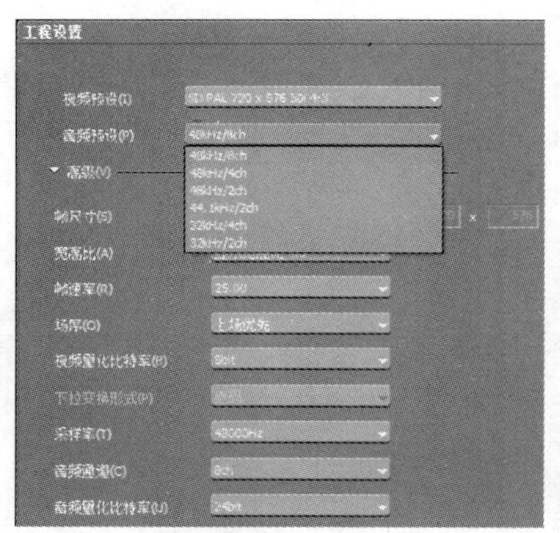

图 9-6　音频预设

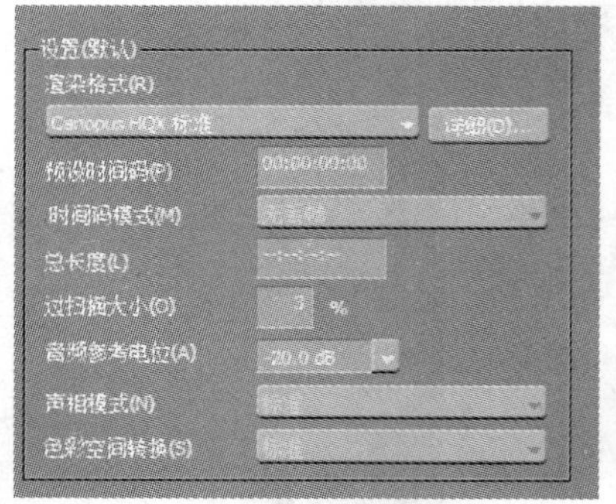

图 9-7　设置(默认)选项区域

①【渲染格式】选项：选择用于渲染的默认编码器。RGB、UYVY 和 YUY2 是无损压缩 AVI。

②【预设时间码】选项：时间线开始时间码的类型。

③【时间码模式】选项：如果在输出设备中选择了 NTSC，可为该时间码显示选择丢帧或者不丢帧。

④【总长度】选项：定义时间线的最终长度，以防止编辑完的作品时间长度超出预定的长度。

⑤【过扫描大小】选项：使用过扫描时输入数值，取值范围在 0～110%，如果不使用过扫描，数值定义为 0。

⑥【音频参考电位】选项：音频电平的参考标尺。

(4) 轨道(默认)选项区域

定义默认时间线窗口的视频(V)轨道、音视频(VA)轨道、字幕(T)轨道和音频(A)轨道的数量，默认数量分别为 1、1、1、4，可根据实际情况进行轨道数量的修改，如图 9-8 所示。

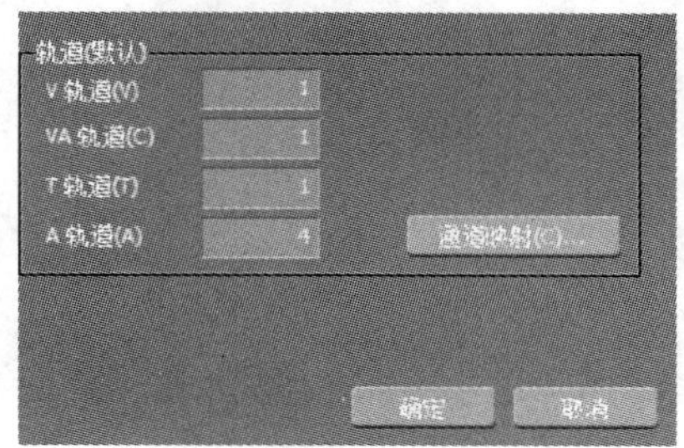

图 9-8　轨道(默认)

定义好工程设置后，单击右下方的【确定】按钮，便可直接进入相应的项目文件。

【打开工程】栏：如果继续操作已经存在的项目，选择此操作。EDIUS6 工程文件的后缀名为. ezp。

【关闭工程】按钮：退出 EDIUS 6。

二、保存项目文件

执行【文件】/【保存工程(S)】菜单命令，或利用快捷键“Ctrl＋S”命令；保存当前的项目文件(如图 9-9 所示)；利用【文件】/【另存为(A)】菜单命令，或利用快捷键“Ctrl＋Shift＋S”命令，另存当前的项目文件。工作过程中要注意随时保存项目文件。

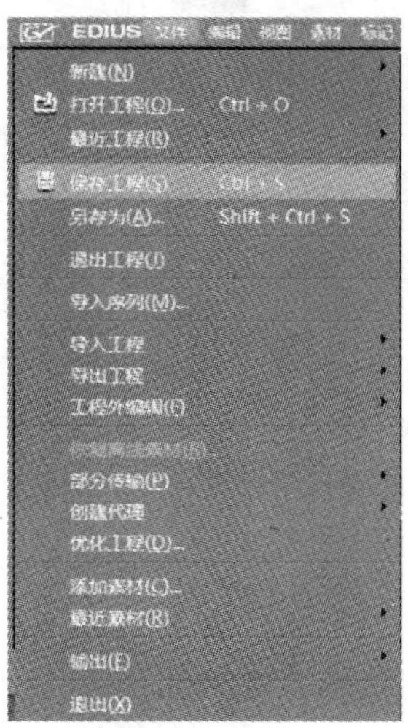

图 9-9　保存项目文件

三、关闭项目文件

1. 执行【文件】/【退出】命令。
2. 单击预览窗口最右侧的【X】按钮，如图 9-10 所示。

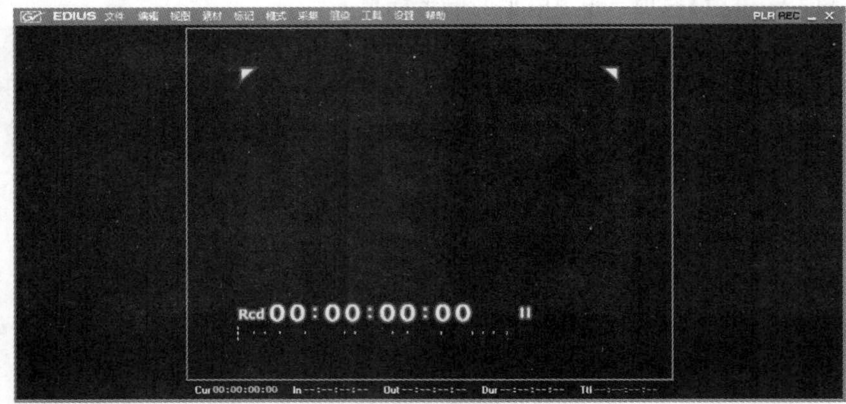

图 9-10　关闭项目文件

第二节　EDIUS 6 的工作界面

双击桌面上的 EDIUS 6 图标或从【开始】菜单中选择 EDIUS 6 命令，新建项目文件，启动后的默认界面，如图 9-11 所示。

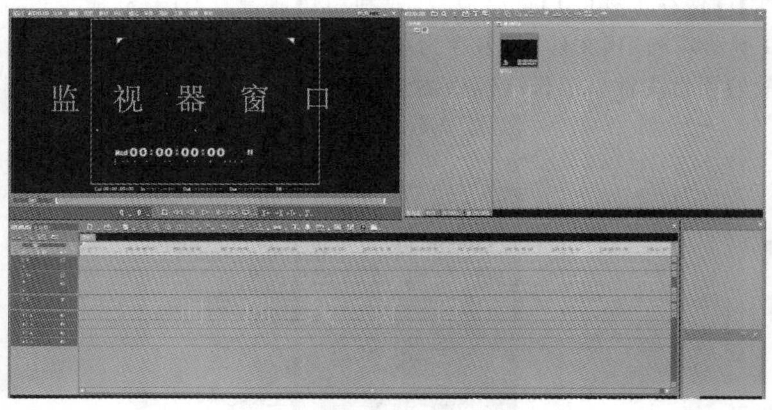

图 9-11　EDUIS 6 工作界面

一、菜单栏

EDIUS 6 的标准菜单栏包括文件、编辑、视图、素材、标记、模式、采集、渲染、工具、设置、帮助，如图 9-12 所示。

EDIUS 文件 编辑 视图 素材 标记 模式 采集 渲染 工具 设置 帮助

图 9-12 菜单栏

1.【文件】菜单：【文件】菜单的主要功能是对 EDIUS 6 的【项目】文件进行管理，包括打开、保存、输入和输出不同的文件，文件属性等，如图 9-13 所示。

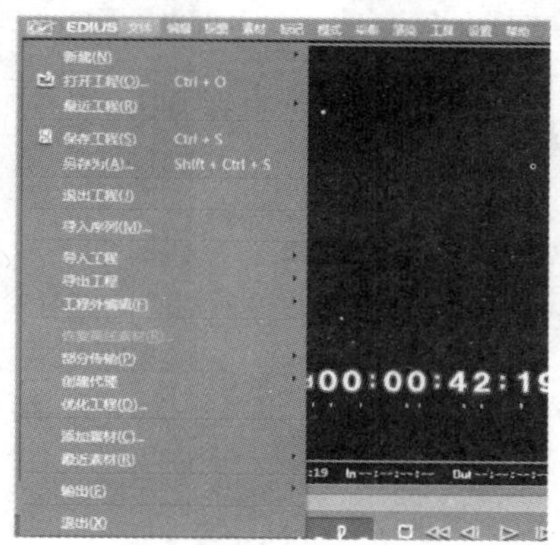

图 9-13 【文件】菜单

2.【编辑】菜单：编辑菜单包括 EDIUS 6 的重要命令，如撤销、删除、复制和选择等。有些命令可以在工具栏中直接找到工具按钮，单击相应按钮即可执行命令，如图 9-14 所示。

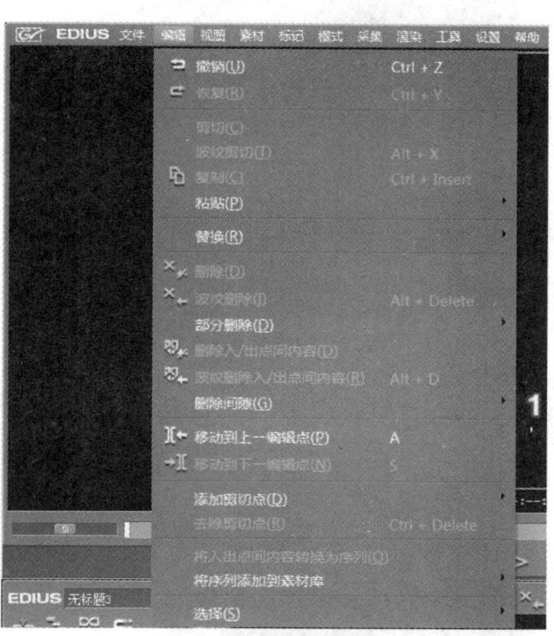

图 9-14 【编辑】菜单

3.【视图】菜单：定义显示或者隐藏【素材库】窗口、【特效】面板、【信息】面板、【标记】面板等以及单窗口、双窗口模式。默认情况下，是单窗口模式，如图 9-15 所示。

4.【素材】菜单：定义素材的群组、持续时间，可以新建内部素材，如图 9-16 所示。

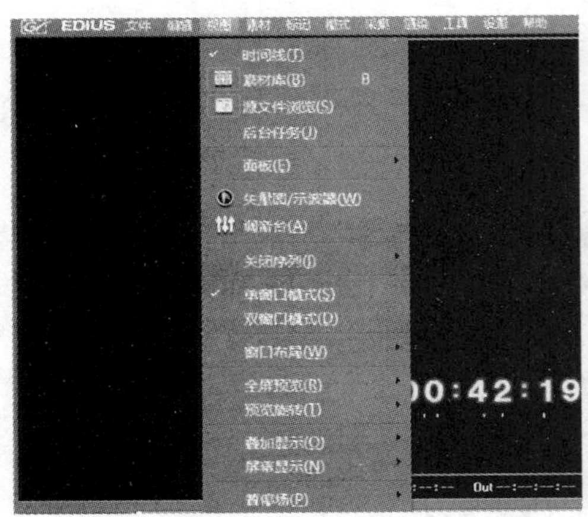

图 9-15 【视图】菜单

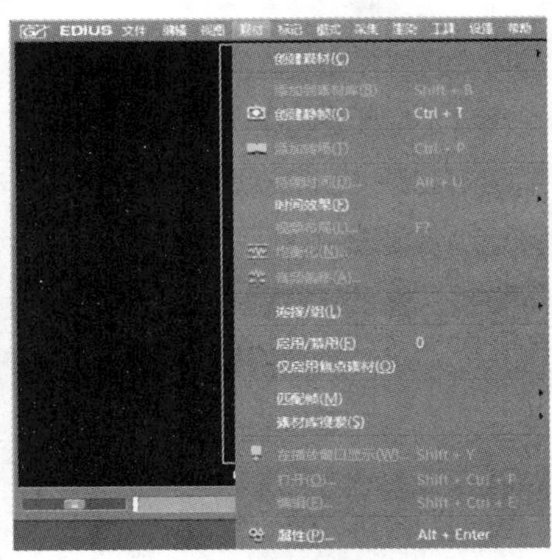

图 9-16 【素材】菜单

5.【标记】菜单：定义素材的入点、出点、标记点，如图 9-17 所示。

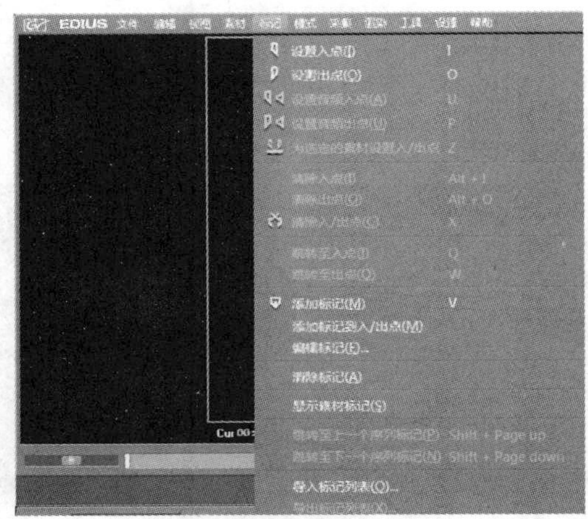

图 9-17 【标记】菜单

6.【模式】菜单：定义不同的剪辑模式，如多机位等，如图 9-18 所示。

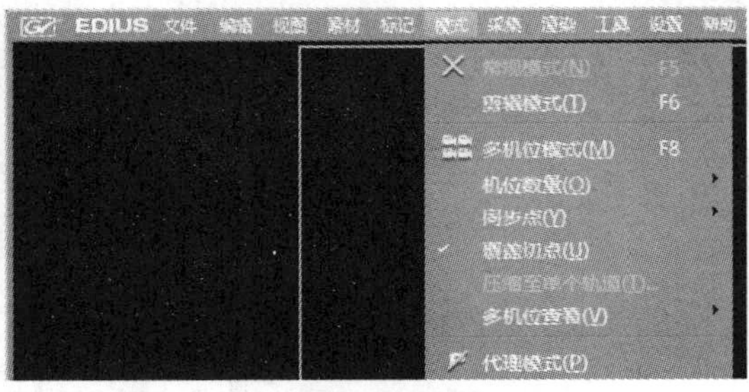

图 9-18 【模式】菜单

7.【采集】菜单：定义采集的参数设置，如图 9-19 所示。

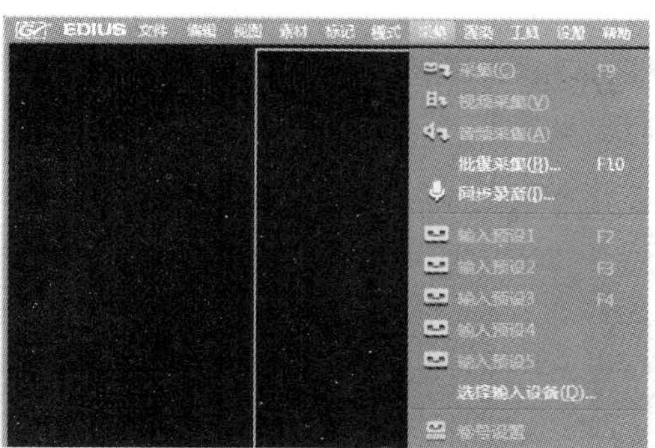

图 9-19　【采集】菜单

8.【渲染】菜单：可以渲染整个序列，也可以渲染其中的一部分片段，如图 9-20 所示。

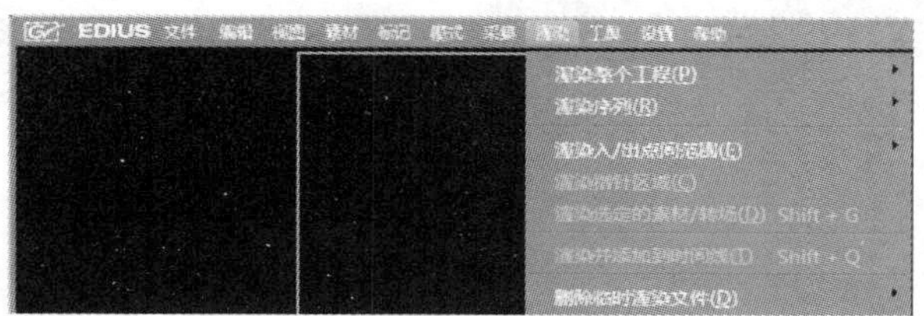

图 9-20　【渲染】菜单

9.【设置】菜单：【设置】菜单下有 4 种类型的“设置”对话框，即系统设置、用户设置、工程设置、序列设置，在编辑过程中也可以改变这些设置，如图 9-21 所示。

图 9-21　【设置】菜单

10.【帮助】菜单：【帮助】菜单包括访问 EDIUS 6 的在线帮助系统和版本的信息，如图 9-22 所示。

图 9-22　【帮助】菜单

在菜单中可以找到 EDIUS 6 中的所有操作命令，但是在实际应用中，使用频率最高的是工具栏，以便提高工作效率，如图 9-23 所示。

图 9-23　工具栏

二、【监视器】窗口

默认情况下，【监视器】窗口是双窗口模式，由【素材监视器】窗口和【节目】监视器窗口两部分组成，主要用于实时的观看素材和节目内容。也可以利用下方的功能按钮实现基本剪辑，如图 9-24 所示。

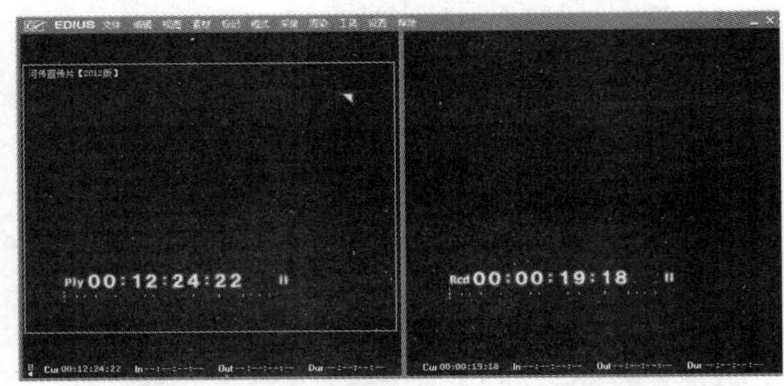

图 9-24 【监视器】窗口

也可以执行【视图】菜单/单窗口模式，实现单窗口显示，如图 9-25 所示。

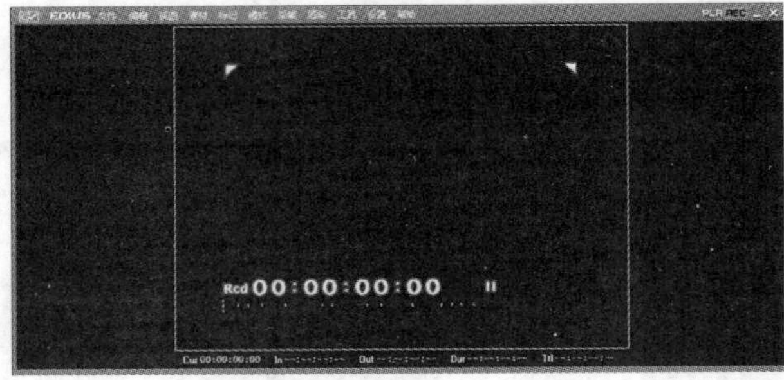

图 9-25 单窗口

三、【时间线】窗口

EDIUS 6 的大部分剪辑工作都是在【时间线】窗口里完成的。为了提高工作效率，【时间线】窗口上方工具栏放置了常用的工具按钮，如图 9-26 所示。

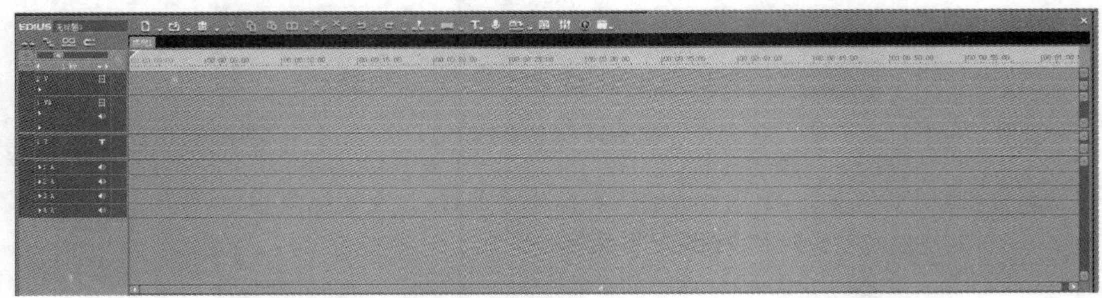

图 9-26 【时间线】窗口

四、【素材库】窗口

也叫【项目】窗口，主要用于存放和管理项目中用到的素材。这些素材通过采集或导入命令存放到【素材库】窗口中，用于后期编辑操作。新建项目后，自动创建的序列也存放在该窗口，如图 9-27 所示。

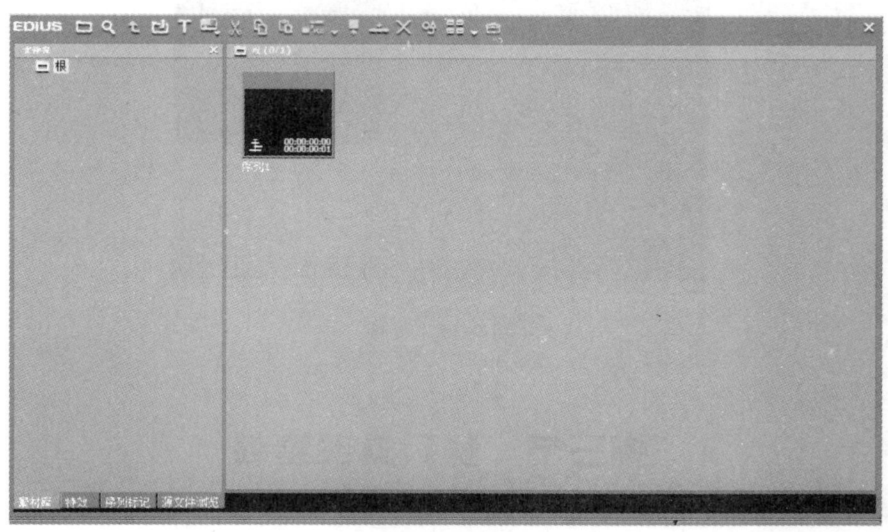

图 9-27　素材库窗口

五、其他面板

【特效】面板、【信息】面板、【标记】面板、【调音台】面板、【矢量图】面板和【示波器】面板可以从菜单栏"视图"的下拉菜单中调出，它们都是独立的浮动面板，如图 9-28 所示。

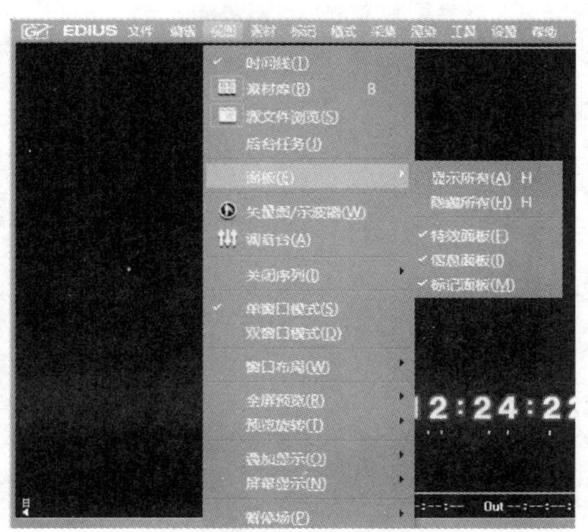

图 9-28　其他面板

以上所有这些窗口和面板都是独立的，用户可以根据自己的习惯，随意安排它们的大小及布局，并且可以保存和调用自己的工作布局，如图 9-29 所示。

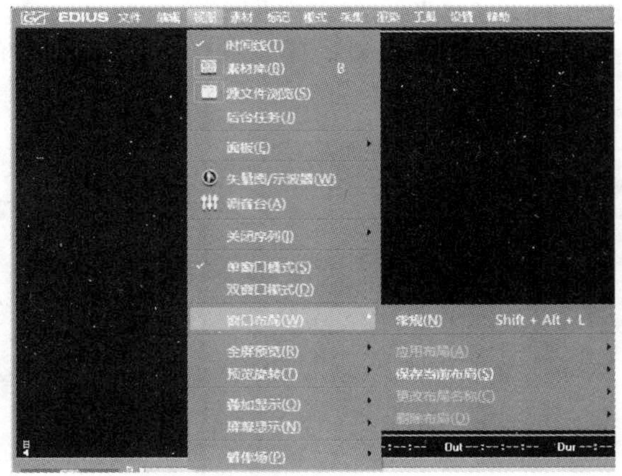

图 9-29　布局

第三节　导入外部素材

一、采集素材

EDIUS 6 支持多种采集方式，如 DV 或 HDV 格式采集、DVD 或 CD 光盘的采集等。连接好外部设备后，执行【设置】菜单下的【系统设置】，单击【硬件】/【设备预设】/【新建】定义采集格式，如图 9-30 所示。

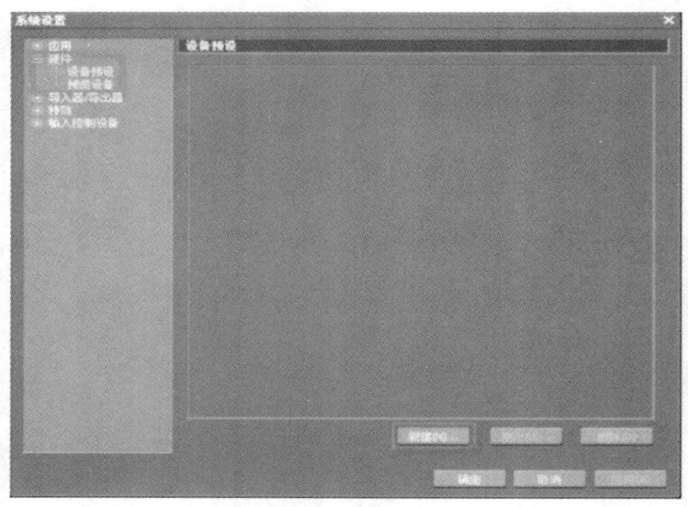

图 9-30　设备预设

给采集项命名，单击【下一步】，进入【预设向导】窗口，里面有一些新的设置选项，如图 9-31 所示。

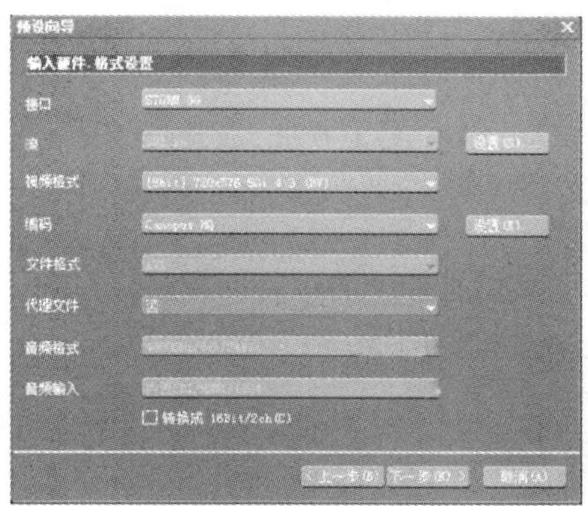

图 9-31　【预设向导】窗口

【接口】文本框　用来选择输入信号的设备(非线性编辑采集卡)。

【流】文本框　选择输入信号时所用的板卡接口(如：SDI)，该项的“设置”是更改视频输入接口类型。

【视频格式】文本框　信号源所处信号的格式。

【编码】文本框　视频采集时所用的编码器，该项的“设置”是调节视频质量的选项窗口。

【文件格式】文本框　采集后生成的文件类型(如 AVI)。

【代理文件】文本框　此为 EDIUS 6 新功能，在可采集的同时生成一个低码文件，可以对代理文件进行编辑(例：如果素材在移动磁盘中，且磁盘由于某种原因不能被使用，这时可以先编辑代理文件，之后再连接硬盘进行原素材的下载并输出)。

【音频格式】文本框　选择音频的质量和声道。

【音频输入】文本框　选择音频的输入接口类型。注意：转换成 16Bit/2ch，是将音频采集成两声道立体声。

设置完成上面所述内容后，单击【下一步】按钮便可对板卡视频输出进行设置，此时的窗口为视频信号输出到监视器的设置，【流】文本框中可设置输出信号的参数，【视频格式】要选择与输入时一致的格式，然后单击【下一步】按钮完成对采集的设置，如图 9-32 所示。

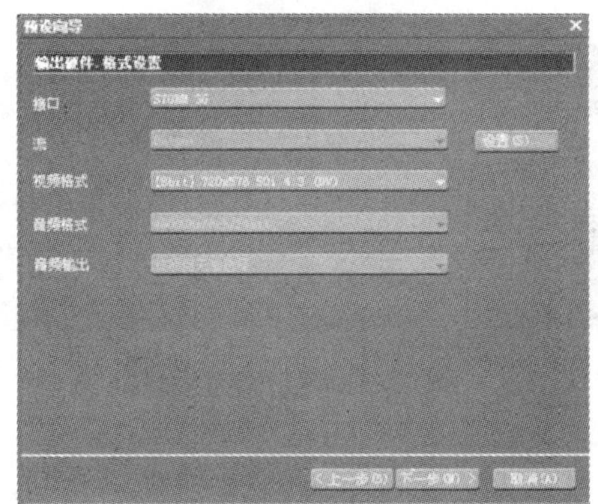

图 9-32　【音频输入】设置

二、导入素材

导入素材的类型主要有两类，一般素材的导入和特殊素材的导入。

1. 一般素材的导入

一般素材指的是 EDIUS 6 支持的单个文件，如 mpg、swf、avi、wmv、jpg、bmp、png、mp3、wav 等格式的素材。

(1) 直接从【素材库】窗口中导入

执行【素材库】窗口上方的【添加文件】按钮，如图 9-33 所示。

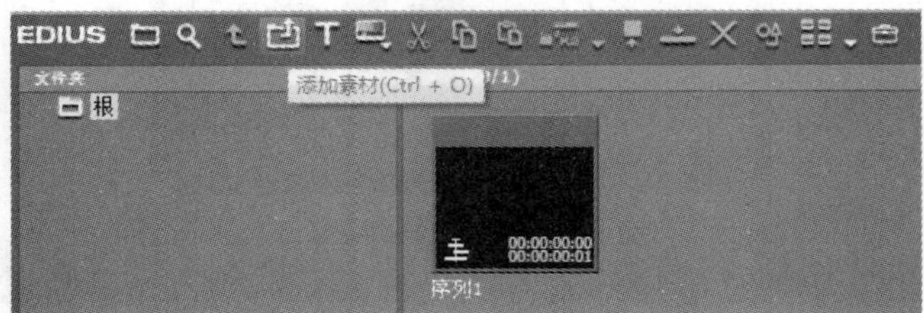

图 9-33 添加文件

或者双击【素材库】窗口的空白处，或者按快捷键“Ctrl＋O”，执行【打开】对话框，如图 9-34 所示。

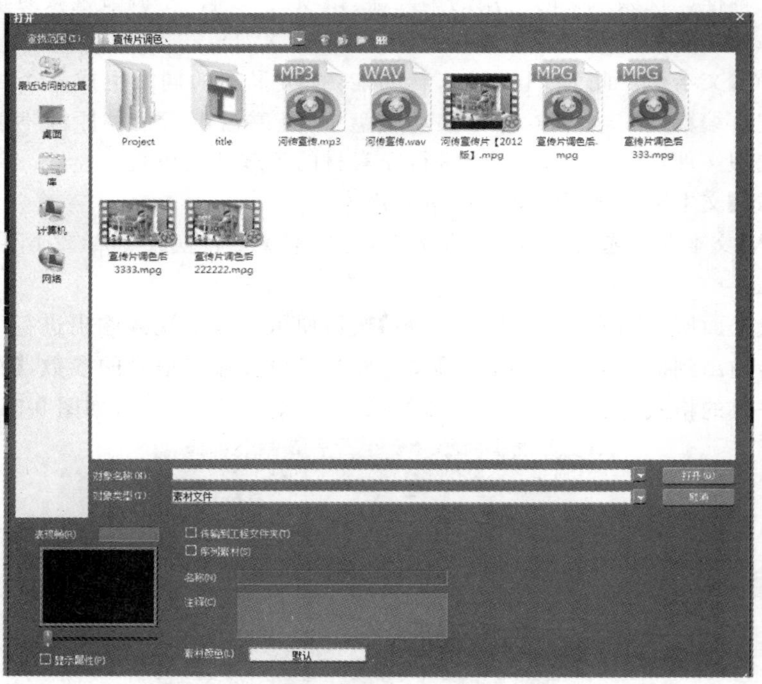

图 9-34 【打开】对话框

单击对象类型的下拉菜单，可以看到 EDIUS 6 支持的所有文件类型。选择需要导入的素材，单击【打开】按钮，弹出【素材属性】对话框，显示当前素材的基本信息，可以根据需要在注释栏里输入备注信息。

此时【素材库】窗口里就显示了该素材，以备调用，如图 9-35 所示。

(2) 通过菜单命令导入。执行【文件】/【添加素材】菜单命令，如图 9-36 所示。

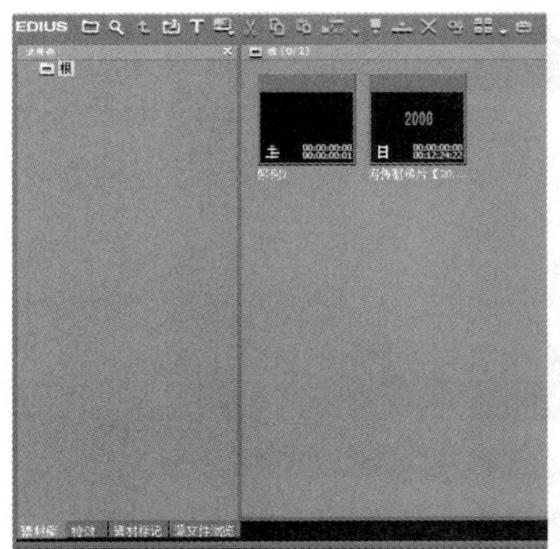

图 9-35 显示素材

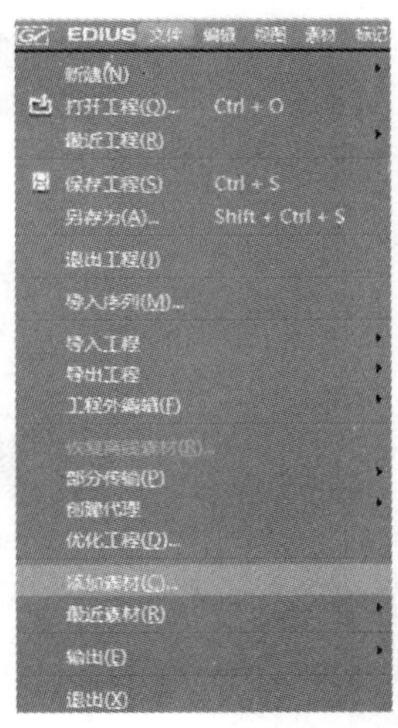

图 9-36 添加素材

在【打开】对话框，选择需要导入的素材，如图 9-37 所示。

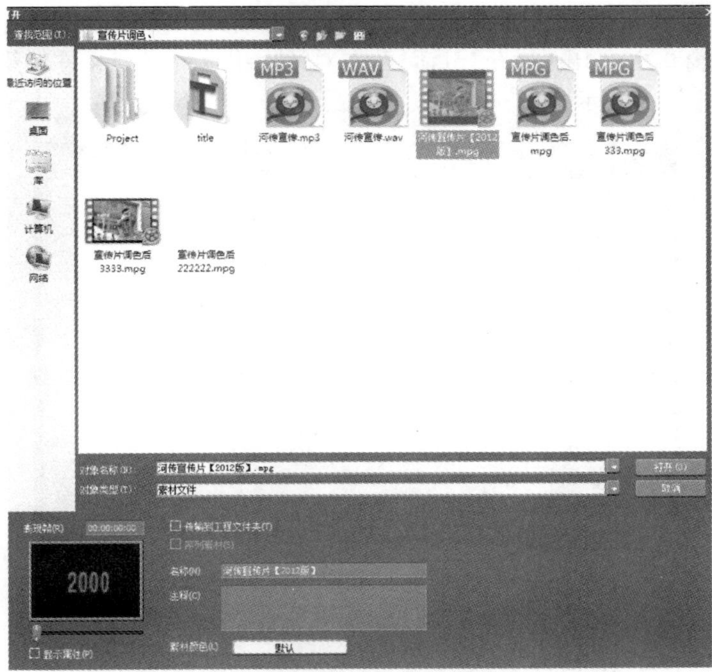

图 9-37 【打开】对话框

注：此时打开的素材只是放在【素材监视器】窗口里，并没有存放到【素材库】窗口里。

利用素材监视器窗口下方的功能按钮设置入点和设置出点按钮，可以对打开的素材进行初步的片段选择，单击【更新素材库】按钮或者直接从素材监视器窗口拖曳到【素材库】窗口，把粗剪的素材片段添加到【素材库】窗口里，如图 9-38 所示。

图 9-38　素材监视器窗口

2. 特殊素材的导入

特殊素材指的是序列文件、带层的文件和文件夹。

(1) 导入序列文件

序列文件是一类用静止图片的形式保存动态影像的文件类型，优点在于可以存储视频中的 Alpha 通道信息，不过这种类型的文件不能存储声音信息。

在【素材库】窗口中，调出【打开】对话框，在对话框中选择序列文件的第一个文件，勾选【序列素材】，如图 9-39 所示。

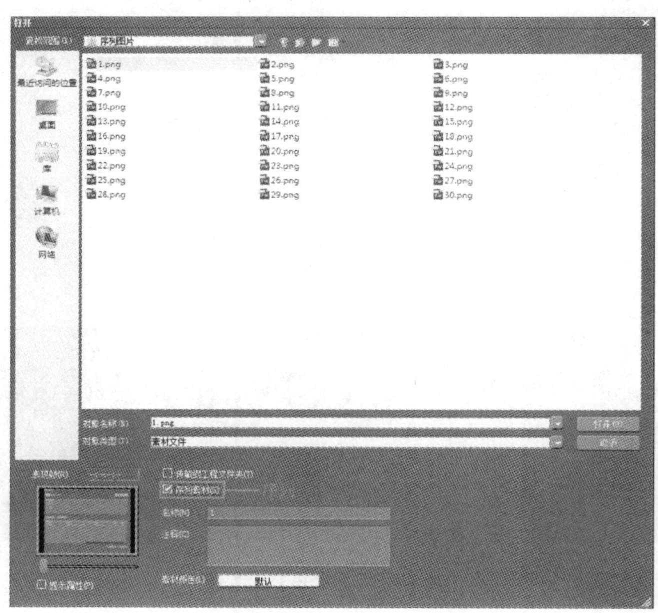

图 9-39　导入序列素材

（2）导入带层的文件

带层的文件指的是可以存储各个图层内容的文件格式，如 photoshop 的 psd 格式。

在【素材库】窗口中，调出【打开】对话框，选择 psd 文件，导入过程中，EDIUS 6 将合并源文件中的所有可见图层，如图 9-40 所示。

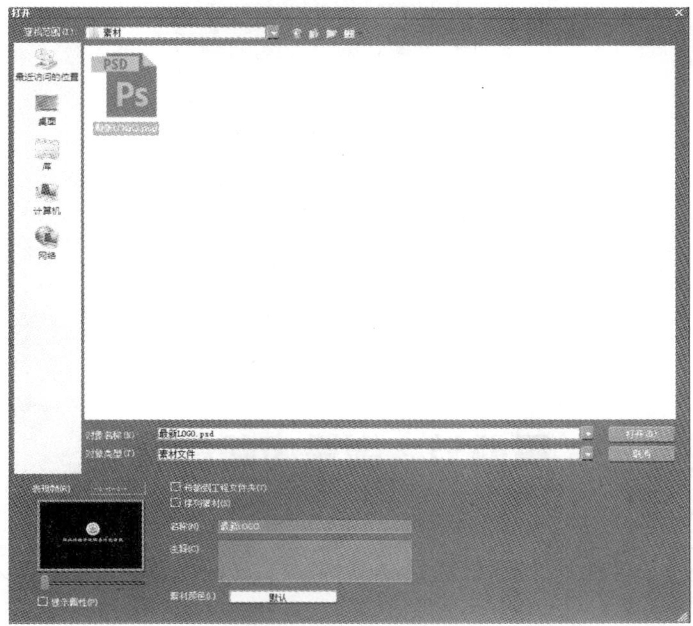

图 9-40　导入带层的文件

（3）导入文件夹

在【素材库】窗口的左侧文件夹目录的空白处单击鼠标右键，在弹出的快捷菜单中选择【打开文件夹】命令，如图 9-41 所示。

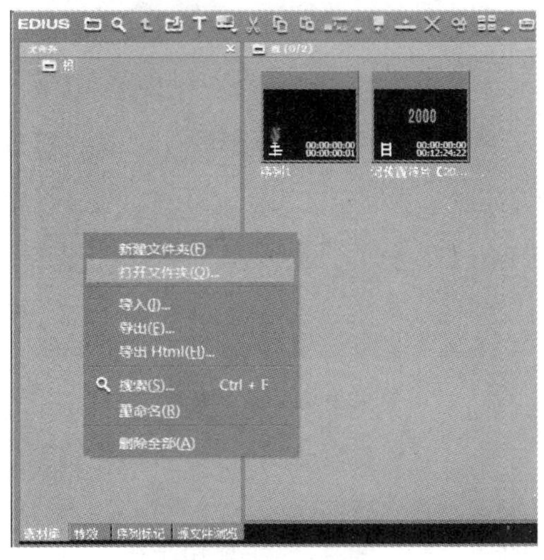

图 9-41　导入文件夹

在弹出的【打开】对话框中选择需要导入的文件夹，如图 9-42 所示。

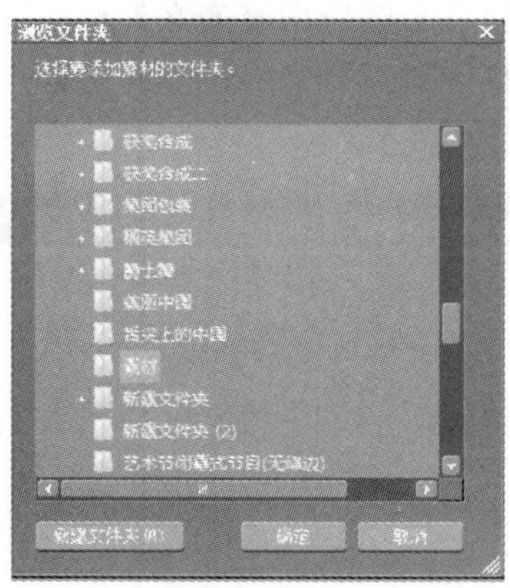

图 9-42　选择文件夹

第四节　创建内部素材

菜单栏【素材】/【创建素材】的级联菜单里提供了几种内部素材，如彩条、色块和 Quick-Titler，如图 9-43 所示。

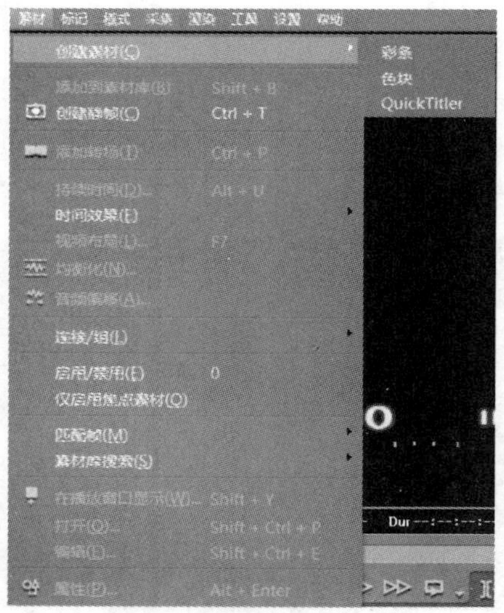

图 9-43　创建素材

一、创建彩条

彩条素材提供了标准的色彩和声音基准，主要用于校正监视器，以保证影片的色彩和声音参数正常。打开【彩条】对话框，默认情况下，创建的是 SMPTE 彩条，如图 9-44 所示。

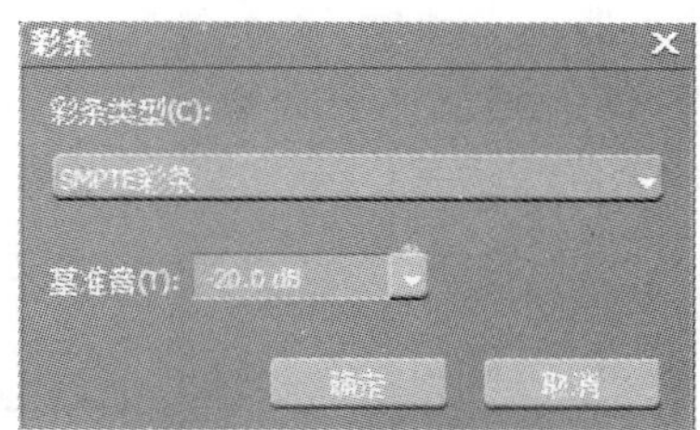

图 9-44　SMPTE 彩条的创建

注：展开彩条类型的下拉菜单，还有很多种选项可满足不同的需求，如图 9-45 所示。

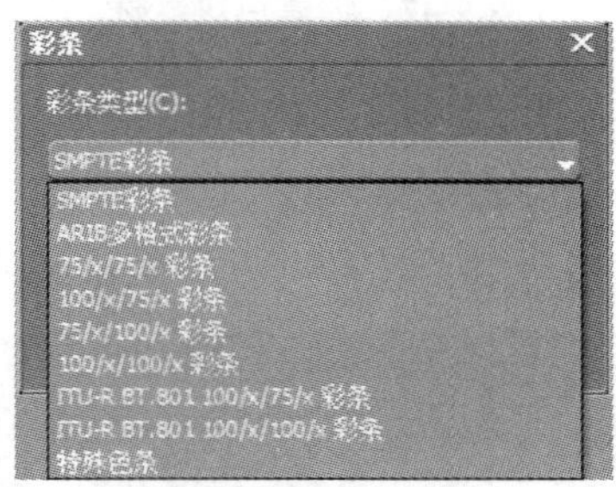

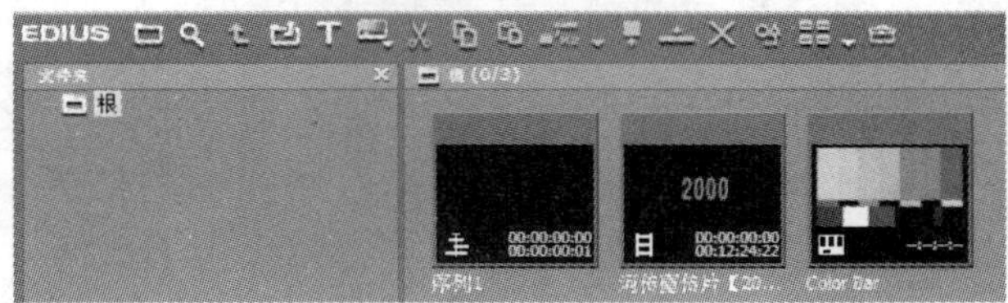

图 9-45　彩条的下拉菜单

二、创建色块

色块素材可以作为背景来使用。打开【色块】对话框，如图 9-46 所示。

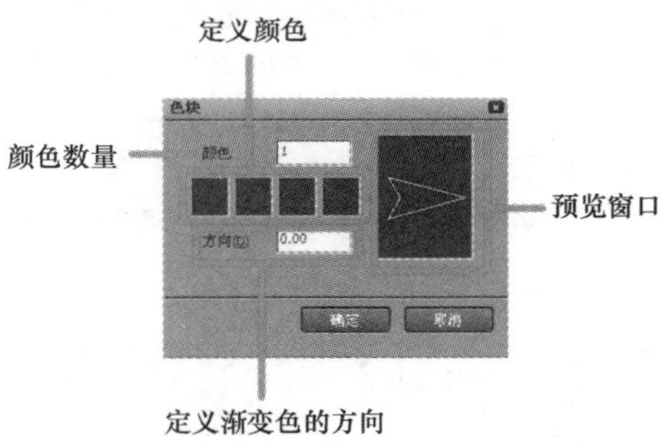

图 9-46　【色块】对话框

颜色文本框定义颜色的数量，取值范围在 1～4 之间，可以是单色色块，也可以是 2 色渐变、3 色渐变和 4 色渐变。

四个色块可以定义四种不同的颜色，根据颜色数量的定义，从左到右依次应用颜色实现渐变色。单击色块区域，打开拾色器定义颜色。

注：预览窗口可以实时的看到所创建的色块素材效果。单击【确定】按钮创建色块素材，如图 9-47 所示。

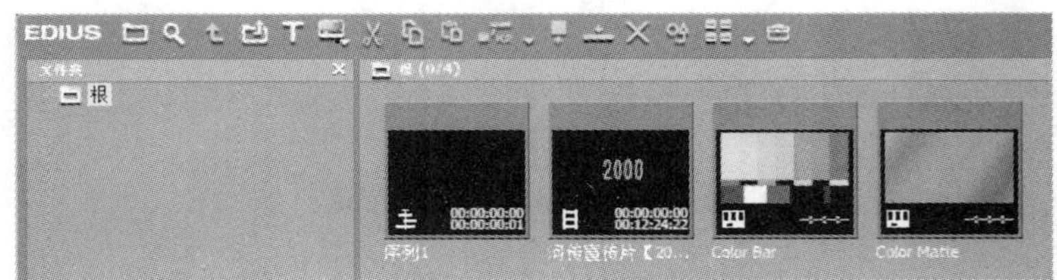

图 9-47　创建色块素材

三、创建 QuickTitler

打开 QuickTitler 窗口，创建【快捷字幕】文件，如图 9-48 所示。

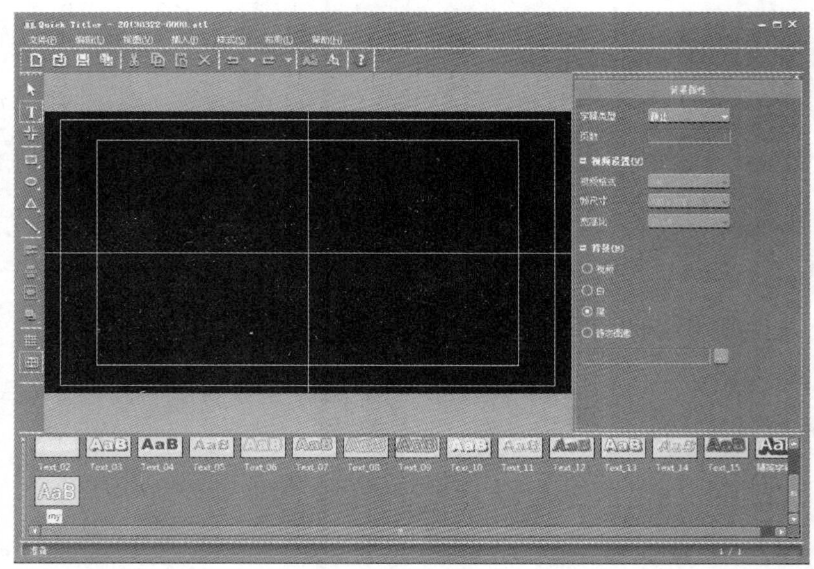

图 9-48　QuickTitler 窗口

注：以上创建的内部素材还可以用素材库窗口的【新建素材】按钮来创建，如图 9-49 所示。

图 9-49　【新建素材】按钮

第五节 利用【素材库】窗口管理素材

利用【素材库】窗口管理素材，便于快速找到所需要的素材，尤其是素材较多的情况下，可以大大提高工作效率。

一、素材的显示方式

默认情况下，素材库窗口是以文件夹树的形式显示素材结构，左侧文件夹显示所有的文件目录，单击文件夹的名称可以在右侧显示素材信息。素材的显示方式有多种。单击【素材库】窗口上方的【扩展】按钮，选择【视图】级联菜单，根据自己的需要或者习惯选择一种素材的显示方式，如图 9-50 所示。

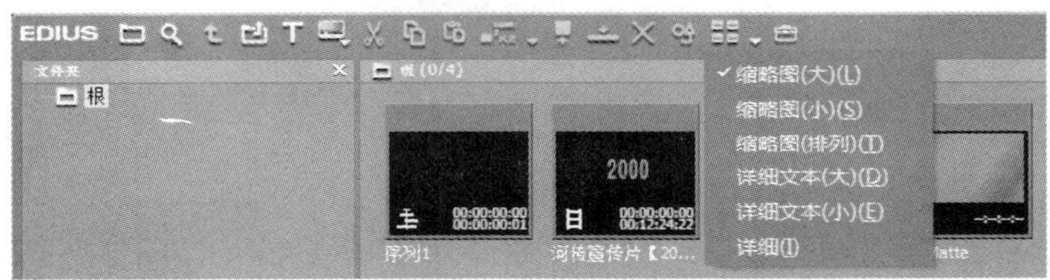

图 9-50 【扩展】按钮

当素材以图标或者详细信息的形式显示时，可以通过单击【属性】标签实现素材按照当前属性排序，如图 9-51 所示。

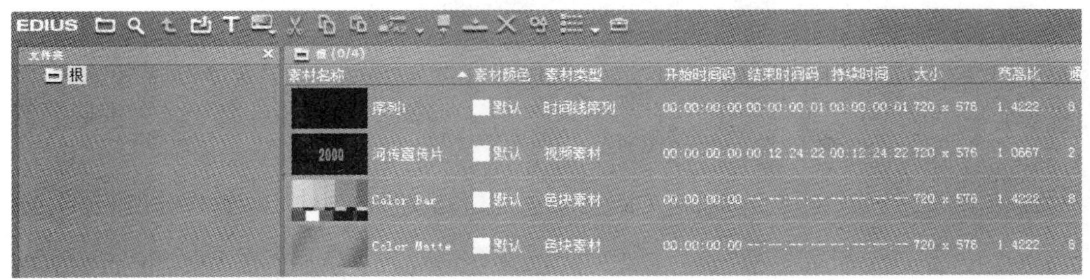

图 9-51 排序

二、素材的操作

1. 利用文件夹管理素材

当素材比较多时，可以利用文件夹来管理素材，通常情况下，文件夹管理依据素材类型或者场景段落来设置。下面以素材类型管理为例，在文件夹树栏选择根目录，在空白处单击鼠标右键，在弹出的快捷菜单中，选择【新建文件夹】命令，如图 9-52 所示。

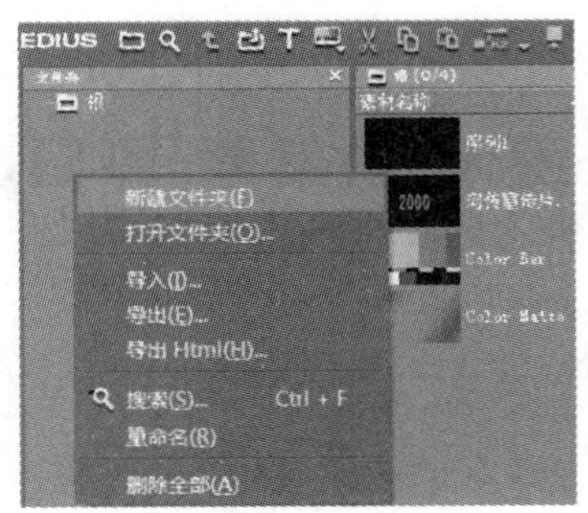

图 9-52　新建文件夹

在根目录下新建了一个文件夹，选中新建的文件夹，单击鼠标右键重命名或者按 Enter 键，重新命名为“图片”，用来收集和存储图片类素材，如图 9-53 所示。

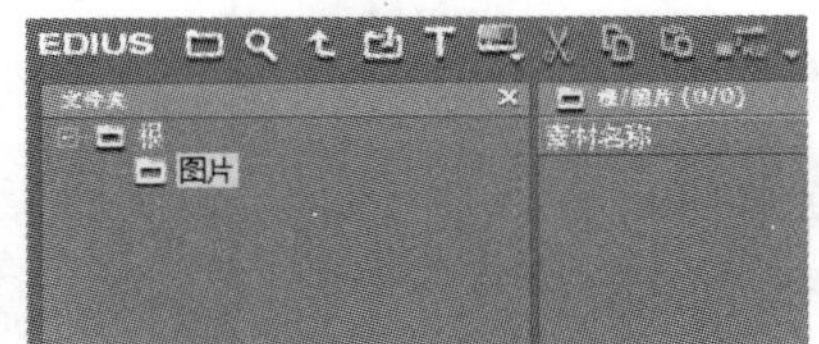

图 9-53　重命名

选择“根”，把其中的图片素材拖曳到“图片” 文件夹上，如图 9-54 所示。

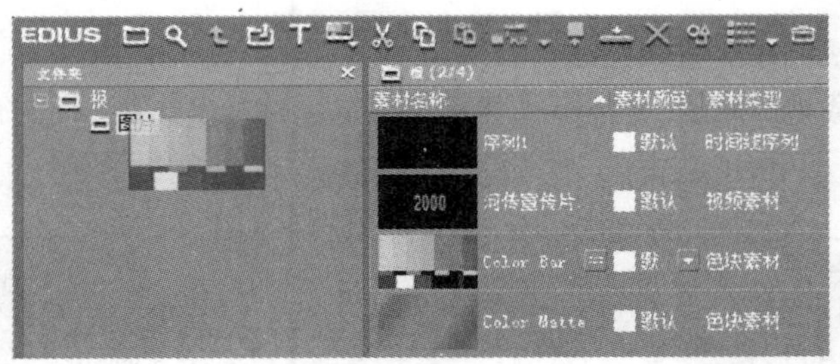

图 9-54　“图片”文件夹

选择图片文件夹，刚才的图片素材就放入到了图片文件夹里了，如图 9-55 所示。

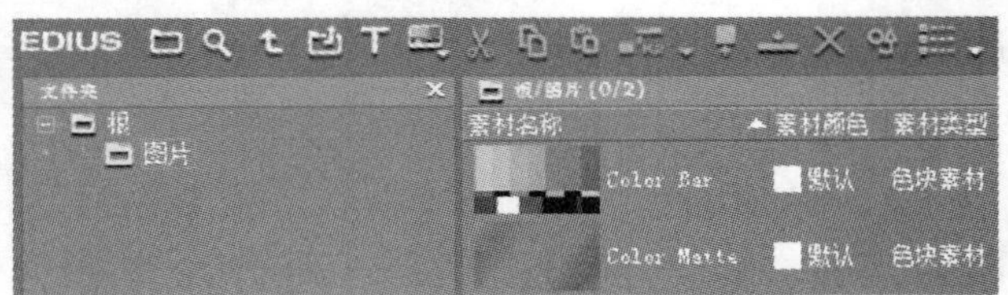

图 9-55　“图片”文件夹

2. 查找素材

如果在众多的素材库中逐个搜寻某个素材，很容易让人眼花，这时可以借助查找工具，轻松地找到所需要的素材。单击【查找】按钮，在弹出的【查找】对话框中输入查找条件，进行查找，如图 9-56 所示。

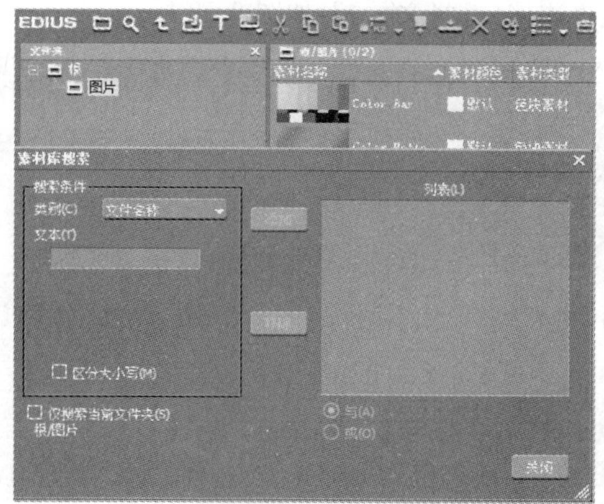

图 9-56　查找素材

3. 删除素材

当有些素材不用时，为了节省内存空间，可以将素材库中不用的素材删除。选中要删除的素材，单击【删除】按钮或者直接按键盘上的 Delete 键删除，如图 9-57 所示。

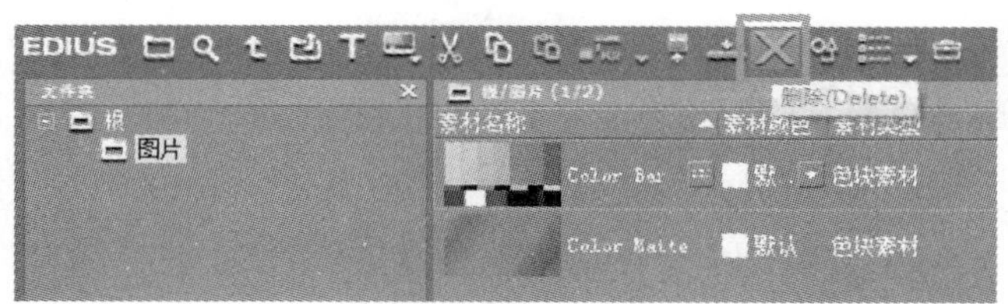

图 9-57　删除素材

三、离线素材的处理

素材库中保存的素材与其源素材相链接。如果原文件被移走、重命名或在保存了项目之后被删除，则与源文件链接的素材就会成为“离线素材”。执行【文件】/【恢复离线素材】，出现【恢复并传输离线素材】对话框，如图 9-58 所示。

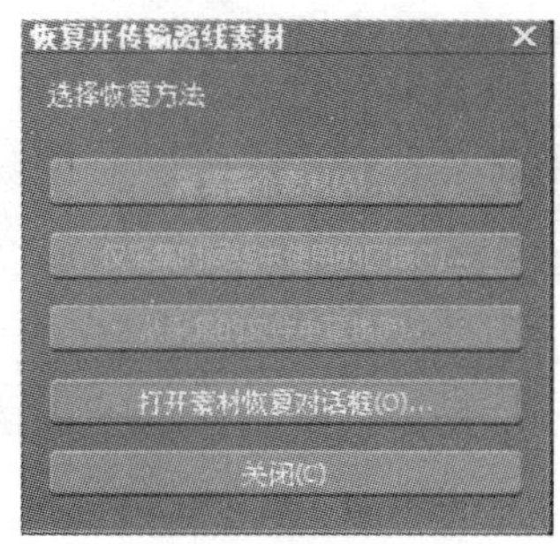

图 9-58　【恢复并传输离线素材】对话框

选择恢复方式，单击【打开素材恢复对话框】按钮，打开【恢复离线素材列表】按钮，在对话框的恢复方式中选择【再连接(选择文件)】，如图 9-59 所示。

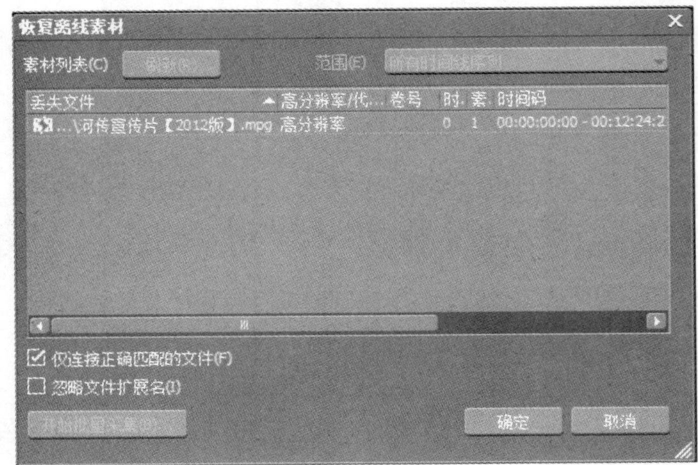

图 9-59 【恢复离线素材列表】对话框

在弹出的【打开】对话框中，重新定义源文件，选中指定素材后，单击【打开】按钮，关闭该对话框，如图 9-60 所示。

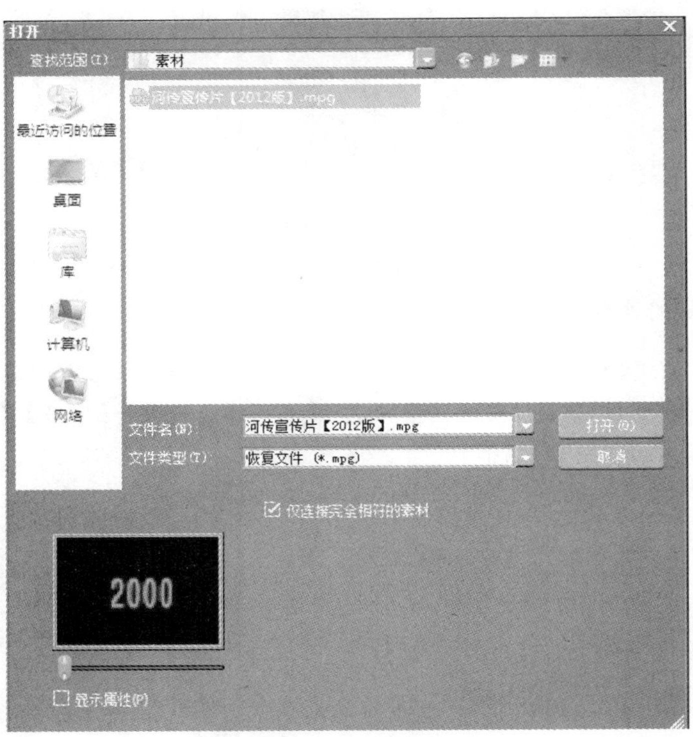

图 9-60 定义源文件

关闭【查找离线素材】对话框，恢复离线素材，如图 9-61 所示。

如果打开项目过程中，没有重新定义源文件，在编辑过程中也可以恢复离线文件。【素材库】窗口中包含离线素材，单击 Timeline（时间线）窗口上方的【打开工程】按钮的下拉菜单，选择【恢复离线素材】命令，同样可以打开【查找离线素材】对话框，重新定义源素材，如图 9-62 所示。

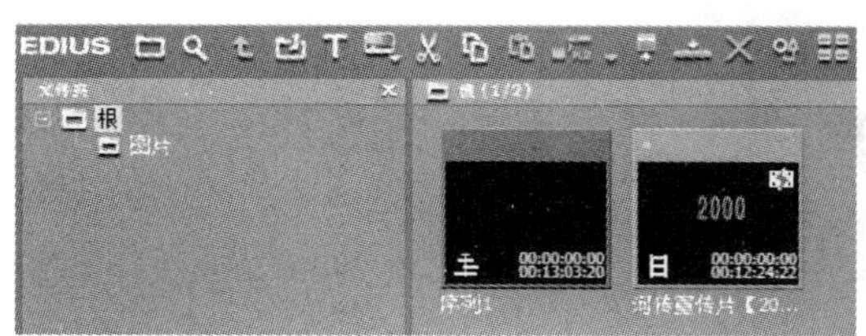

图 9-61　恢复离线文件

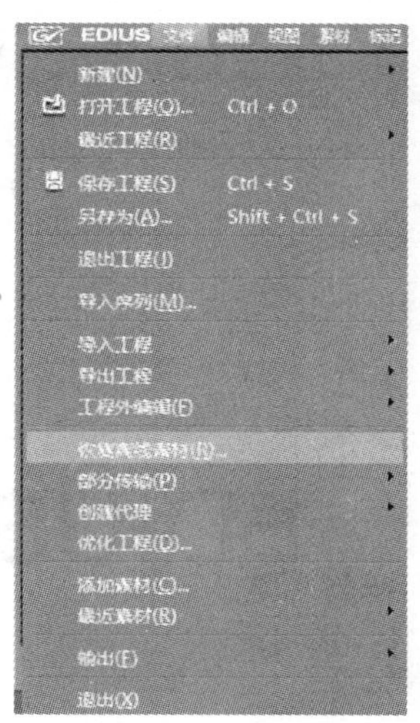

图 9-62　恢复离线素材

课后习题

1. EDIUS 6 工作界面主要包括哪几部分？
2. 简述 EDIUS 6 菜单及功能。
3. 如何利用 EDIUS 6 采集外部素材？
4. 素材的基本操作包括哪些？
5. 如何处理离线素材？

第十章

EDIUS 6 的基本编辑

本章提要

本章在介绍 EDIUS 6 素材监视器、【节目】监视器和时间线的结构的相应功能的基础上，介绍了利用【监视器】窗口和时间线轨道进行素材基本剪辑的方法。素材的基本剪辑可以通过多种方法实现，其中涉及很多操作，如素材片段的选择、移动、删除、群组、链接等，还可以通过单边编辑、双边编辑、多机位编辑等方式来剪辑素材片段。

第一节　利用【监视器】窗口剪辑素材

【监视器】窗口的首要任务是实时地观看影片，除此之外，还可以利用窗口下方的功能按钮实现简单的编辑功能。

一、【监视器】窗口的显示模式

默认情况下，【监视器】窗口是双显模式，即有【素材监视器】窗口和【节目监视器】窗口两个显示窗口。可以根据需要应用单显模式，即只有【节目监视器】窗口。单击视图下拉菜单，选择单窗口模式，如图 10-1 所示。

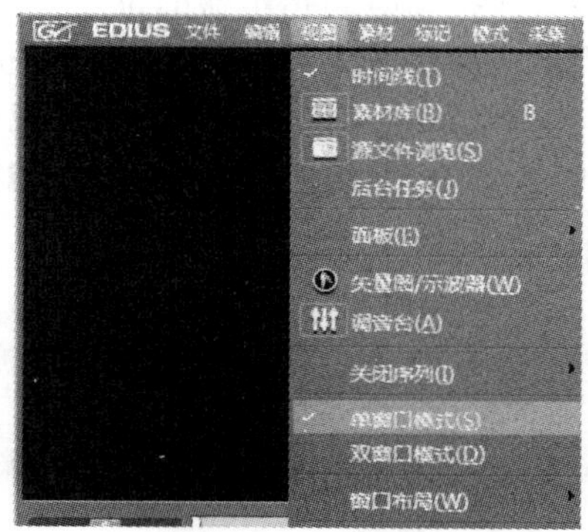

图 10-1　监视器窗口显示

二、利用【素材监视器】窗口剪辑素材

利用【素材监视器】窗口剪辑主要是从素材片段中剪辑出有效片段加入到时间线上。

1. 认识素材监视器的功能按钮(如图 10-2 所示)

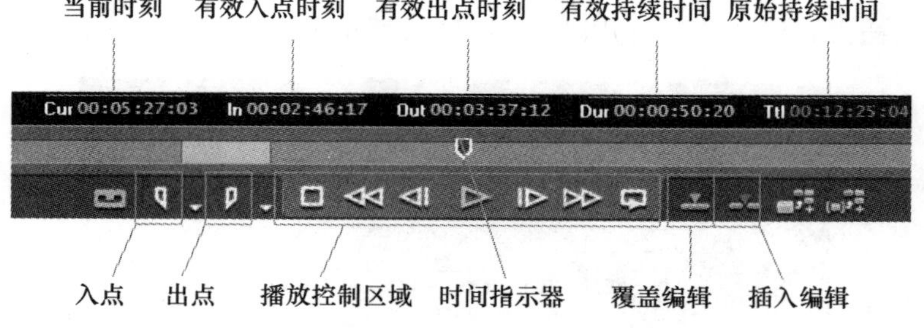

图 10-2　素材监视器的功能按钮

2. 【素材监视器】窗口的使用

通过【文件】/【添加素材】命令，或者把素材库窗口中的素材直接拖曳到【素材监视器】窗口中，如图 10-3 所示。

图 10-3　呈现素材

通过播放控制区按钮或者直接拖动时间指示器的位置，搜索有效的片段，定义时间指示器的位置，单击入点按钮，在当前位置打上入点标记；搜索另外时刻位置（在有效入点的右边时刻），单击出点按钮，在此位置打上出点标记。选择一个音视频轨道，定义时间指示器的位置，单击【素材监视器】窗口的【插入编辑】按钮或者【覆盖编辑】按钮，把有效素材片段添加到时间线上，如图 10-4 所示。

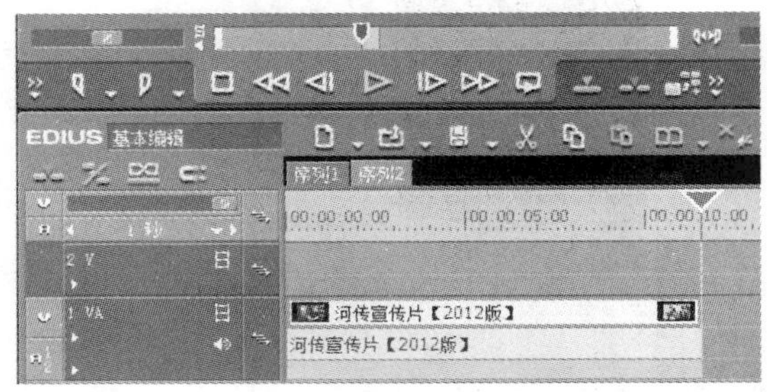

图 10-4　将素材添加到时间线上

如果时间指示器在整个时间线的开始位置，执行插入编辑或者覆盖编辑，结果是一样的，否则结果不同。执行插入编辑，是在当前时间指示器的位置，把原有的素材切割成两个素材片段，中间插入新添加的素材片段，如图 10-5 所示。

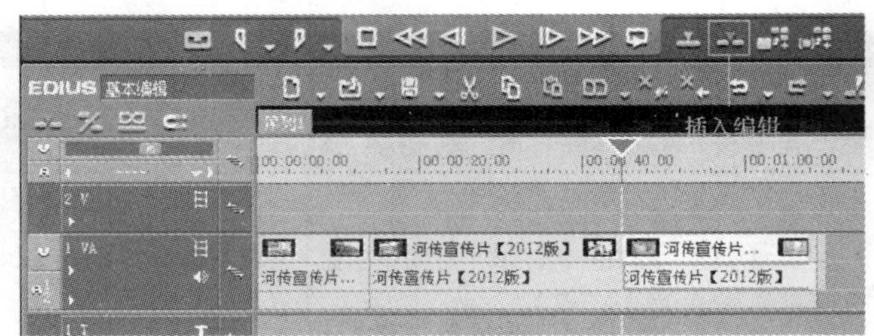

图 10-5　插入编辑

执行覆盖编辑是在当前时间指示器的位置，把原有的素材覆盖掉，显示新的素材片段，如图 10-6 所示。

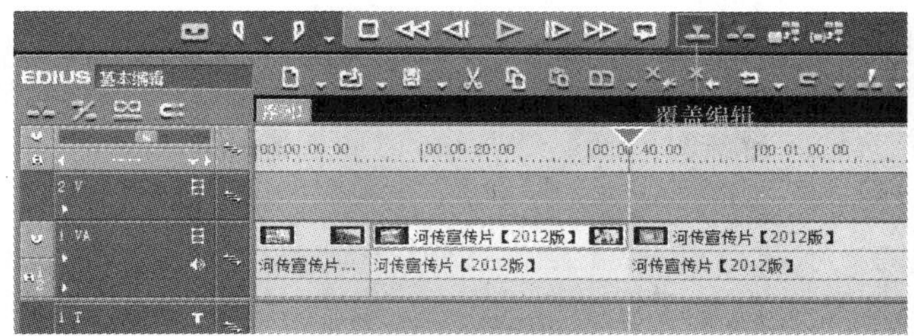

图 10-6　覆盖编辑

3. 添加素材的类型与轨道

在 EDIUS 6 中，增加了【视频轨道映射】按钮和【音频轨道映射】按钮，通过这两个按钮可以映射添加素材的轨道。当通过插入编辑或覆盖编辑添加素材时，首先需要设定素材所映射的轨道，即将视频轨道映射按钮和音频轨道映射按钮分别拖曳到想要添加素材的轨道前，素材就可以添加到相应的轨道上。通过这种方式可以设置视频、音频素材在时间线上放置的位置，防止将素材添加到其他轨道上。如果只想添加视频或音频，将相应按钮激活并放置相应轨道即可，如果按钮未激活，将不能通过插入编辑或覆盖编辑添加素材，如图 10-7 所示。

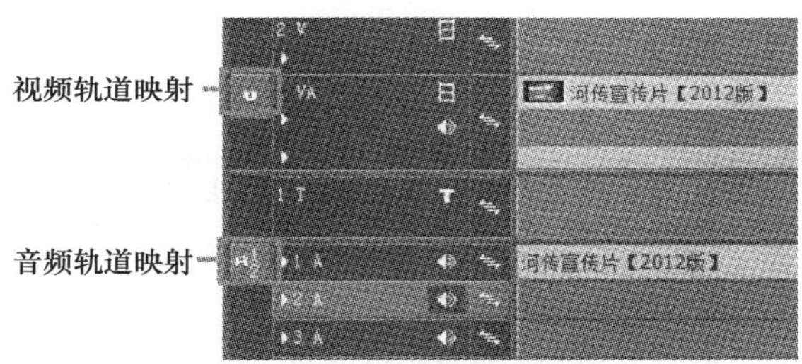

图 10-7　视频、音频素材的添加

三、【节目监视器】窗口的使用

1. 认识节目监视器窗口

【节目监视器】窗口主要是播放时间线上的素材内容，即影片的内容，如图 10-8 所示。

图 10-8　监视器窗口

2.【节目监视器】窗口的使用

前一编辑点指的是以当前时间指示器为准，向前搜索最近的一个素材片段的入点或者出点；后一编辑点指的是以当前时间指示器为准，向后搜索最近的一个素材片段的入点或者出点。

定义时间线上的入点和出点，单击输出按钮，输出入点到出点的时间线影片，如图 10-9 所示。

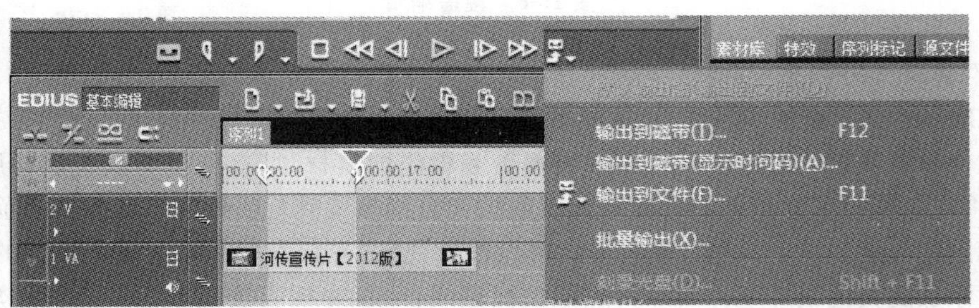

图 10-9　定义入点和出点

第二节　利用【时间线】窗口剪辑素材

使用 EDIUS 6 进行编辑时，大部分编辑工作都是在【时间线】窗口里实现的。【时间线】窗口是整个软件的编辑中心。

一、轨道设置

执行【设置】/【工程设置】菜单命令，如图 10-10 所示。

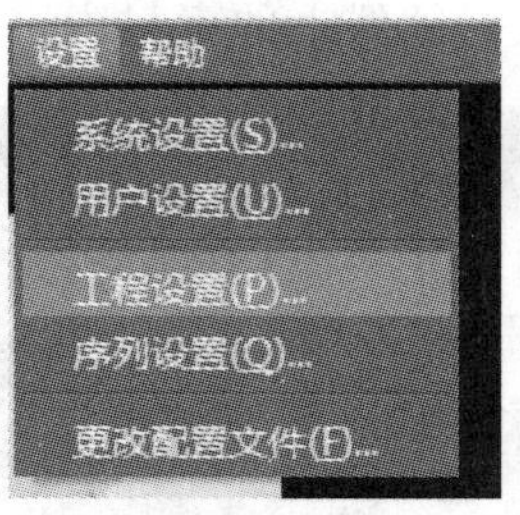

图 10-10　工程设置

打开【工程设置】对话框，【轨道(默认)】选择区域定义不同类型的轨道的数量，如图 10-11 所示。

EDIUS 6 有四种轨道类型：V(视频)轨道、VA(音视频)轨道、T(字幕)轨道、A(音频)轨道。新建序列时，将按照【轨道(默认)】选择区域里的参数定义轨道。

图 10-11　【工程设置】对话框

在编辑过程中，也可直接在【时间线】窗口里编辑轨道。选中轨道，单击鼠标右键，在弹出的菜单里选择【添加】/【复制】/【移动】/【删除】或者【重命名】的操作。同时还可以调整轨道的高度。不同的轨道盛放不同类型的素材，可根据实际需要安排轨道的数量及其位置等，如图 10-12 所示。

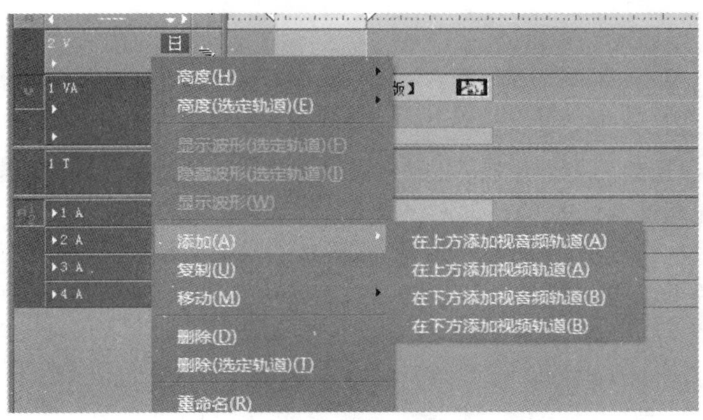

图 10-12　添加轨道

二、【轨道】选项区域

【轨道】选项区域的按钮功能和其他非线性编辑系统的【轨道】选项区域按钮功能相同，这里不再赘述。具体如图 10-13 所示。

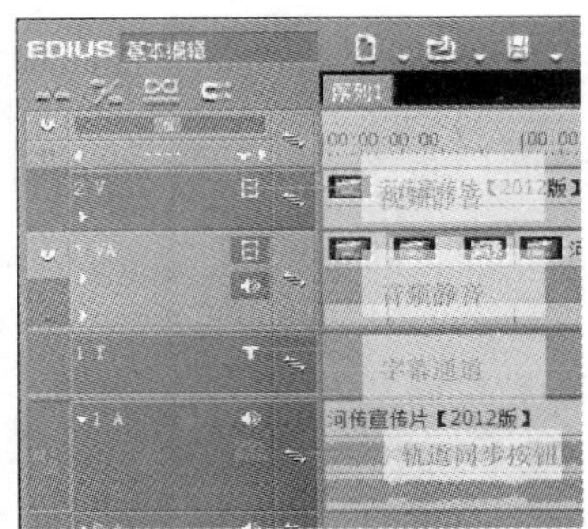

图 10-13　【轨道】选项区域

三、片段操作

1. 选中多个片段

直接单击时间线上的素材片段即可选中当前片段。如果想要选中某一个区域内的所有片段，按住鼠标左键拖曳这个区域，凡是框在里面的片段都被选中了，如图 10-14 所示。

图 10-14　选择多个片段

如果想要选中连续的多个片段，可配合键盘上的 Shift 键来完成；如果想要选中不连续的多个片段，可配合键盘上的 Ctrl 键来完成。

在时间线的空白轨道处单击鼠标右键，在弹出的快捷菜单中单击【选择】命令，在弹出的级联菜单中，有两个选项：【选定轨道上的素材】和【所有轨道素材】，如图 10-15 所示。

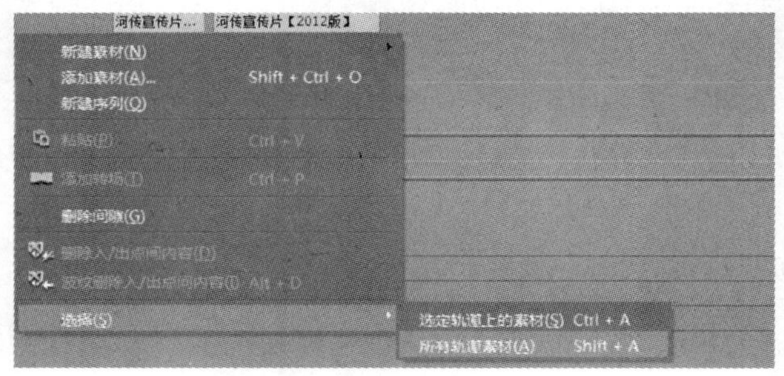

图 10-15　选择多个片段

【选定轨道上的素材】选项：选中的是当前轨道上的所有素材。

【所有轨道素材】选项：选中的是所有轨道上的所有素材。

2. 移动片段

选择一个片段并将其拖曳至目标位置，如果在不同的轨道上移动，要放置在相同类型的轨道上。也可以拖动同时选中多个片段，但这些片段只能放置在相同类型的轨道上，如果相应轨道类型并不存在，将自动创建另一个轨道，如图 10-16 所示。

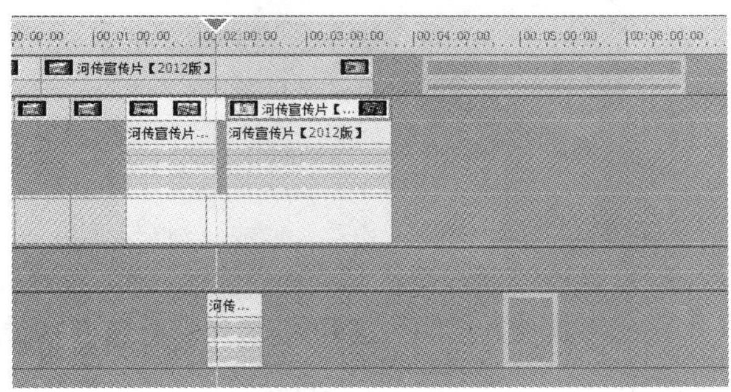

图 10-16　移动片段

3. 复制片段

选中单个或者多个片段，单击鼠标右键选择【复制】命令，或者按快捷键“Ctrl＋C”，定义时间指示器的目标位置，然后选择目标轨道，单击鼠标右键选择【粘贴】命令，或者快捷键“Ctrl＋V”。

4. 删除素材

选中要删除的素材片段，单击鼠标右键，选择【删除】命令或者【波纹删除】命令，如图 10-17 所示。

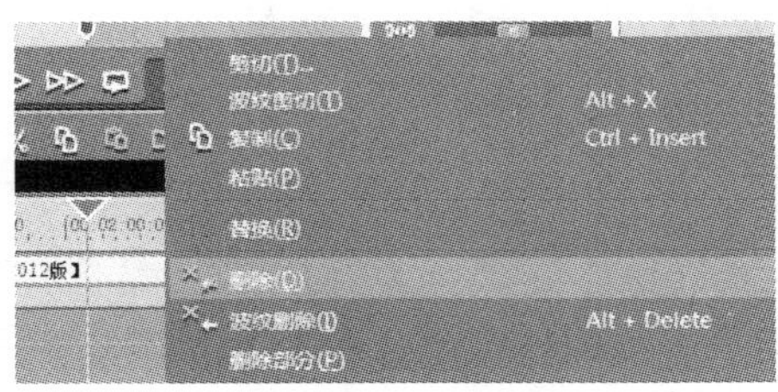

图 10-17　删除素材

【删除】命令：也可以直接按键盘上的 Delete 键，删除选中的素材片段，轨道上其他素材的位置保持不变，留下轨道上的空白区域，如图 10-18 所示。

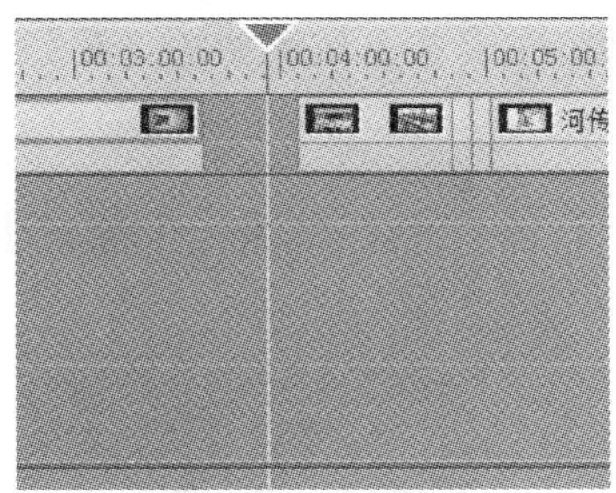

图 10-18　删除素材

【波纹删除】选项：删除选中素材片段的同时，也删除原素材所在的时间线空白，后面的素材会自动往前移动，如图 10-19 所示。

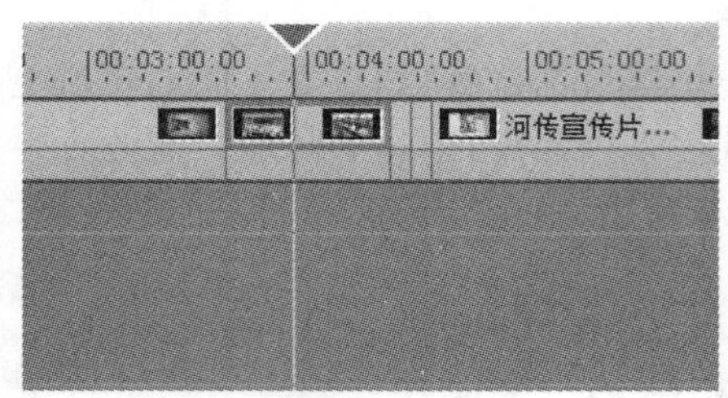

图 10-19　波纹删除

5. 群组素材

编辑好一段影片后，选择要群组的多个片段，单击鼠标右键，选择【设置组】命令，成为一个组，内部的单个素材片段就不能被编辑了，这样可以有效地防止被误操作，从而保护已编辑好的段落，如图 10-20 所示。

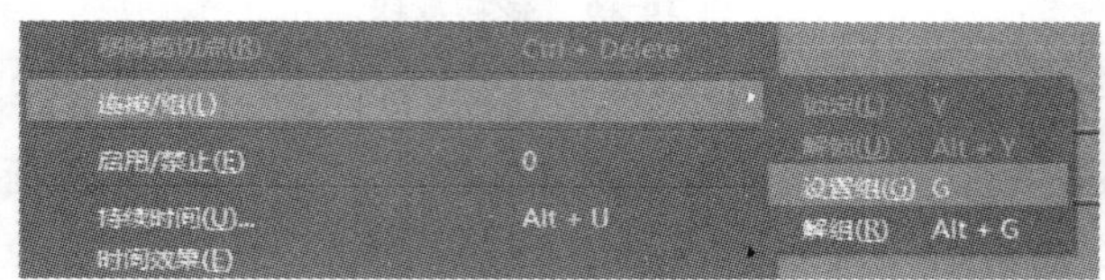

图 10-20　群组素材

如果想要重新编辑群组里的单个素材，需要删除群组。选中组，单击鼠标右键，选择【连接/组】命令，再选择【解组】。默认情况下，视频、音频素材的视频和音频是链接在一起的，即声画同步，若要取消链接的素材也需要执行上述操作，如图 10-21 所示。

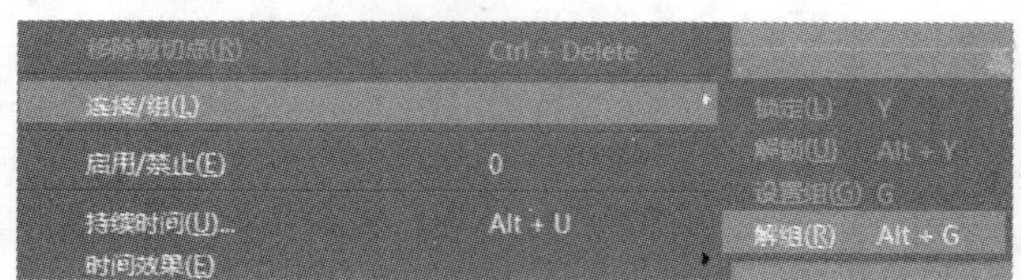

图 10-21　解除群组

四、剪辑素材片段

单击菜单栏中的【模式】命令，在模式下拉菜单中选择【波纹模式】，如图 10-22 所示。

图 10-22　波纹模式

1. 双边编辑

单击素材片段的入点、出点位置，两个素材片段的剪切点的颜色变为绿色或者黄色，启用编辑，如图 10-23 所示。

图 10-23　双边编辑

当鼠标光标改变形状时，移动入点或者出点上的显示光标，改变当前素材片段的有效入点或者有效出点，相邻素材也会改变，从而保证项目的总体持续时间不变。

2. 单边编辑

默认情况，在 EDIUS 6 的轨道面板中是自动启用轨道同步模式的，单击素材片段的入点或者出点，只有一个素材片段的剪切点的颜色变为绿色或者黄色，启用编辑，如图 10-24 所示。

图 10-24　单边编辑

当鼠标光标改变形状时，移动入点或者出点上的光标，改变当前素材片段的有效入点或者有效出点，相邻素材的位置和内容都不会改变。

3. 拆分剪辑

把时间指示器定位到一个素材片段的中间时刻，单击【时间线】窗口上方的【添加剪切点】按钮，或者单击键盘上的 C 键，剪成两个独立的素材片段，如图 10-25 所示。

图 10-25　拆分编辑

4. 多机位编辑

(1) 切换到多机位模式

单击【模式】菜单，在下拉菜单中选择【多机位】，如图 10-26 所示。

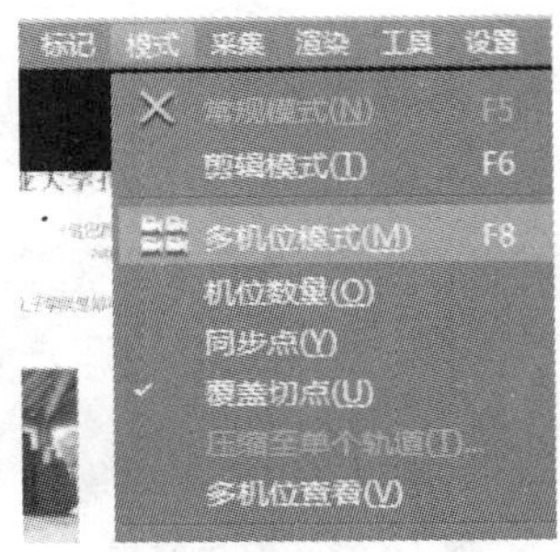

图 10-26 多机位编辑

【监视器】窗口由正常模式切换为多机位视图模式，如图 10-27 所示。

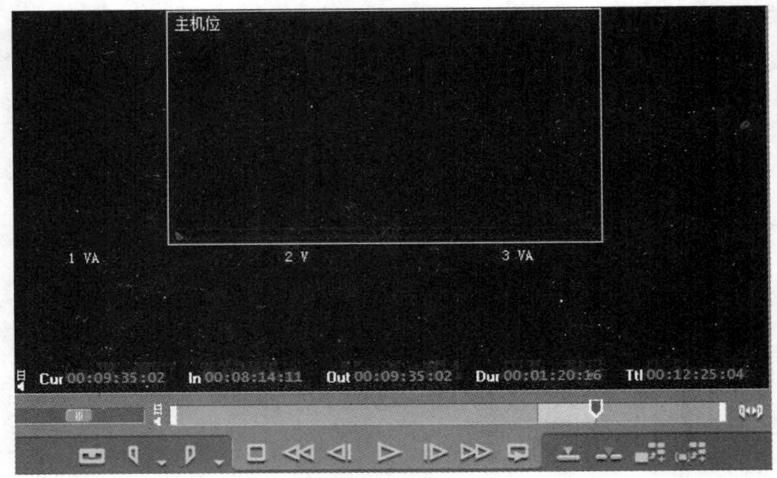

图 10-27 多机位视图模式

(2) 定义放置片段的同步点

单击【模式】菜单，在下拉菜单中单击【同步点】，在级联菜单中选择一种同步点，如图 10-28 所示。

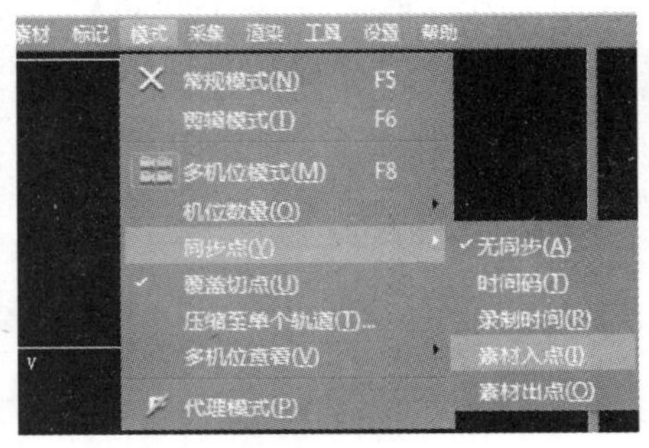

图 10-28 同步点

(3) 选中素材库窗口里的多个素材添加到时间线窗口，如图 10-29 所示。

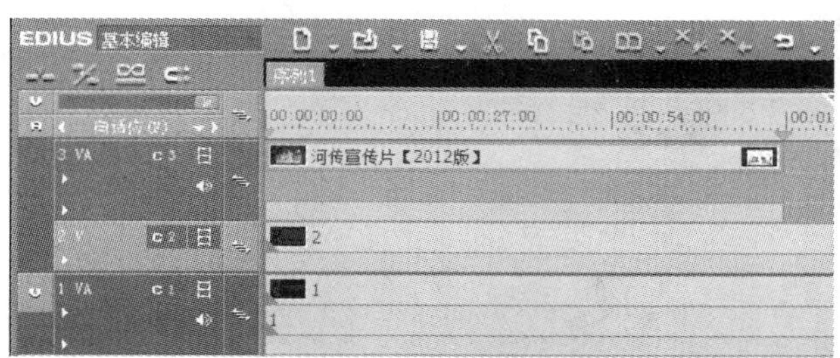

图 10-29　将多个素材添加到时间线

(4) 更改相机映射

单击【轨道】选项区域的【映射机位】选项，弹出【映射机位】菜单，分别定义成 1、2、3，如图 10-30 所示。

图 10-30　映射机位

此时在【节目监视器】窗口里可以看到三个相机的视图和一个主照相机视图，如图 10-31 所示。

图 10-31　机位

（5）更改监视器数量

单击【模式】菜单，在下拉菜单中选择机位数量，根据需要选择监视器的数量，如图 10-32 所示。

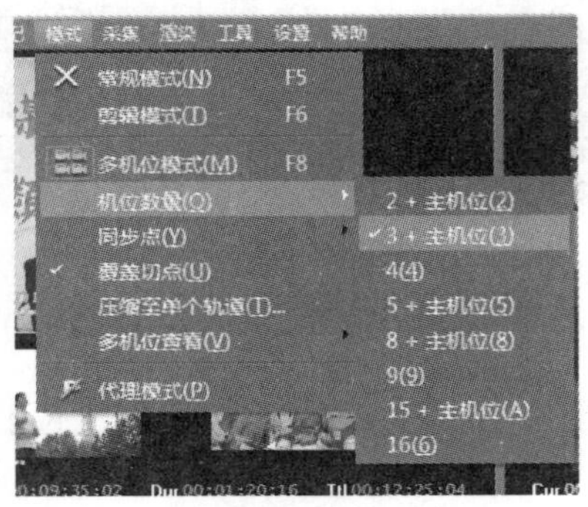

图 10-32　更改监视器参数

（6）回放时切换机位

在多机位窗口播放时间线的同时，单击监视器下方不同的机位视图，实现多机位的切换，如图 10-33 所示。其中灰色的素材片段为无效素材，不显示画面内容。这种多机位编辑多用于晚会的多个机位录制的后期剪辑制作。

图 10-33　切换机位

课后习题

1. 简述素材的基本剪辑方法。
2. 剪辑素材片段的方式主要有哪些？
3. 如何进行多机位剪辑？

第十一章

EDIUS 6 的特效应用

本章提要

EDIUS 6 在原有的插件基础上，又增加了 3D 选项，逼真而且华丽，可以实现简单的片头制作。此外，实时滤镜、键控、转场、手绘遮罩和 GPU 加速三维转场，使 EDIUS 6 有了更加强大的包装功能。本章主要介绍各种视频、音频特效以及视频、音频转换特效的添加方法、效果及参数设置。

第一节　特效面板

单击【视图】菜单，在下拉菜单中选择【面板】/【特效面板】，如图 11-1 所示。

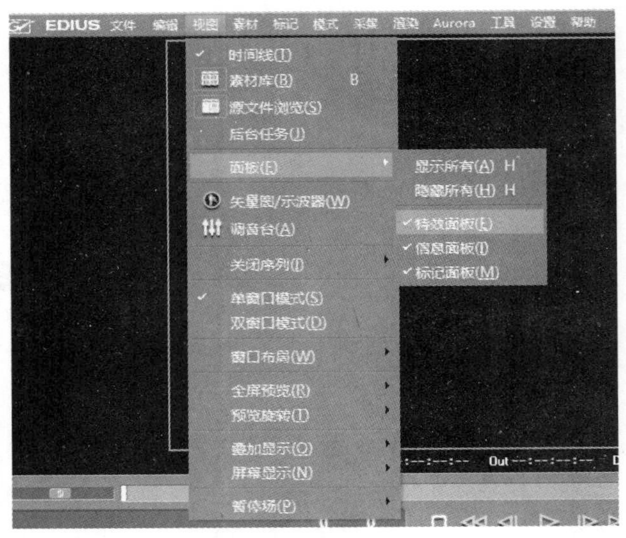

图 11-1　打开【特效面板】

调出【特效面板】，EDIUS 6 的所有特效滤镜都在这个面板里，包括视频滤镜、音频滤镜、转换、音频淡入淡出、字幕混合和键等。如图 11-2 所示。

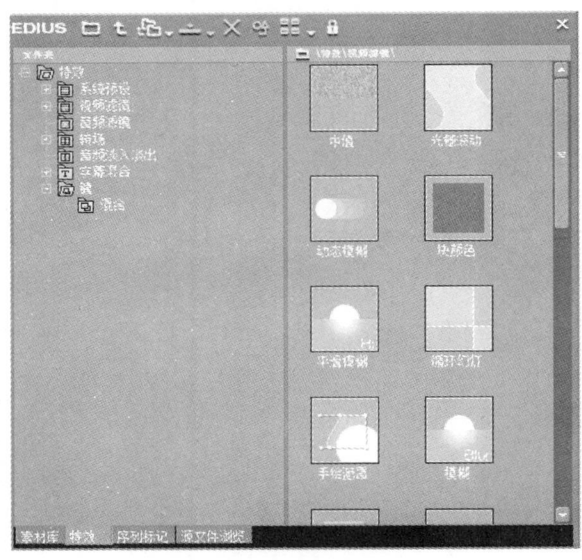

图 11-2　特效面板

第二节　视频转换特效

默认情况下，一个素材片段直接切换为另一个素材片段，叫做硬切。也可以在两个相邻视频（或者图片、图形）素材片段之间添加各种形式的转换特效，以增加影片的绚丽效果，叫做软切换。

一、转场的帧计算方式

1. 重复帧和非重复帧处理方式

在 EDIUS 应用转场特效时，有两种处理方式，重复帧和非重复帧方式。重复帧方式下，前后视频素材片段保持不变，直接添加转场特效，项目的整体时长缩短。帧计算方式如图 11-3 所示。

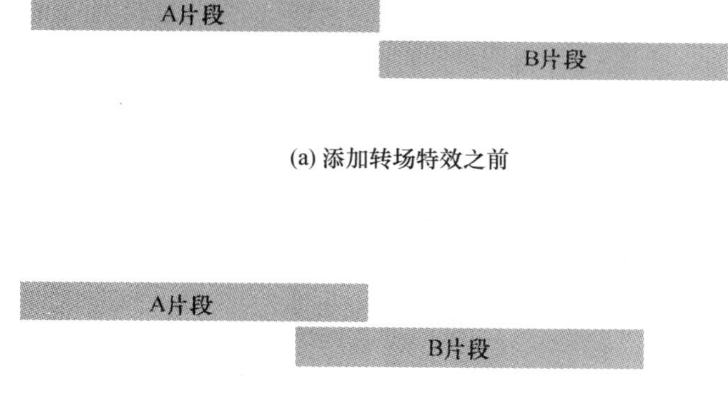

图 11-3　重复帧添加

另一种是非重复帧处理方式，计算方式与 Premiere 相同，可用下面的示意图 11-4 来表示。

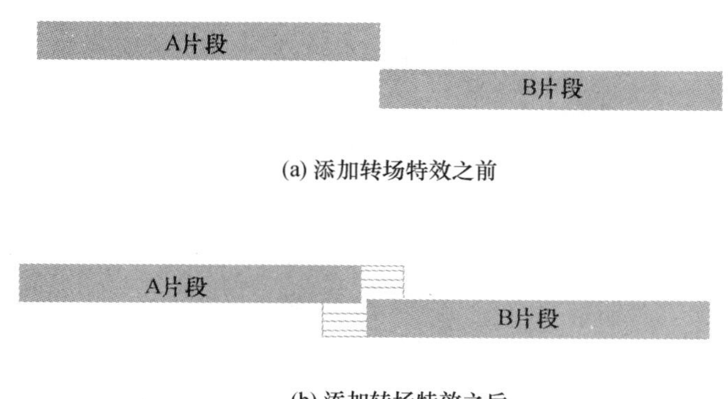

图 11-4　非重复帧添加

这种处理方式下，需要在添加转场特效前调整前后两个镜头的内容，给转场留出足够的时长，保证两个干净的镜头实现转换效果。

2. 程序设置

默认情况下，转场的帧计算方式为非重复帧方式，可以自定义转场计算方式。执行【设置】/【用户设置】，选中【应用转场/音频淡入淡出时延展素材】，如图 11-5 所示。

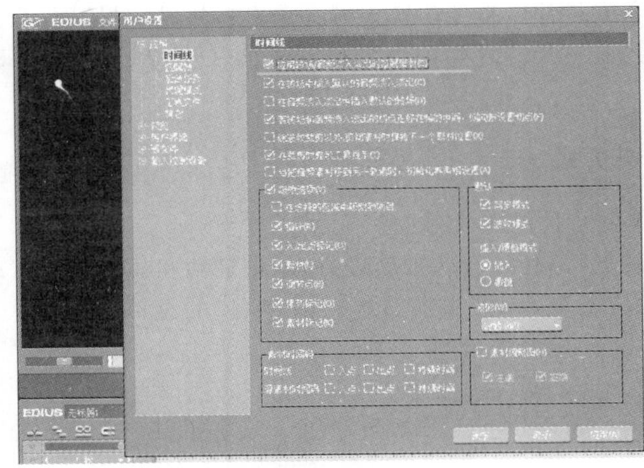

图 11-5 用户设置

二、视频转换特效的操作

1. 添加视频转换特效

视频转换特效可以应用于同一轨道的两个相邻的素材片段，也可以是不同轨道的相邻素材片段。

（1）给同一轨道素材添加视频转换特效。在特效面板中找到需要添加的视频转换特效的名称，拖曳至同一轨道上相邻两个素材的剪切点处，转换特效即应用于当前轨道上相邻素材片段的过渡过程中，如图 11-6 所示。

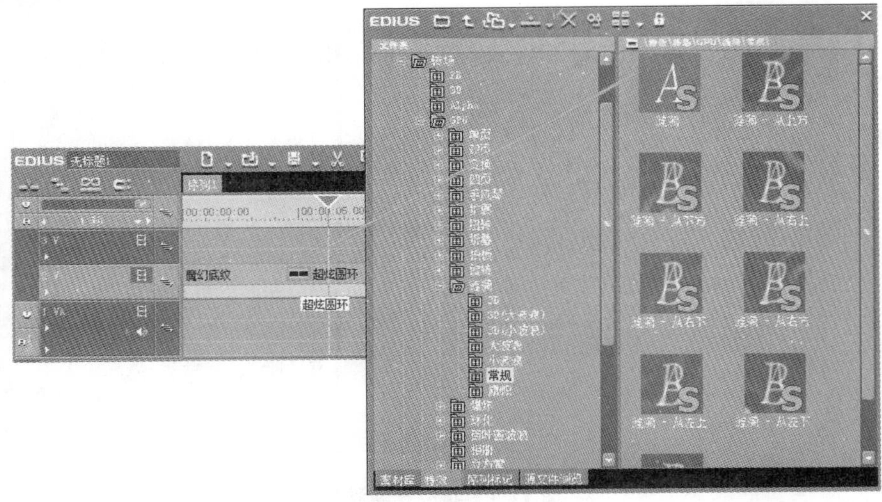

图 11-6 同一轨道素材添加视频转换特效

(2) 给不同轨道素材添加视频转换特效。在特效面板中找到需要添加的视频转换特效的名称,拖曳至片段混合器区域,转换特效即应用于当前轨道上的素材片段和下一轨道的素材片段的过渡过程中,如图 11-7 所示。

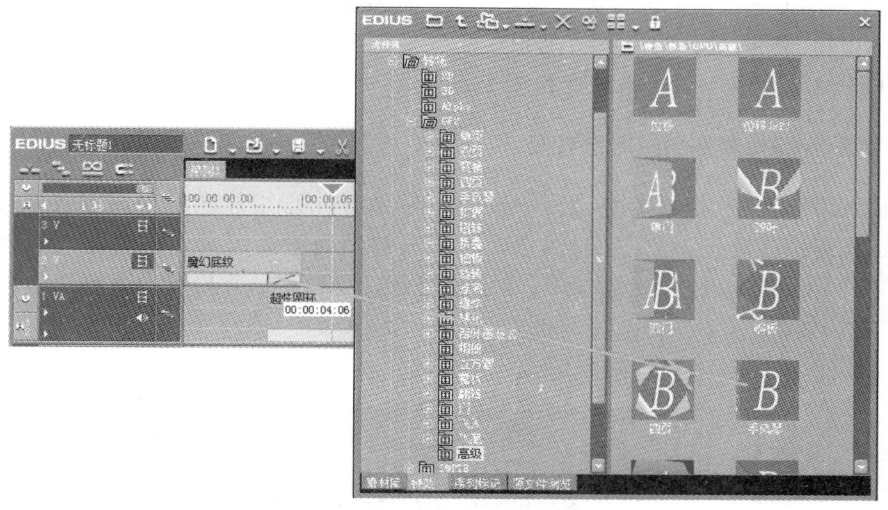

图 11-7　不同轨道素材添加视频转换特效

2. 编辑视频转换特效

打开信息面板,双击信息面板里的视频转换特效名称,如图 11-8 所示。

打开特效面板,根据需要,定义相关参数,如图 11-9 所示。

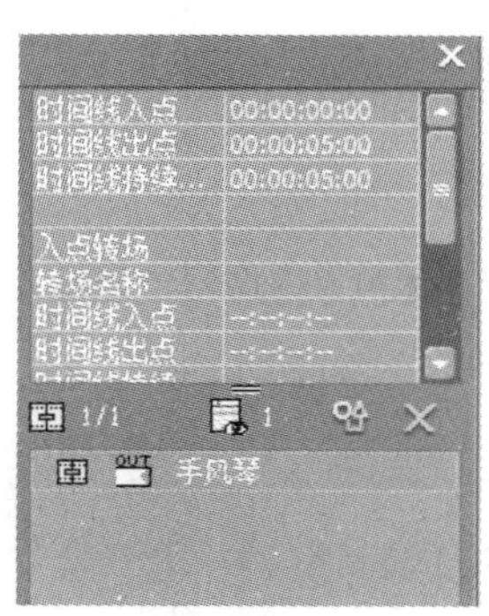

图 11-8　信息面板

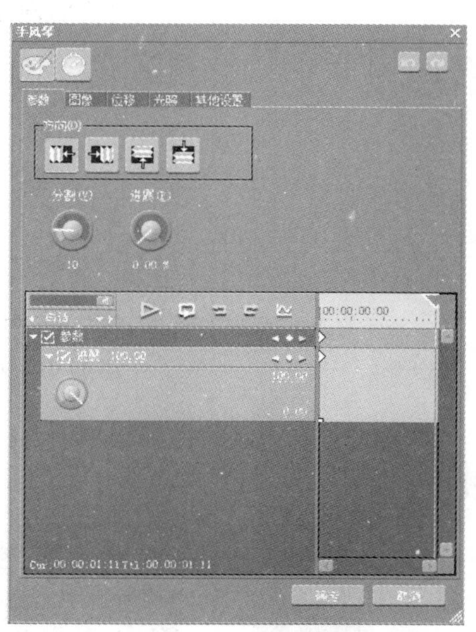

图 11-9　定义相关参数

3. 删除视频转换特效

在信息面板里选中要删除的特效,单击【删除】按钮或者按键盘上的 Delete 键即可。

三、视频转换特效的分类

（1）2D：基于二维空间的变换效果。
（2）3D：基于三维空间的变换效果，立体空间感较强。
（3）Alpha：根据素材的 Alpha 通道信息变换效果，主要表现在颜色上。
（4）GPU：应用 GPU 技术的变换效果。

四、视频转场特效实例：闪白转场

闪白能够制造出照相机拍照、强烈闪光、打雷、大脑中思维片段的闪回等效果，它是一种强烈刺激，能够产生速度感，并且能够把毫不关联的画面组接起来而不会让人感到突兀，适合节奏感强烈的片子。在使用过程中，注意使闪白过程和音乐节拍或者音效相吻合。

制作方法如下：

（1）新建项目，导入素材，如图 11-10 所示。

图 11-10 【素材库】窗口导入素材

（2）创建白色色块。选择菜单中的【素材】/【创建素材】/【色块】命令，如图 11-11 所示，在弹出的【色块】设置窗口中，选择白色进行创建，如图 11-12 所示。

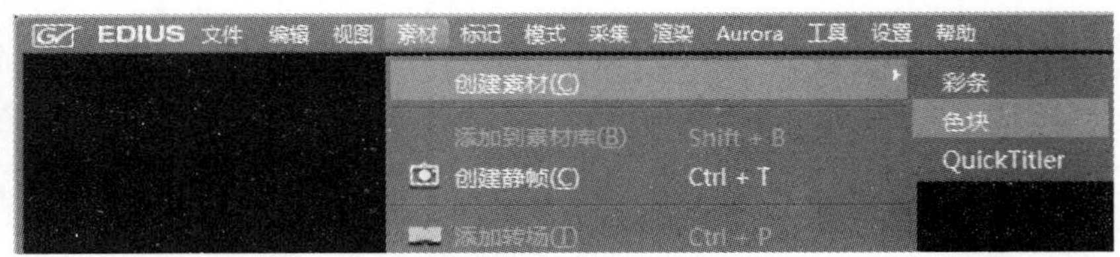

图 11-11 新建色块

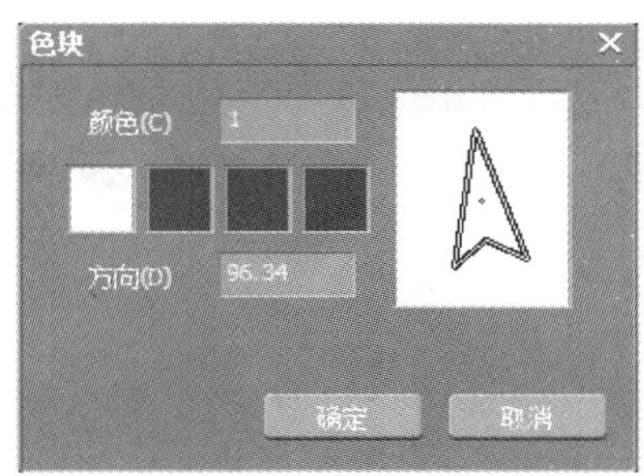

图 11-12　色块颜色设置

(3) 把导入的素材和白色色块添加到时间线上同一轨道，白色色块的持续时间为 20 帧，如图 11-13 所示。

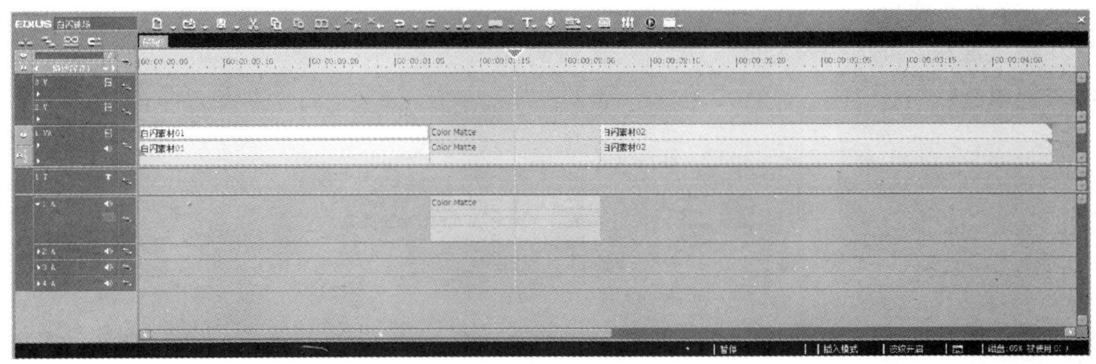

图 11-13　添加色块

(4) 分别添加溶化转场特效，闪入的持续时间为 5 帧，闪出的持续时间为 15 帧，如图 11-14 所示。

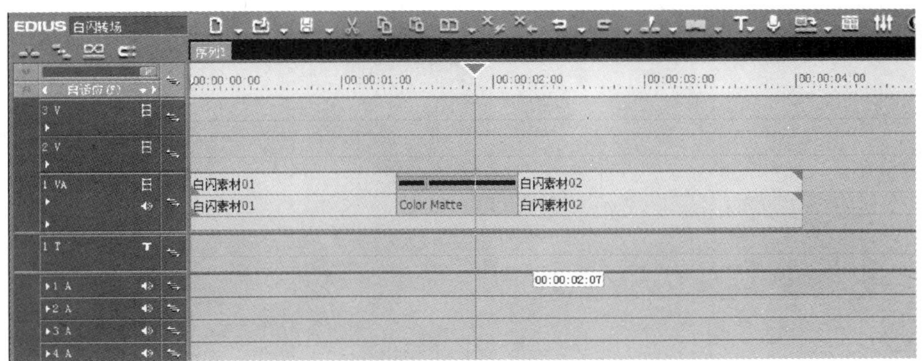

图 11-14　闪白设置

由于人眼的瞳孔对于突发的强烈闪光来不及缩小(即调整“光圈”)，而强光消失后“光圈复位”又有一个恢复期，造成前快后慢的特点，模拟仿真效果。

(5) 为其闪白添加合适的音效，以加强感染力，如图 11-15 所示。

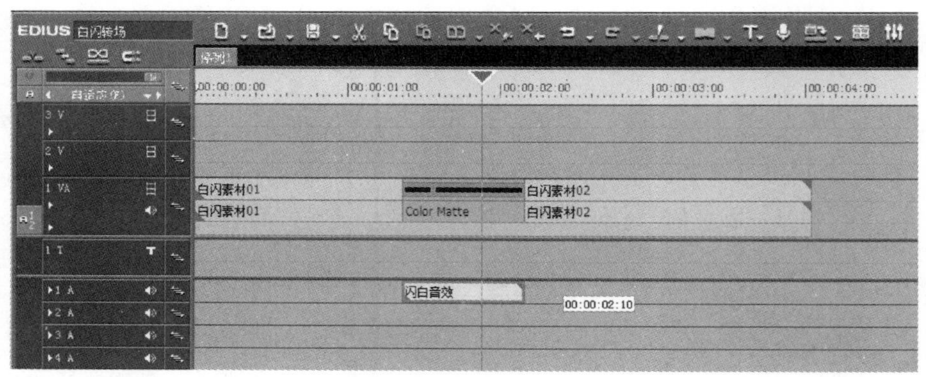

图 11-15　音效的添加

(6) 操作完成后，进行影片的渲染输出。

拓展应用：可选择固定镜头，配合快速切换，增强片段的速度感，制作出静中有动、动静结合的效果。

第三节　音频转换特效

音频特效可以应用于同一轨道的两个相邻的素材片段，也可以是不同轨道的相邻素材片段。

1. 添加音频转换特效

在【特效】面板中找到需要添加的音频转换特效的名称，拖曳至同一轨道上相邻两个素材的剪切点处，如图 11-16 所示。转换特效应用于当前轨道上相邻的素材片段的过渡过程中。

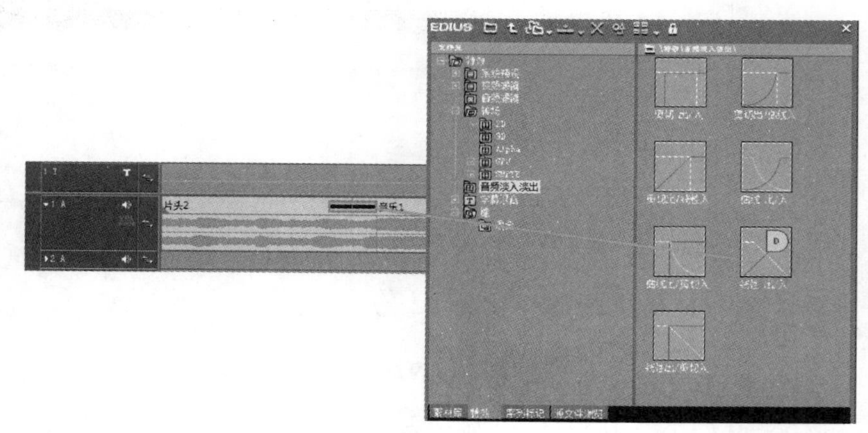

图 11-16　添加音频转换特效

2. 编辑音频转换特效

选中【音频转换特效】命令，单击鼠标右键，在弹出的快捷菜单中选择【持续时间】选项，如图 11-17 所示。

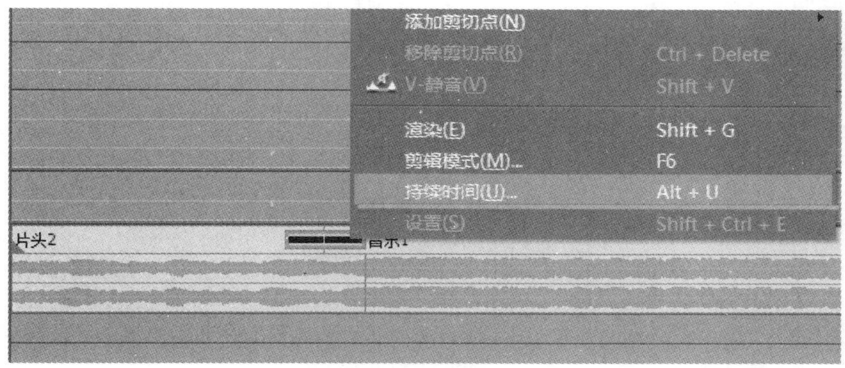

图 11-17　编辑特效

在弹出的菜单中，定义需要的转换时间长度，如图 11-18 所示。

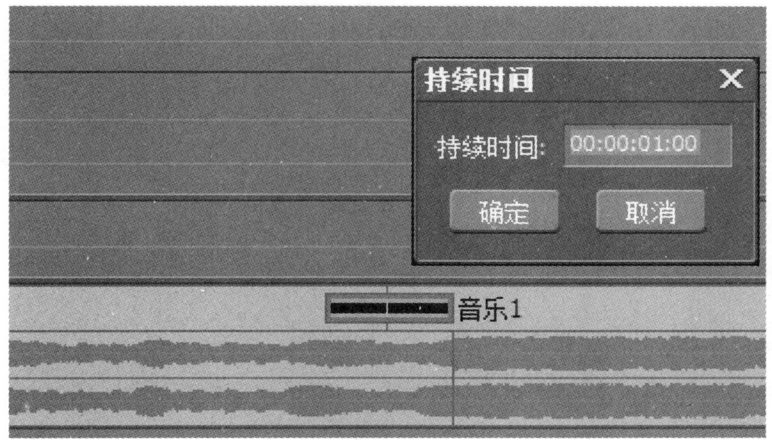

图 11-18　定义【持续时间】

第四节　视频特效

为视频、图片、图形等素材添加视频特效可以增加画面的视觉效果。

一、视频特效的操作

单击显示特效视图，进入特效编辑模式。

1．添加视频特效

选中时间线上要添加视频特效的素材片段，在【特效视图】面板中找到要添加的特效名称，用鼠标拖动到时间线的视频、图片或者图形等素材片段上。

此时，素材片段上会有一个青色的线框，表示已经添加了视频特效，如图 11-19 所示。一个素材可添加多个视频特效。

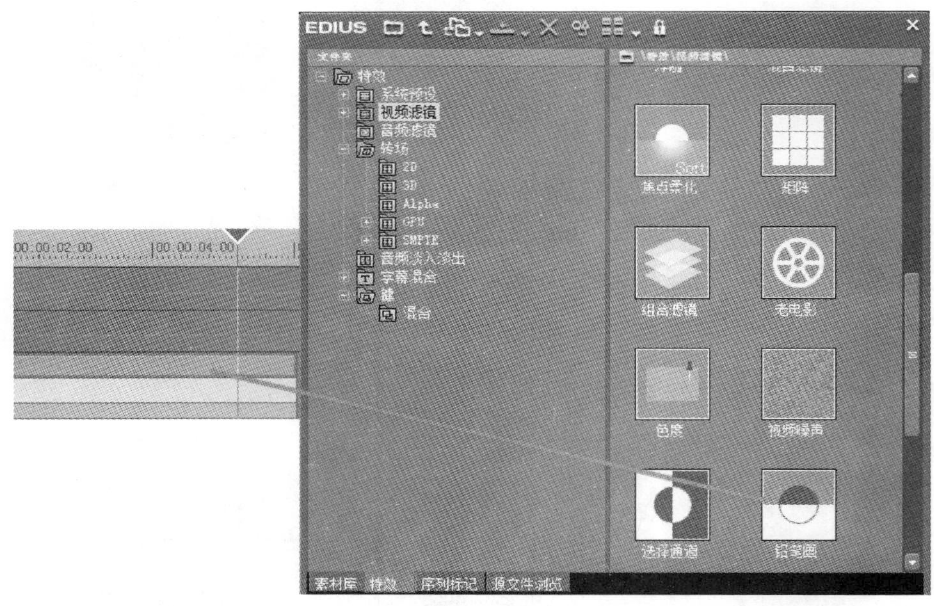

图 11-19　添加视频特效

2．编辑特效参数

添加的特效应用为默认参数，如果不满意当前的默认参数效果，可以修改属性参数，得到满意的效果。

在菜单中单击【视图】，在下拉菜单中单击【面板】/【信息面板】，调出信息面板，如图 11-20 所示。

信息面板显示当前选定素材的属性，包括添加的特效，如图 11-21 所示。

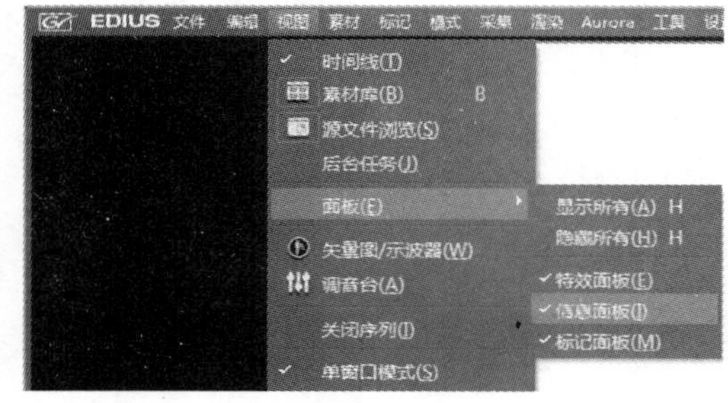

图 11-20　信息面板

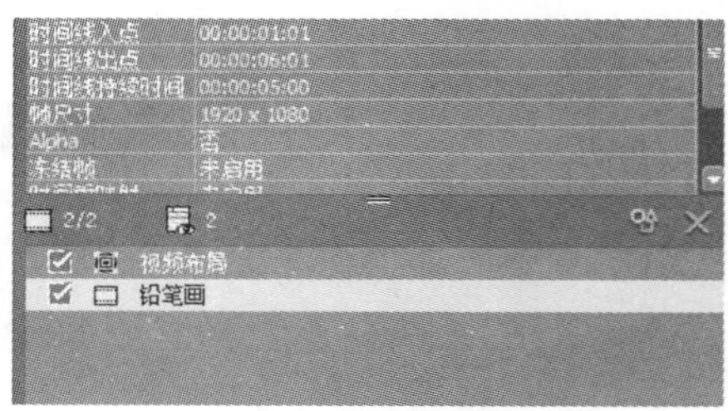

图 11-21　选择特效

双击该特效名称，在打开的特效参数对话框中，根据实际需要修改参数，如图 11-22 所示。

在其中的关键帧面板中定义属性的关键帧动画。

3. 删除特效

在信息面板里，取消特效名称前的选择状态，只是暂时取消了特效控制，并没有删除。可用于观看应用特效前后的效果对比，如图 11-23 所示。

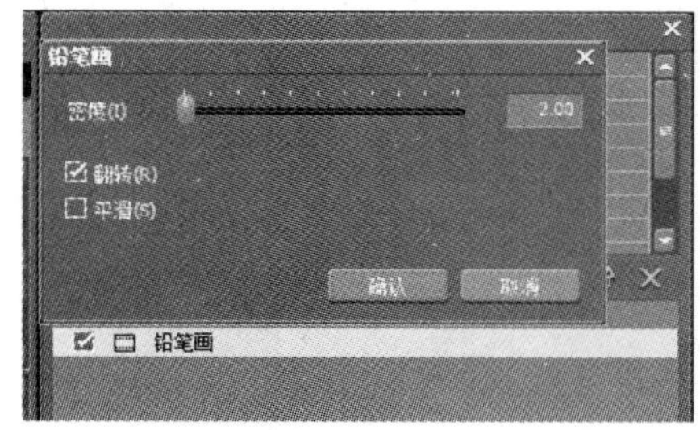

图 11-22　修改参数

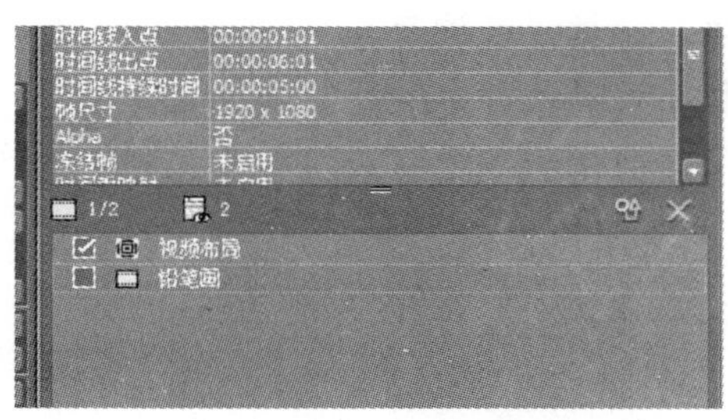

图 11-23　取消视频特效

如果想删除特效，在信息面板里选中要删除的特效，单击【删除】按钮或者按键盘上的 Delete 键即可，如图 11-24 所示。

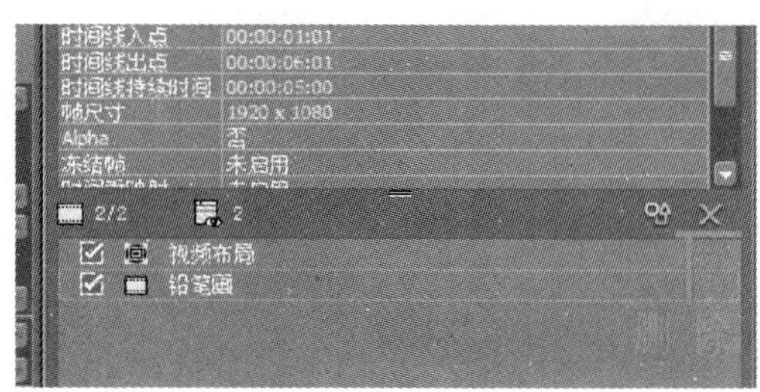

图 11-24　删除特效

二、视频特效的分类

1. 系统预设

(1) 区域：宽银幕。

(2) 混合效果：平滑马赛克、打印、老电影。

(3) 矩阵：虚化(中度)、虚化(强烈)、虚化(柔和)、边缘检测、锐化(中度)、锐化(强烈)、锐化(柔和)。

(4) 色彩校正：Poster1、Poster2、Poster3、Sepia1、Sepia2、Sepia3、Soralizition、反转、提高对比度。

2. 视频滤镜

色彩校正：YUV 曲线、YUV 曲线 1、YUV 曲线 2、YUV 曲线 3、单色、白平衡、色彩平衡、颜色轮。

三、视频特效的应用

在后期制作中，校色是必不可少的一个环节——无论是弥补前期拍摄的失误而进行的校色，还是为了某种画面氛围而进行的校色。EDIUS 配备了多个常用的校色工具，使我们可以轻松地对画面的色彩进行多种控制。

在处理颜色时，除了要校正监视器外，还要以人的主观感觉为标准进行调整，但有时人的主观感觉未必准确，这时需要客观的校色标准。EDIUS 的矢量图和示波器就是这个客观的标准。具体操作如下。

将时间线光标移动到要检查节目颜色数据的视频中，单击图标，显示"矢量图和示波器"对话框，如图 11-25 所示。

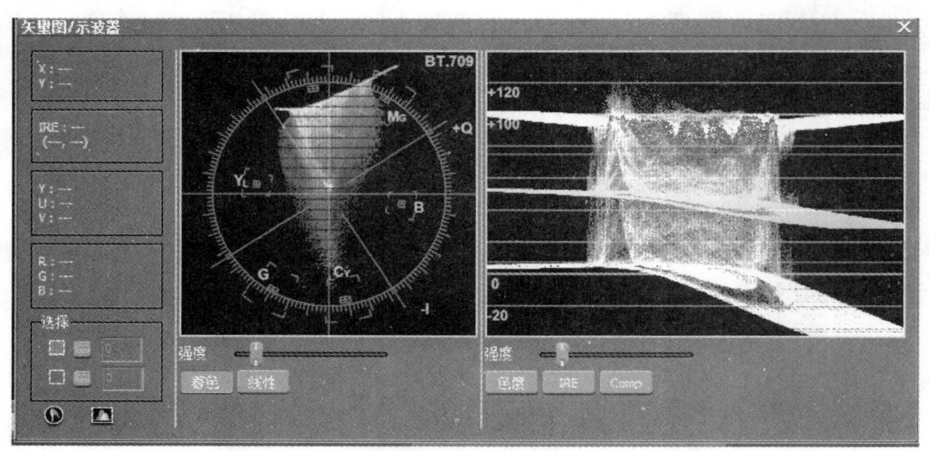

图 11-25　矢量图和示波器

其中位于左边的是矢量图，用于调节色彩的平衡。矢量图是一种检测色相和饱和度的工具，它以极坐标的方式显示视频的色度信息。矢量图中矢量的大小，也就是某一点到坐标原点的距离，代表饱和度。矢量的相位，即某一点和原点的连线与水平 Yl—B 轴的夹角，代表色相。在矢量图中 R、G、B、Mg、Cy、Yl 分别代表彩色电视信号中的红色、绿色、蓝色及其对应的补色：青色、品红和黄色。

圆心位置代表色彩的饱和度为 0，因此黑色、白色和灰色都在圆心处，距离圆心越远饱和度越高。标准彩条颜色都落在相应"田"字中心。如果饱和度向外超出相应"田"字中心，就表示饱和度超标，必须进行调整。对于一段视频来讲，只要色彩的饱和度不超过由这些"田"字围成的区域，就可认为色彩符合播出标准。纯色的点都表示在"田"字以外，所以在节目后期制作中应避免使用纯色。

位于右边的是示波器，用于调节亮度，检查亮度是否在安全的范围内。根据我国 PAL/D制电视技术标准对视频信号的要求，正常的安全范围应该在 IRE100 到 IRE0 之间。

1. YUV 曲线

YUV 曲线（亦称 YCrCb）用来调节画面的亮度和色度信息。其中 Y 代表亮度，UV 代表色差，U 和 V 是构成彩色的两个分量，如图 11-26 所示。

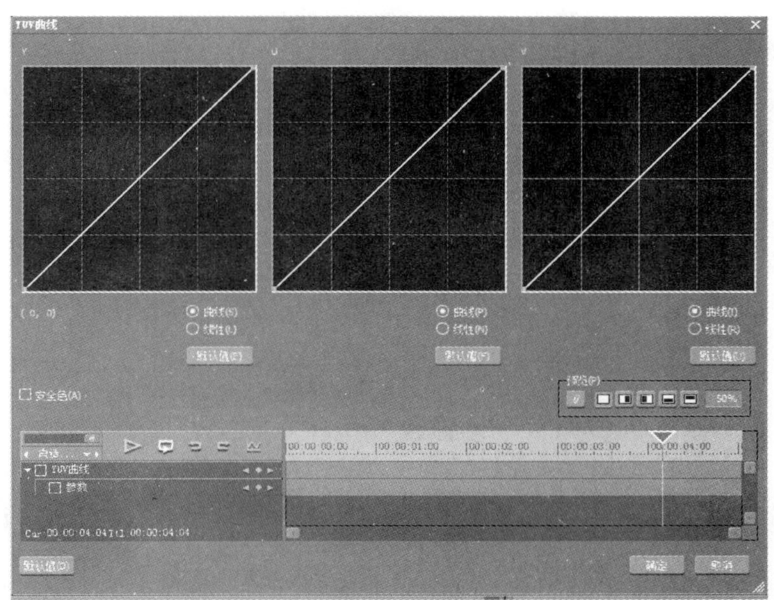

图 11-26　YUV 曲线

2. 单色

将素材色彩变为某个单色,可以为画面做一些特殊的染色效果,如图 11-27 所示。

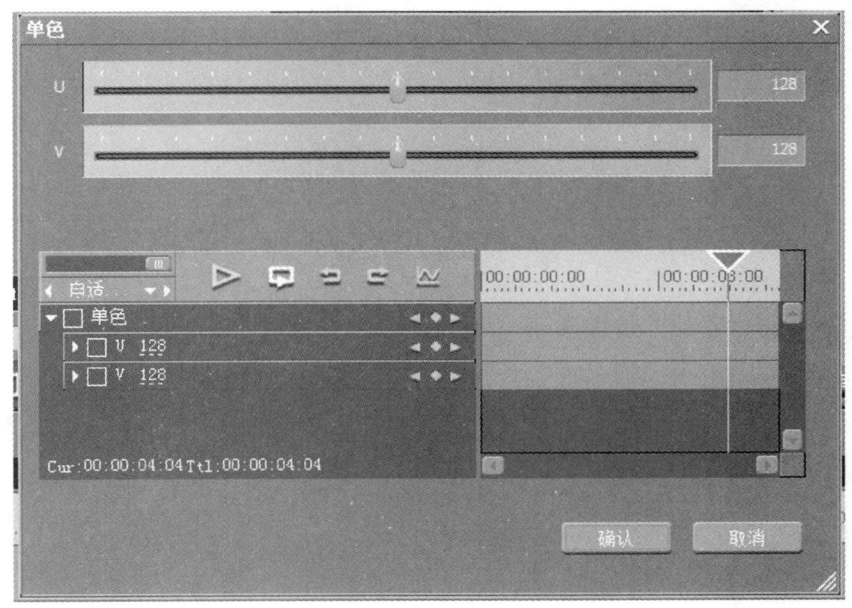

图 11-27　单色

实例练习:工笔画效果

(1) 新建项目,导入视频素材和宣纸素材,如图 11-28 所示。

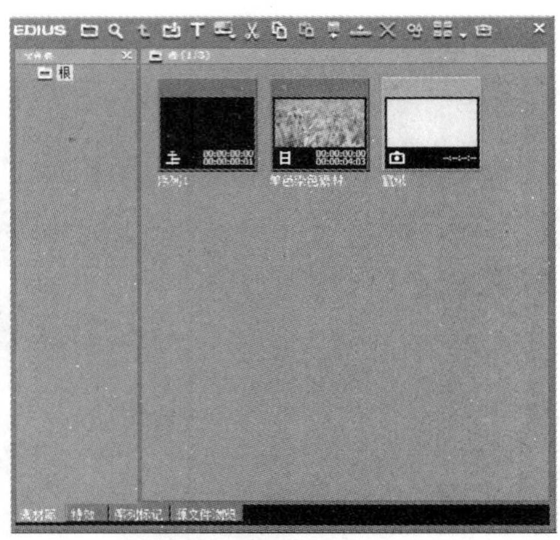

图 11-28　素材导入

（2）导入视频素材和宣纸素材，添加到时间线的视频轨道上，宣纸素材放在视频素材的下面，如图 11-29 所示。

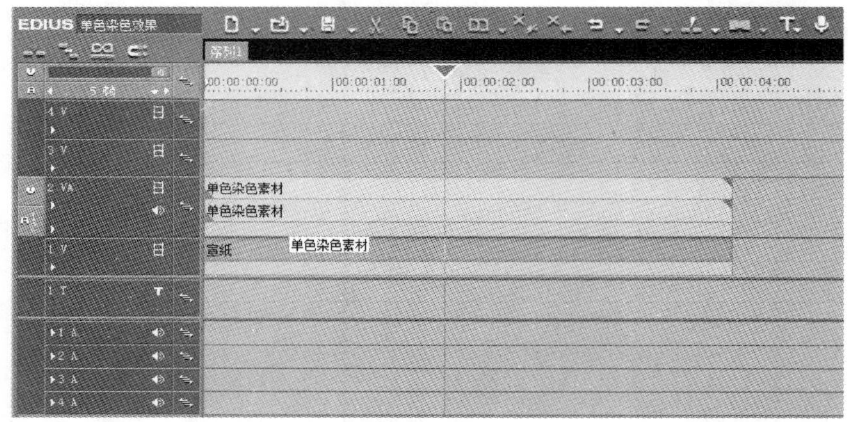

图 11-29　添加素材到轨道

（3）给视频素材添加单色特效，使之变成黑白素材，如图 11-30 所示。

图 11-30　单色添加

(4) 添加焦点柔化效果，调整模糊数量值，使画面柔化，如图 11-31 所示。

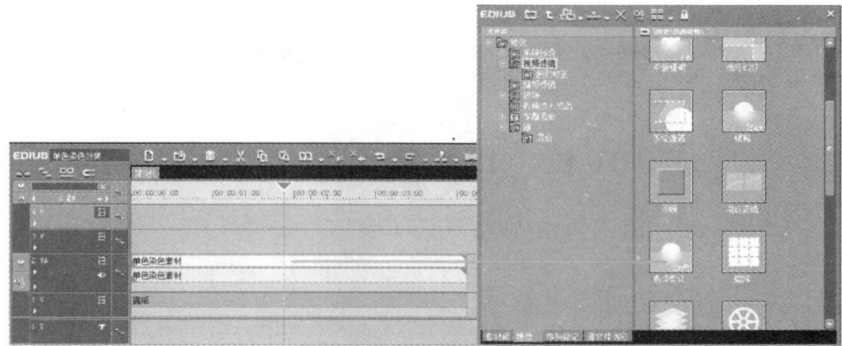

图 11-31　添加焦点柔化特效

(5) 为素材添加 YUV 曲线(如图 11-32)，以增加画面的对比度，如图 11-33 所示。

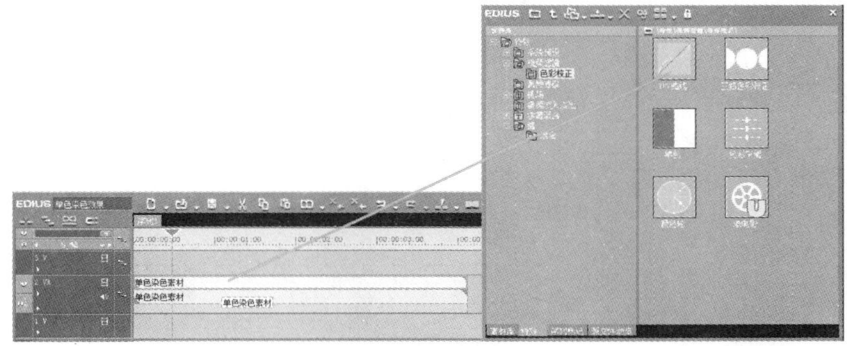

图 11-32　添加 YUV 曲线

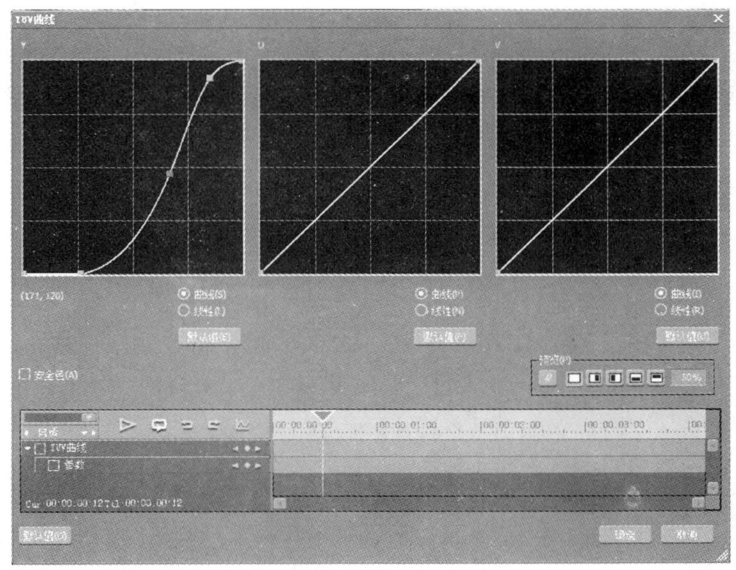

图 11-33　YUV 曲线设置

（6）再次添加 YUV 曲线，使黑白颜色反相，如图 11-34 所示。

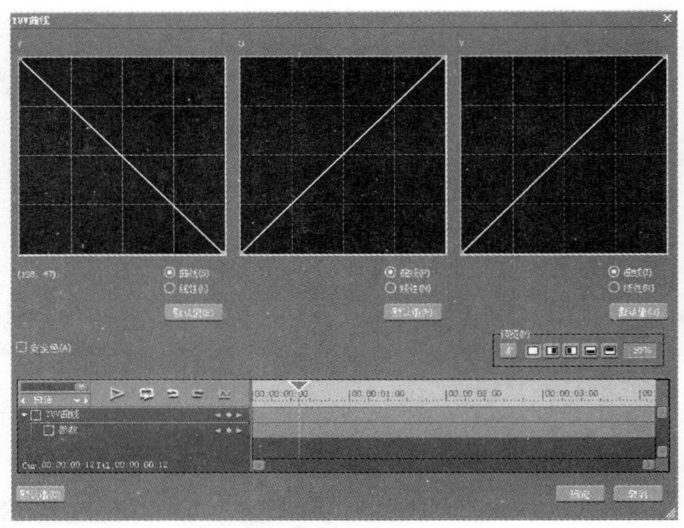

图 11-34　YUV 曲线设置

（7）增加一个视频轨道，添加原始视频素材，并为其添加【键】/【混合】/【颜色加深】特效，如图 11-35 所示。

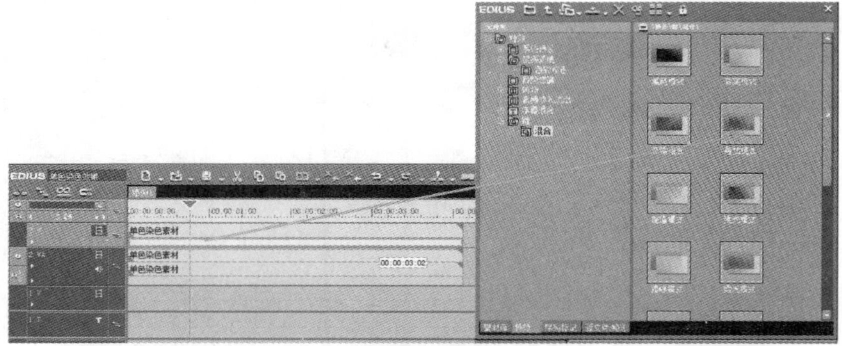

图 11-35　添加颜色加深效果

（8）新建一条视频轨道，放置原素材。加入铅笔画滤镜，制作描边线条，如图 11-36 所示。

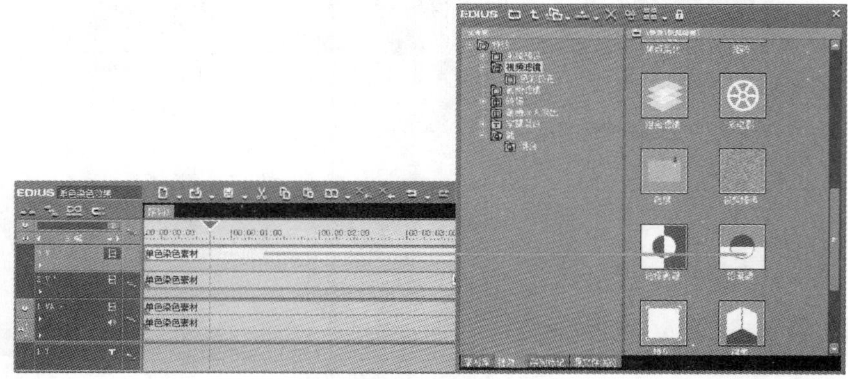

图 11-36　添加铅笔画滤镜

（9）再为素材添加柔光混合，如图 11-37 所示。

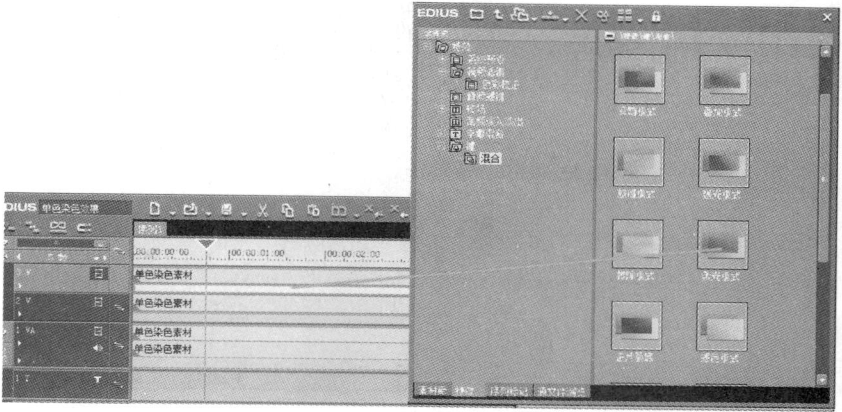

图 11-37 添加柔光效果

（10）再添加一个视频轨道，放置原始素材，添加叠加混合模式，如图 11-38 所示。

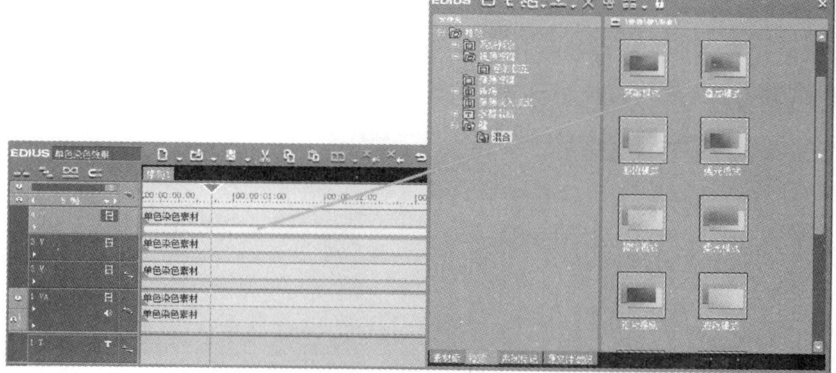

图 11-38 添加叠加混合模式

（11）添加 YUV 曲线，调整画面的对比度，如图 11-39 所示。

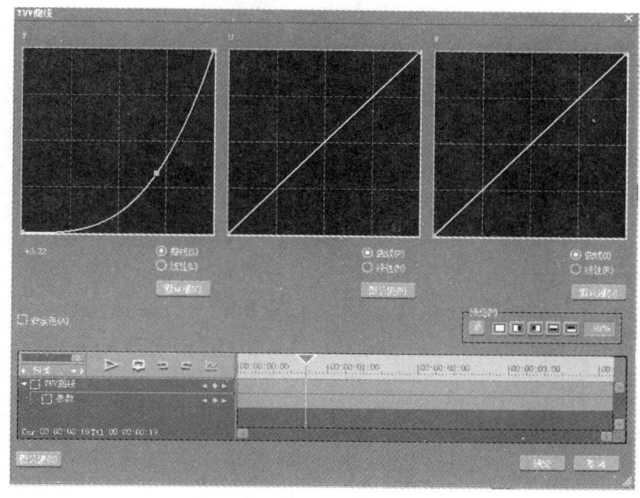

图 11-39 YUV 曲线设置

（12）添加一个视频轨道，放置宣纸素材，添加正片叠底混合模式，如图 11-40 所示。

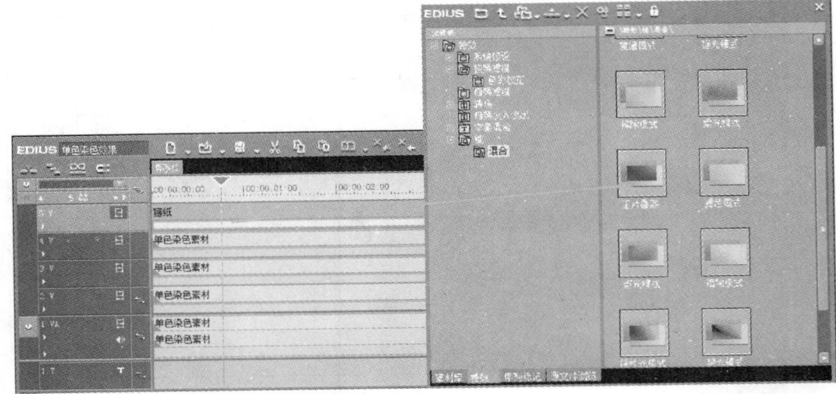

图 11-40　添加正片叠底效果

（13）所有的设置完成之后，渲染生成。

3. 三路色彩校正

三路色彩校正是 EDIUS 特效中功能最为强大的校色工具，三个色轮分别对应画面的高光、中间调和暗调，且具备二次校色能力，如图 11-41 所示。

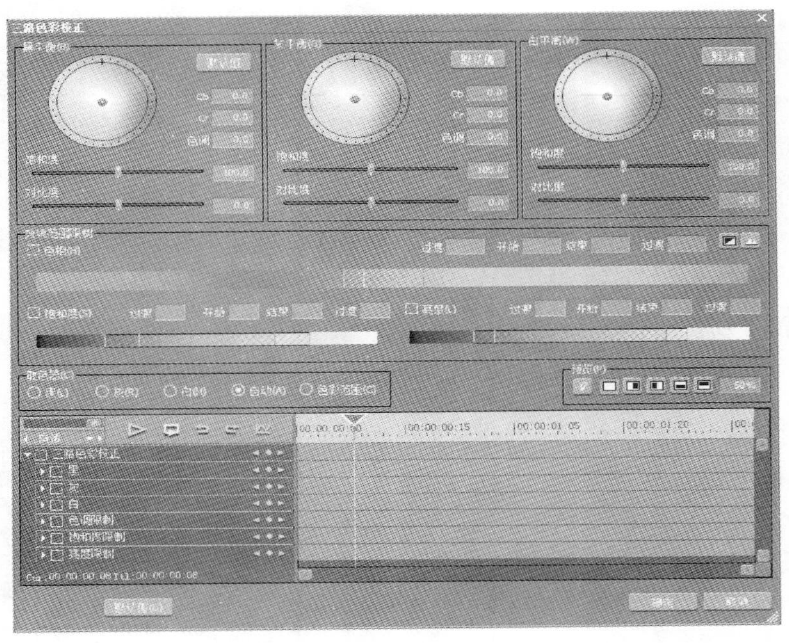

图 11-41　三路色彩校正

实例练习：校正白平衡

在拍摄过程中，由于机器的客观原因或者人为主观判断，色温的差异等使画面容易产生偏色。可以通过白平衡来校正拍摄时的白平衡错误。具体操作如下。

（1）新建项目，导入素材，添加到时间线的视频轨道上，如图 11-42 所示。

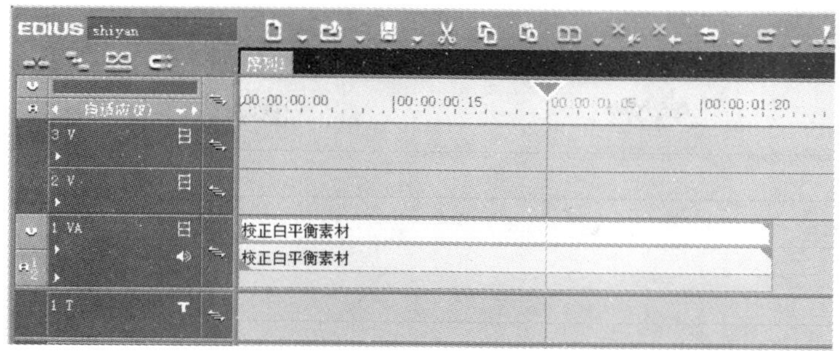

图 11-42　添加素材到轨道

（2）打开矢量图和示波器，观察画面颜色及亮度，如图 11-43 所示。

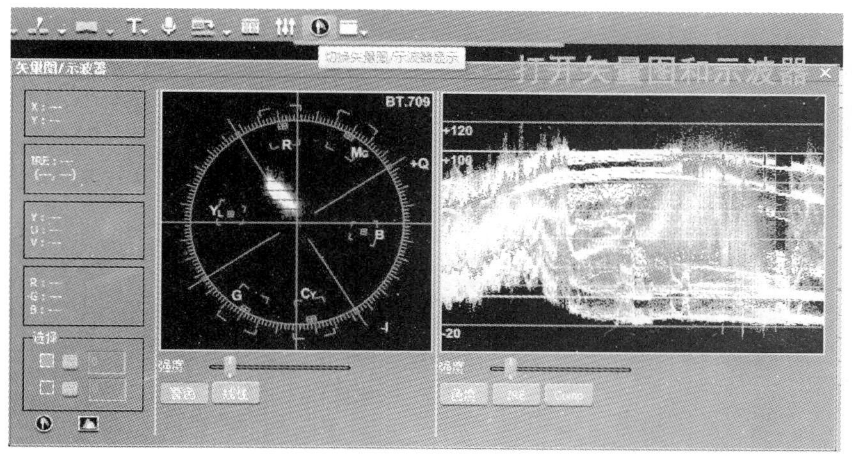

图 11-43　打开矢量图和示波器

（3）为素材添加三路色彩校正滤镜，打开特效参数面板修改参数，如图 11-44 所示。

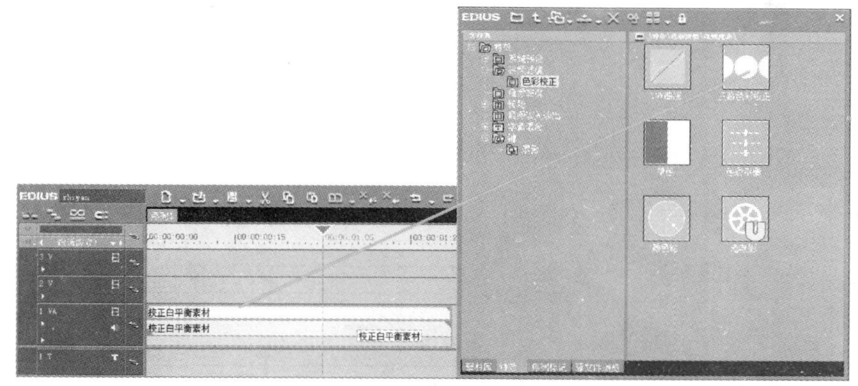

图 11-44　添加三路色彩校正特效

（4）白平衡滤镜的取色器默认为“自动”，直接用鼠标在画面上点选暗部、中间灰和亮部，EDIUS 能自动分辨出用户点选的部分，而调整相应的色轮进行校正，如图 11-45 所示。

图 11-45　白平衡调整

(5) 选择画面中不同的位置点，画面效果是不同的，可多次尝试比较结果。

(6) 添加 YUV 曲线，调整亮度和对比度，如图 11-46 所示。

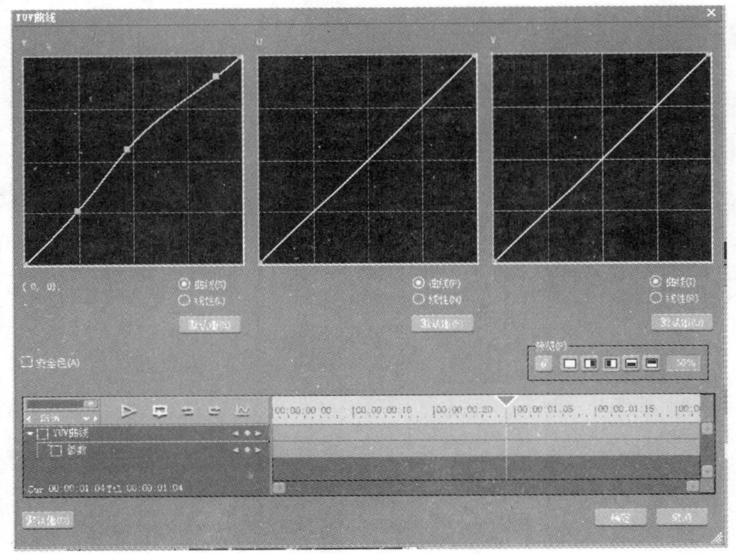

图 11-46　YUV 曲线调整

(7) 调整前后效果对比，如图 11-47 所示。

校正白平衡之前　　　　校正白平衡之后

图 11-47　调整前后对比效果

实例练习：手绘遮罩滤镜

对于有些画面不能通过颜色进行区域调色的，可应用手绘遮罩滤镜进行调色。

(1) 新建工程，导入素材，添加到时间线视频轨道上，如图 11-48 所示。

图 11-48　添加素材到轨道

(2) 添加手绘遮罩滤镜，如图 11-49 所示。

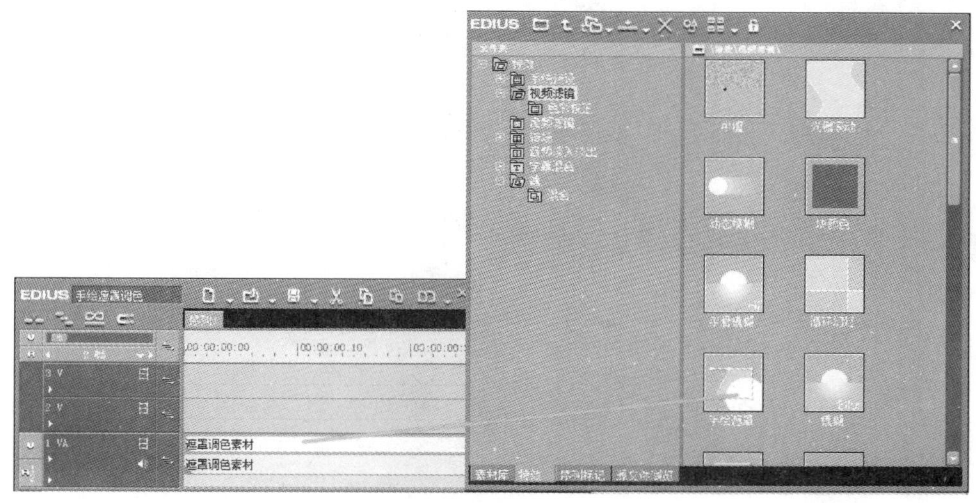

图 11-49　添加手绘遮罩滤镜

(3) 用钢笔工具把油灯分离出来，增加一点柔边，这样调色的效果会显得不那么生硬，如图 11-50 所示。

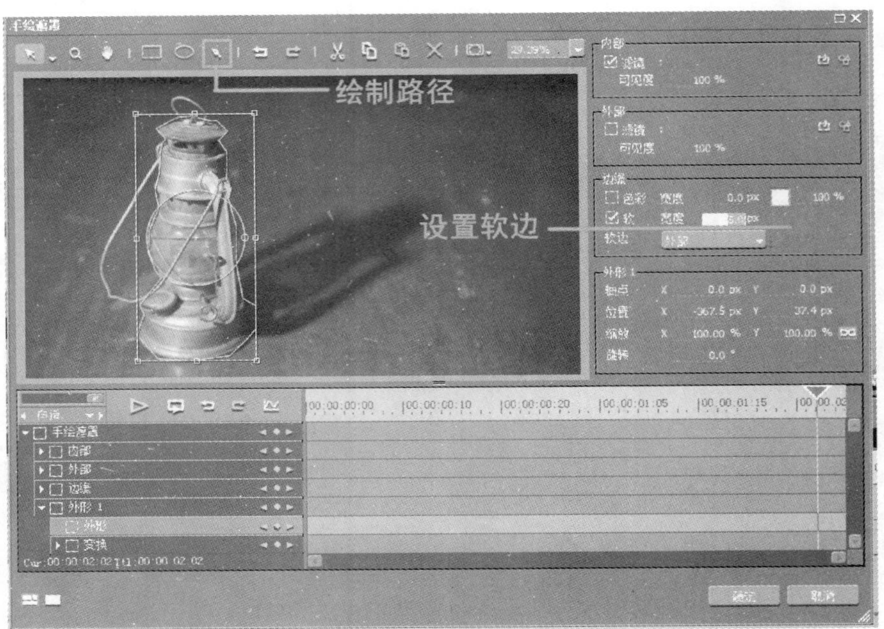

图 11-50　设置柔边效果

（4）在【内部】选项区域选中【色度】滤镜，如图 11-51 所示。

图 11-51　添加【色度】滤镜

（5）打开色度面板，用吸管工具吸取需要调整的颜色，如图 11-52 所示。

图 11-52　吸取需要调整的颜色

(6) 在【内部】选项卡中添加【色彩平衡】滤镜增加色调、亮度和饱和度，如图 11-53 所示。

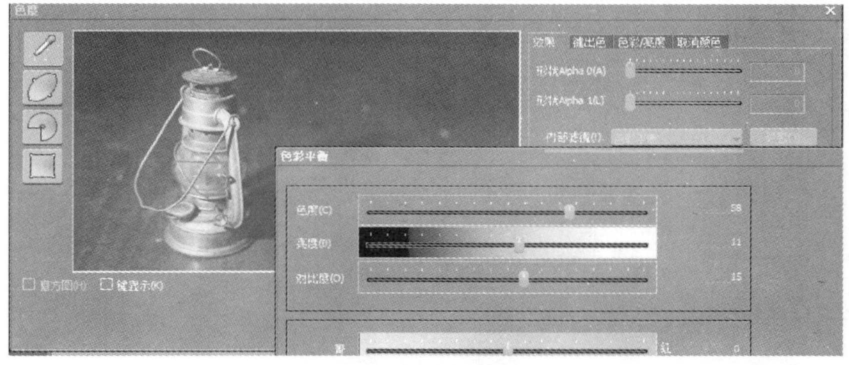

图 11-53　调整内部色彩平衡

(7) 在【外部】选项卡中添加【色彩平衡】滤镜，降低画面的饱和度和亮度，如图 11-54 所示。

图 11-54　调整外部色彩平衡

（8）渲染生成，最终效果如图 11-55 所示。

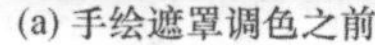
(a) 手绘遮罩调色之前

(b) 手绘遮罩调色之后

图 11-55　最终效果展示

实例练习：局部“马赛克”运动跟踪

在新闻片中，为了保护当事人的隐私，往往应用局部“马赛克”效果，具体操作步骤如下：

（1）新建工程，导入素材，添加到时间线的视频、音频轨道上，如图 11-56 所示。

图 11-56　添加素材到轨道

（2）为素材添加【区域】特效，如图 11-57 所示。

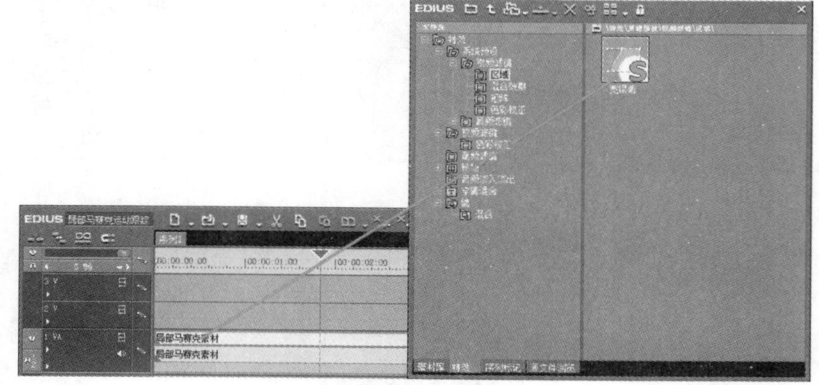

图 11-57　添加【区域】特效

(3) 把矩形区域的位置和大小定义在当事人的面部，如图 11-58 所示。

图 11-58　【区域】参数调整

(4) 在【内部】选项卡中添加【马赛克】滤镜，如图 11-59 所示。

图 11-59　添加【马赛克】特效

(5) 调整“马赛克”的样式和大小，如图 11-60 所示。

图 11-60 【马赛克】特效设置

(6) 在【外部】选项卡中添加默认没有画面变换的滤镜，如色度等，如图 11-61 所示。

图 11-61 添加【色度】特效

(7) 打开【移动路径】选项卡，制作运动跟踪。把时间指示器定义在开始位置，添加关键帧点，播放画面，在人脸位置变化的时刻位置添加关键帧点，移动区域，实现运动跟踪，如图11-62所示。

图 11-62　跟踪路径设置

(8) 渲染生成。

第五节　音频特效

音频特效应用于音频以及视音频中的音频素材，实现简单的声音修正和调整。

一、音频特效的操作

1. 添加音频特效

选中时间线上要添加音频特效的素材片段，在【特效视图】面板中找到要添加的特效名称，用鼠标拖动到时间线的相应素材片段上，如图11-63所示。

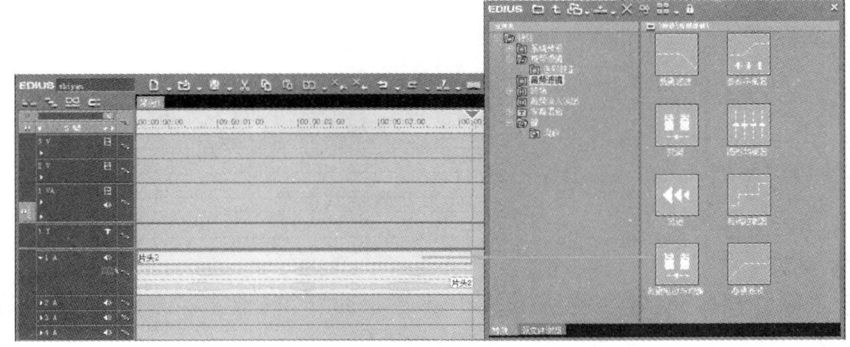

图 11-63　添加音频特效

添加了音频特效的素材上会有青色的线条，如图 11-64 所示。

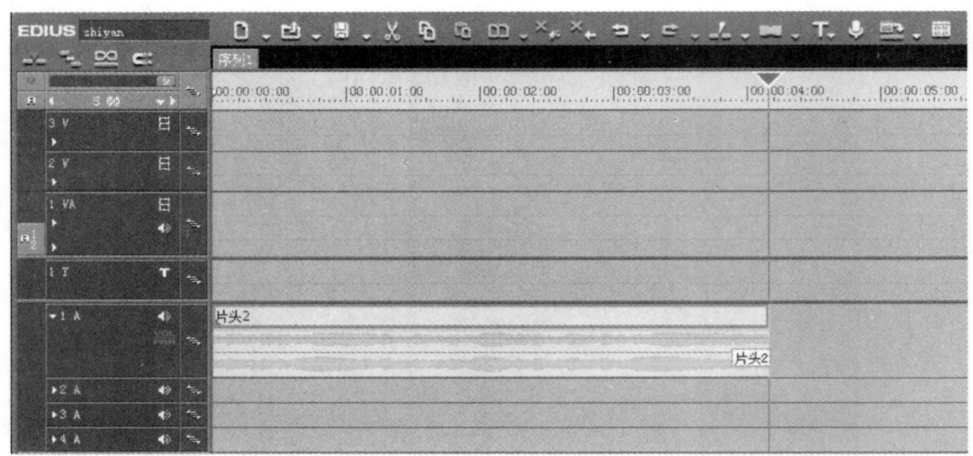

图 11-64　添加【音频特效】

2. 编辑音频特效的参数

打开信息面板，双击【音频特效】名称。在打开的【音频特效】参数面板中调整特效参数，如图 11-65 所示。

图 11-65　调整音频特效参数

3. 删除特效

在信息面板里，取消特效名称前的选中状态，只是暂时取消了特效控制，并没有删除。可用于观看应用特效前后的效果对比，如图 11-66 所示。

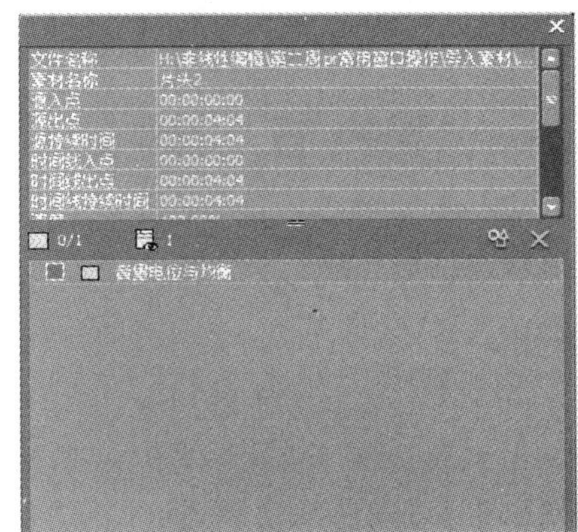

图 11-66　删除特效

如果想删除特效，在信息面板里选中要删除的特效，单击【删除】按钮或者按键盘上的Delete键即可。

二、音频特效的分类

1. 系统预设

(1) 参数平衡器：1kHz 消除。

(2) 图形均衡器：低音增强、音量 50％、高音增强。

(3) 延迟：取样、默认。

(4) 音调控制：低音增强、高音增强。

2. 音频滤镜

VST：BIAS　SoundSoap　VST。

三、音频特效的应用

1. 调整音量

影视声音的输出有一定的标准，首先用 1kHz 简谐信号进行校准，观察声麦输出表的参考电平值，整个影视作品的音量以参考电平值为标准，用音频特效里面的“音量电位均衡”来进行相应调节。

2. 美化音色

在对人声的美化、修饰上，可以通过调音台上面的输入通道中的四段均衡器，对音色进行频率处理，来提高音色的艺术表现力。调音台中的四段均衡器分为的 4 个频段，根据德国柏林音乐研究所资料介绍，它们是：

HF：6～16kHz，影响音色的表现力、解析力。

MID HF：600Hz～6kHz，影响音色的明亮度、清晰度。

MID HF：200Hz～600Hz，影响音色的力茏和结实度。

LF：20Hz～200Hz，影响音色的混厚度和丰满度。

要使音色有美感，就要声音丰富、有层次，使声音有音响美，听众听起来悦耳动听，提升量不易过强。LF(低音)过量，声音混浊不清；HF(高音)过量，声音尖噪刺耳。提升某一频段后，还要考虑对其他频段的影响，要总体地考虑声音的清晰度和丰满度。

第六节　键

一、【色度键】

【色度键】是非线性编辑软件的一个基本功能，它是利用颜色的色差来对视频进行抠像，EDIUS 里面的【色度键】抠出来的人物边缘不会毛糙，很顺滑。具体操作如下。

（1）新建工程，导入素材，添加到时间线的视频、音频轨道上，抠像素材放在背景素材的上层，如图 11-67 所示。

图 11-67　添加素材到轨道

（2）为素材添加【色度键】，如图 11-68 所示。

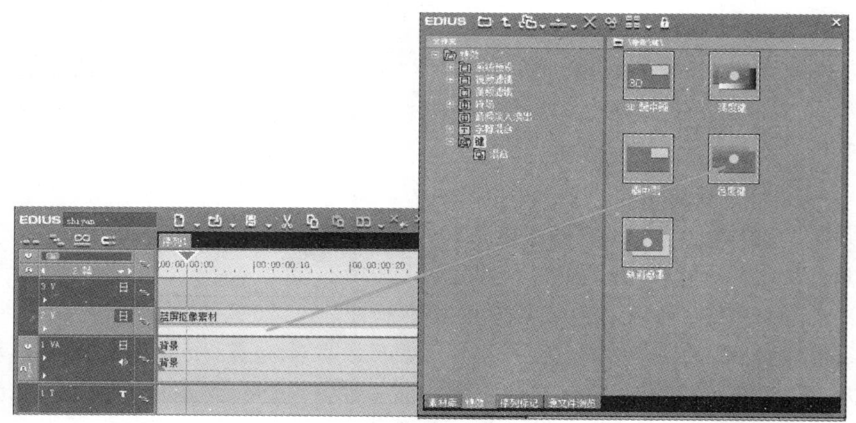

图 11-68　添加【色度键】

(3) 在特效信息栏里调出【色度键】的参数设置界面,单击左上角的【色键】按钮,这时预览窗口就会显示黑白两色(黑色为抠去部分,白色为保留部分),用吸笔吸取视频需要去除的蓝色,这时在预览窗口就可以看出人物大概的轮廓了,如图 11-69 所示。

图 11-69 【色度键】设置

(4) 再通过工具调整颜色的区间,区间尽量小,这时可以点开【色度键】显示按钮,仔细的观察人物的边缘地带,直到效果满意为止,如图 11-70 所示。

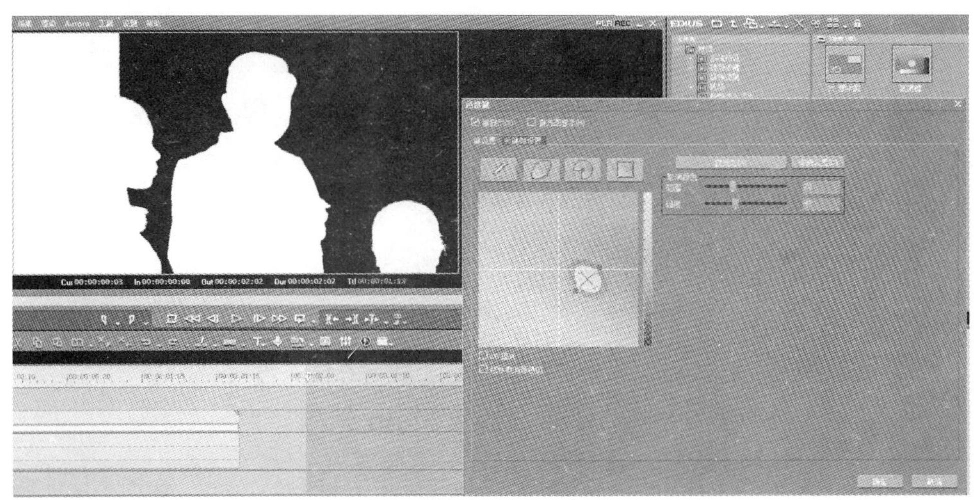

图 11-70 区间调整

(5) 添加背景素材,渲染输出。

二、【画中画】滤镜

(1) 新建工程,导入两个视频素材,添加到时间线的视频轨道上,两个画面分置在不同的视频轨道上,如图 11-71 所示。

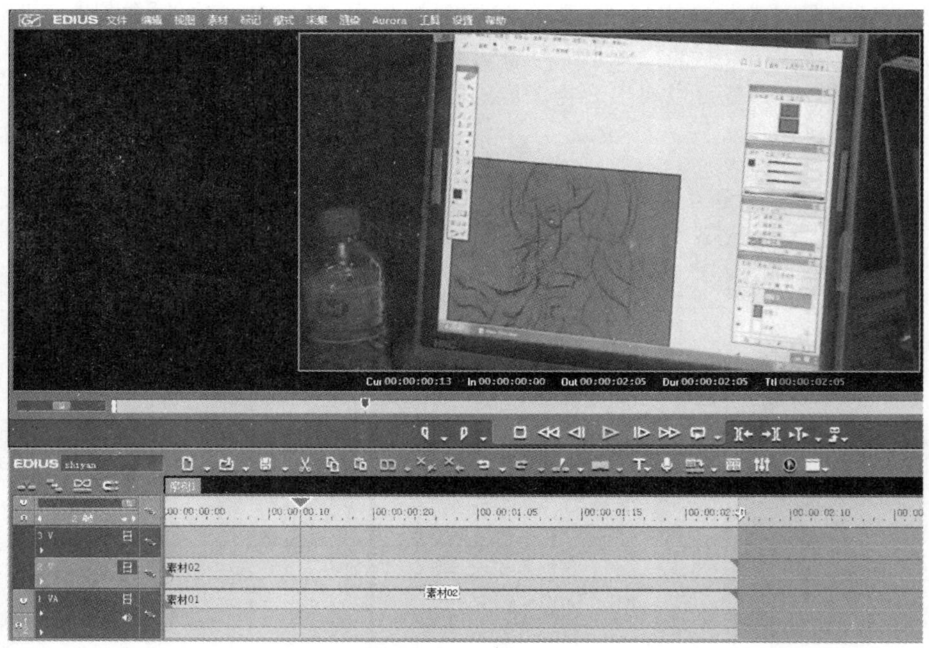

图 11-71　添加素材到轨道

（2）为该素材添加【画中画】滤镜，如图 11-72 所示。

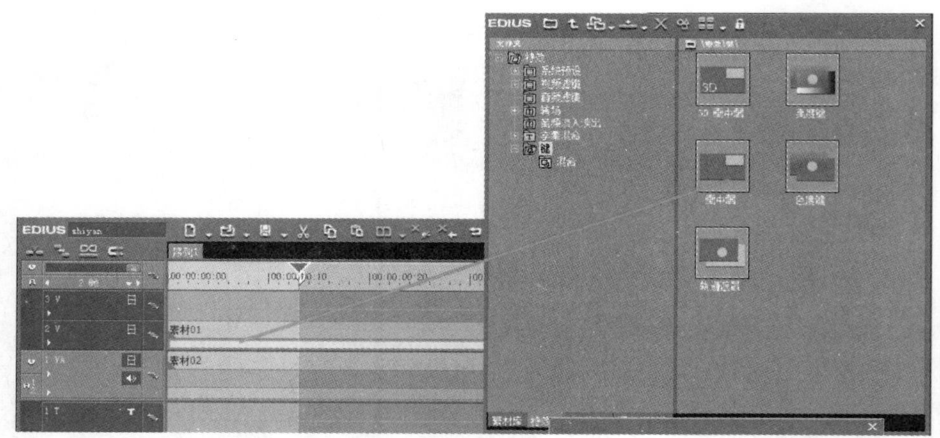

图 11-72　添加【画中画】滤镜

（3）双击【信息】面板上的【画中画】标签，打开【画中画】的设置面板，如图 11-73 所示。

按照需要对【画中画】标签进行相应设置，此对话框的上方为预览窗口，从中可以查看子画面的位置、大小或运动状况，可以按照需要直接拖动子画面来设置它的位置和大小，也可以选中【预览】窗口单击鼠标右键在【布局】菜单中设置。【预览】窗口下面是 5 个标签，选择不同的标签可改变子画面的具体效果。

（4）设置画面的位置和大小，如图 11-74 所示。

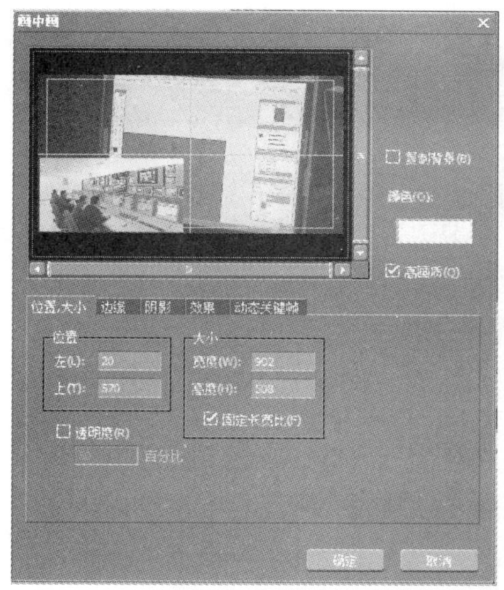

图 11-73　【画中画】面板

图 11-74　设置画面位置和大小

（5）渲染输出。

三、【3D 画中画】滤镜

【3D 画中画】滤镜是 EDIUS 中非常重要的滤镜之一，可以控制素材在三维空间的位移、缩放等运动。

实例练习：照相机效果

（1）新建工程，导入素材，添加到时间线上，如图 11-75 所示。

图 11-75　添加素材到轨道

（2）复制片段，做定格效果，如图 11-76 所示。

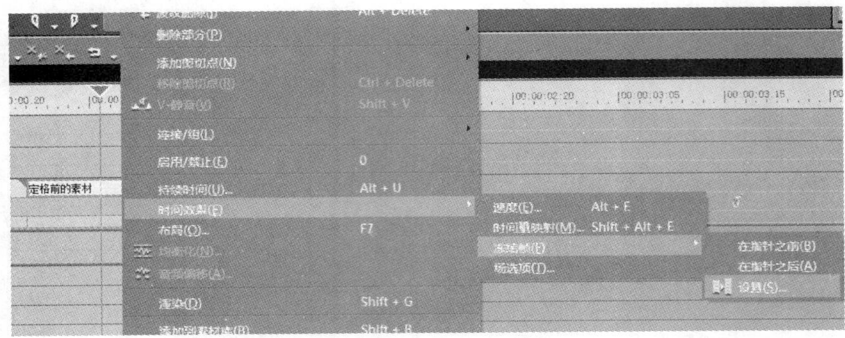

图 11-76　设置定格效果

（3）给定格的素材添加【3D 画中画】滤镜，如图 11-77 所示。

图 11-77　添加【3D 画中画】滤镜

（4）打开参数设置面板，做动画。时间指示器定位在素材片段开始的位置，添加关键帧点，如图 11-78 所示。

图 11-78　添加关键帧

(5) 时间指示器定位在素材的第5帧的位置,添加关键帧,裁切的上下数值为(500,500),如图11-79所示。

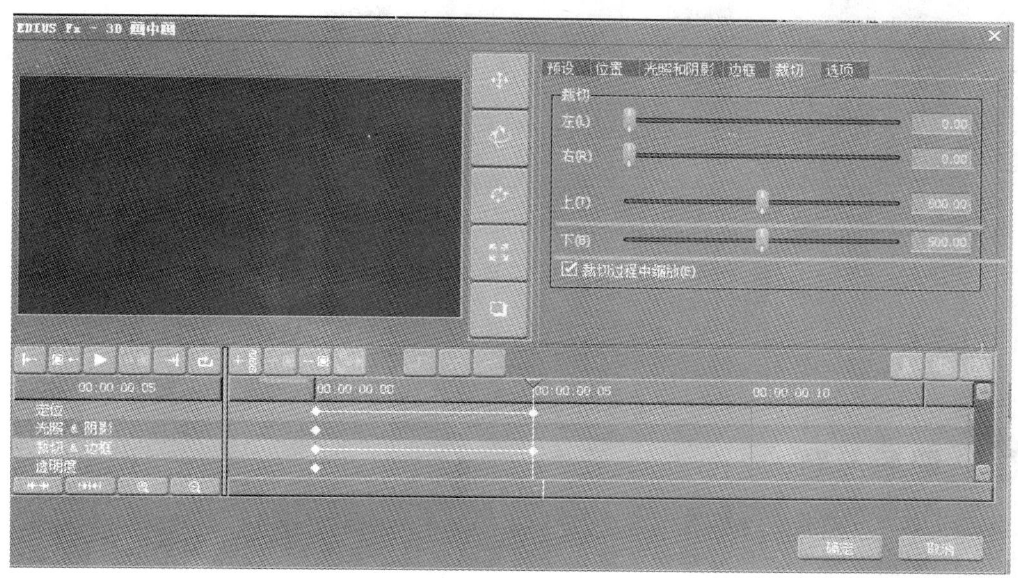

图 11-79 关键帧设置

(6) 时间指示器定位在素材的第5帧的位置,添加关键帧点,裁切的上下数值还原为(0,0),如图11-80所示。

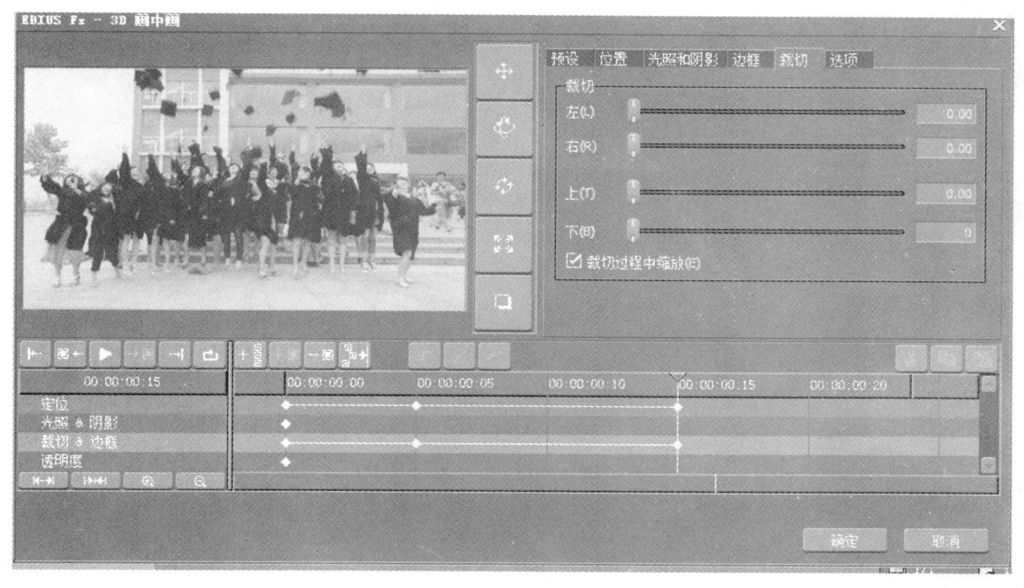

图 11-80 关键帧设置

(7) 为该素材添加相机【快门音效】特效,如图11-81所示。

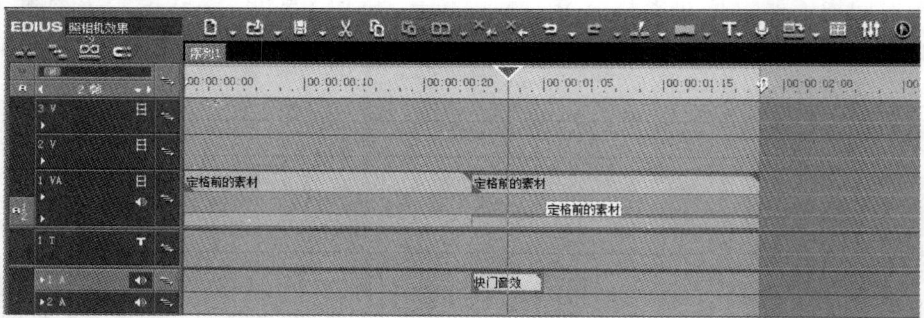

图 11-81　添加音效

（8）渲染输出。

课后习题

1. EDIUS 6 的特效面板有哪几类特效？
2. EDIUS 6 调色滤镜有哪些？简述分别能够实现的效果。
3. 比较【画中画】滤镜和【3D 画中画】滤镜在功能和操作上的区别。

第十二章

EDIUS 6 的字幕制作

本章提要

字幕是指在电影银幕或电视机荧光屏下方出现的外语对话的译文或其他解说文字，如影片的片名、演职员表、唱词、对白、说明词以及人物介绍、地名和年代等。将节目的语音内容以字幕方式显示，可以帮助听力较弱的观众理解节目内容，也可以消除画面内容的不确定性等。本章主要介绍静止字幕的设计与制作、滚动字幕和爬行字幕的制作。

第一节　EDIUS 6 的字幕编辑

在 EDIUS 6 中，时间线窗口有独立的字幕轨道，用于存放字幕。而字幕可以放在字幕轨道上，也可以放在最上一层的视频或音视频轨道上。

Quick Titler 字幕类型是最基本的字幕工具，可以实现通常的静止字幕、滚动字幕和爬行文字以及图像图形的设计与制作。

一、创建和编辑文本

1. 创建 Quick Titler 文字

将时间指示器定义到要添加文字的位置，执行【素材】/【创建素材】/QuickTitler 命令，如图 12-1 所示。或者在【时间线】窗口中选择【字幕】按钮，在弹出的菜单中选择【在视频轨道上创建字幕】/【在 T1 轨道上创建字幕】或者【在新的字幕轨道上创建字幕】，如图 12-2 所示。

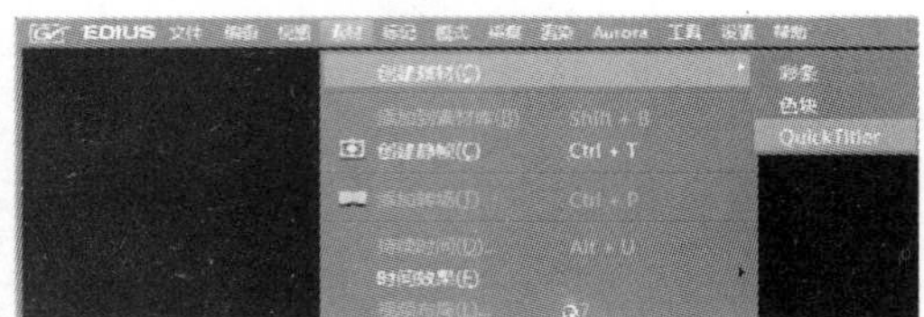

图 12-1　创建 Quick Titler 文字(一)

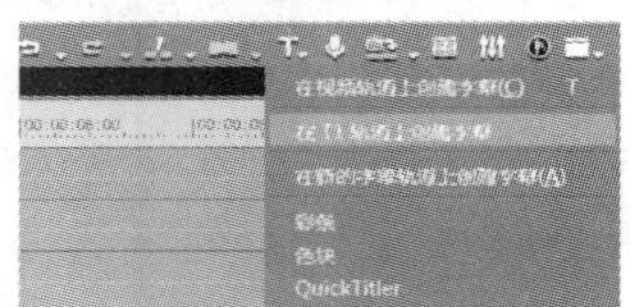

图 12-2　创建 Quick Titler 文字(二)

启动 QuickTitler，创建一个后缀名为.etl 的 QuickTitler 字幕文件，如图 12-3 所示。

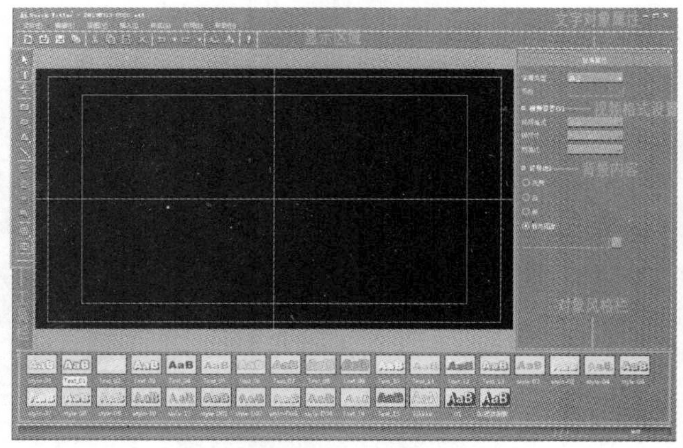

图 12-3　Quick Titler 文字窗口

(1) 工具栏：编辑 QuickTitler 字幕对象的常用操作工具。

(2) 显示区域：预览 QuickTitler 字幕效果。

(3) 字幕对象属性栏：设置选中对象的属性。

(4) 背景：设置字幕对象编辑屏幕的背景。默认情况下，选择的是视频，即带有 Alpha 通道的透明背景字幕文件，也可以选择白、黑或静态图像(从外部导入图片素材)，创建带有背景的字幕文件。

(5) 对象风格栏：显示当前选中对象的风格列表。

选择工具栏中的文本工具，可根据需要选择横向文本或者竖向文本，在显示区域单击鼠标左键，定义文字输入的位置，创建一个文字对象，如图 12-4 所示。

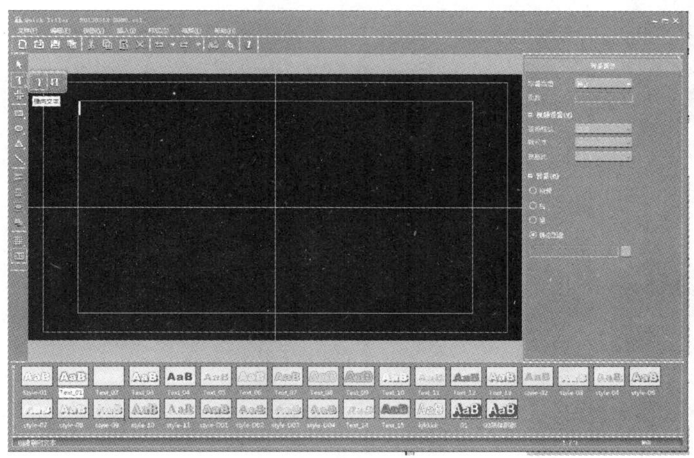

图 12-4 创建文本对象

单击【保存】按钮，保存字幕文件并且放置在字幕轨道上，也会保存到素材库中。

2. 文本属性设置

在显示区域单击文本对象，在文本对象周围会出现框架，拖动对象的框架改变字号、变形等操作，如图 12-5 所示。

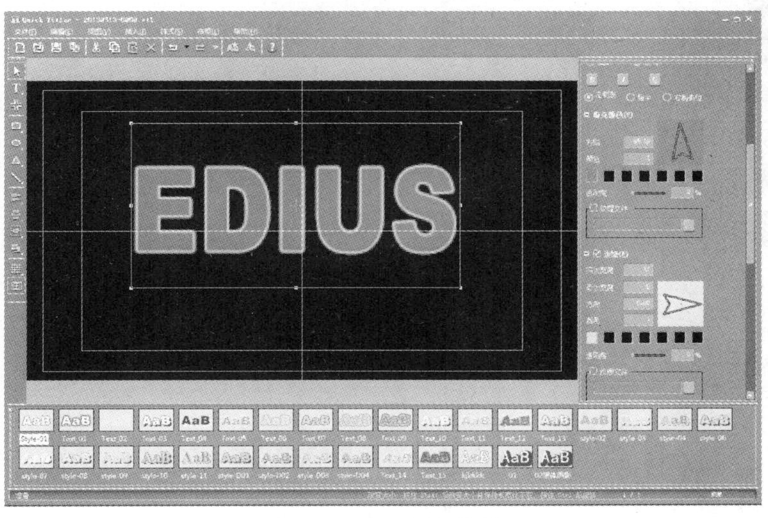

图 12-5 文本属性设置

此时在右侧的【文本属性】选项区域设置参数，可以实现各种文本属性的修改。

(1)【变换】选项卡：定义文本对象的位置、宽高、字距、行距，如图 12-6 所示。

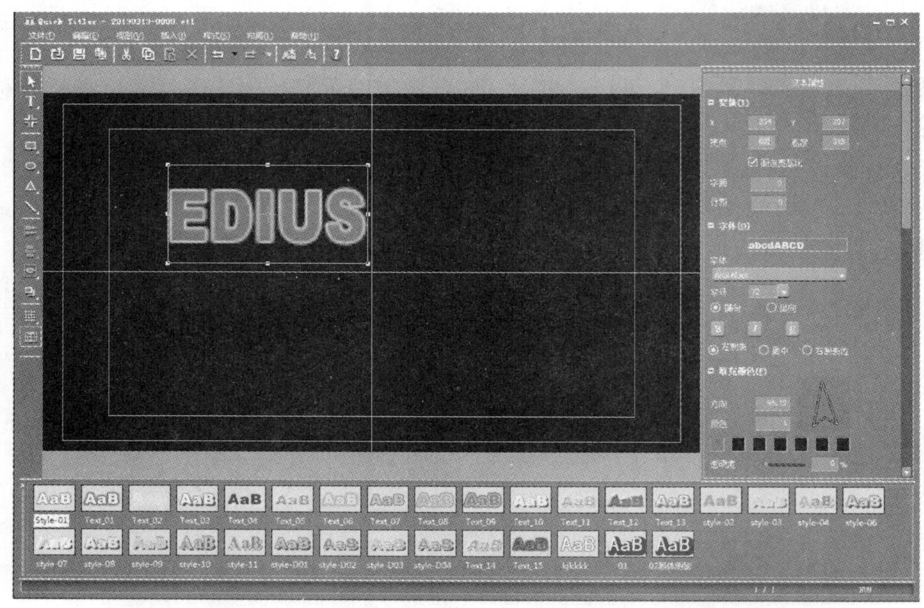

图 12-6 【变换】选项卡

(2)【字体】选项卡：设置字体、字号、排列方式、风格、及对齐方式。在选择字体时，注意中文字幕尽可能的应用中文字体，以防止不能正常显示，如图 12-7 所示。

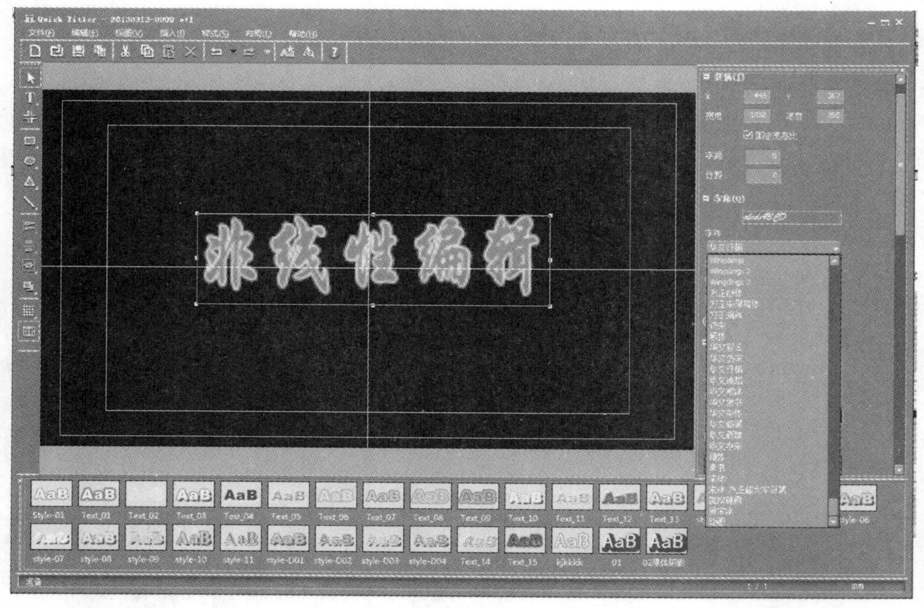

图 12-7 【字体】选项卡

(3)【填充颜色】选项卡：设置文本对象的填充颜色或者填充纹理，如图 12-8 所示。

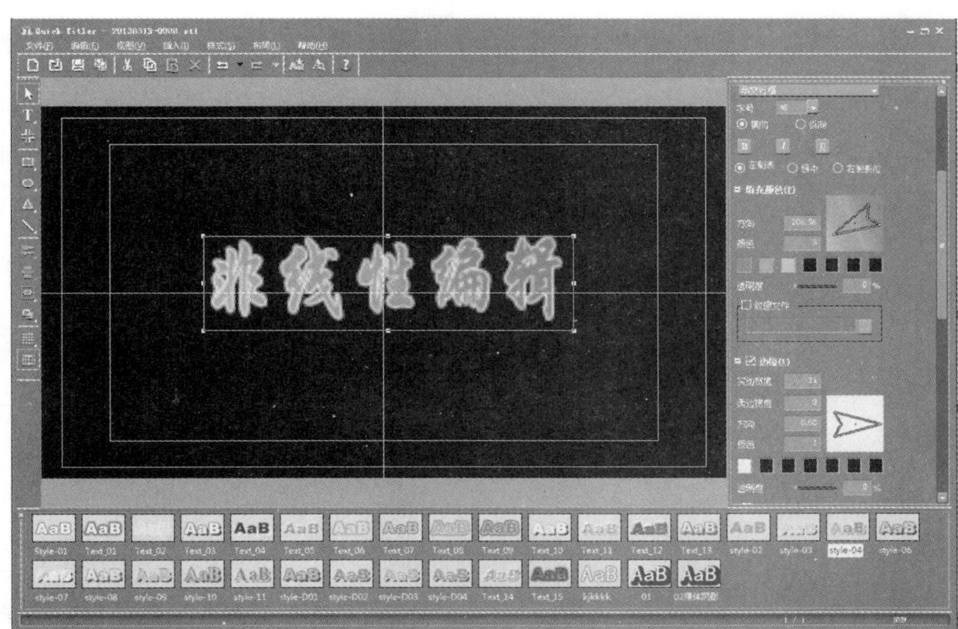

图 12-8　【填充颜色】选项卡

(4)【边缘】选项卡：设置文本对象的描边的填充属性，可以是颜色填充也可以是纹理填充，如图 12-9 所示。

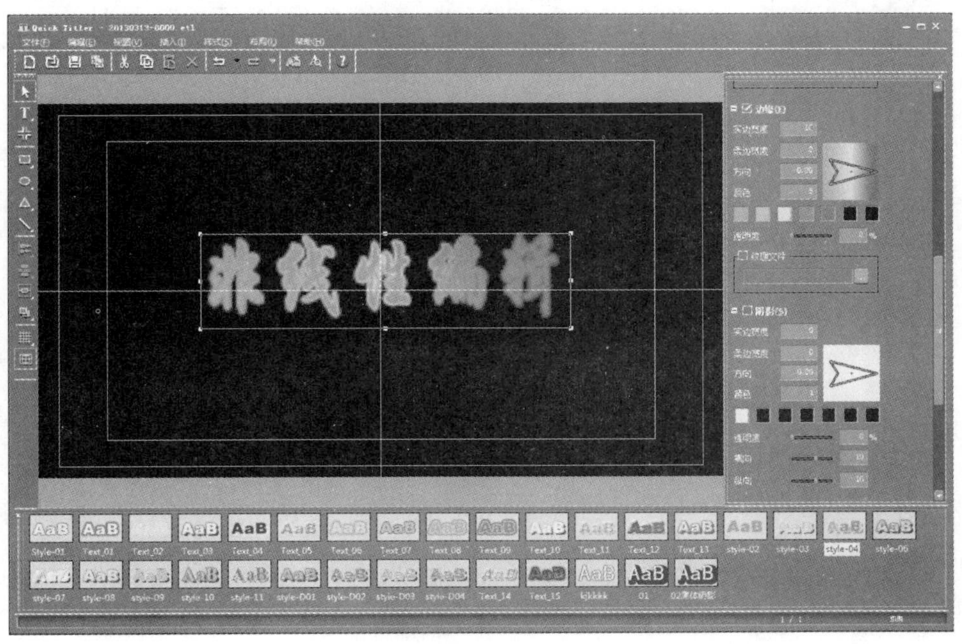

图 12-9　【边缘】选项卡

（5）【阴影】选项卡：设置文字的投影，以增强立体感，如图 12-10 所示。

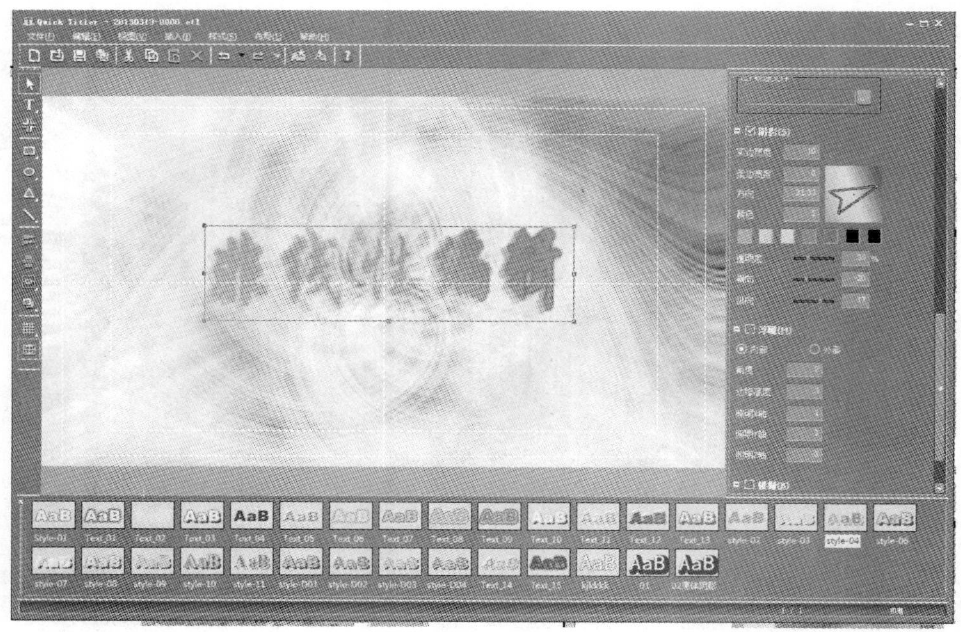

图 12-10 【阴影】选项卡

（6）【浮雕】选项卡：设置文本对象的浮雕效果，如图 12-11 所示。

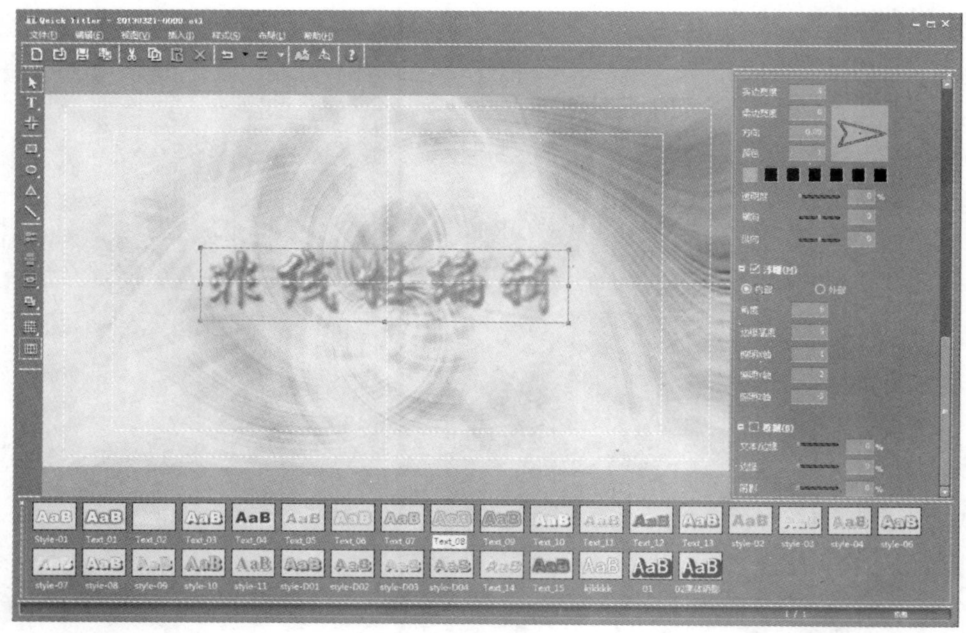

图 12-11 【浮雕】选项卡

(7)【模糊】选项卡：可以对文本边缘、描边边缘和阴影进行模糊处理，如图 12-12 所示。

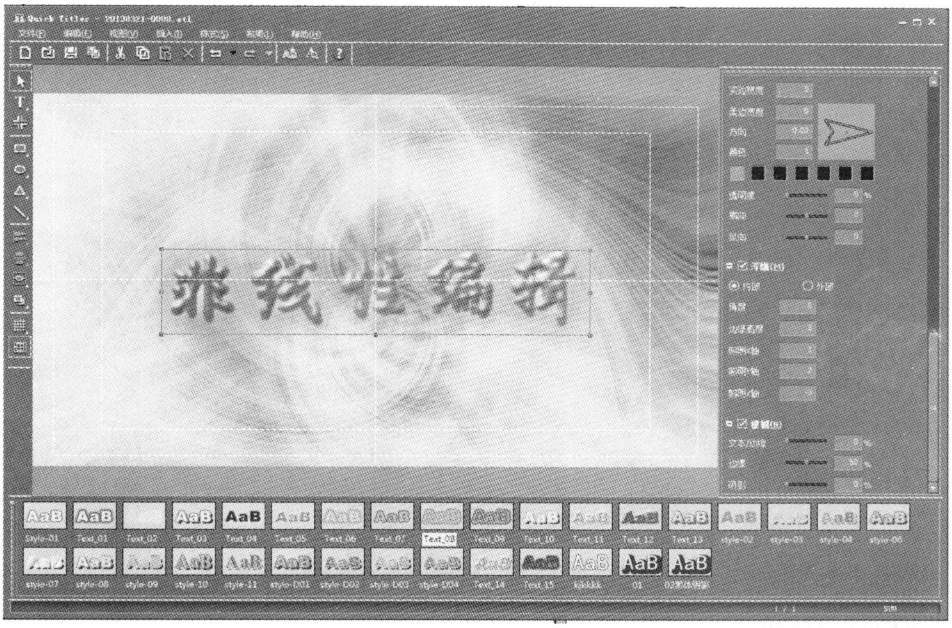

图 12-12　【模糊】选项卡

3. 应用文本风格

选择文本对象，单击对象风格栏中的样式，可直接应用文本风格，如图 12-13 所示。

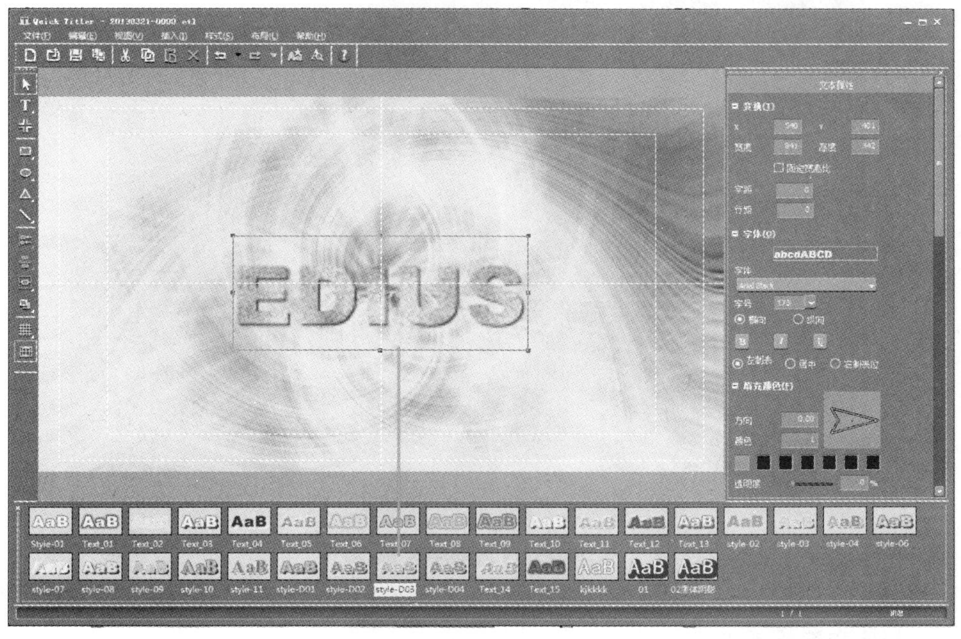

图 12-13　应用文本风格

也可以自己定义好风格样式后，保存到样式库里，以便自己调用，如图 12-14 所示。

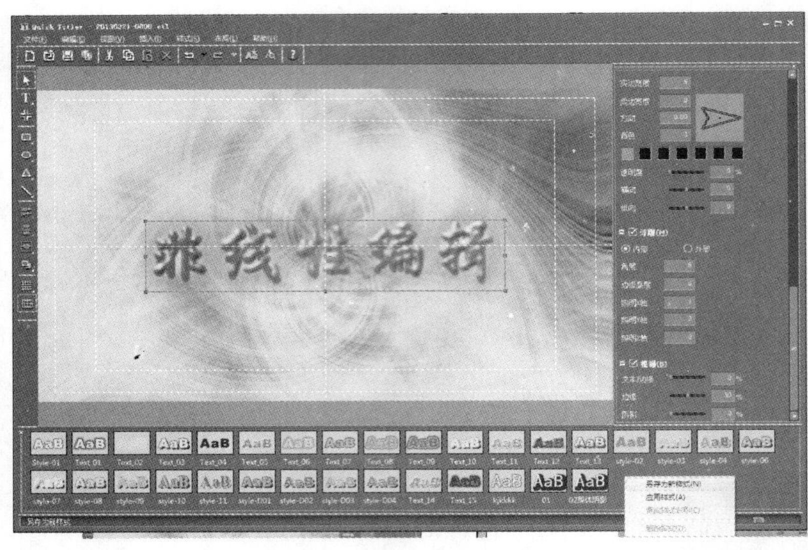

图 12-14　保存文本风格

单击【保存】按钮，添加字幕文件。

4.【滚动字幕】选项卡和【爬行字幕】选项卡

默认情况下，字幕类型是静止的。单击【字幕类型】的下拉菜单，选择滚动或者爬行方式，自动创建滚动或者爬行字幕，如图 12-15 所示。

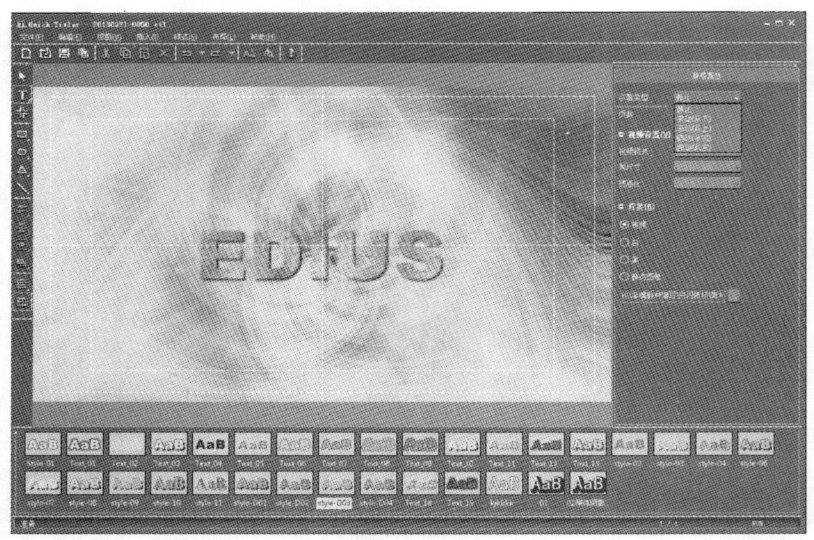

图 12-15　【滚动字幕】选项卡

二、创建和编辑图形

图形工具提供了常见的几何形状，这些几何形状可以单独使用或者拼合使用。

1. 创建图形

选择工具栏中的文本工具,可根据需要选择一种图形工具,在显示区域单击,推拽创建图形,如图 12-16 所示。

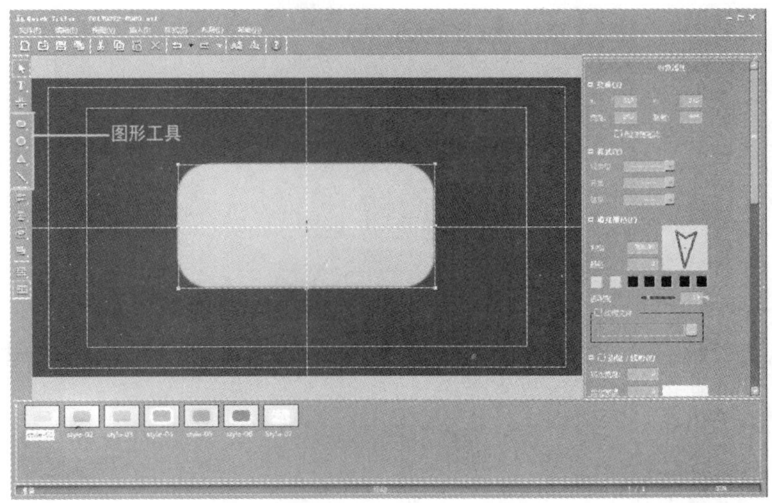

图 12-16　创建图形对象

单击【保存】按钮,保存字幕文件并且放置在字幕轨道上,也会保存到素材库中。

2. 图形属性设置

在显示区域单击图形对象,在图形对象周围会出现框架,拖动对象的框架可改变宽度、高度、角度等,如图 12-17 所示。

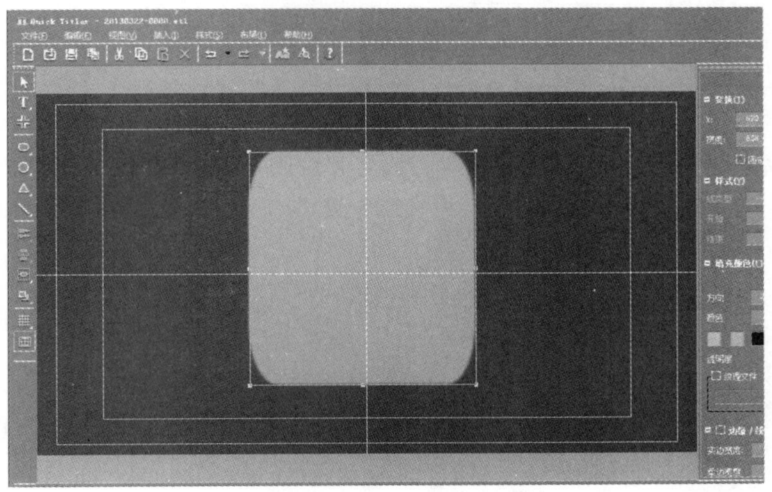

图 12-17　图形属性设置

此时在右侧的【图形属性】选项区域中设置参数,可以实现各种图形属性的修改。

（1）【变换】属性：定义图形对象的位置、宽度和高度，如图 12-18 所示。

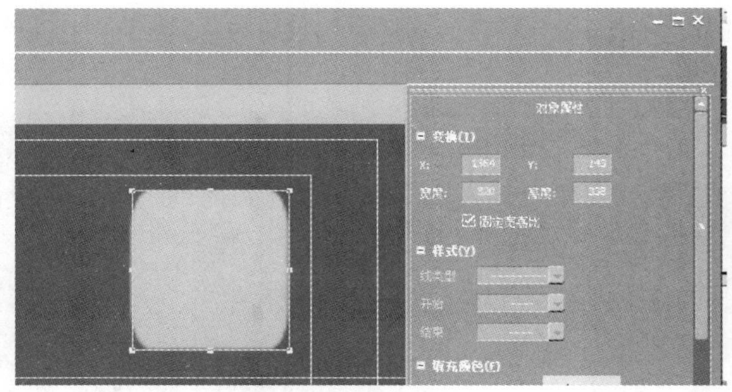

图 12-18 【变换】属性

（2）【样式】属性：当创建的图形是线时，可以通过样式定义线条的线型（实线或者虚线）、线条开始端的形状和线条结束段的形状，如图 12-19 所示。

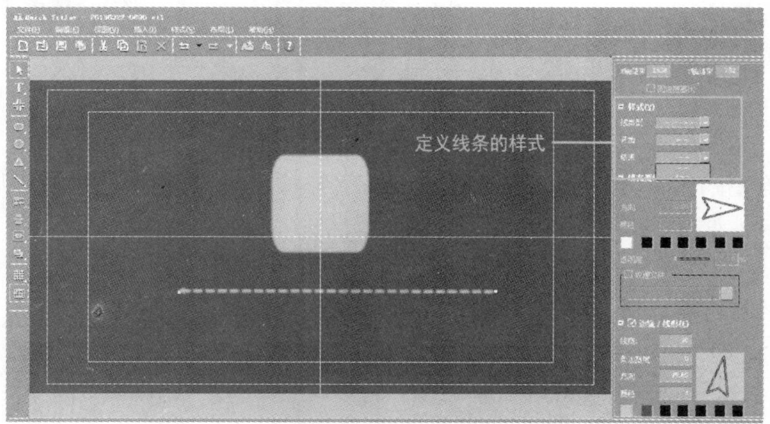

图 12-19 【样式】属性

（3）【填充颜色】属性：设置图形对象的填充颜色或者填充纹理，如图 12-20 所示。

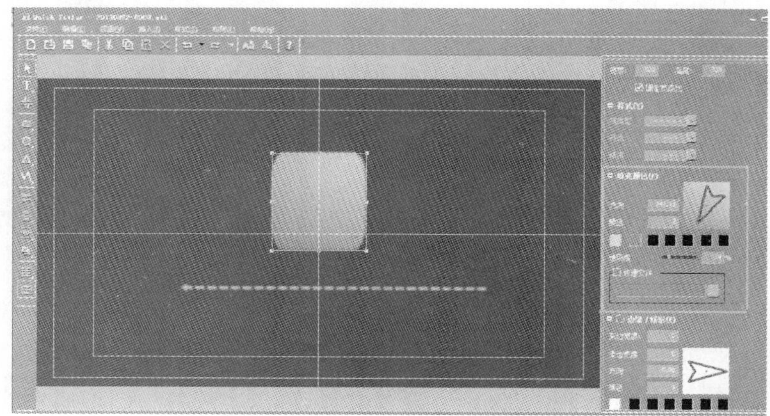

图 12-20 【填充颜色】属性

(4)【边缘】属性：设置图形对象的描边的填充属性，可以是颜色填充也可以是纹理填充，如图 12-21 所示。

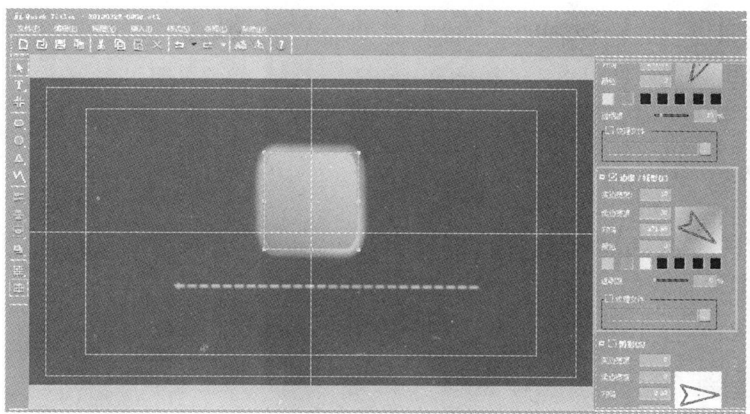

图 12-21　【边缘】属性

(5)【阴影】属性：设置图形的投影，以增强立体感，如图 12-22 所示。

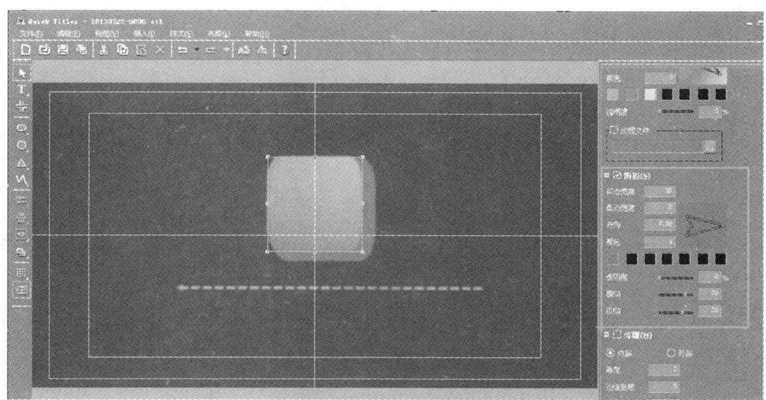

图 12-22　【阴影】属性

(6)【浮雕】属性：设置图形对象的浮雕效果，如图 12-23 所示。

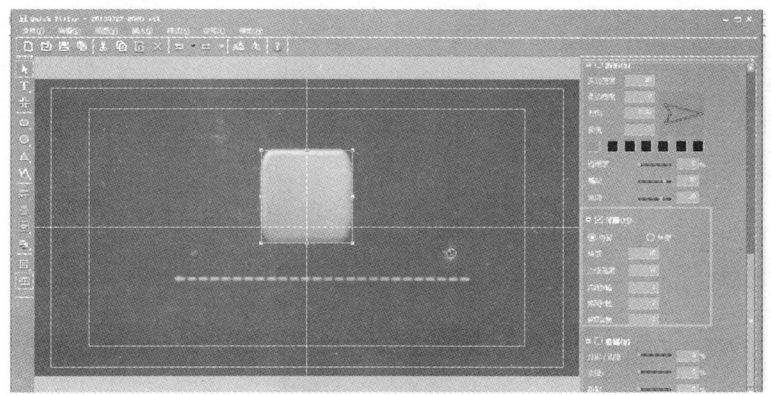

图 12-23　【浮雕】属性

(7)【模糊】属性：可以对图形边缘、描边边缘和阴影进行模糊处理，如图 12-24 所示。

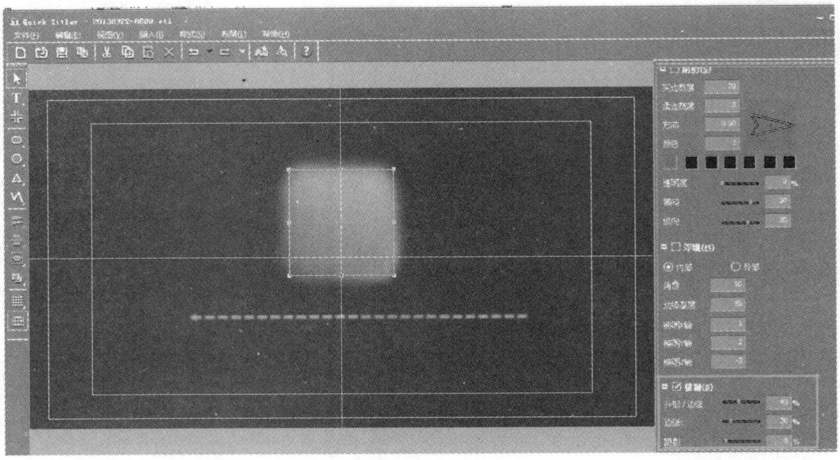

图 12-24 【模糊】属性

3. 应用文本风格

可以自己定义好风格样式后，保存到样式库里，以便自己调用。选择文本对象，在【风格】区空白处单击鼠标右键，在弹出的菜单中选择【另存为新样式】，如图 12-25 所示。

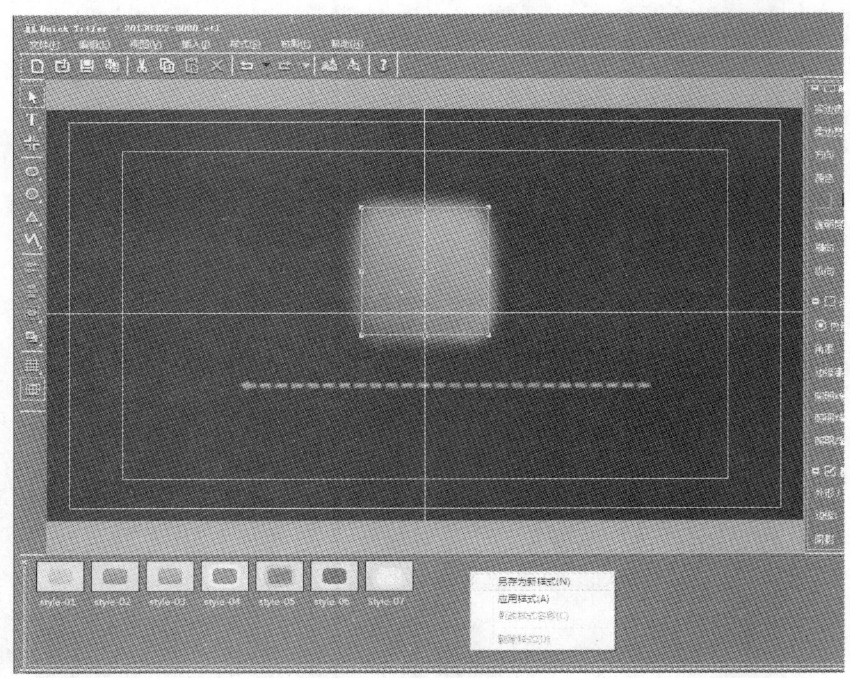

图 12-25 保存文本风格

也可以选择图形对象，双击对象风格栏中的样式，可直接应用图形风格，如图 12-26 所示。

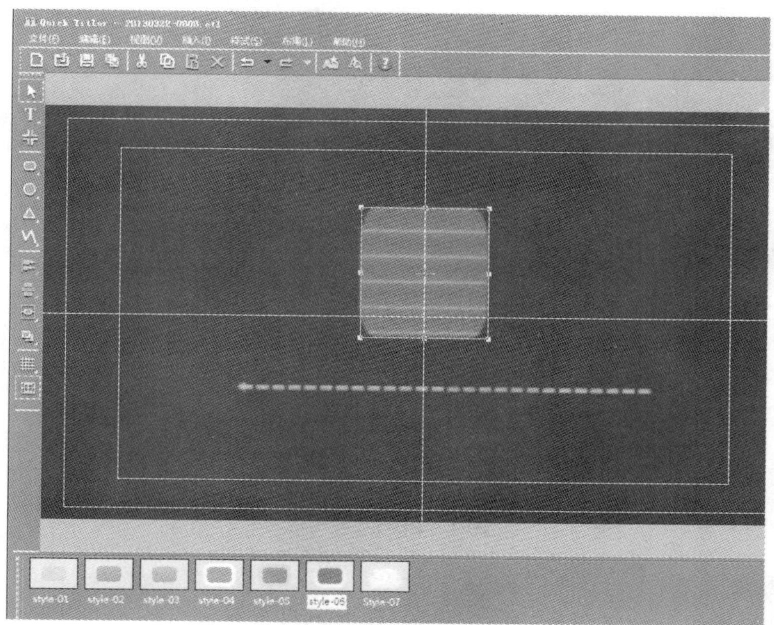

图 12-26 应用图形风格

三、创建和编辑图像

图像资源库里提供了丰富的不规则形状和样式，拓展了图形的内容，同时也为后期剪辑提供了更多的创意空间。

1. 创建图像

(1) 单击工具栏中的图像工具，在下面会显示图像资源库，如图 12-27 所示。

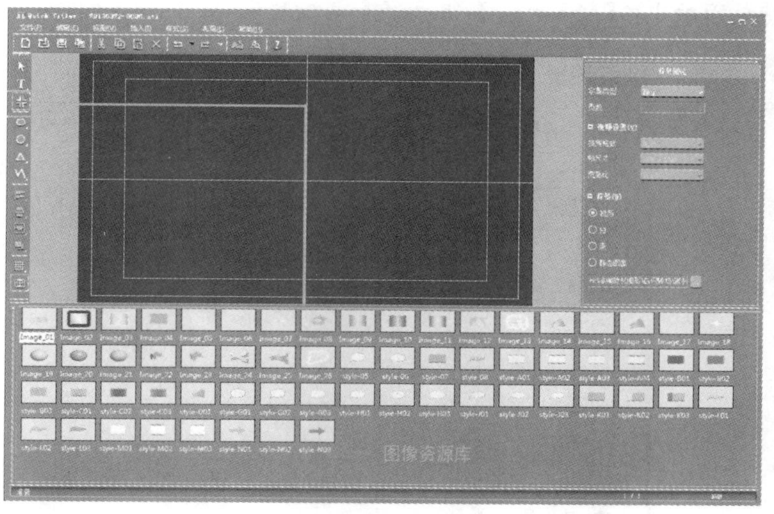

图 12-27 图像资源库

(2) 在图像资源库中单击需要的图像，在显示区域用鼠标拖曳，即创建了图像，如图 12-28 所示。

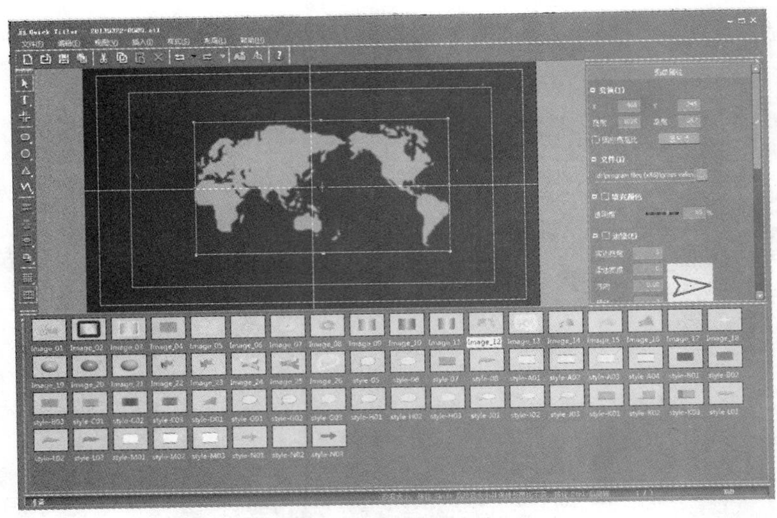

图 12-28　创建图像

2. 编辑图像

编辑图像的操作与编辑图形的操作相同，在此不再赘述。

第二节　EDIUS 6 的字幕混合

字幕混合就是字幕的“划像方式”，也就是字幕采用哪种方式出现在画面上。一般有划入、划出、圆、网格等划像方式。EDIUS 中，每个字幕有两个划像设置，划入和划出。

1. 单击特效面板中的【字幕混合】，展开字幕混合特效，如图 12-29 所示。

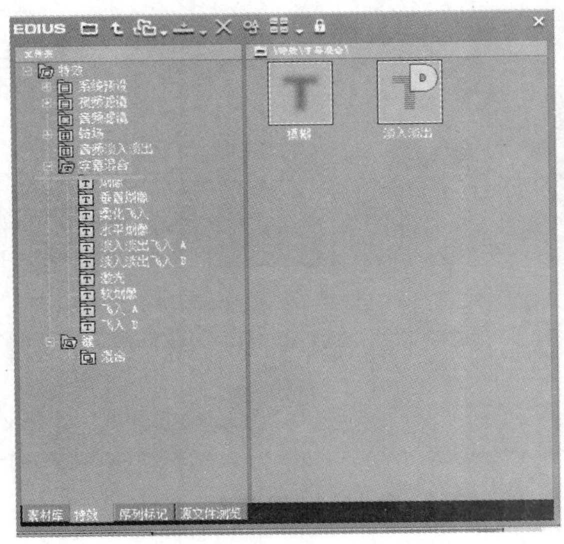

图 12-29　【字幕混合】选项卡

2. 字幕混合的分类

(1) 划像,产生从上下左右方向划入或者划出的效果。

(2) 垂直划像,产生从中心往外或者从边缘向中心划入划出的效果。

(3) 柔化飞入,字幕柔和边缘划入或者划出。

(4) 激光。

3. 字幕混合的应用

选择一种字幕混合效果,拖曳到时间线字幕轨道上的字幕素材容器的入点或者出点的位置,如图 12-30 所示。

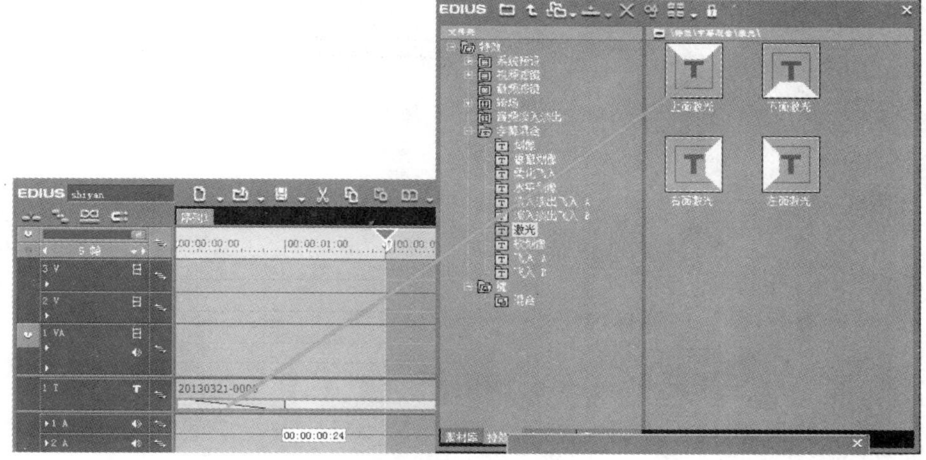

图 12-30　字幕混合的应用

用鼠标拖曳字幕混合图标的入点或者出点,可自由改变混合效果的持续时间,如图 12-31 所示。

或者在字幕混合图标上单击鼠标右键,在弹出的快捷菜单里选择【持续时间】/【入点】(或者【出点】),精确定义字幕划入或者划出的持续时间,如图 12-32 所示。

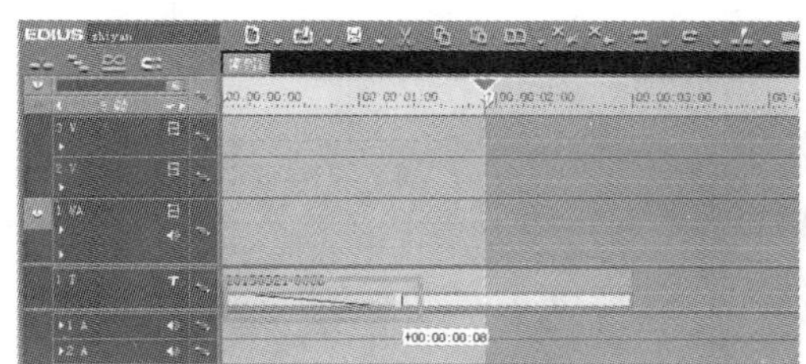

图 12-31　改变混合效果的持续时间

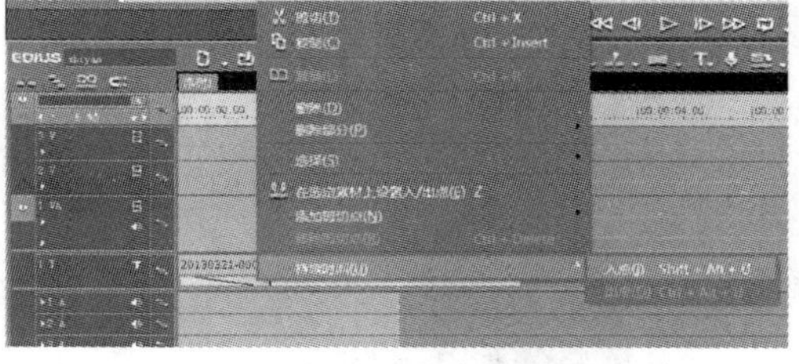

图 12-32　精确定义字幕划入、划出的持续时间

第三节　EDIUS 6 的字幕应用实例

利用 EDIUS 6 的【字幕】窗口创建的文字、图形、图像，配合其他视频转换特效、视频特效可以制作各种丰富的字幕效果，可达到视频包装的目的。

1. 遮罩文字效果

(1) 新建工程/导入素材/添加到【时间线】的视频轨道上，如图 12-33 所示。

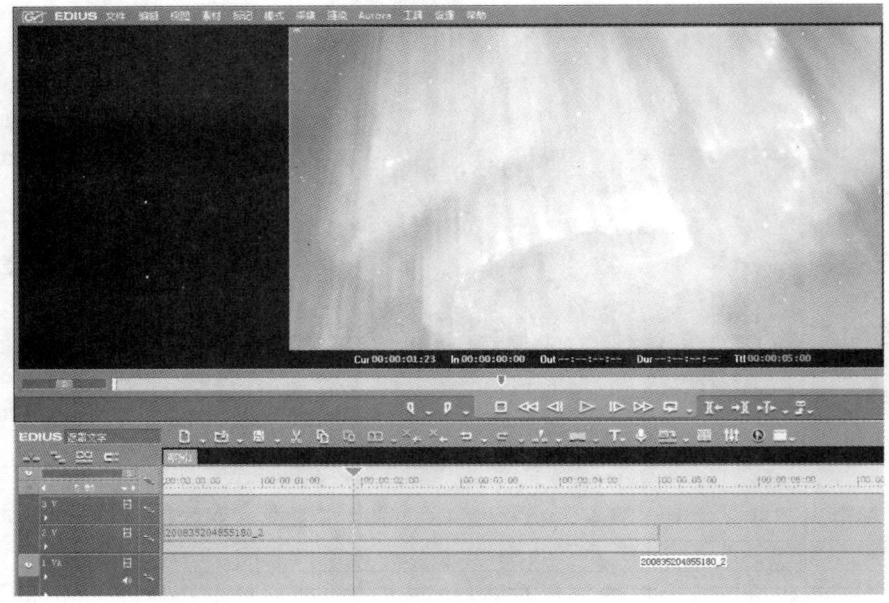

图 12-33　添加素材

(2) 在【时间线】上定义素材的入点和出点，在【字幕】轨道创建字幕素材，如图 12-34 所示。

图 12-34　创建字幕素材

(3) 在画面的合适位置创建静止字幕，如图 12-35 所示。

图 12-35 创建静止字幕

(4) 在素材库,导入一段动态视频。画幅比例、持续时间、场设置与当前项目参数一致,如图 12-36 所示。

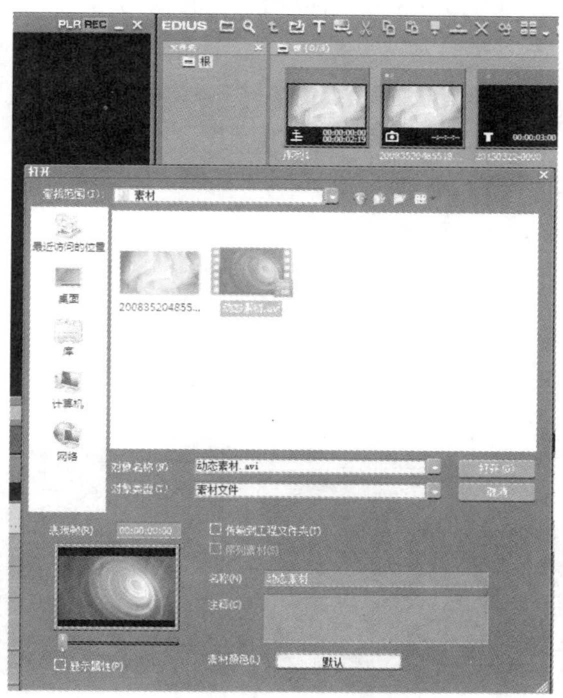

图 12-36 导入动态视频

(5) 在素材库中按 Ctrl 键或用框选方式同时选中字幕和动态素材,选择右键菜单中的【转换】/【Alpha 通道遮罩】命令,如图 12-37 所示。

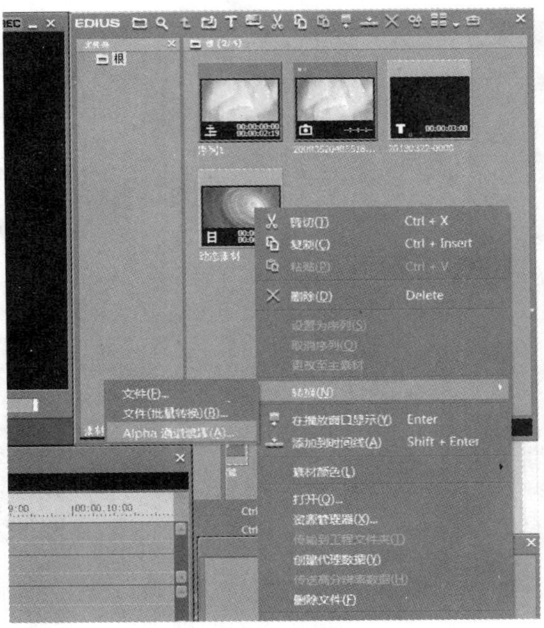

图 12-37　选择【Alpha 通道遮罩】命令

(6) 在弹出的【填充键】对话框中任选两个素材“扮演的角色”是【20130222-000 填充，动态素材键】选项还是【动态素材填充，20130222-000 键】选项，如图 12-38 所示。

图 12-38　选择【填充键】选项

(7) 渲染输出，就得到一个带 Alpha 通道信息的 HQ AVI 文件。将生成的新文件拖放到时间线上直接使用，如图 12-39 所示。

图 12-39 将新文件拖放到时间线上

2. 图文混排新闻字幕

字幕在新闻节目中运用尤其广泛，常以标题字幕、整屏字幕、滚动字幕、语音字幕、角标字幕和片头片尾字幕等类型出现。

(1) 新建工程/导入一段视频素材/添加到【时间线】的音视频轨道上，如图 12-40 所示。

图 12-40 添加素材

（2）在【时间线】窗口定义入点和出点，在【字幕】轨道创建字幕衬底 01，红色填充，如图 12-41 所示。

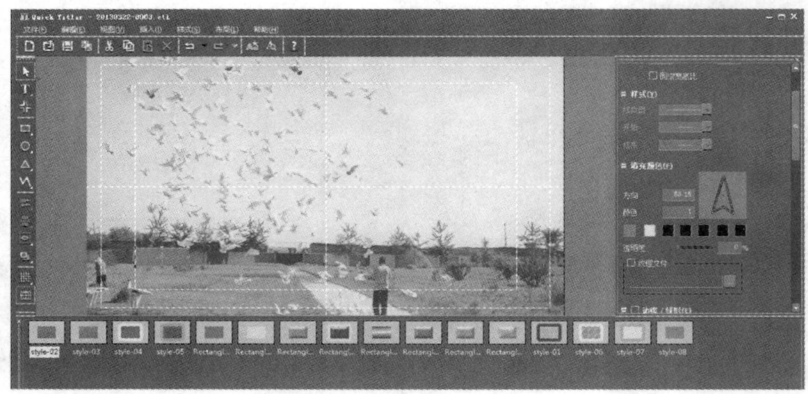

图 12-41　创建字幕衬底 01

（3）在新的【字幕】轨道创建字幕衬底 02，填充半透明的蓝色渐变，如图 12-42 所示。

图 12-42　创建字幕衬底 02

（4）在新的【字幕】轨道创建字幕衬底 03，半透明的白色，如图 12-43 所示。

图 12-43　创建字幕衬底 03

（5）分别给字幕衬底 01 的开始端添加“向左划像”字幕混合效果，给字幕衬底 01 的结束端添加“向右划像”字幕混合效果，混合效果持续时间定义为 15 帧，如图 12-44 所示。

图 12-44　添加字幕混合效果(衬底 01)

(6) 用同样的方法给字幕衬底 02 的开始端添加“向右划像”字幕混合效果,给字幕衬底 02 的结束端添加“向左划像”字幕混合效果。方向与字幕衬底 01 的效果正好相反,如图 12-45 所示。

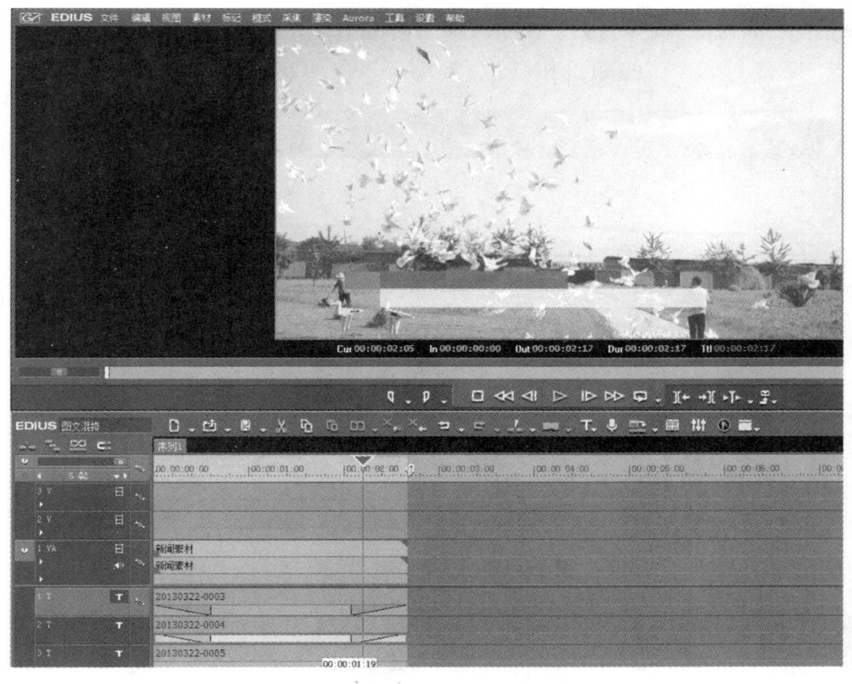

图 12-45　添加字幕混合效果(衬底 02)

(7) 用同样的方法给字幕衬底 03 的开始端添加“向下划像”字幕混合效果，给字幕衬底 03 的结束端添加“向上划像”字幕混合效果，如图 12-46 所示。

图 12-46　添加字幕混合效果(衬底 03)

(8) 双击“字幕衬底 01”，打开“字幕设计”窗口，在“字幕衬底 01”上添加文字 “热点”，颜色为蓝色，与“字幕衬底 02”的颜色相呼应，如图 12-47 所示。

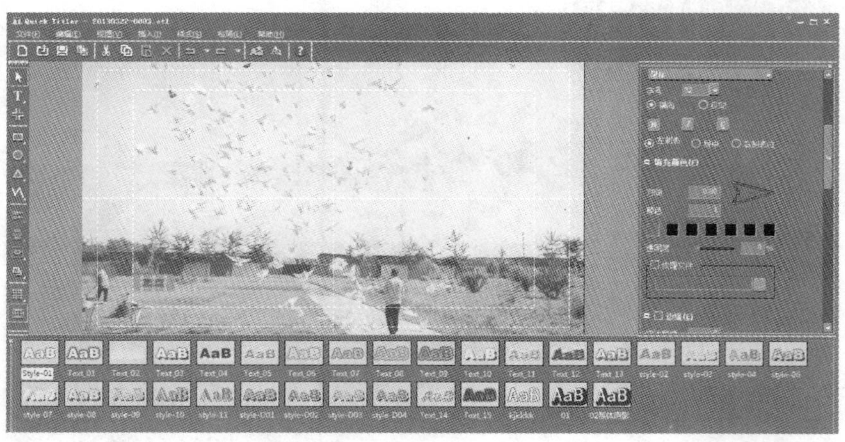

图 12-47　添加文字(衬底 01)

(9) 双击【字幕衬底 02】，打开【字幕设计】窗口，在【字幕衬底 02】上添加文字“城市建设科学发展观：给白鸽找个家”，颜色为红色，与【字幕衬底 01】的颜色相呼应，如图 12-48 所示。

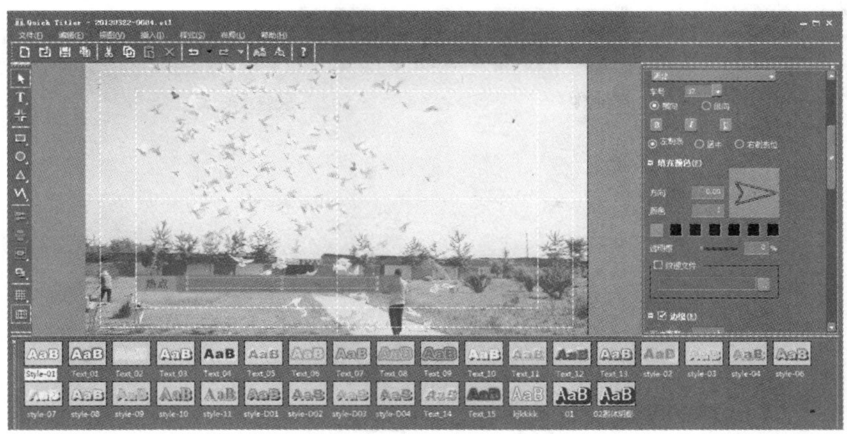

图 12-48　添加文字(衬底 02)

(10) 双击【字幕衬底 03】,打开【字幕设计】窗口,在【字幕衬底 03】上添加文字“记者：张三　李四　王五　赵六”,颜色为红色,与【字幕衬底 01】的颜色相呼应,如图 12-49 所示。

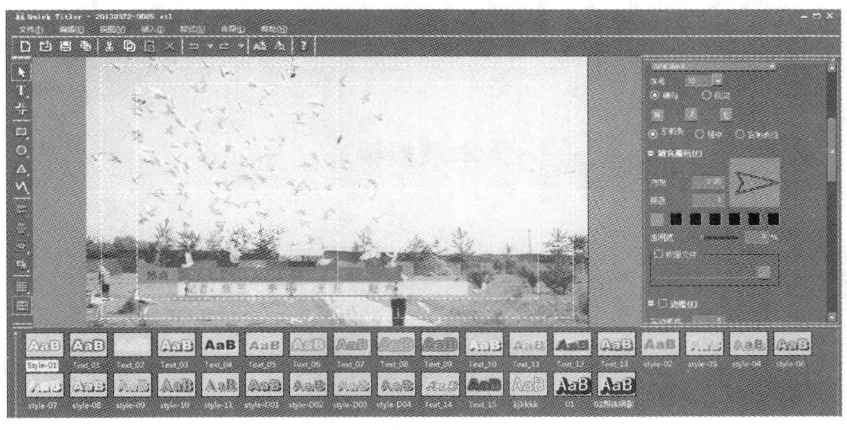

图 12-49　添加文字(衬底 03)

(11) 渲染输出。

课后习题

1. 影视作品中字幕的意义是什么?
2. EDIUS 6 能够创建哪两类字幕? 如何创建?
3. 设计制作片尾演职员滚动字幕。

第三篇　拓展应用篇

第十三章
Avid MC 2.77 的使用

本章提要

本章主要介绍 Avid MC 2.77 软件的使用和操作技巧，包括 Avid MC 2.77 的基本剪辑技巧，转场、特效制作及字幕和音频制作。

Avid是全球首家实现将视频素材数字化并运用计算机进行编辑、制作的公司，其制定的各项技术标准成为整个非线性编辑系统的行业标准。1989年，Avid Media Composer成功问世，在几十年的飞速发展中，Avid从电影制作向电视制作大步跨进。

Avid开发的系列软件中，Avid xpress系列为家用级软件，适合非专业制作者对影视节目的制作需要。Avid Media Composer为专业级软件，为影视制作专业人员提供更全面、更高标准的系统解决方案和制作手段，适用于专业级或广播级节目制作。Avid Mojo是硬件加速器，主要针对Avid Media Composer帮助软件快速读取视频、音频数据，减轻计算机硬件负担，各种现行的接口标准极大地方便了用户对系统连接或扩展的需要。

第一节　Avid MC 2.77 工作面板介绍

一、Avid MC 2.77 的工作环境设置

1. Avid MC 的文件系统

Avid MC的文件系统在采集或导入一个素材时，会将素材分成两个部分。一个部分是真实的实体素材文件，即媒体文件(Media Files)。另一部分则是与实体素材相对应的点信息文件，也称主文件(Master Clips)。这种文件并不是真正的占有相当空间容量的实体文件，它可以被理解成一种代表实体文件的方式，都是对应的点信息。主文件实际占用的硬盘空间和内存非常小，在项目中执行任何的操作都不会因为素材量过大而导致计算机硬件运算速度跟不上。在项目中被导入的素材就是主文件，而真实的实体文件都被保存在Avid Media Composer设置的媒体文件夹(Media Tool)中。当对主文件进行编辑操作时，软件自动调用媒体文件夹中与之相对应的媒体文件，执行相关操作。删除文件时，用户需要选择是删除主文件还是媒体文件。删除了主文件，则在媒体文件夹中找回媒体文件。但若删除了媒体文件，文件就彻底从软件中删除，需要重新采集或输入。

2. 关于 MXF 格式

在Avid非线性编辑系统中采集和导入的媒体文件都会使用MXF文件格式记录入主文件。MXF指Material Exchange Format素材交换格式。它是由专业MPEG论坛和AAF(Advanced Authoring Format，高级创作格式)协会联合开发的，是可以在文件服务器和工作站之间、数据流磁带机之间交换节目素材，使其转换成数字档案的通用文件格式。它使得在不同操作环境中建立的数据可以通用，解决了一些格式在互操作性上差的难题；提供了协同工作环境和元数据的传送，为电视节目制作系统中服务器、工作站和其他设备之间提供协同环境，使不同的设备和操作环境之间能够共同工作。

MXF 格式的特点：

（1）可以跨平台操作。它能在不同的网络协议和不同的操作系统（Windows Macos、Linux 等）之间进行操作。

（2）与压缩方法无关。不需要进行不同压缩格式间的转换，有利于在单一的环境中进行多种格式的管理。能处理未压缩视频、DV 格式及其他未定义格式。

（3）是流媒体传输和文件传送的纽带。MXF 允许流媒体之间进行无缝操作。能实现 SDTI 串行数字传输接口的全透明内部交换；MXF 格式可以转换成流媒体格式，也可以反向进行转换。

3．软件优化系统设置

（1）设置屏幕分辨率为 1280×768，依次执行【显示属性】/【屏幕保护程序】/【关闭屏幕保护程序】命令。

（2）设置显示器电源的状态为：【关闭显示器】/【从不】，执行【显示器的电源】/【电源使用方案】/【一直开着】命令。

（3）设置【控制面板】/【安全中心】命令，关闭防火墙和自动更新；

（4）设置【控制面板】/【文件夹选项】命令，取消使用简单文件共享；

（5）设置【控制面板】/【系统】/【高级】/【设置】命令，选择调整为最佳性能；

（6）调节合适的计算机虚拟内存。

4．项目工程的建立和设置

（1）双击桌面上的 Avid Media Composer 图标进入软件基本界面；如果是第一次进入软件，会弹出【项目放置】窗口，选择将要放置项目的位置，单击【确定】按钮。

（2）软件启动成功后，出现 Select Project 窗口。在此窗口中新建用户、项目及进行相关设置。如图 13-1 所示。

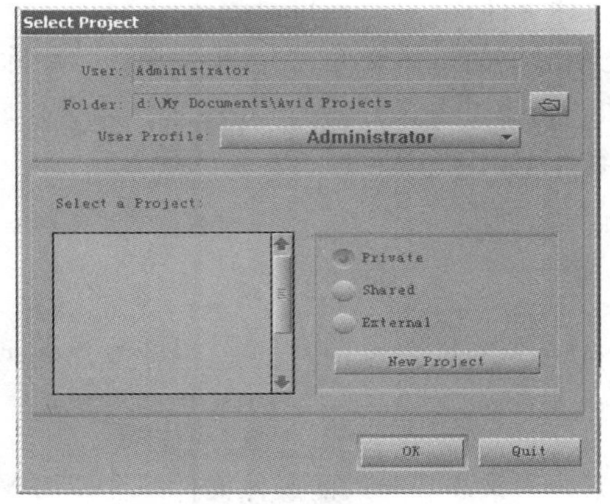

图 13-1　Select Project 窗口

① User：用户名。可以与 Windows 操作系统共用管理员用户。

② Folder：项目文件所在路径。

③ User Profile：当前用户。鼠标左键单击可以新建当前用户名。

④ Private：私人权限。建立只有该计算机系统登录用户才能访问的项目。其他计算机无法调用该项目。

⑤ Shared：共享权限。项目可在局域网内实现共享，且共享项目路径不可修改。

⑥ External：公开权限。项目可在外部任意计算机上被调用。项目路径可以自由选择。

(3) 选择 New Project(新建项目)选项。在 Project Name 下输入项目名称，单击 Format 按钮选择项目格式。如图 13-2 所示，Avid MC 为用户提供了从标清到高清的各种制式及格式选择。能够满足现行市场上全部的格式需要。在我国，编辑视频为标清节目，我们需选择 25i PAL 格式。30i NTSC 格式是经常使用的 N 制格式。

高清格式比较多，主要有 720 和 1080 两种分辨率。选择高清格式前，需要确定前期拍摄所使用的格式。前期用什么格式拍，后期就要用什么格式剪。

Matchback 选项为"假电影"格式，意思是使用电视系统(摄像机而不是摄影机)拍摄，用电影的分辨率格式剪辑。

(4) 选择好项目格式，为项目命名后，返回上级窗口，如图 13-3 所示。选择该项目名称(被选择的项目名称有蓝色底色)，单击 OK 按钮进入工作界面。

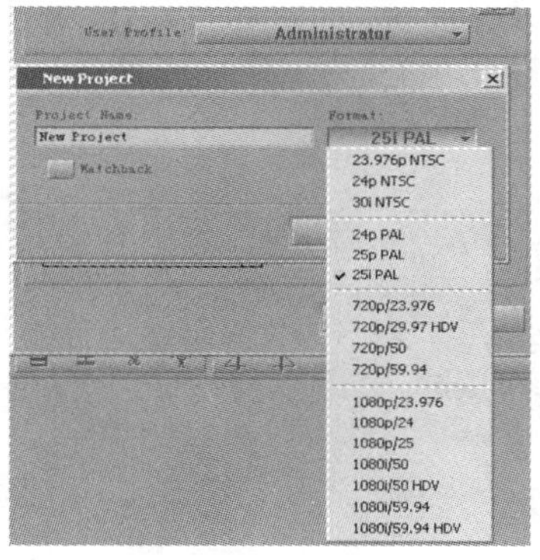

图13-2　Format 按钮下的项目格式

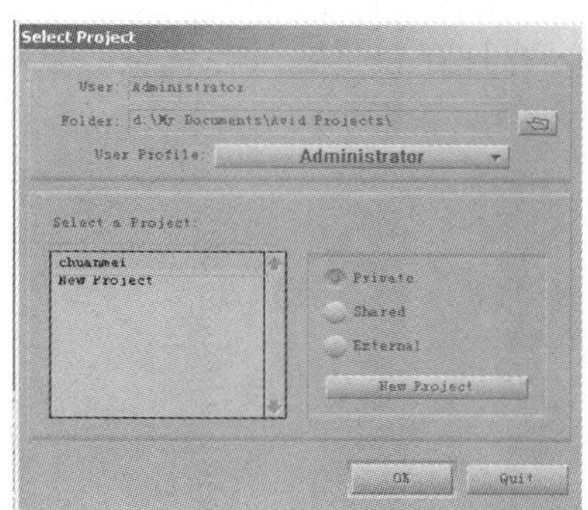

图 13-3　【选择项目】界面

二、Avid MC 2.77 的工作界面

Avid MC 软件工作界面如图 13-4 所示。

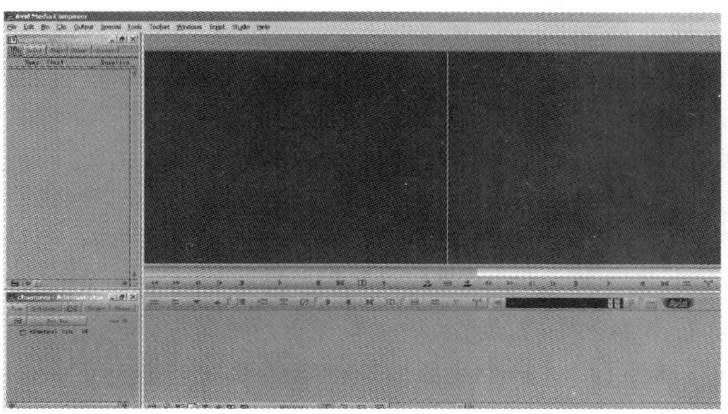

图 13-4　Avid MC 的工作界面

需要说明的是，进入工作界面初始，Avid MC的窗口设置并不是如此整齐。单击菜单栏中的Toolset，选择Sourse/Record Editing（源/记录编辑模式）后，界面才会如图13-4所示。

1．项目窗口的各按钮设置

Bins按钮：素材屉管理。Bin是Avid MC特有的一个功能项，中文翻译一般叫做“素材屉”，但是我们仍然习惯称其英文原词。Avid MC每新建一个项目工程，就会有一个与项目名称一致的Bin被建立。它的作用相当于文件夹，是为了方便用户对素材进行管理而设置的。用户可以建立多个Bin并为其重命名，分门别类地将素材放入命名好的Bin中。单击素材即可修改名称，对其进行重命名。如图13-5所示。

（1）新建Bin的方法。

① 单击New Bin按钮即可。

② 单击“快捷菜单”（又称Fast Menu，）后，选择New Bin命令即可。

③ 在项目窗口中用单击鼠标右键，选择New Bin选项即可。

Bin有打开和关闭两种状态：为关闭状态，为打开状态。如图13-6所示。

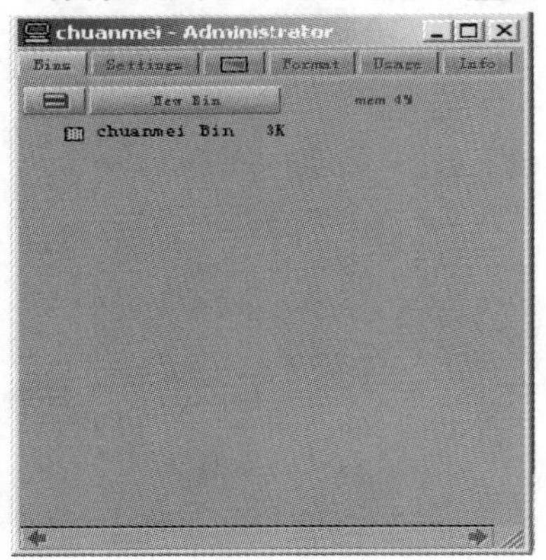

图13-5　项目窗口中的Bin按钮

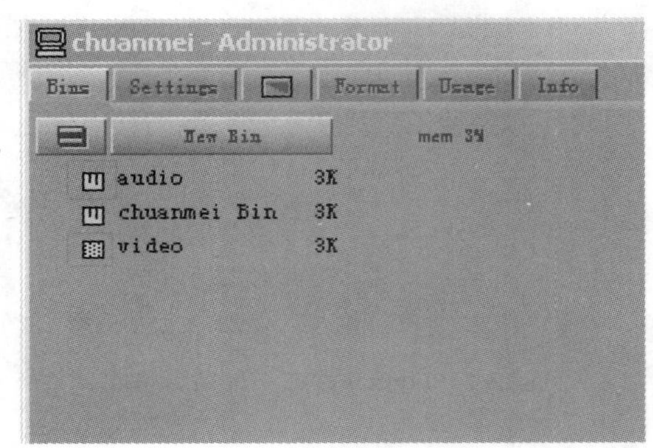

图13-6　Bin的两种状态

将Bin打开，单击名称前的图标或选中图标，单击鼠标右键，在弹出的快捷菜单中选择Open Selected Bin即可。关闭时，需要选中该Bin，然后单击鼠标右键在弹出的快捷菜单中选择Close Selected Bin。

（2）删除Bin的方法。

① 选中要删除的Bin，单击鼠标右键打开快捷菜单，如图13-7所示，选择Delete Selected Bin，即可删除。

② 删除后，在项目窗口下会新建一个红色的Trash（垃圾桶）图标，被删除的Bin即被放入垃圾桶内。但这并不是实际删除，单击鼠标右键打开快捷菜单，如图13-8所示，选择Empty Trash清空垃圾桶后，Bin就被从软件系统中彻底删除。

③ 在Empty Trash（垃圾桶）中还原删除的Bin，将要还原的Bin选中，用鼠标拖曳至Empty Trash（垃圾桶）即可。

图 13-7　删除 Bin

图 13-8　彻底删除 Bin

2. Bin 窗口

Bin 窗口中主要有四种显示方式。如图 13-9 所示。

图 13-9　Bin 窗口

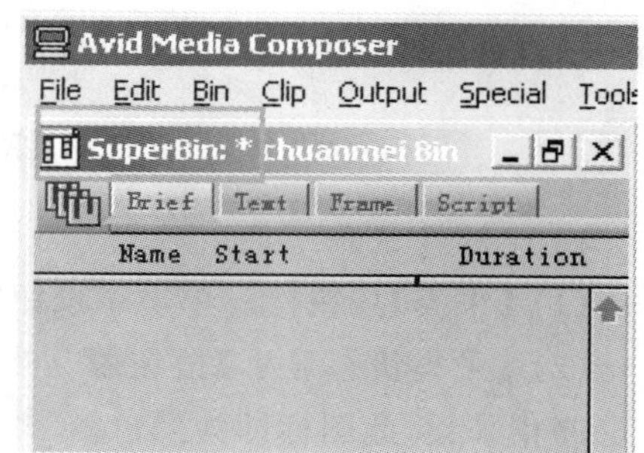

图 13-10　项目未保存设置提示

(1) Brief 摘要显示方式。显示导入文件的摘要信息，包括名称、起始时间、持续时间、所在轨道等。

(2) Text 文本显示方式。详细介绍文件信息，包括更多的信息细节显示。增加了入点、出点、视频分辨率、音频采样频率等显示内容。

(3) Frame 帧显示方式。显示每个视频素材的首帧画面，通过按键盘上的 J(倒放)、K(暂停)、L(前进)三个按键，可以直接播放浏览素材内容。按快捷键“Ctrl＋L”放大帧显示尺寸，按快捷键“Ctrl＋K”缩小帧显示尺寸。

(4) Script 描述显示方式。在该显示方式下，可以为导入的素材做场记并打印。

注意：Bin 窗口左上角显示区域，有＊号表示该项目未保存设置，如图 13-10 所示。当项目设置被保存后，＊号即消失。

第二节　Avid MC 基本编辑与转场

一、采集

单击菜单栏中的 Tools/Capture 命令，或使用快捷键“Ctrl＋7”进入【采集】界面。如图 13-11 所示。

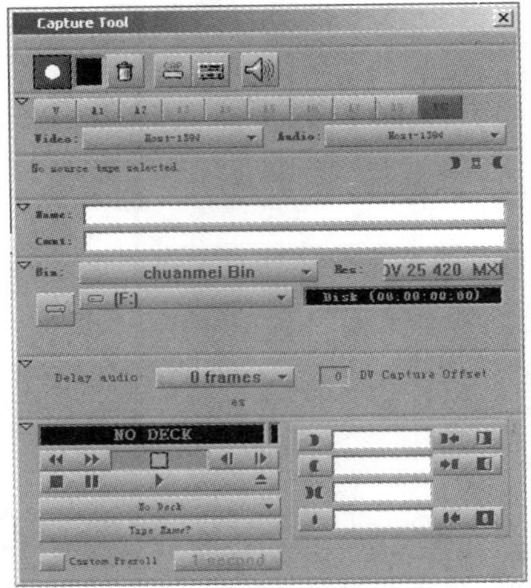

图 13-11　【采集】界面

1. 主要按钮介绍

(1)【采集】按钮。单击该按钮即开始采集素材。

(2)【采集状态显示】按钮。当开始采集时，该图标会不断闪烁为红色，直到采集完毕。停止采集，此图标即为黑色。

(3)【采集/批采集转换】按钮。单击该图标实现采集或批采集的转换。批采集图标为。

(4)【遥控开关】按钮。遥控采集功能是为了采集没有时间码记录信息的素材使用的。

(5)【显示音频】按钮。单击该按钮在采集时，可以同时监看音频峰值表(Audio Tool)。

(6)【采集视频、音频和时间码】按钮。做采集准备工作时，需要将视频、音频、时间码按钮都要单击后才能开始采集。

(7)【视频和音频信号来源选择】按钮。

(8) 该按钮对要采集的素材进行命名和描述。

(9) 该按钮用来选择要采集的素材进入的 Bin 以及采集素材所使用的分辨率。

(10)  左侧按钮用来切换视频、音频是否分开采集，即单盘采集还是双盘采集的切换键。右侧是指定采集素材的存盘路径。

(11)【播放控制】按钮。若有设备连接，NO DECK 会显示为素材的时间码信息。

(12) 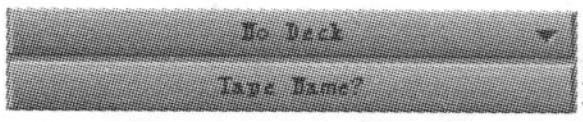 录像机等外部设备连接信息显示以及磁带名称显示。若有录像机设备接入，NO DECK 会显示为连接的录像机型号名称。

(13) 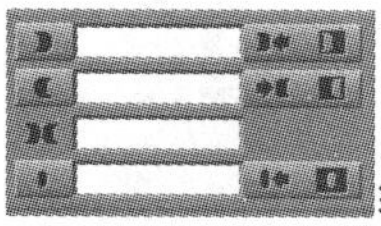 给素材打入点和出点以及标记点后进行采集。该方法适合用于有场记单的批采集工作。

(14)  音频延迟帧数选择和 DV 采集偏移。

2. 采集工作流程

(1) 连接好外部播放设备或外部磁带驱动器，使软件与设备配置好。

(2) 检查好采集模式，是否需要遥控采集。

(3) 选择要采集的视频、音频和时间码轨道。

(4) 选择视频、音频的信号来源。

(5) 为素材命名和做描述。

(6) 选择要采集素材将进入的 Bin、分辨率、存储路径、单盘或双盘采集。

(7) 为磁带命名，通过播放控制系列按钮调整好磁带的时间码位置。

(8) 单击【采集】按钮，开始采集，指示灯亮；再次单击【采集】按钮，采集结束。

3. 批采集工作流程

(1) 连接好设备后，单击【采集/批采集】按钮进行切换到批采集模式。

(2) 执行上述 3 到 7 的步骤。

(3) 根据场记给要采集的素材打入点和出点，命名清楚、明确，然后单击【采集】界面左上角的 MARK IN 图标(它在没有打入、出点之前是状态，有了入、出点记录后则变成钢笔状)，这时 Bin 窗口中会出现与素材名一致的文件名。但是 Bin 窗口中记录下的只是一个素材名称。

(4) 给若干素材片段记录完信息后，关闭采集窗口。

(5) 在 Bin 窗口中，选择要采集的素材名称。

(6) 在菜单栏中选择 Clip/Batch Capture，采集窗口又会自动弹出，并出现提示信息(要采集的带名和相应的硬件设备)。

(7) 按 Enter 键后，开始进行批采集。完成后，会弹出对话框，提示采集完成。

二、基本编辑

1. 导入素材

(1) 在要导入素材的 Bin 窗口的空白处单击鼠标右键，选择 Import 命令，弹出对话框。如图 13-12 所示。

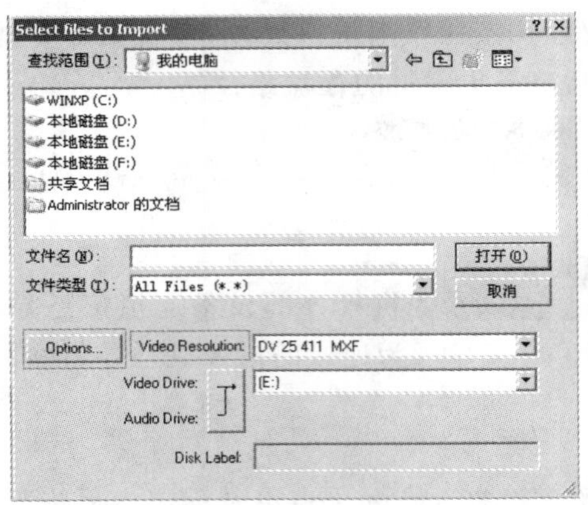

图 13-12 【素材导入】窗口

选择要导入的素材，指定分辨率（Video Resolution），指定视频、音频素材的硬盘驱动，在 Options 中选择素材需要另外指定的相应参数，单击【打开】即可。

（2）另外一种方法是指定好导入素材的 Bin 之后，在菜单栏中执行 File/Import 命令，内容同上。

注意：在 Bin 窗口中的任意显示方式下均能导入素材。

（3）Video Resolution 视频分辨率（即视频格式）需要用户指定素材的分辨率。一般的 DV 磁带拍摄的素材都选择 DV/25/420 的分辨率。

（4）在弹出的【打开素材】对话框中，需特别注意 Options 命令。如图 13-13 所示。

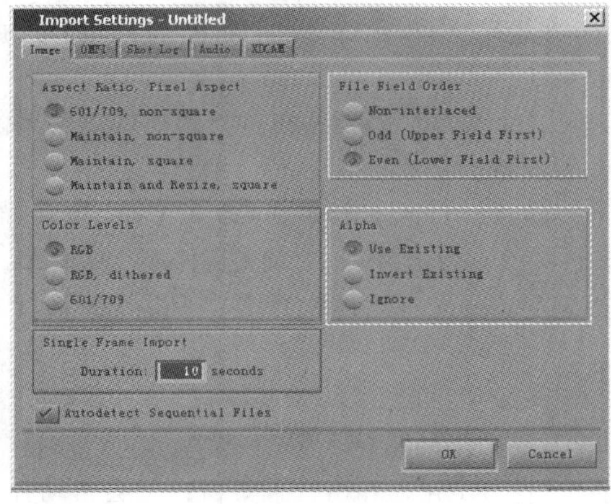

图 13-13 Options 的对话框

① Aspect Ratio，Pixel Aspect 选择区域内的选项用来选择导入素材的像素大小和比例。其中：

“601/709，non-square”选项表示 601/709 非方形像素；符合 N 制或 PAL 制的 4∶3 宽高比的图像使用此选项。

“Maintain，non-square”选项表示保持，非方形像素；在非方形像素环境中创建的，不完全符合 N 制或 PAL 制尺寸的图像使用此选项。

"Maintain，square"选项表示保持，方形像素；在方形像素环境中创建的图像，用于不能调整大小和不适合满屏显示的图像。

"Maintain and Resize，square"选项表示保持、调整大小，方形像素。适合在方形像素环境中创建的图像，软件会对其画面显示进行调整，以适合全屏大小。

② "File Field Order"选项区域内的选项用来选择导入素材的场序。

Non-interlaced 选项表示非交错场；

Odd（Upper Field First）选项表示上场优先；

Even（Lower Field First）选项表示下场优先。

③ Color Levels 选项区域内的选项用来选择导入素材的色阶。

RGB 选项：大部分数字图像都使用 RGB 色彩等级；

RGB，dithered 选项：导入图形具有复杂的色彩效果并使用高分辨率时，选此项。

④ Alpha 选项区域内的选项用来选择含有 Alpha 通道的素材的相关选项。

Use Existing 选项表示使用现有的 Alpha 通道；

Invert Existing 选项表示反转现有的 Alpha 通道；

Ignore 选项表示忽略 Alpha 通道。

⑤ Single Frame Import 选项区域内的选项用来选择导入图像文件（或单帧视频）的持续时间。修改时间数值即可。

⑥ Auto detect Sequential File 选项用来选择是否以序列方式导入素材。导入动画等序列文件时，勾选此项。

2. 简单编辑操作

导入素材后需要对素材进行编辑操作，Avid MC 的基本操作界面如图 13-14 所示。

图 13-14 编辑操作界面

（1）插入与覆盖方式。

① 在 Bin 窗口中选择要编辑的素材，双击素材名称前的图标，使素材进入素材窗口。

② 素材窗口下的播放与打点控制条，是打入点，

是打出点。按素材的起止点打入出点，清除入出点。蓝色线为时间标记线。在素材窗口中通过打入点和打出点确定镜头的长度。

注意： 打入点时，素材窗口的左侧会出现锯齿状图形，它表示此刻存在一个入点。打出点后，则右侧会出现锯齿状图形。若在时间线上打点，合成窗口显示同理。如图 13-15 所示。

图 13-15　打入点的素材窗口

③ 在【时间线】窗口中，拖动指针确定要插入或覆盖的起始位置。在视频、音频轨道选择器里选择要插入或覆盖的轨道。

视音频选择器分素材窗口视频、音频轨道选择和合成窗口视频、音频轨道选择。如图 13-16 所示。

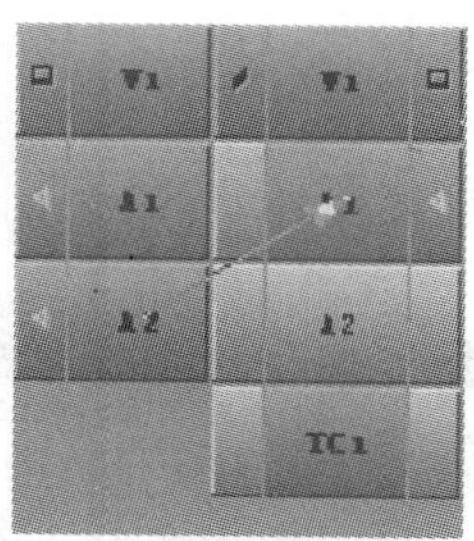

图 13-16　素材、合成窗口轨道

左侧为素材窗口轨道选择，右侧为合成窗口轨道选择，中间是同步按钮。素材窗口和合成窗口的监视和监听开关分别置于最左侧和最右侧。选择和非选择状态如图 13-16 所示。

通过拖动轨道选择按钮可以改变“素材窗口轨道”和“合成窗口轨道”的对应关系。

注意： 如果只有素材窗口内有素材，那么选择器也只有素材窗口选择器。

④ 单击【插入】按钮或【覆盖】按钮完成操作。

(2) 片段移动方式。

【时间线】窗口最下方有两个按钮，分别是插入片段移动方式按钮和覆盖片段移动方式按钮。单击这两个按钮之一，进入片段移动方式。

在时间线上可以通过该方式用鼠标拖动内容片段到用户想要的位置上。按住 Shift 键可以多选要移动的片段轨道，在移动过程中按住 Ctrl 键自动吸附到片段首部边缘；按住“Ctrl＋Alt”组合键自动吸附到片段尾部边缘。

这两者的区别在于：

插入片段移动方式：选择的片段被移动后，其后面的内容会自动前移。当选择的片段放置入某位置时，片段以插入方式插入到某位置，不会影响其他内容。

覆盖片段移动方式：选择的片段被移动后，该片段的空间不会被后面的内容填充，而是保留。当选择的片段放入某位置时，片段以覆盖方式进入，会取代原来的内容。

注意：插入片段移动方式不能将片段随意在时间线上移动，只能在时间线上已有片段内容之间进行插入移动。

再按一次按钮，或在时间线下方空白处单击鼠标左键即可退出该方式。

(3) 删除时间线上的片段。

① 在时间线上打好要删除内容的入点和出点，以选定删除片段区域(变成深紫色)。

② 指定要删除片段的轨道，否则很容易误删其他轨道的内容。

③ 单击【提取】按钮或者“举起”按钮，完成删除操作。

④ 删除时间线上所有内容，将时间线的起止打好入点、出点，单击【提取】按钮即可。

注意：【提取】工具删除片段后，其后面的内容自动前移。【举起】工具删除片段后，将保留原删除片段的空间位置。

(4) 一些常用的编辑快捷键。

入点：I/E；　出点：O/R；　入出点：T；　清除入点：D；

清除出点：F；　清除入出点：G；　插入：V；　覆盖：B；

提取：X；　举起：Z；　放大/缩小时间线：Ctrl+]/[；

放宽/放窄时间线：Ctrl+L/K；

←/标记可以单帧步进搜索素材，常按则快速搜索。

注意：Avid MC的时间线指针是由两条垂直的蓝色线构成的，实线表示一帧画面的头，虚线表示一帧画面的尾。打点的时候请注意这个问题。如图13-17所示。

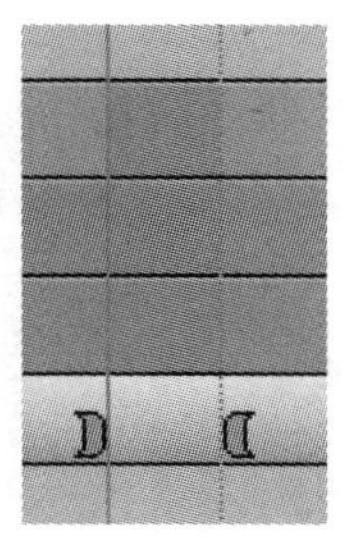

图 13-17　时间指针

3. 精修编辑操作

【精修】(Trim)编辑是Avid MC提供给用户的一种对画面进行精编的操作模式。要进入精修模式，需要单击【精修模式】按钮。

进入精修模式之后，如图13-18所示，素材窗口和合成窗口分别变成A边窗口和B边窗口。A边窗口显示的是编辑点之前的片段的最后一帧画面，B边窗口显示的是编辑点之后的片段的第一帧画面。时间线上片段之间的编辑点出现【边选择器】，选择要编辑的视频、音频轨道后开始编辑。

图 13-18 【精修模式】界面

Avid MC 提供的精修模式有三种编辑方式。

（1）双边编辑方式：将鼠标放在编辑点上，按住左键向左或右拖动编辑点，即可实现双边编辑。这种方式对编辑点前后两段素材都进行了改变。例如：向左拖动编辑点后，前一段内容的结尾处被剪掉，后一段内容的开始处被延长出来，两段内容都发生了变化。窗口会有显示。

« 按钮和 » 按钮表示步进 10 帧进行带前和带后搜索；‹ 按钮和 › 按钮表示步进 1 帧进行带前和带后搜索。

（2）单边编辑方式：先将鼠标放在 A 边或 B 边窗口上单击左键，选择要编辑 A 边还是 B 边。然后用按住鼠标左键，拖动编辑点，只有被选择的一边的素材内容发生了变化。所以称为单边编辑。如图 13-19 所示。

注意： 表示选择 A 边的状态，绿线代表外接监视器将要显示的画面。

图 13-19 单边编辑模式

(3) 滑动编辑方式：这种方式下又包含有两种选项，分别为：

Select Slip Trim 选项：片段内容滑动方式。只改变片段的内容，不影响它的位置和时间长度。

Select Slide Trim 选项：片段位置滑动方式。只改变片段在时间线上的位置，不会影响片段的内容和时长。选中编辑点，单击鼠标右键打开菜单进行选择即可。如图 13-20 所示。

按 ESC 键或再次单击【精修模式】图标或在时间线下方空白处单击即可退出精修模式。

4. 删除素材

(1) 在 Bin 窗口中选中要删除的带有媒体文件的素材，按 Ctrl 键进行多选。然后按 Delete 键，会弹出一个删除素材的对话框。在这个对话框中需要选择是删除主文件(Master Clips)还是彻底删除媒体文件(Media Files)。如图 13-21 所示。

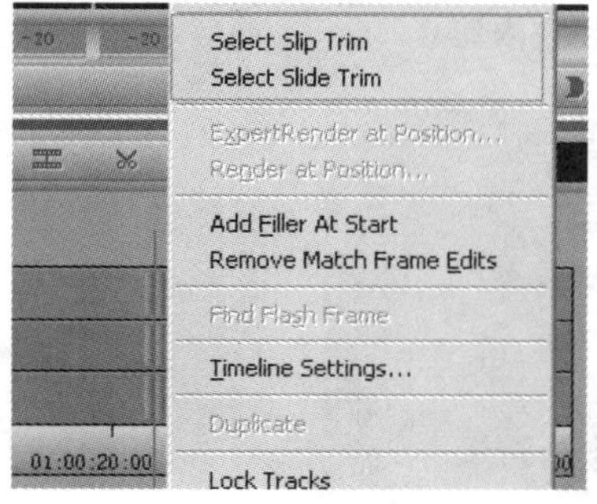

图 13-20　滑动编辑方式

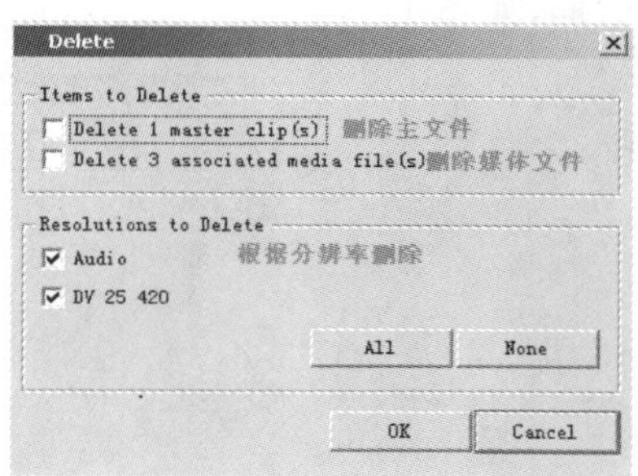

图 13-21　【删除素材】对话框

(2) 删除没有媒体文件的素材时，直接删除即可。

5. 其他相关工具与设置

(1)【添加编辑点】工具。用于分割一段完整的素材片段。如图 13-22 所示。

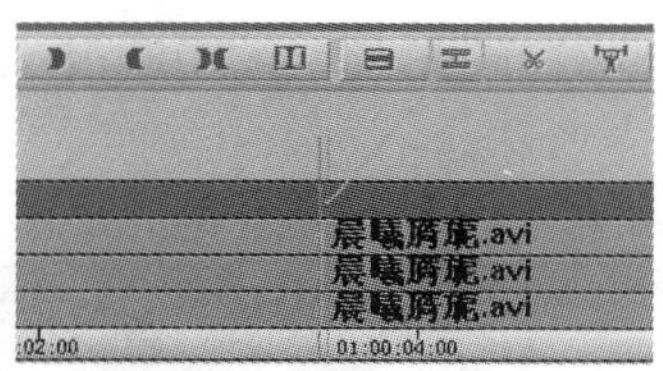

图 13-22　【添加编辑点】工具

(2) 单击【时间线】窗口左下角的 Fast Menu 图标，然后选择 Clip Frames 命令，时间线上的内容片段将以首帧显示方式出现。如图 13-23 所示。

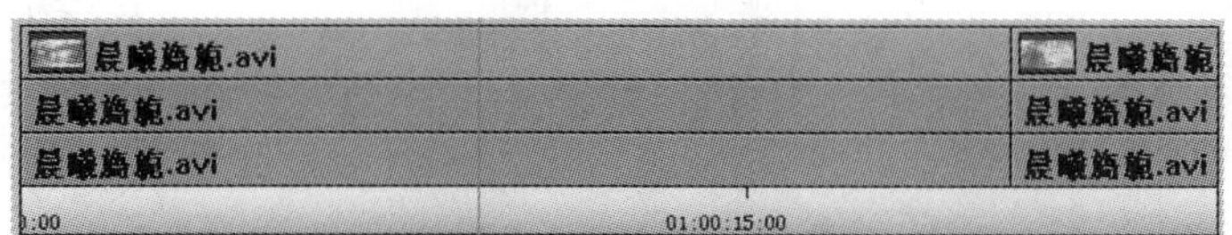

图 13-23　首帧显示方式

选择 Show Track/Flim 显示影片轨道，使素材片段的逐帧显示。如图 13-24 所示。

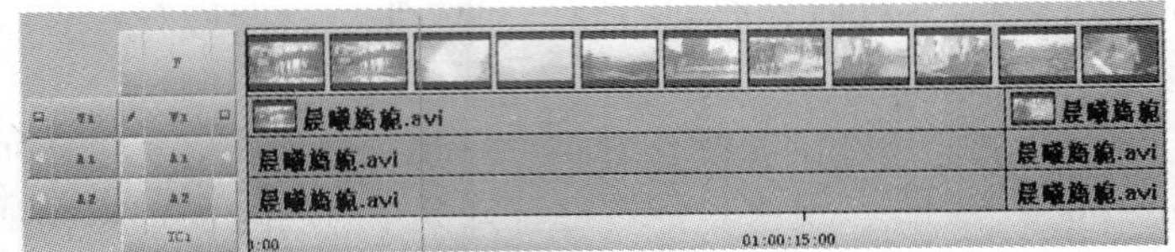

图 13-24　逐帧显示方式

注意：Avid MC 十分注重轨道的选择和打入点、出点的操作习惯。在很多编辑工作中，要确定的第一件事就是选择好要操作的轨道，否则会造成其他内容被误操作。而打入点、出点的剪辑习惯也是初学者必须要养成的，Avid MC 不推荐使用鼠标随意拖曳移动素材。

(3) 媒体工具(Media Tool)。在菜单栏中执行 Tools/Media Tool 命令，打开【媒体工具】对话框，如图 13-25 所示，在该对话框中选择要显示的内容。

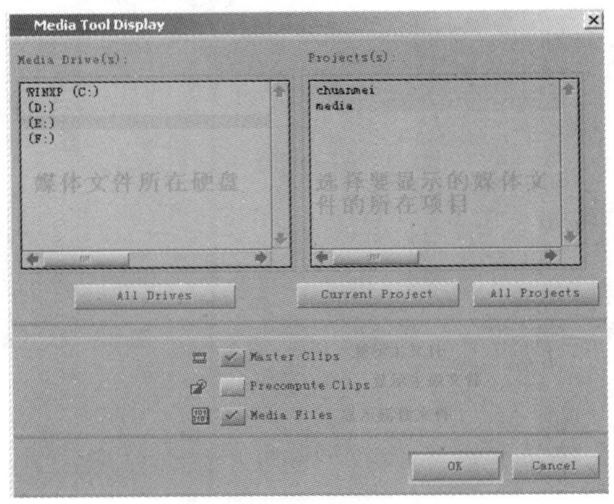

图 13-25　【媒体工具】对话框

单击 OK 按钮后，Media Tool 打开，在 Media Tool 中选中需要的内容，直接拖曳到项目中的 Bin 窗口中即可。如图 13-26 所示。

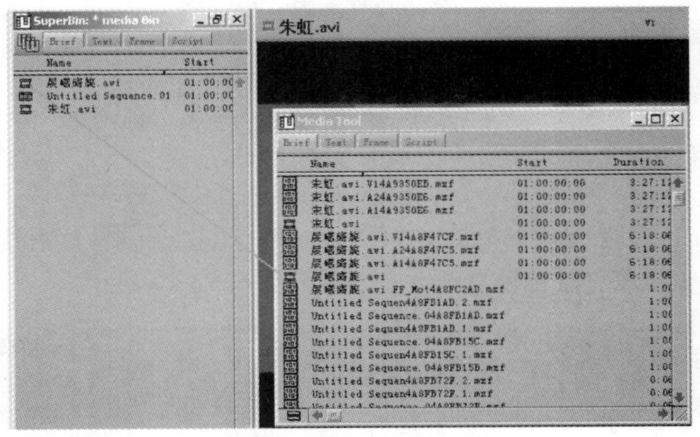

图 13-26　Media Tool 窗口

(4) 时间码显示。在素材窗口和合成窗口的上方区域都有时间码显示栏，单击时间码显示栏后，会出现若干种时间码，提供给用户做不同的参考。如图 13-27 所示。

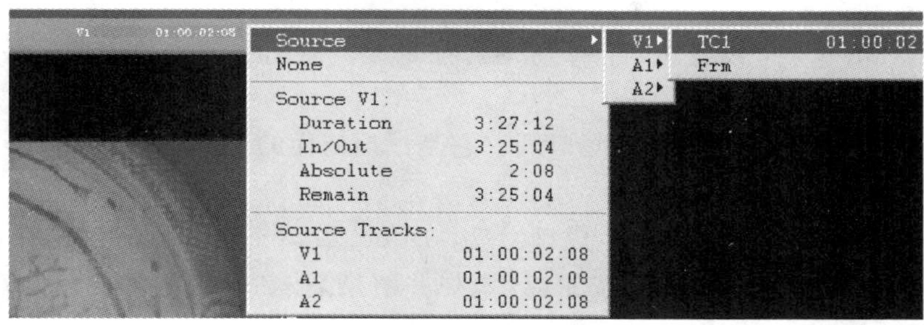

图 13-27　时间码显示方式

三、快速转场

1. 转场的添加

将指针放在要添加转场的编辑点附近，单击【快速转场】按钮(如图 13-28 所示)，弹出【快速转场】设置面板，如图 13-29 所示。

图 13-28　添加转场

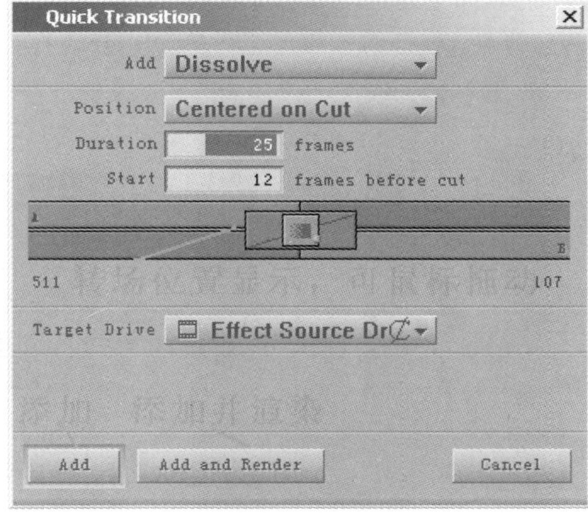

图 13-29　【快速转场】设置

（1）Add 选项：添加转场类型。有 6 种转场类型可供选择。

（2）Position 选项：添加转场的位置。有编辑点中间、编辑点前、编辑点后以及自定义四个选项。

（3）Duration 选项：设置转场持续时间。注意编辑点前后两个片段要为转场留出足够用的内容时间。

（4）Start 选项：编辑点前的转场时间。它是根据前面的 Position 和 Duration 两个设置完成后自动算出的。

（5）Target Drive 选项：效果生成目标盘。Effect Source 是指素材所在的驱动硬盘。

将参数设置好后，单击【添加】按钮或【添加并渲染】按钮，转场效果将被应用于编辑点之间。

2. 转场的类型

快速转场的类型如图 13-30 所示。

（1）Dissolve 命令：叠画转场特效。

（2）Film Dissolve 命令：电影叠画。

（3）Film Fade 命令：电影渐隐。

（4）Fade to Color 命令：淡出到单色。默认为黑色，即淡出为黑场。

（5）Fade from Color 命令：由单色淡入。默认为黑色，即由黑场淡入。

（6）Dip to Color 命令：闪烁色。默认转场颜色为黑色，可以做淡入、淡出效果，也可以做闪白效果。

3. 制作闪白转场效果

（1）选择好要添加效果的轨道，将指针放在要添加闪白效果的编辑点附近，打开【快速转场】设置面板。

（2）选择 Dip to Color 转场类型，根据节目内容需要将持续时间缩短为几秒钟不等。

（3）将选中的转场类型放在编辑点中间，添加并渲染。如图 13-31 所示。

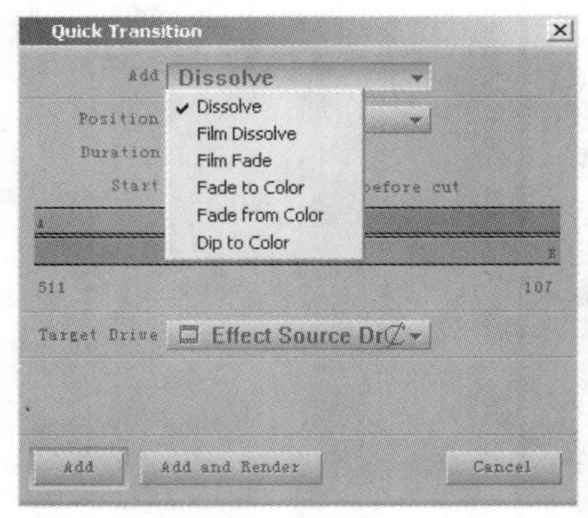

图 13-30　转场类型

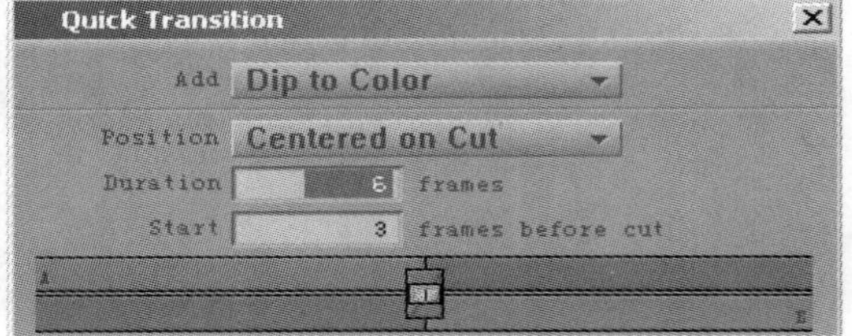

图 13-31　转场位置

（4）因为转场的默认颜色是黑色，所以此时看到的画面是闪烁黑色的效果。如图 13-32 所示。

图 13-32 默认转场颜色

(5) 打开特效编辑器，选择 Background(背景)项(如图 13-33 所示)，选择白色作为背景色，单击【确定】按钮，黑色即被白色代替，闪白效果就实现了。

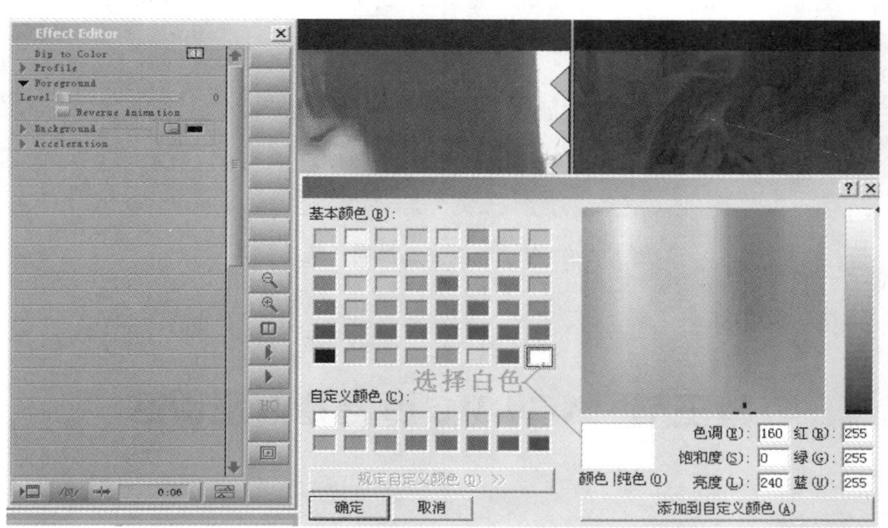

图 13-33 在特效编辑器中设置背景颜色

(6) 如果对闪白效果的时长不满意，还可以继续打开【快速转场】按钮进行设置。

4. 要删除转场效果，将时间线指针放在含有转场特效的编辑点附近，单击【取消特效】图标 ⊘ 即可。

5. 给多个编辑点应用同一个转场效果。

(1) 在时间线上打入点和出点将多个编辑点包含进入点、出点之间的区域。选择好轨道。

（2）打开【快速过度】按钮，调整参数后，选择 Apply To All Transition(IN-OUT)命令。如图 13-34 所示。

图 13-34　Apply To All Transition(IN-OUT)的设置

（3）添加过渡后并渲染，即可实现多个编辑点处同时施加了同一个转场效果。如图 13-35 所示。

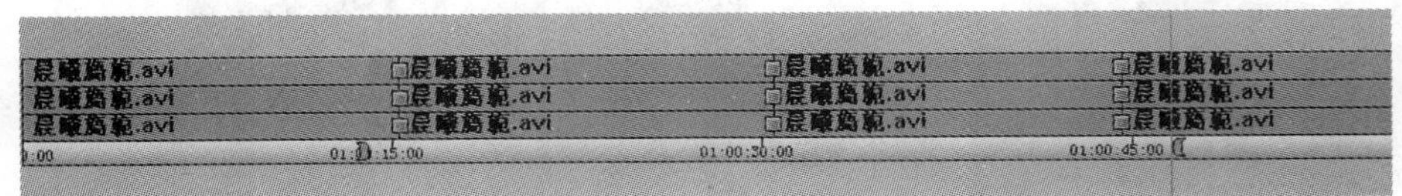

图 13-35　多个编辑点施加同一转场效果

第三节　Avid MC 基础特效及调色

一、Avid MC 基础特效的制作

1. 静帧的制作方法

（1）在素材窗口中找到要制作静帧的图像的位置。

（2）在菜单栏中执行 Clip/Freeze Frame 命令，如图 13-36 所示，在下拉菜单中选择要制作的静帧画面的持续长度。Other 选项可以自定义时间。

（3）确定长度后，弹出对话框，选择静帧图像要放置的硬盘路径。

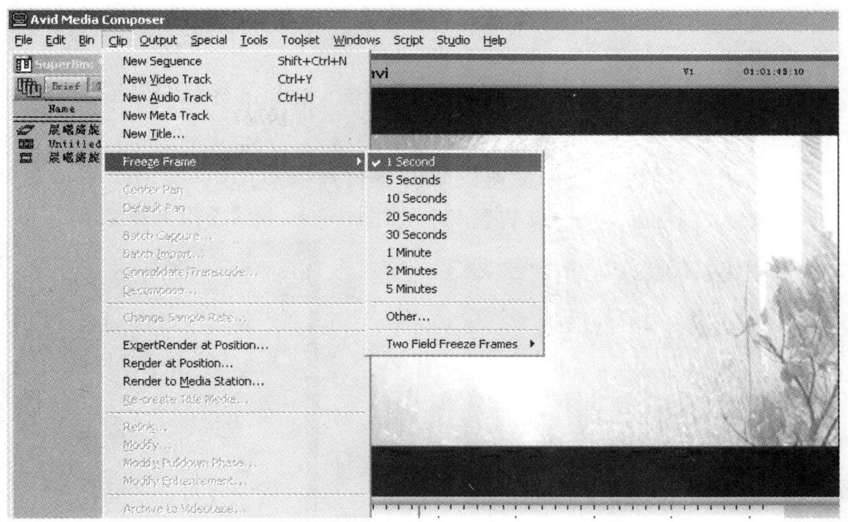

图 13-36　【静帧制作】的级联菜单

(4) 制作完成的静帧图像会自动进入素材窗口，并在 Bin 窗口中显示。如图 13-37 所示。它的图标和文件名已经有所变化。FF 就为静帧之意。

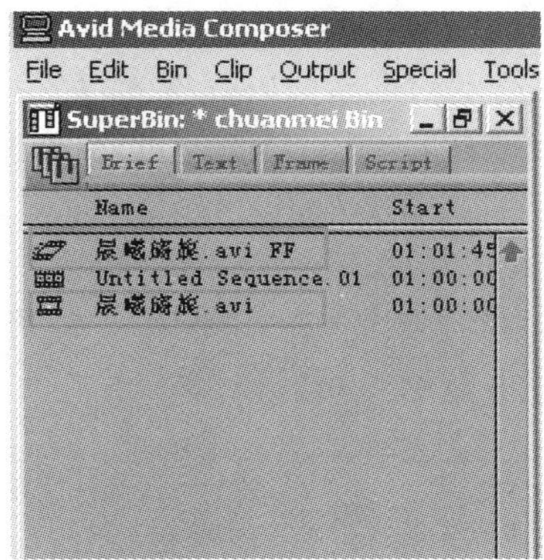

图 13-37　新建静帧文件后在 SuperBin 窗口的显示

2. 变速特效效果

(1) 在【操作】面板上添加变速按钮。

① 在菜单栏中执行 Tools/Command Palette(命令面板)命令。快捷键“Ctrl+3”。

② 弹出命令面板后，打开 FX 选项卡，找到 Motion Effect 变速特效图标。如图 13-38 所示。

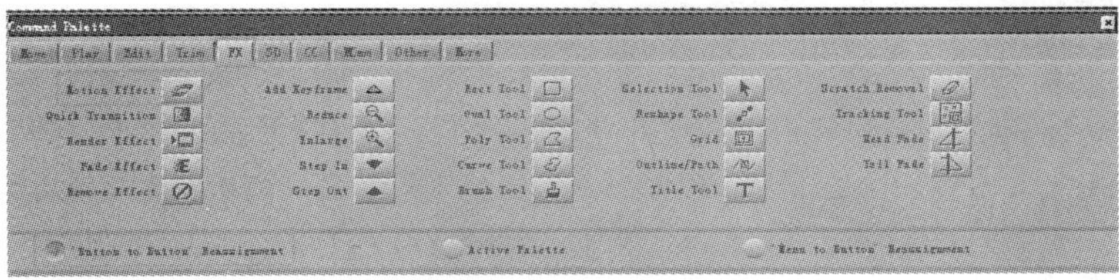

图 13-38　【命令】面板

注意：要在 Button to Button（按钮到按钮）选项下执行操作。若需要添加其他的按钮，方法同此。

③ 按住 按钮，将其拽至工具面板中的空白位置，松开鼠标，该按钮即被添加到工具面板上。如图 13-39 所示。

(2) 在素材窗口中选择将要制作变速效果的素材片段，打入点和出点确定素材的长度。

(3) 单击【变速特效】按钮，打开设置窗口。如图 13-40 所示，相关设置如下：

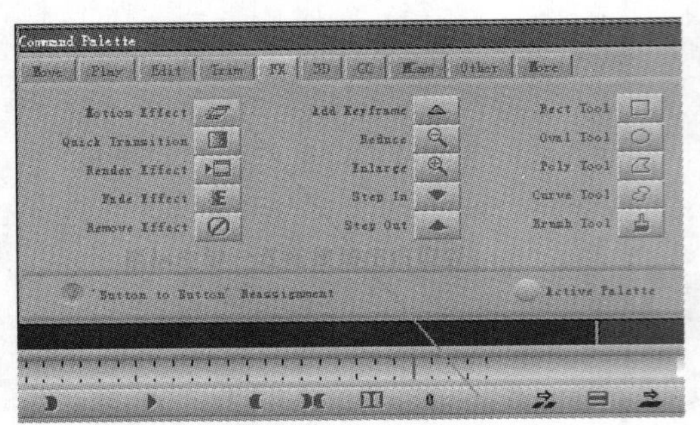

图 13-39 【命令】面板添加按钮的方式

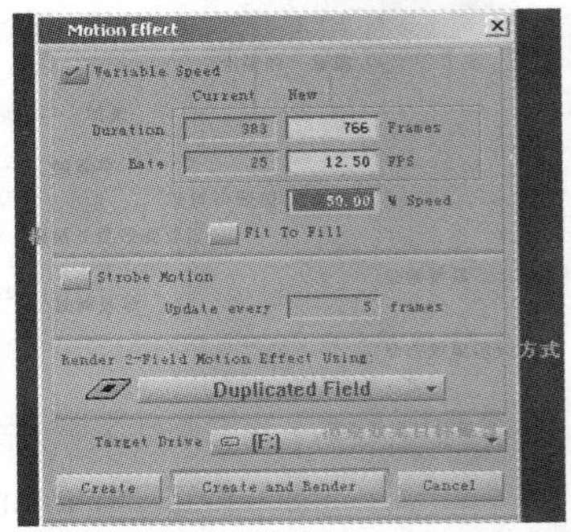

图 13-40 【变速特效】设置窗口

① 直接改变速度值即可实现变速效果。默认 50% 为变慢速度，大于 100% 为变快速度。若选择 Fit To Fill 命令，则所变速度根据素材的长度来改变。

② 选择【抽帧】选项后，抽帧效果即可以完成，用户根据节目需要可以对抽帧的数量进行自定义修改。抽 5 帧的含义是：从第 1 到第 7 帧之间的 2、3、4、5、6 这 5 帧被抽走。

③ 动态效果渲染有四种方式。如图 13-41 所示。

Duplicated Field：重复场。在特技中只显示单场，一般静态画面应选此项。

Both Fields：双场。在特技中显示双场。

Interpolated Field：插入场。对原始媒体的第一个场扫描时创建特技的第二个场。它对动态强烈的画面进行渲染的效果最平滑。

VTR-Style：VTR 风格通过完整的扫描线切换原始媒体的选定视频场序，并创建特效的第二个场。

④ 确定好效果目标磁盘之后，单击 Creat and Render 创建并渲染。此时在 Bin 窗口中会出现带有变速效果图标和文字说明的素材名称。如图 13-42 所示。

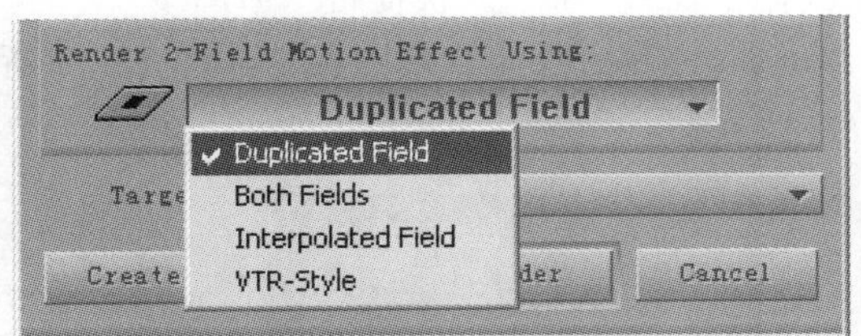

图 13-41 四种渲染方式

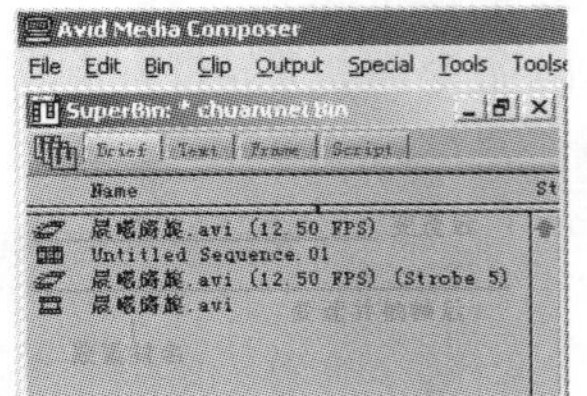

图 13-42 制作变速效果后的素材名称

注意：必须在素材窗口中确定要变速的素材片段，而不是【时间线】窗口。

(4) 在特效面板里也可以选择【变速特效】按钮给素材做变速效果。

① 打开项目窗口中的【特效】面板。如图 13-43 所示。左侧一栏为特效种类，右侧是该种类下的具体特效命令。

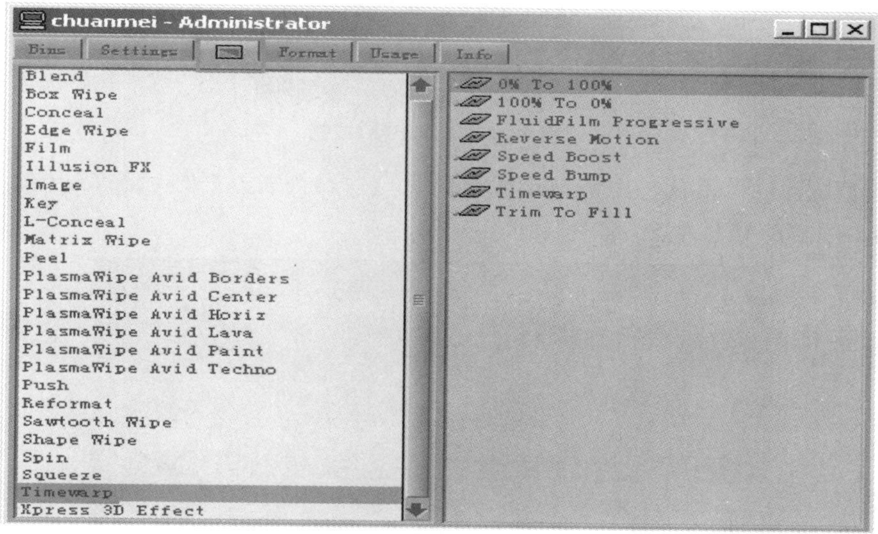

图 13-43　特效面板

② 选择 Timewarp 特效类型，在右侧项目栏中选择需要的特效，将其拖曳到时间线上的内容片段上。如图 13-44 所示。

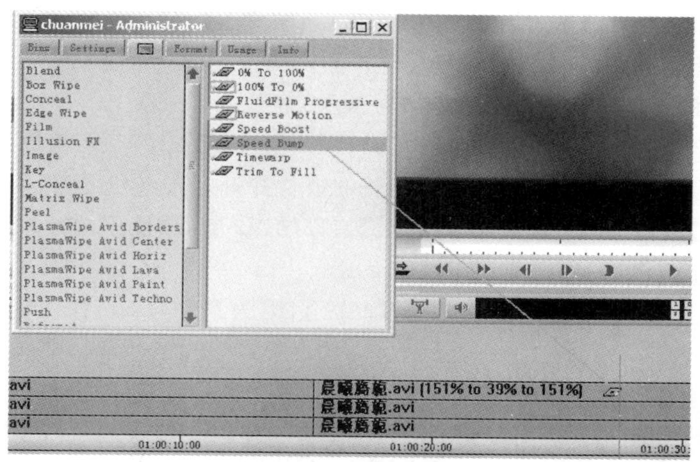

图 13-44　给片段施加特效

注意：特效图标前有绿点的特效是实时特效，不需要渲染；不带绿点的特效是非实时特效，需要渲染后才能监看效果。

(5) 变速特效必须在素材窗口中进行，但是用户往往都习惯在时间线上(合成窗口中的显示画面)确定要做变速的内容片段，所以这就造成了一个矛盾。为了解决这个矛盾，用户可以使用【匹配帧】(Macth frame)按钮，在【时间线】窗口中确定好素材后，在素材窗口中快速找到要变速的素材的入点和出点。方法如下：

① 在【时间线】窗口上的【工具】面板中找到快捷菜单，打开后找到【匹配帧】按钮。如图 13-45 所示。

图 13-45 【匹配帧】按钮

② 用鼠标左键单击这个图标即可实现【节目】窗口内容与【素材】窗口内容快速匹配。【素材】窗口中自动打上入点。如图 13-46 所示。

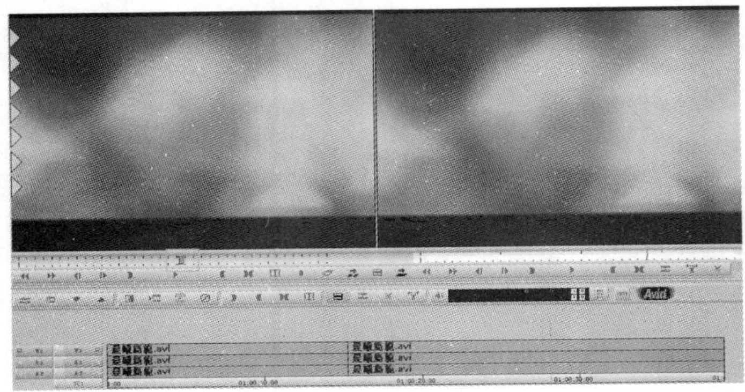

图 13-46 做匹配帧后的效果

③ 有了入点之后，在【素材】窗口中寻找出点，做变速特技。步骤同上。

3. 画中画特效效果(Picture-in-Picture)

(1) 将选用的视频素材分别放置在 V1 和 V2 轨道上。

① 创建新的视频轨道 V2，快捷键是“Ctrl＋Y”(创建新的音频轨道快捷键是“Ctrl＋U”)。

② 在【素材】窗口中选择将要放入 V2 轨的素材并打好入点和出点。

③ 将【素材】窗口的 V1 轨对应到【合成】窗口的 V2 轨，改变素材窗口的 V1 轨的对应关系(使用鼠标直接拖曳即可)。如图 13-47 所示。

④【节目】窗口的轨道选择器只选择 V2 轨道(因为只对 V2 轨操作)。将时间线指针拖至节目需要的位置。

⑤ 单击【覆盖】按钮，将素材放入 V2 轨道。

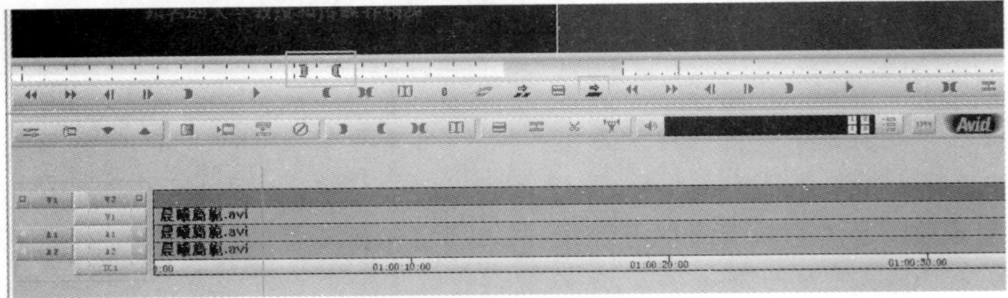

图 13-47 改变轨道对应关系

(2) 将【特效】面板打开，选择 Blend 类型下的 Picture-in-Picture 选项，将其施加给 V2 轨素材，画中画效果即可出现。如图 13-48 所示。

图 13-48 给片段添加画中画特效

(3) 对画中画特效进行更详细的设置，需要打开时间线上的特效编辑按钮，进入特效编辑模式。如图 13-49 所示。

① 位置中：H 表示水平方向，V 表示垂直方向。

② 裁剪中：T 控制画面顶部，B 控制画面底部，L 控制画面左侧，R 控制画面右侧。数值都从 0 到 999 变化。

③ 单击某个参数的按钮(激活状态为粉色)，可以直接输入数值，快速达到效果。

(4) 给画中画做关键帧动画。

① 在【特效编辑】模式下，【合成】窗口的首尾各出现两个关键帧按钮。如图 13-50 所示。

只要将【特效】编辑器打开，它们就会出现并处于激活状态，并且初始参数都一样。

② 在时间线上找到合适的位置，将指针定位好。单击【关键帧】按钮，添加一个关键帧。如图 13-51 所示。

注意：用鼠标选中激活一个关键帧按钮，另外一个自动关闭成为灰色。

③ 在【特效】编辑器上对“位置”的垂直方向参数做修改。如图 13-52 所示。

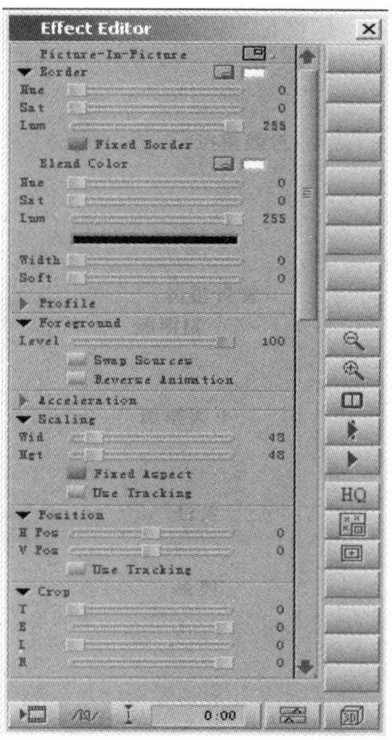

图 13-49 【特效】编辑器

图 13-50　首尾关键帧

图 13-51　添加关键帧

图 13-52　修改【位置】参数

④ 关闭【特效编辑器】，效果即可监看。若需要渲染，单击按钮，进行渲染。

(5) 关键帧操作。

① 添加关键帧：将蓝色标志线移动到需要的位置，单击【添加关键帧按钮】按钮。

② 删除关键帧：选中需要删除的关键帧，按 Delete 键即可。

③ 移动关键帧：按住 Alt 键并拖动需要移动的关键帧，直到新的位置。

④ 复制、粘贴关键帧的参数：选中要复制的关键帧并按"Ctrl＋C"键，在激活新的关键帧后，按"Ctrl＋V"键粘贴关键帧参数。

(6) 渲染特效。

① 在【特效编辑器】的左下角有渲染按钮，可以在添加的当前特效的界面中直接渲染。单击【渲染】按钮之后，选择要渲染的驱动器。Effect Source Drive 表示特效文件将保存到素材所在的硬盘。如图 13-53 所示。

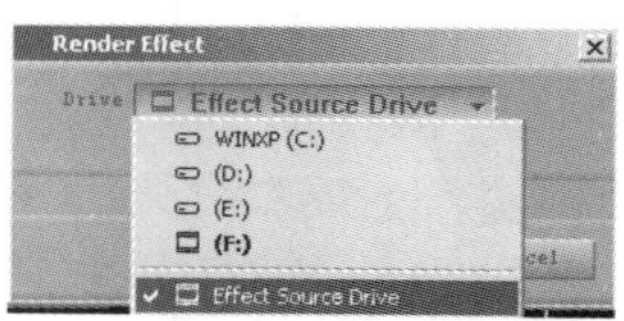

图 13-53　渲染特效

② 在时间线上，将指针移动到需要渲染的素材片段上，单击【时间线】窗口上的按钮，也可以渲染。弹出对话框与上述一致。

4. 键控特效

Avid MC 为用户提供了多种键控特效，以供不同拍摄环境条件下的使用。这些键控特效的原理都与其他软件相同，这里不再赘述。下面介绍 MC 键控特效的具体操作。

(1) Chroma Key(色键特效)。具体使用操作如下：

① 在时间线上将背景素材放入 V1 轨，将前景素材放入 V2 轨。

② 打开【特效】面板，选择 Key(键控特效)类型中的 Chroma Key(色键)特效。将其施加给前景素材(V2 轨)。如图 13-54 所示。

③ 打开【特效编辑器】，修改色键的具体调节参数，使画面更平滑、流畅。如图 13-55 所示。

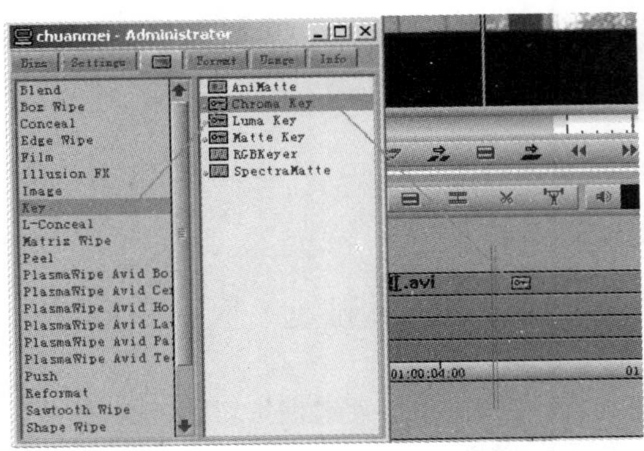

图 13-54　添加 Chroma Key(色键)特效

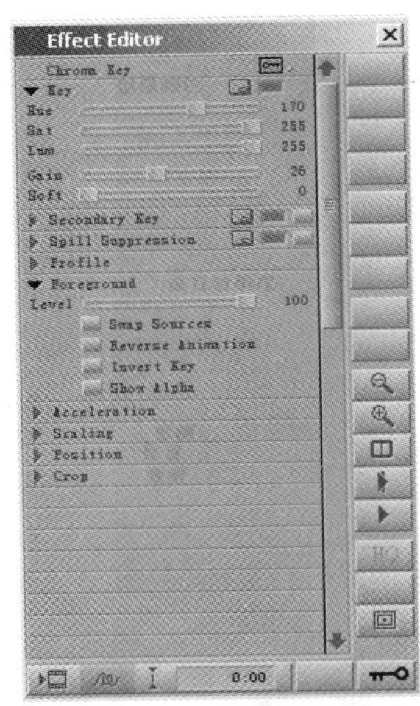

图 13-55　Chroma Key(色键)特效参数设置

④ 将光标放在抠像颜色的色块上，按住左键后，鼠标图标变成一只吸管。按住鼠标左键吸取要被透明的颜色，松开。在 Hue、Sat、Lum 三个选项中可以微调被透明的颜色的色调、饱和度和亮度。直到达到满意的效果为止。也可以直接单击【色彩选择】按钮，进行选择颜色。如图 13-56 所示。

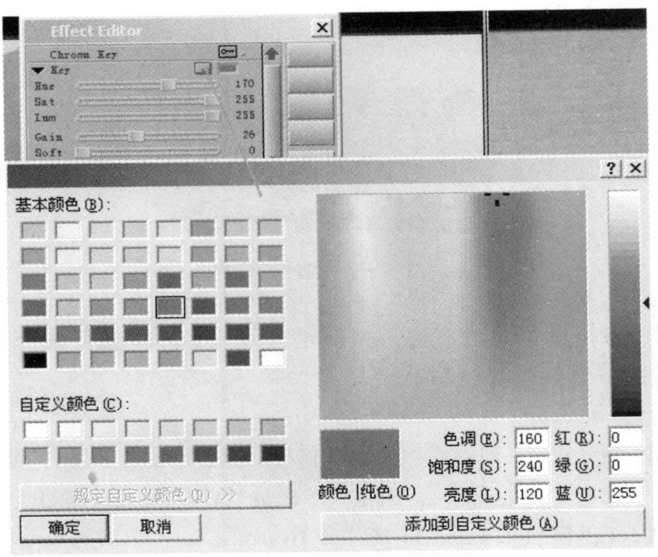

图 13-56　选择颜色

⑤ 调整 Gain(增益)参数，可以控制抠像的范围，调整 Soft 参数可控制抠像边缘的柔和程度。如图 13-57 所示。

图 13-57　调整 Gain、Soft 参数

(2) Matte Key(通道键)。

① 添加该特效的步骤同色键。

② 打开【特效编辑器】后，调整相应参数。如图 13-58 所示。Foreground 前景图像中的一些设置如下。

图 13-58　Foreground 参数设置

Swap Sources：交换前景和背景。

Reverse Animation：反转动画。

Invert Key：翻转键控通道。

Show Alpha：显示 Alpha 通道。

Scaling：前景素材的比例。

Position：前景素材的相对位置。

Crop：前景素材的裁剪。

通过 Scaling、Position、Crop 这三个参数可以详细控制前景图像。

(3)为一个片段添加多个特效：当一个素材片段上已有一个特效后，再添加第二个，需要按住 Alt 键，用鼠标拖曳入片段。当添加到片段上的特效出现蓝色点时，表示需要渲染；绿色点则表示不需要渲染。如图 13-59 所示。

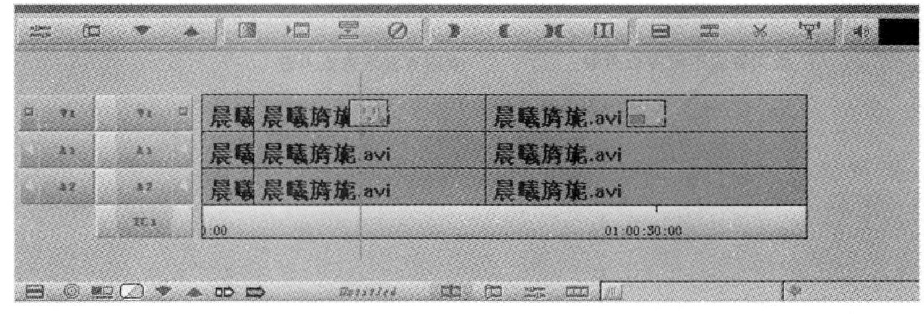

图 13-59　需要渲染的特效与不需要渲染的特效的区别

5. 其他特效简介

(1) 划变特效：Box Wipe、Conceal、Edge Wipe、Matrix Wipe。

(2) 遮罩特效：Film。

(3) FX 特效：Illusion FX。

(4) 翻转特效：Spin。

(5) 变速特效：Timewarp。

二、Avid MC 色彩校正

1. 在菜单栏中执行 Toolset/Color Correction 命令，进入【色彩校正模式】界面（如图 13-60 所示）

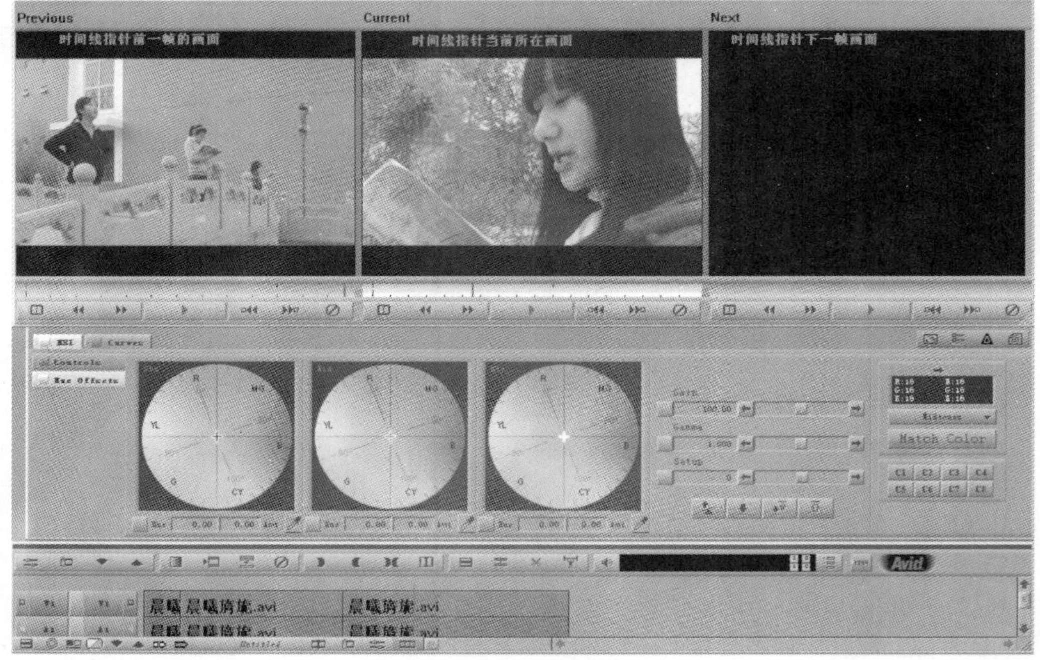

图 13-60 【色彩校正模式】界面

2. Avid MC 的色彩校正模式

Avid MC 为用户提供了两种色彩校正模式。一个是 MSI 色调模式，一个是 Curves 曲线模式。MSI 模式可以理解为 HSL 模式，根据图像的亮度、色度和饱和度来调整。曲线模式则可以理解为根据 RGB 模式原理进行调色。

3. MSI 色调模式

(1) 在 MSI 模式下的 Hue offset 色调偏移选项中对颜色进行校正。有三种方式：通过拖动鼠标左键进行手动调节；通过直接输入色调数值和用吸管吸取需要的颜色也可以调色。如图 13-61 所示。

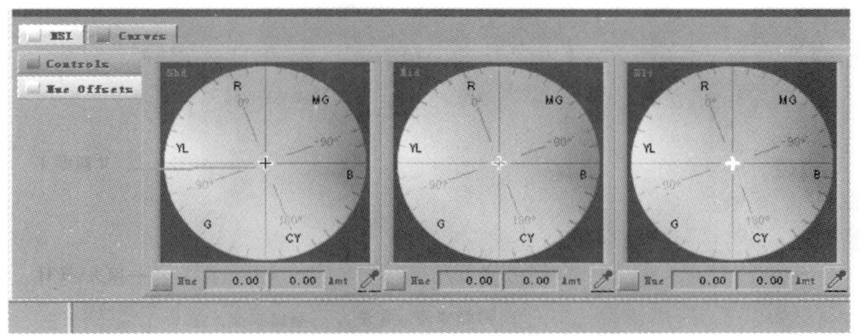

图 13-61　Hue offset 色调偏移选项

(2) 对画面 Gain 值和 Gamma 值进行调节，并校正画面的白平衡或黑平衡。如图 13-62 所示。

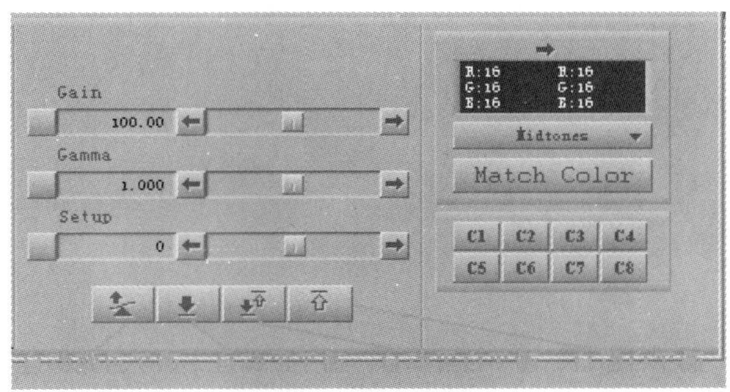

图 13-62　调色

(3) 在 MSI 模式下的 Controls(控制)选项下，调节各项参数。如图 13-63 所示。

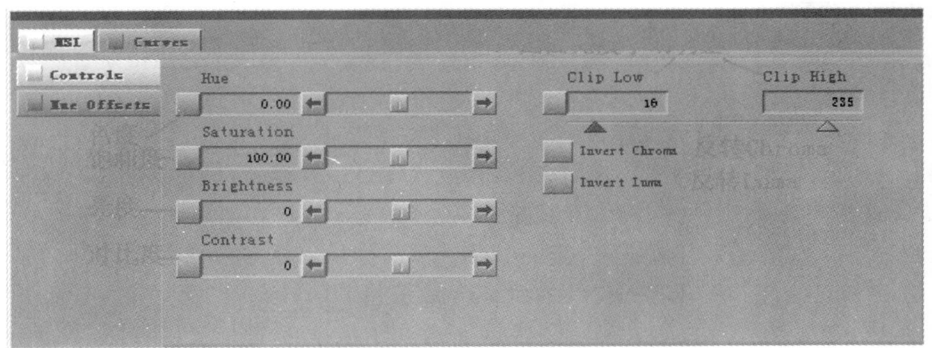

图 13-63　Controls(控制)选项

4. Curves(曲线调整)模式

用户可以根据 R、G、B 以及灰度调整图像色彩。用鼠标左键在需要调节的色域上拖曳曲线即可。曲线调整方式直观地为用户显示了色彩的对应关系，用户可以直接根据曲线斜上方和斜下方的颜色标准进行调色。如图 13-64 所示。

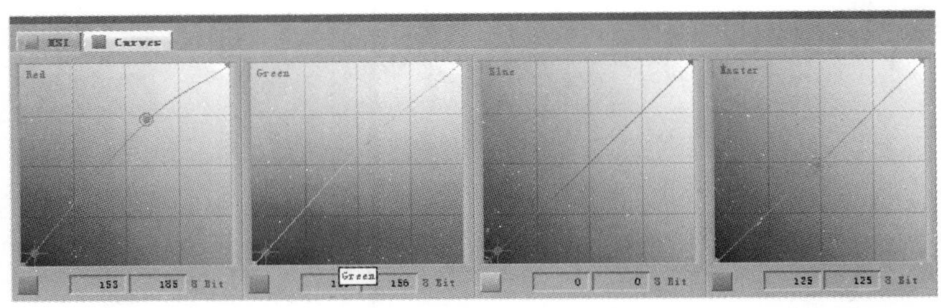

图 13-64　Curves(曲线调整)模式

5. 色彩匹配功能

Avid MC 为用户提供了非常直观的色彩匹配功能，用户可以直接根据【显示器】窗口上显示的画面进行不同画面的色彩匹配。如图 13-65 所示。

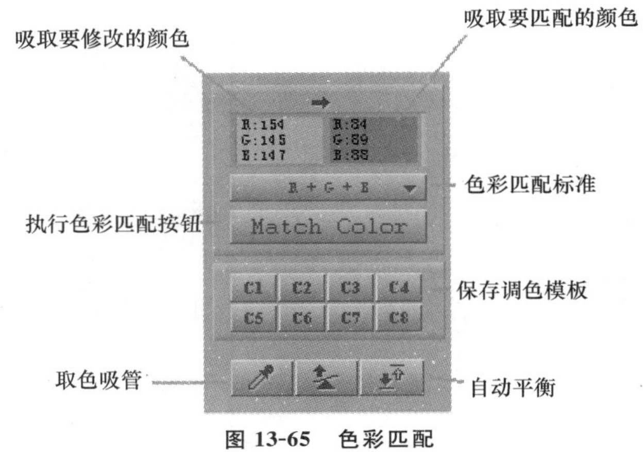

图 13-65　色彩匹配

具体操作步骤如下：

(1) 时间线指针放在将要匹配的画面上，单击左边框后，鼠标会变成吸管，按住不放，吸取要修改的颜色。

(2) 继而再按住右边框后去吸取要匹配的目标颜色。

(3) 使用 RGB 色彩标准，单击 Match Color(匹配色彩)按钮，即可实现效果。

6. 保存调色设置

用户经常在自定义调色效果后，需要保存这个设置参数作为调色模板，方便应用于其他画面。Avid MC 为用户提供了 8 个保存调色参数模板。

具体方法是：按住 Alt 键，单击 C1 到 C8 这 8 个模板中的一个，即可将设置保存在里面。如，单击了 C1，那么该图标变成调色效果图标：[图标] C2 C3 C4。用户在需要时，可以直接左键单击该图标，它保存的调色参数相应的色彩效果即可出现在监视器上。

7. 整体调色

如果时间线上只有 V1 一个视频轨道，那么 Avid MC 只对 V1 轨上时间线指针放置的素材片段进行调色。如果用户需要对所有镜头都进行调色处理，需要在时间线上再添加一个视频轨道 V2，那么调色后，Avid MC 会在 V2 轨上建立一个 Filler 片段，包含了所有 V1 轨下的内容。这样，所有的片段内容都可以完成调色。如图 13-66 所示。

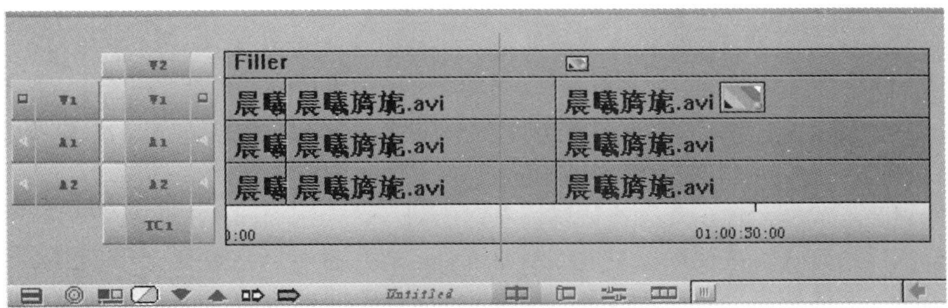

图 13-66 整体调色

第四节 Avid MC 字幕与音频制作

一、Avid MC 字幕制作

Avid MC 为用户提供了两种字幕制作方式。一种是 Title Tool(简单字幕工具),另一种是高级字幕工具(Marquee)。用户可以根据需要,选择其中一种字幕工具。需要说明的是,这两种字幕工具不能共存于项目工程,只能选择其中之一来进行制作。

1. 简单字幕工具介绍

在菜单栏中执行 Tools/Title Tools 命令,弹出对话框,选择右侧 Title Tools 按钮。如图 13-67 所示。

打开 Title Tool(简单字幕工具)面板。用户可以根据字幕安全框给出的范围,书写文字。如图 13-68 所示。

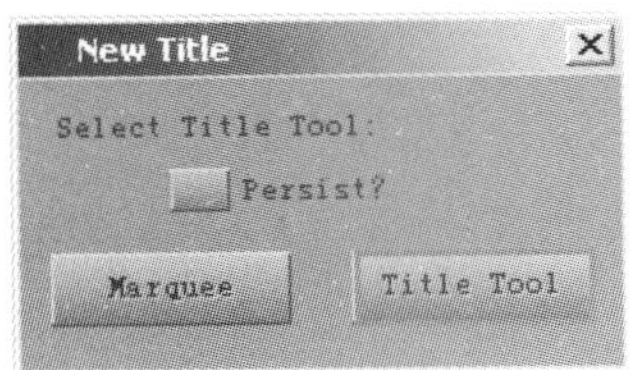

图 13-67 新建字幕

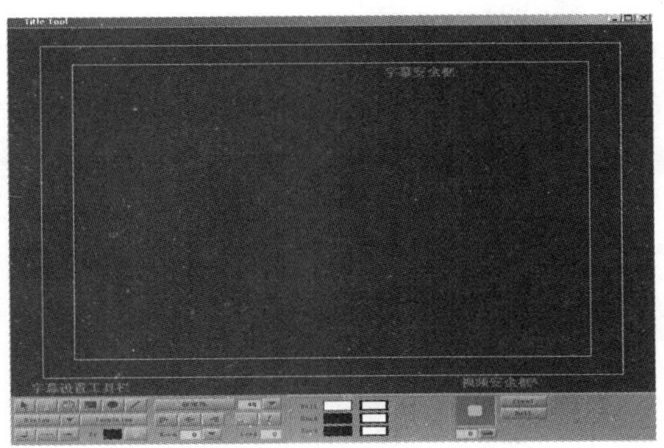

图 13-68 字幕窗口

字幕设置工具栏具体介绍:

选择工具。用于选中整体的文本框,移动或复制文字。

文本工具。单击后输入文字。

移动工具。用于移动图表和文字的工具。但是随着大分辨率显示器的普及，这个工具基本上不用。

绘制正方形或矩形工具。按住鼠标左键拖动即可绘制矩形，按 Shift 键画正方形。

绘制圆形或椭圆形工具。按住鼠标左键拖动即可绘制椭圆，按 Shift 键画圆形。

绘制线条工具。按住鼠标左键绘制即可，按 Shift 键可以画垂直、水平线条。

字体选择工具。字体名称前带@符号的是竖排版的字体。

字体大小选择。

字幕风格及字幕模板。用户可以将自定义的字幕风格和字幕模板保存在这里，方便调用。

字体在文本框中的位置（右、中、左），以及加粗和斜体字。

边角圆滑工具。

【关闭】/【打开】/【粗细】/【选择】边框。虚线表示关闭状态，单击鼠标打开后可以选择描边效果的粗细程度。也可以自定义粗细。需要与描边工具一同使用。

背景色及背景显示开关。V 字点亮，表示显示当前时间线指针停留的画面，V 字关闭则不显示时间线上的画面。关闭显示后，鼠标单击 Bg 色块，可以选择其他颜色做字幕的背景。

字间距。

行间距。

左侧方框内是选择各个属性的颜色，单击方框内的颜色即可弹出【色彩调整】对话框。在右侧方框内选择相应属性的颜色的透明度，方法同上。

数字可以改变阴影的大小，用拖曳白色框可以调整阴影的位置和方向。

2. 使用【简单字幕】制作渐变字并添加阴影效果和描边效果

(1) 使用【文本】工具在字幕安全框内编写文字，选择合适的字体、字号和字间距。用【选择】工具安排好文本框的整体位置。选中该文本框（周围有白色点标记）。

(2) 鼠标单击 Fill 填充色块，弹出【色彩调整】框，为字体填充一个颜色。最右侧同时出现两个并排的与填充色相同颜色的色块。如图 13-69 所示。

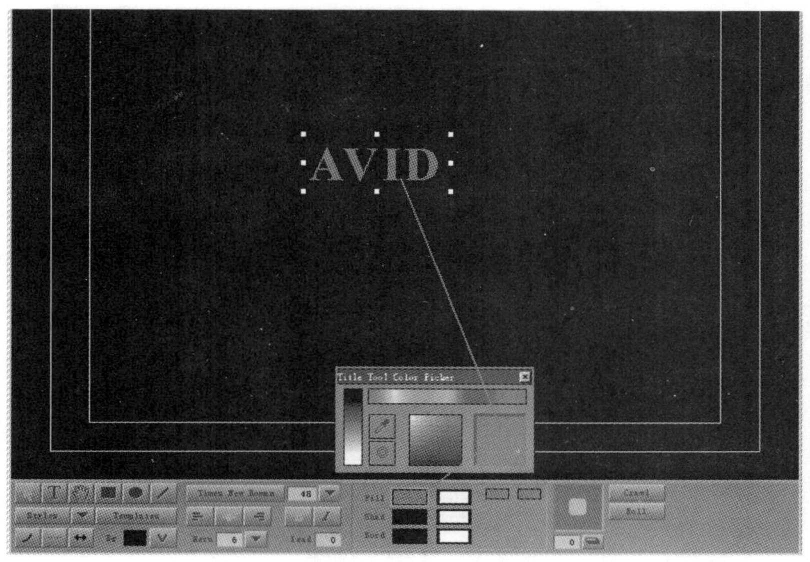

图 13-69　填充颜色

(3) 鼠标单击两个渐变色块中左侧的色块，弹出【色彩调整】框，为左侧渐变填充一个颜色。如图 13-70 所示。

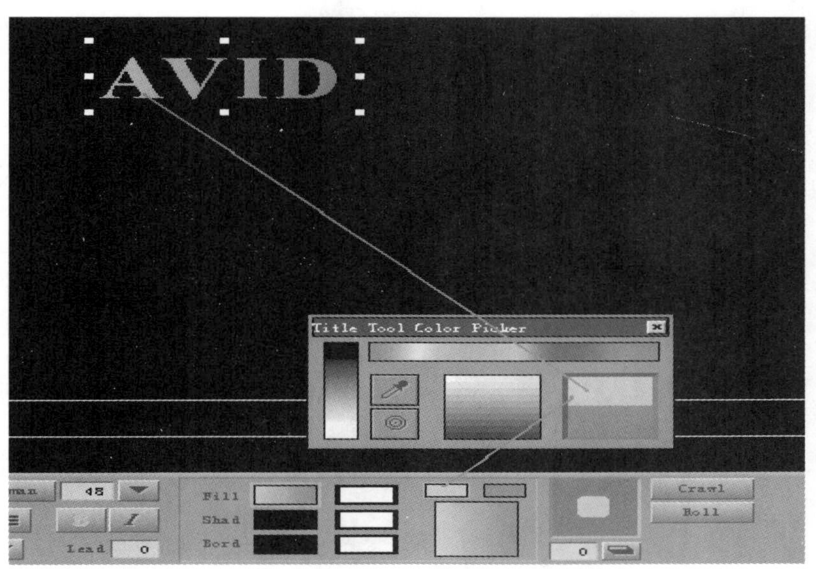

图 13-70　制作渐变色

(4) 单击填充属性的透明度色块，最右侧就会出现两个并排的白色色块，单击右侧色块后出现【透明度滑块】对话框，调整透明度数值。字体即发生变化。如图 13-71 所示。

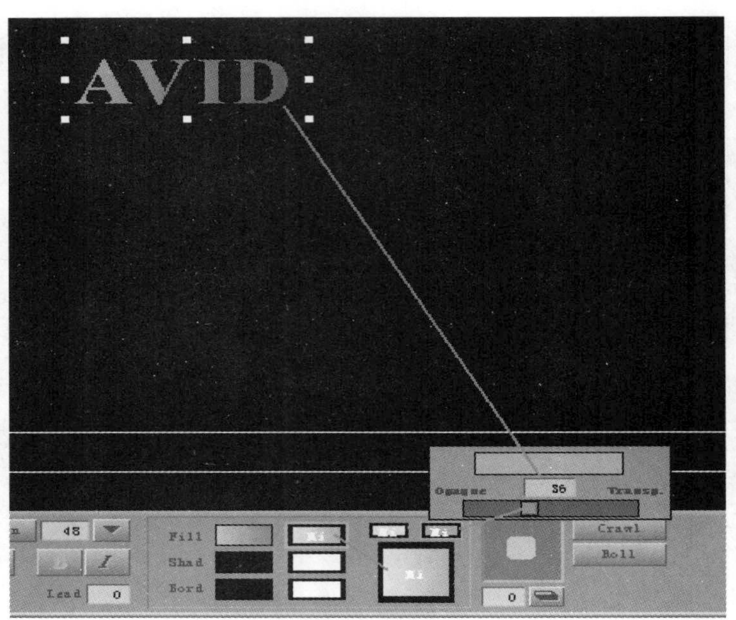

图 13-71　调整字体透明度

（5）若给字体添加阴影，需用鼠标单击阴影色块，选择一个阴影颜色，并对其透明度进行设置。按住鼠标左键拖曳出阴影的位置和方向，效果即可出现。如图 13-72 所示。

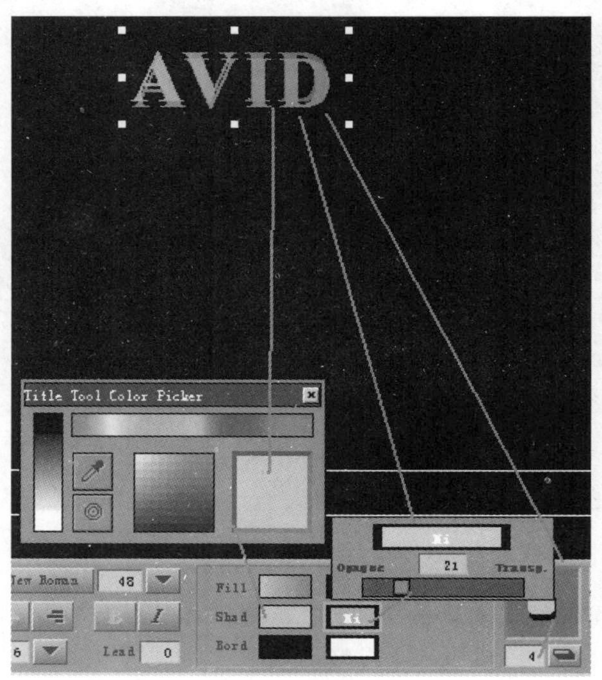

图 13-72　添加阴影效果

（6）若给字体添加描边效果，单击边框色块，选择描边的颜色，对其透明度设置后，选择边框的粗细。即可实现效果。如图 13-73 所示。

注意：边框粗细的选择必须要选，否则无法看到效果。

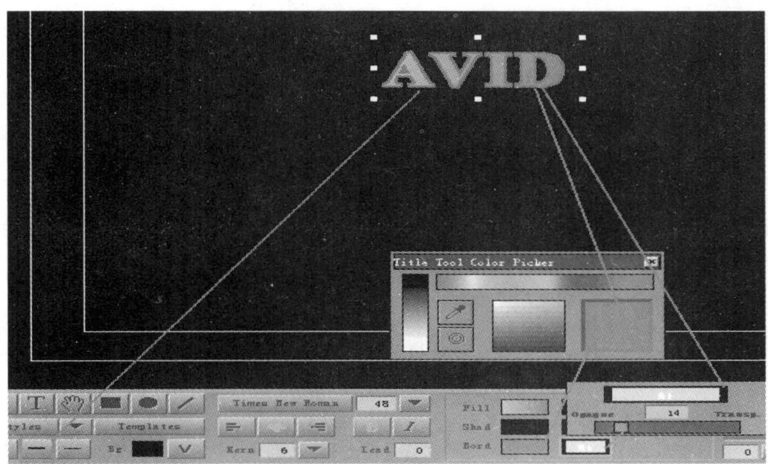

图 13-73 添加描边效果

3．使用简单字幕工具制作滚动字幕

（1）在文本框中编写文字，设置好相应的字体、字号、字间距和行间距，填充好颜色并排版。

（2）单击 Roll（垂直滚动字幕）按钮，将其激活。如图 13-74 所示。

图 13-74 Roll 命令

（3）关闭字幕工具窗口，弹出【保存字幕】对话框，单击 Save 保存。如图 13-75 所示。

（4）在【保存设置】对话框中选择相应设置。单击 Save 保存。如图 13-76 所示。

图 13-75　保存字幕

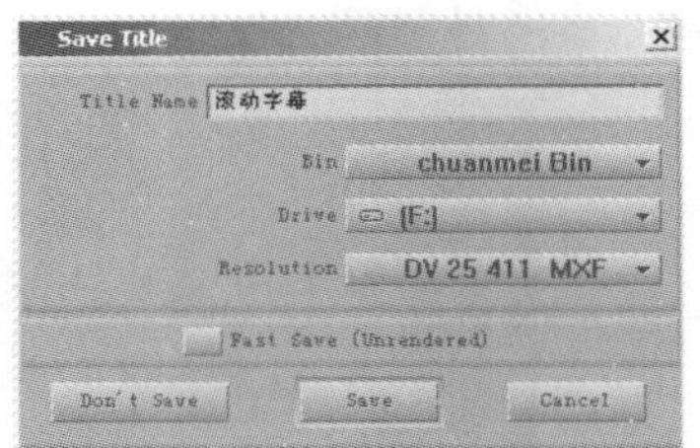

图 13-76　保存字幕的相关设置

（5）保存后的滚动字幕会在相应的 Bin 窗口中出现，双击字幕的图标，将字幕放入素材窗口中。拖动时间线指针可以预览效果，但是播放不能显示。如图 13-77 所示。

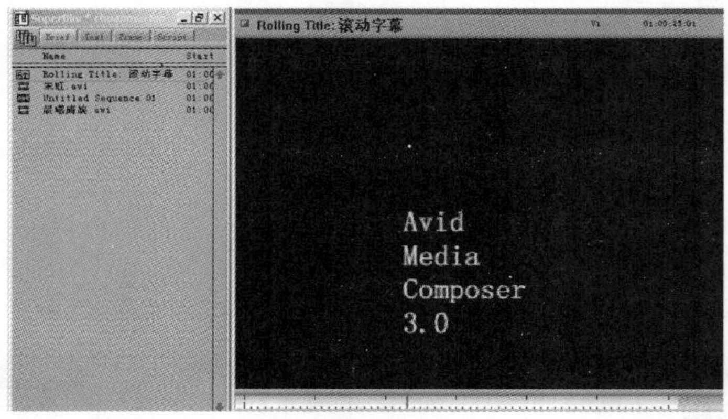

图 13-77　滚动字幕

（6）将滚动字幕放入时间线后，字幕片段上会出现含有蓝色点的特效标记。这表明需要渲染该特效。单击【时间线】窗口上的渲染图标，进行渲染。渲染后按【播放】键，即可查看效果，如图 13-78 所示。

图 13-78　渲染滚动字幕

4. 使用简单字幕绘制图形

（1）单击矩形绘图工具，在字幕窗口上绘制一个矩形。如图 13-79 所示。

图 13-79　绘制矩形

(2) 为这个矩形填充渐变色。并使用【边角圆滑】工具，将矩形的边角柔化。如图 13-80 所示。

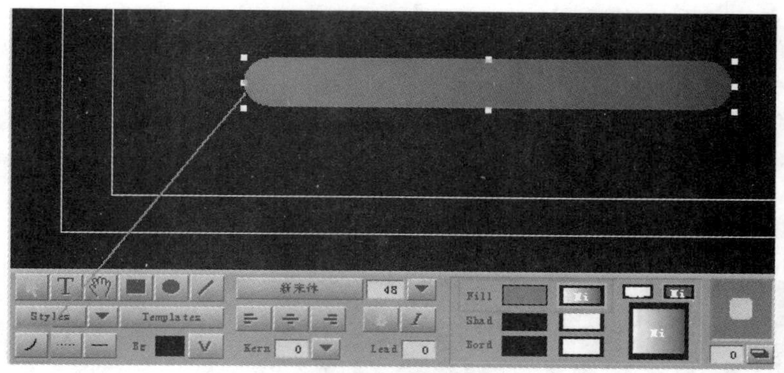

图 13-80 边角圆滑

(3) 使用【绘制椭圆形】工具绘制一个圆(绘制的同时按 Shift 键)，并为其填充颜色。将圆形放入蓝色图形中，但是它们的层关系是错误的，圆形会被蓝色图形遮挡。如图 13-81 所示。

图 13-81 被遮挡的图形效果

(4) 选中蓝色图形，在菜单栏中执行 Object/Send To Back 命令。更改它们的图层上下关系，将蓝色图形层置于圆形图层之下。如图 13-82 所示。

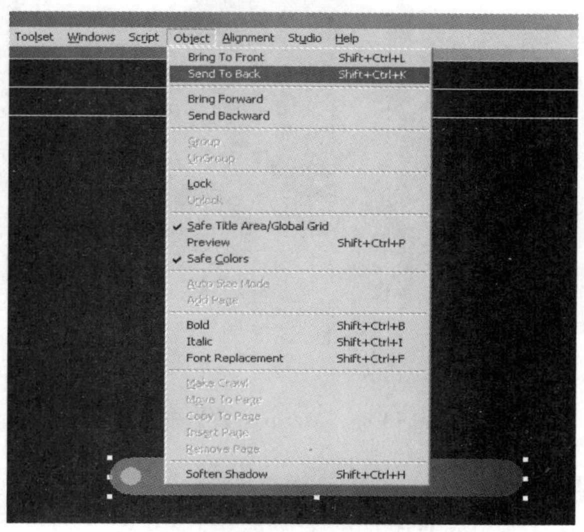

图 13-82 更改图层关系

（5）使用【绘制线条】工具，填充颜色并渐变，方法同上。将线条置于蓝色图形层之上。如图 13-83 所示。

图 13-83　绘制线条并制作渐变色

（6）在绘制好的图形上输入相应文字即可。如图 13-84 所示。

图 13-84　输入文字

二、高级字幕工具 Marquee

Marquee 是 Avid MC 为用户提供的高级字幕工具，可以对字体设置更多的细节，给字幕添加灯光效果，在全三维空间中做真正的立体字效果，还可以快速地实现拍节目唱词的功能。在这里我们只对其做基本介绍。

1．操作界面

在菜单栏中执行 Tools/Title Tools 命令，弹出对话框后选择左侧 Marquee 按钮。即可进入操作界面。如图 13-85 所示。

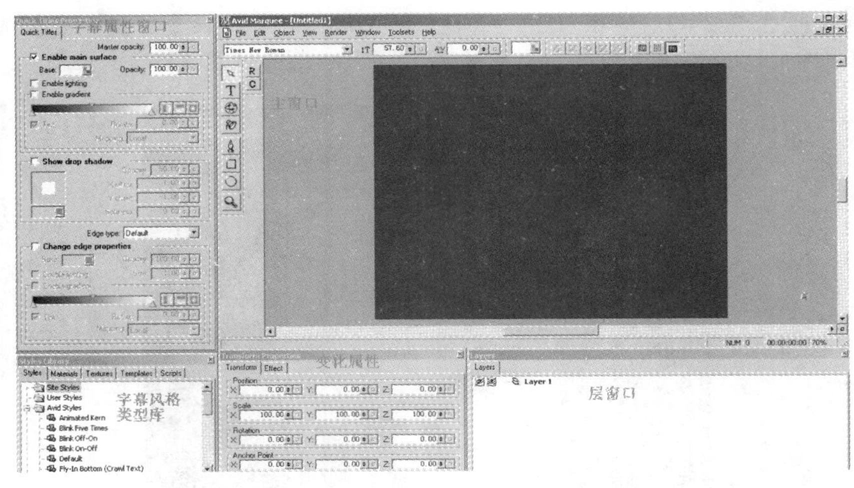

图 13-85　Marquee 窗口布局

（1）【主窗口】工具介绍

在【主窗口】中可以分别完成对字幕的字体选择、字号大小、字间距和颜色填充的工作。在【主窗口】工具栏中的各项按钮功能，如图 13-86 所示。

图 13-86　主窗口各项按钮功能

其中三维旋转工具可以帮助用户在真三维空间中对字幕或物体进行旋转。添加灯光工具，单击一下添加一盏灯，最多可以添加八盏灯光。

(2)【字幕属性】窗口

【字幕属性】窗口中可以对字幕进行【填充】、【施加灯光效果】、【渐变】、【添加阴影】和【描边】效果。具体使用情况，如图 13-87 所示。

(3) 字幕风格类型库窗口，如图 13-88。5 个选项卡依次是：

Styles 字幕风格库。

Materials 字幕材质库。

Textures 字幕纹理库。

Templates 字幕模板库。

Scripts 字幕库描述。

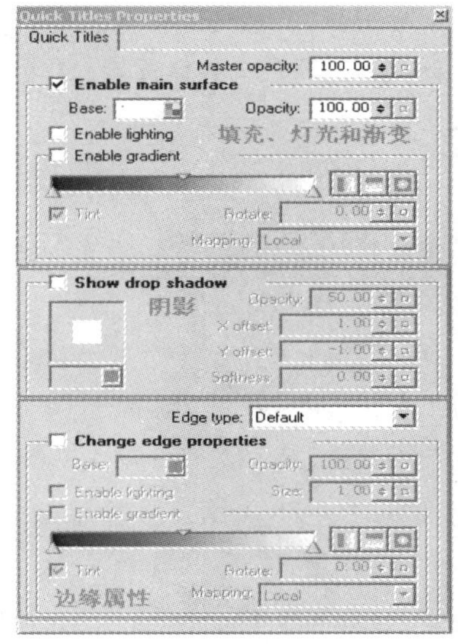

图 13-87　【字幕属性】窗口

图 13-88　字幕风格类型库窗口

以上命令只要双击即可在主窗口中看到效果。

(4)【变化属性】窗口中 Transform 选项卡，如图 13-89 所示。

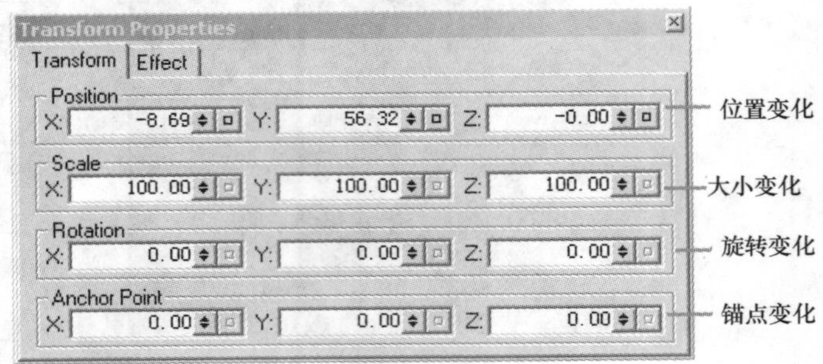

图 13-89　Transform 选项卡

Effect(效果)选项卡，如图 13-90 所示。

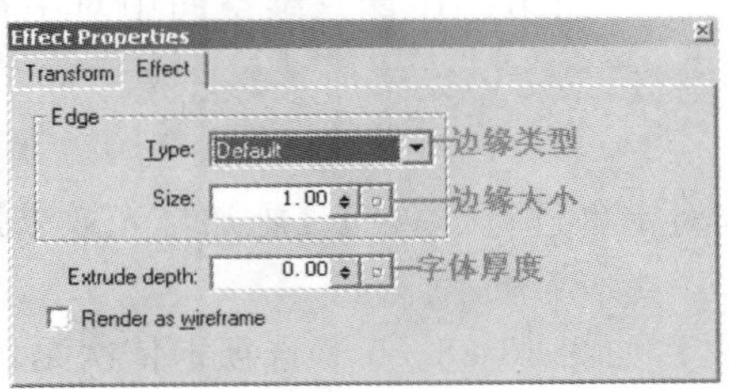

图 13-90　Effect(效果)选项卡

在这些参数的右侧▣是复位按钮。

2. 制作复杂字幕

(1) 使用【文本输入】工具，在字幕安全框内输入文字。使用【选择】工具调整文本框的相对位置，设置文字的字体、字号和字间距。如图 13-91 所示。

注意：调节字体的大小将依照文本框的大小进行，如果超出了文本框范围，字幕会自动换行。所以要适当调节文本框的大小以适合字体的变化。

图 13-91　输入文字

(2) 给字幕做渐变效果。选中文本框(字幕周围的红色框表示选中),在【字幕属性】窗口中选择 Enable gradient【使渐变有效】命令。双击三角按钮,弹出【色彩调整】对话框,自定义渐变色。单击 OK 按钮后,渐变效果即可出现。拖动三角按钮,还可以调整渐变色块在字体中所占的比例大小。如图 13-92 所示。

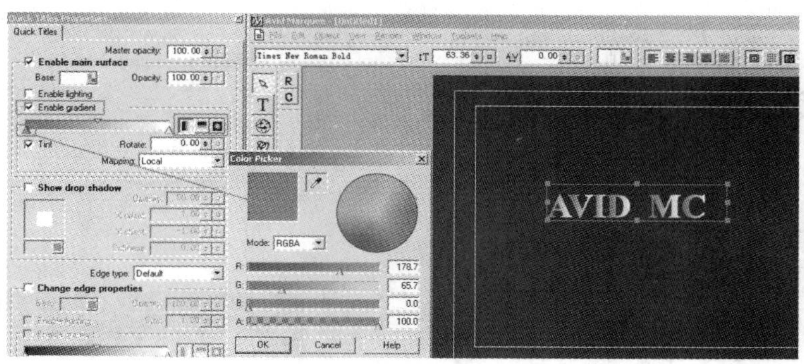

图 13-92　制作渐变字

可以通过 Rotate 旋转参数调整渐变色方向,也可以选择垂直、水平和放射这三种类型的按钮来实现想要的渐变效果。如图 13-93 所示。

图 13-93　渐变类型和方向

(3) 给字幕添加阴影。选择 Show drop shadow(显示阴影)命令。双击按钮,选择阴影的颜色。调整阴影的偏移位置和透明度。如图 13-94 所示。柔化阴影,可以得到朦胧的效果。

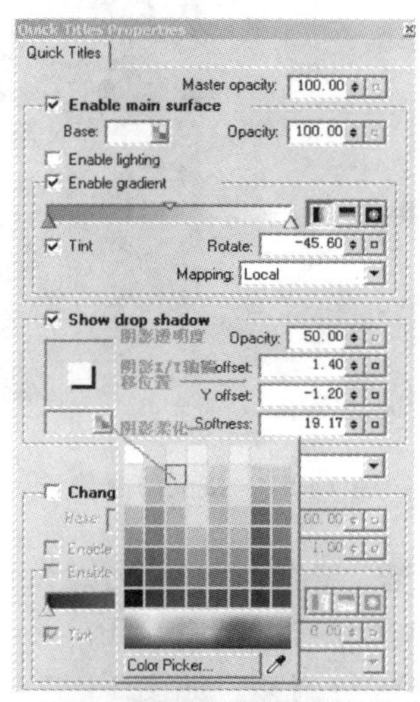

图 13-94　添加阴影效果

(4) 给字幕添加边缘。选择 Change edge properties(修改边缘属性)命令，在 Edge type(边缘类型)下拉列表框中选择合适的类型。如图 13-95 所示。

双击【修改边缘属性】对话框中 Base 选项后的图标修改边缘的颜色。调节边缘的大小和透明度。如图 13-96 所示。

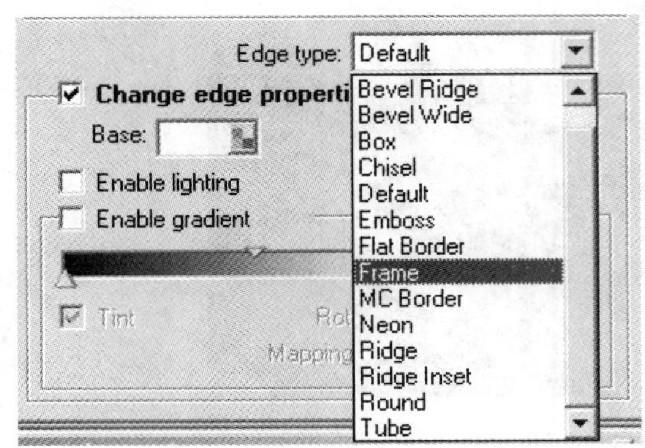

图 13-95 添加边缘效果

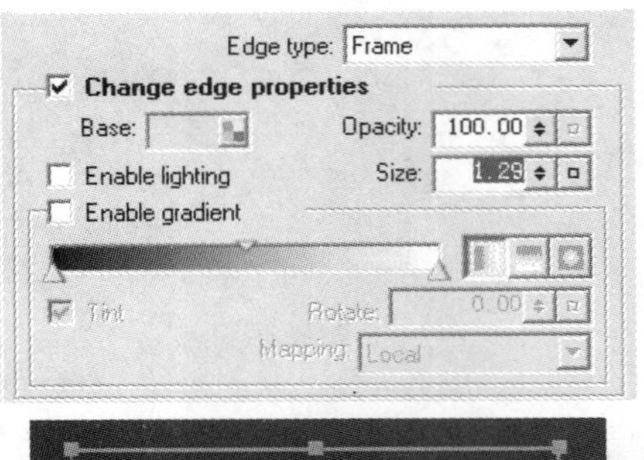

图 13-96 【修改边缘属性】对话框

若想对边缘也施加渐变效果，则选择 Enable gradient 命令，调节渐变大小和颜色的方法同上述第 2 条。

(5) 给字幕添加灯光效果。在主窗口中单击按钮，添加一盏灯光。选中字幕后，选择填充属性中的 Enable lighting 命令，使字幕接受灯光的影响。如图 13-97 所示。

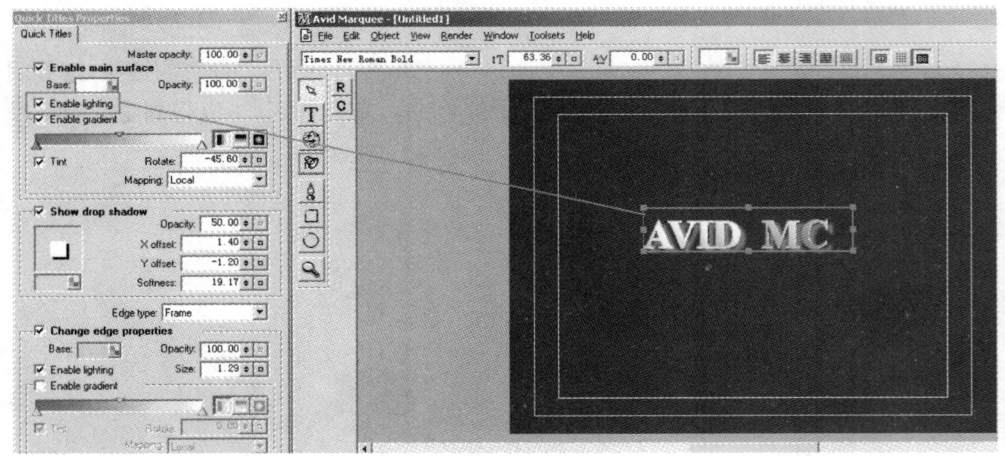

图 13-97 接受灯光影响

对灯光的属性进行详细的调整，需要打开灯光属性面板。在主窗口的菜单栏中执行 Window/Properties/Light 的菜单命令，打开 Light Properties(灯光属性)对话框。通过调节灯光类型和灯光位置，可以对灯光进行调整。如图 13-98 所示。

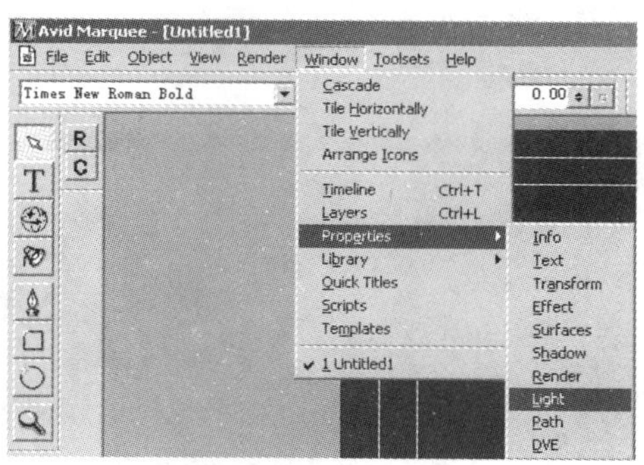

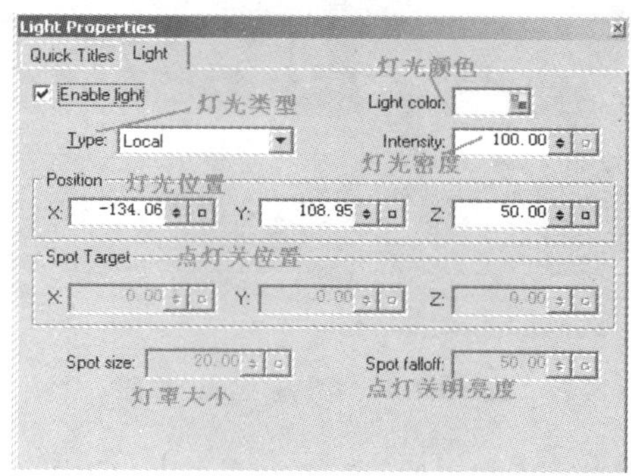

图 13-98 Light Properties(灯光属性)对话框

在主窗口屏幕上单击鼠标右键出现 Light Properties(灯光属性)的相关设置,可以进行添加灯光、删除灯光、使灯光有效、灯光无效、灯光类型的操作。如图 13-99 所示。

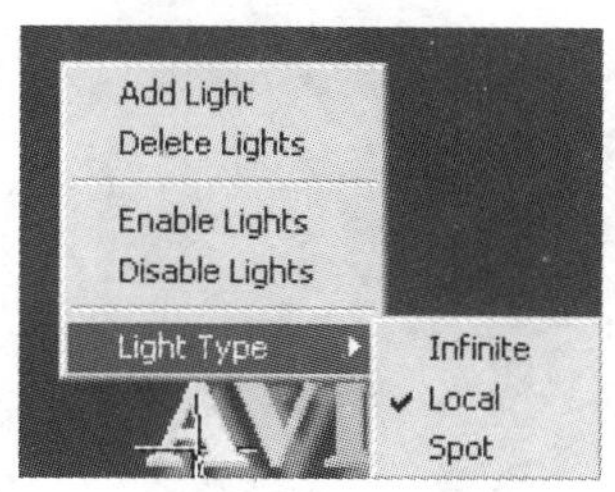

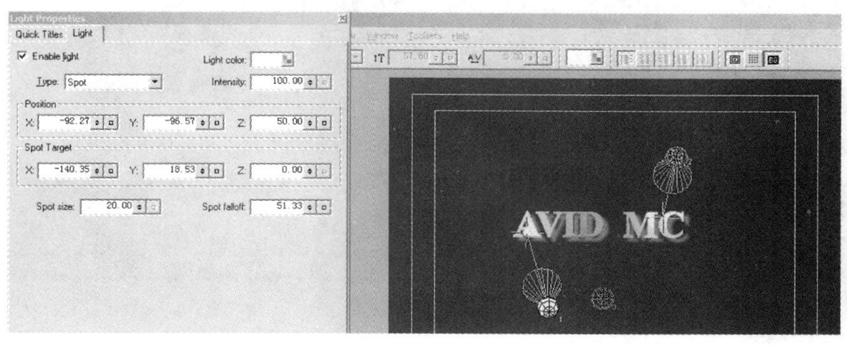

图 13-99 选择灯光类型命令、添加或删除灯光命令

若要对灯光进行动画操作，需在主窗口菜单栏中执行 Toolsets/BasicAnimation 命令，进入【动画】界面。如图 13-100 所示。

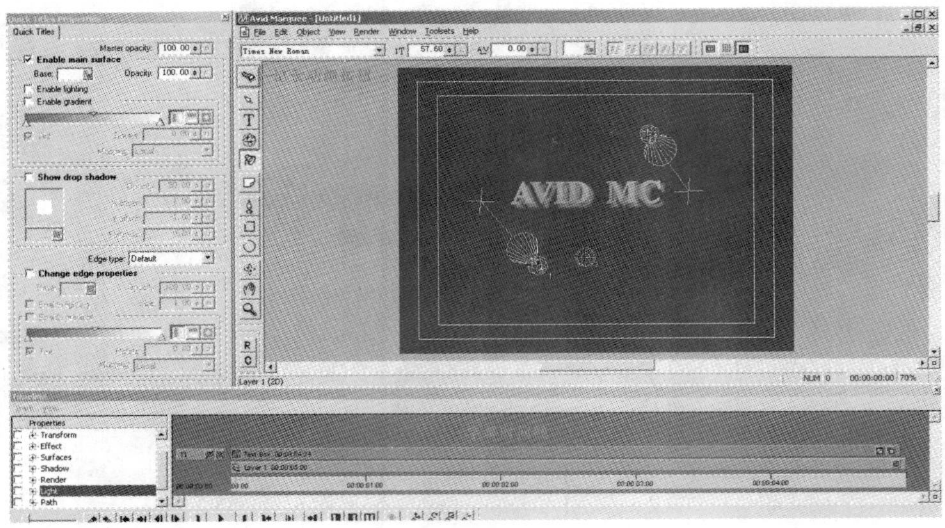

图 13-100 【字幕动画】界面

在【动画】界面中多出了字幕【时间线】窗口，在【主窗口】中出现了记录动画按钮，用鼠标左键单击将其激活，成为红色。激活该按钮之后，在不同的时间位置，用鼠标拖动灯光对其进行位置的调整。如图 13-101 所示。

图 13-101 字幕动画效果

注意： Marquee 字幕默认的字幕动画时间是 5 秒，若想修改，在主窗口的菜单栏中执行 File/Duration 命令，修改时长即可。

3. 使用 Marquee 字幕排版台词

（1）在 Marquee 中创建一个标准字幕模板。如图 13-102 所示。

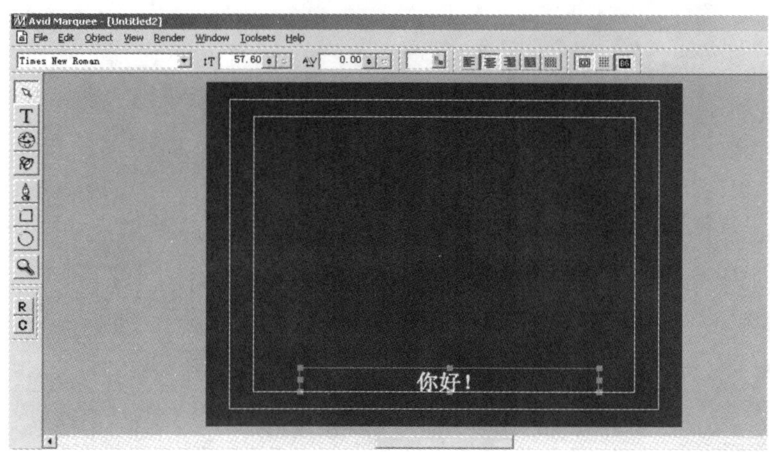

图 13-102　新建字幕模板

（2）在层窗口中将 Text Box 重命名为 Text Box 1。如图 13-103 所示。

注意： Box 和 1 之间必须按空格键。

（3）导入外部 *.txt 文档文件。如图 13-104 所示。该文件即是全部的台词或唱词。需要注意的是，在文本文档中编写的台词要遵守以下规定：

① 每行文字必须顶格写；

② 每行文字之间必须空格一行；

③ 最后一行文字之后必须再空格一行；

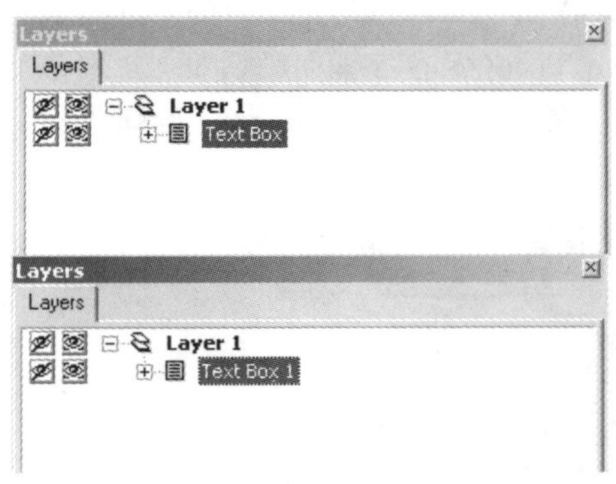

图 13-103　重命名 Text Box

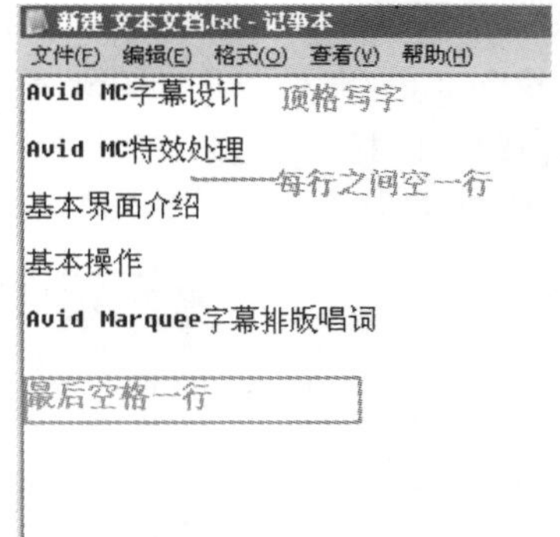

图 13-104　输入文本的要求

④ 将文本文档“另存为”，重命名文档名称为“1. txt”，修改文档编码类型为“unicode”。如图 13-105 所示。

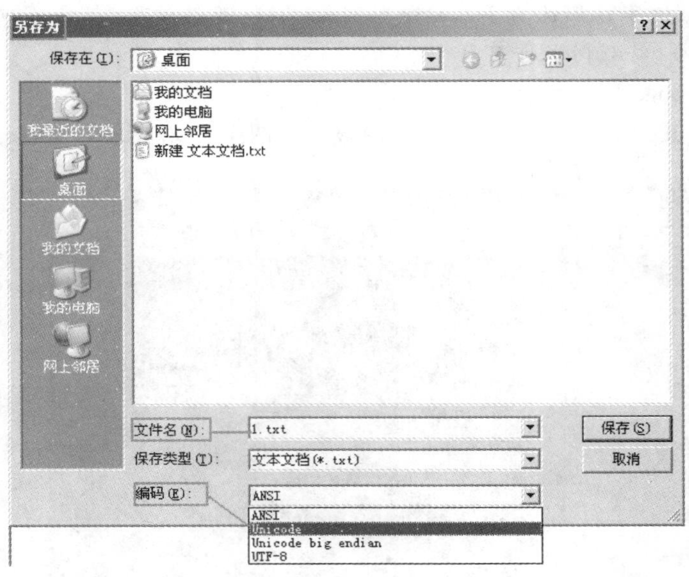

图 13-105　另存为该文本

(4) 在 Marquee 字幕中的菜单栏中执行 File/AutoTitler 命令，在弹出的对话框中设置起始字幕数，默认为 1，单击 OK 后，Marquee 会自动将文本文档中所有的文字都导入。如图 13-106 所示。

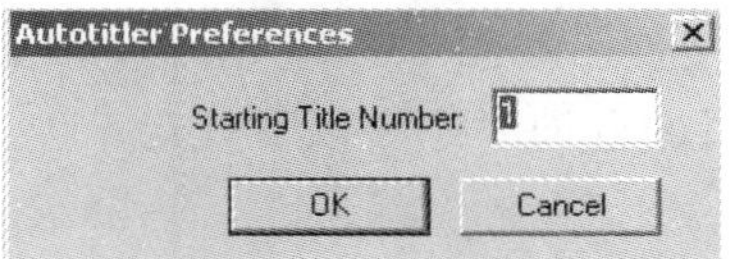

图 13-106　导入文本文档

(5) 等待导入后，检查无误，将所有的字幕保存到 Avid MC 项目中的 Bin 中。在菜单栏中执行 File/Save All to Bin 命令。弹出 Save Title(保存字幕)对话框，分别进行命名、选择 Bin、选择实际媒体文件存放硬盘、选择字幕分辨率后，单击 Save 按钮保存。如图 13-107 所示。

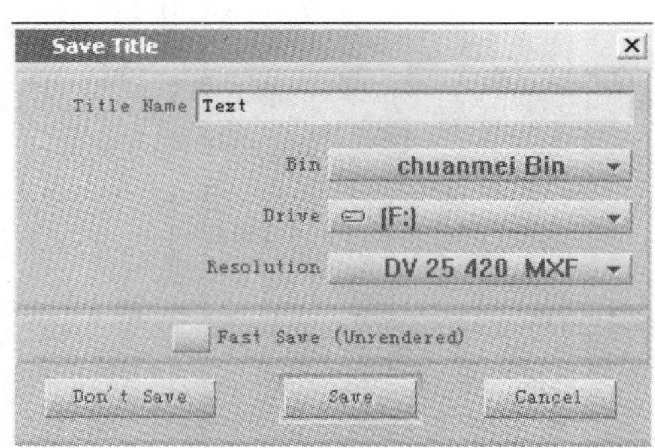

图 13-107　保存文档中的所有字幕

(6) 保存后的字幕文件进入指定的 Bin 窗口，但它们是降序排列的。如图 13-108 所示。

单击 Name 栏，按键盘上"Ctrl＋E"组合键，使字幕文件正序排列。如图 13-109 所示。

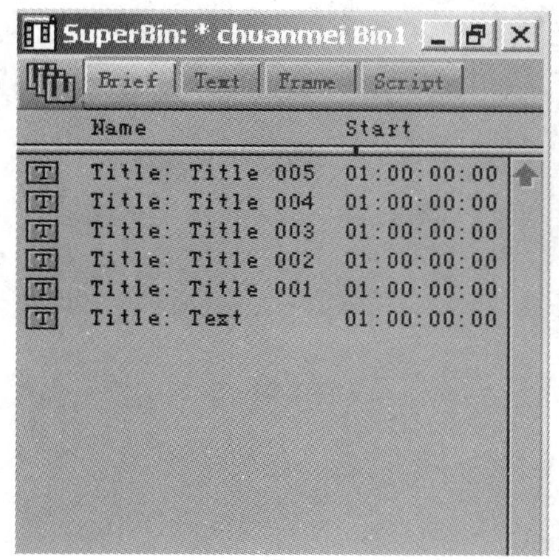

图 13-108　导入 SuperBin 窗口后的字幕顺序

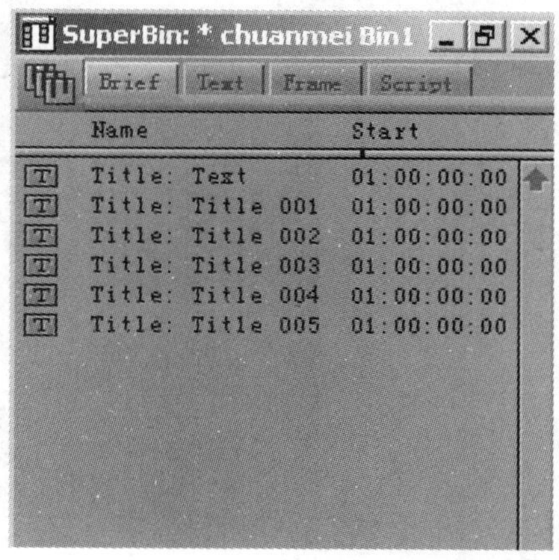

图 13-109　正序排列后的字幕顺序

(7) 按快捷键"Ctrl＋3"，打开 Command Palette 命令面板，再打开【项目】窗口中的设置选项卡，找到 Keyboard(键盘设置)命令，双击鼠标打开。如图 13-110 所示。

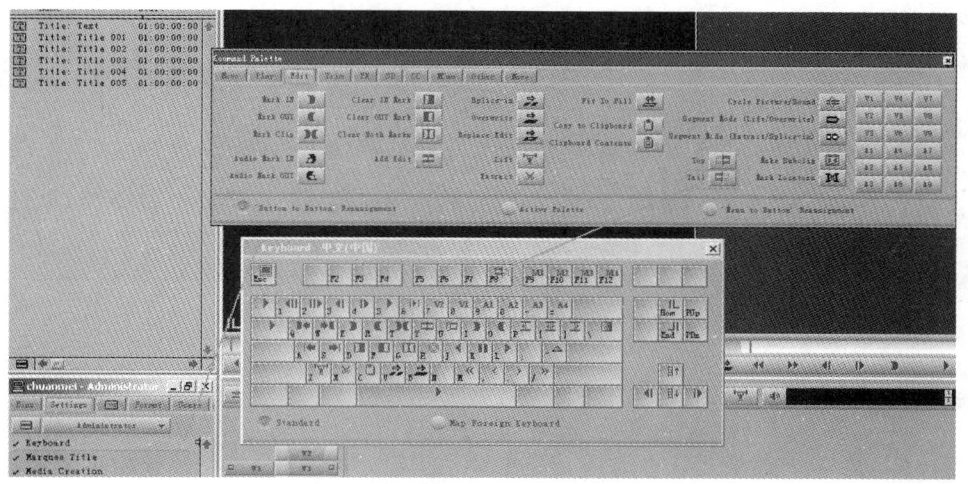

图 13-110　设置 Tail 命令

(8) 将 Edit 选项中的图标拖曳入键盘设置中的 F8(任意空白按钮均可)按钮上。关闭这两个窗口。

(9) 按 Shift 键将所有的字幕选中。将其整体拖曳入【时间线】窗口。如图 13-111 所示。

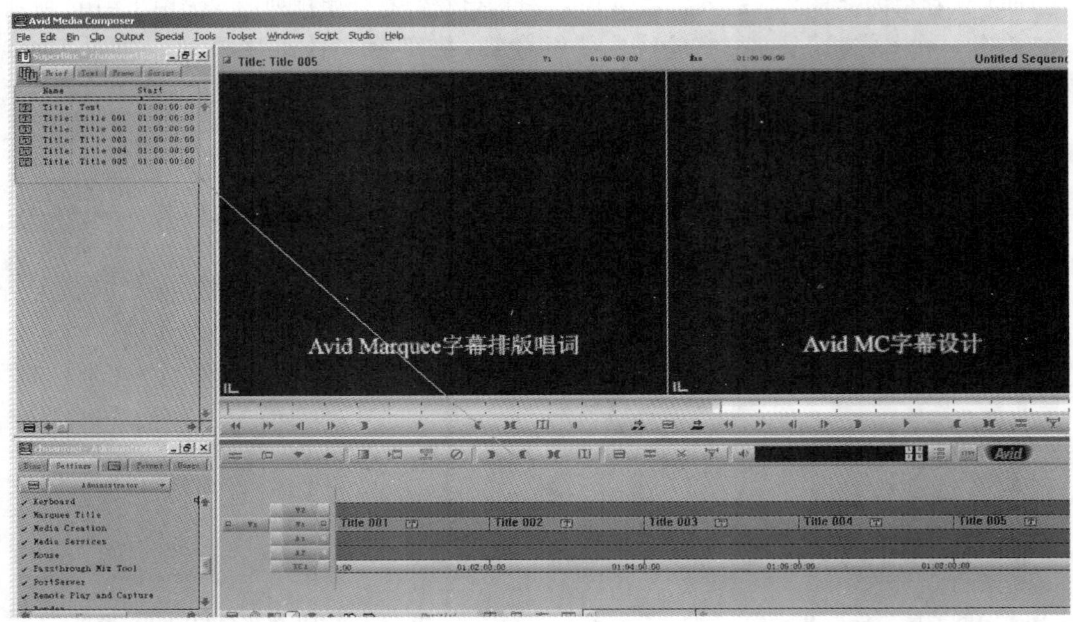

图 13-111　将字幕放入时间线

（10）只激活字幕所在的视频轨道（否则会影响其他轨道的视频素材）。在播放过程中根据需要的时间长短，按 F8 键（即 Tail 功能键），就可实现快速排版台词的功能。如图 13-112 所示。

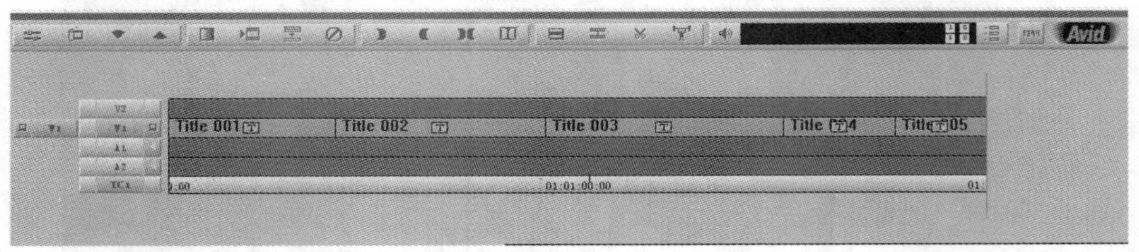

图 13-112　排版字幕

三、修改字幕

制作好的字幕往往需要多次修改，Avid MC 的两款字幕工具都可以提供这个功能。

1. 修改简单字幕

在时间线窗口中，单击【特效编辑器】按钮，打开【字幕特效】界面后，双击界面左上角的【字幕名称】图标，弹出对话框。如图 13-113 所示。

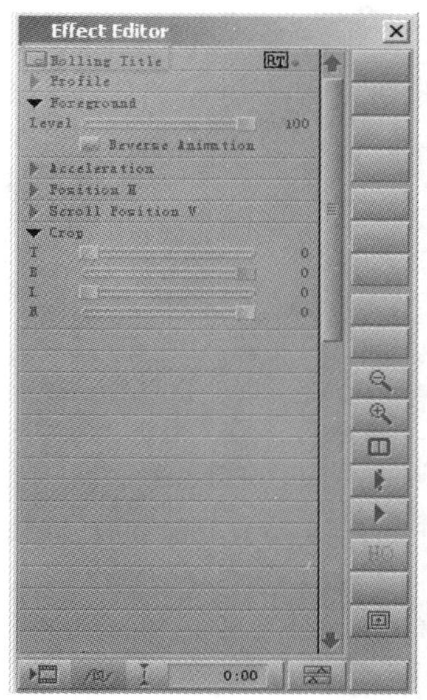

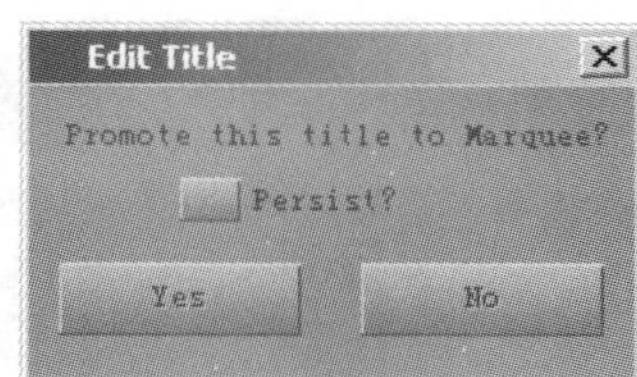

图 13-113 修改简单字幕

弹出的【编辑字幕】对话框，询问用户"是否进入 Marquee 字幕编辑?"(使用 Title 制作的字幕才会出现此对话框)。单击 NO 按钮即进入【简单字幕】工具进行修改、编辑；单击 YES 按钮则进入 Marquee 字幕进行编辑，但是无法再回到简单字幕工具。

2. 修改 Marquee 字幕

修改 Marquee 字幕的方法与修改简单字幕相同，但不会弹出【编辑字幕】对话框。

3. 字幕其他设置

(1) 字幕的淡入、淡出。如图 13-114。

① 将时间线指针放在字幕片段的任意位置上；

② 从【时间线】窗口的快捷菜单按钮中调出字幕淡入、淡出按钮；

图 13-114 字幕的淡入、淡出

③ 在弹出的【设置淡入淡出时间】对话框中进行参数设置，设置好时间后，单击 OK 即可。

(2) 字幕动画。在时间线上放置入字幕片段后，打开【特效编辑器】窗口，弹出字幕动画的面板。该面板中可以调节字幕的透明度、大小、位置及裁剪参数。通过定义不同参数的关键帧进行动画设置。如图 13-115 所示。

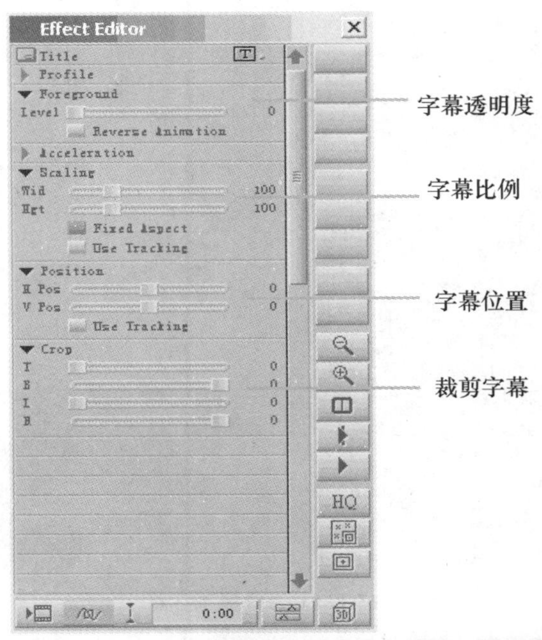

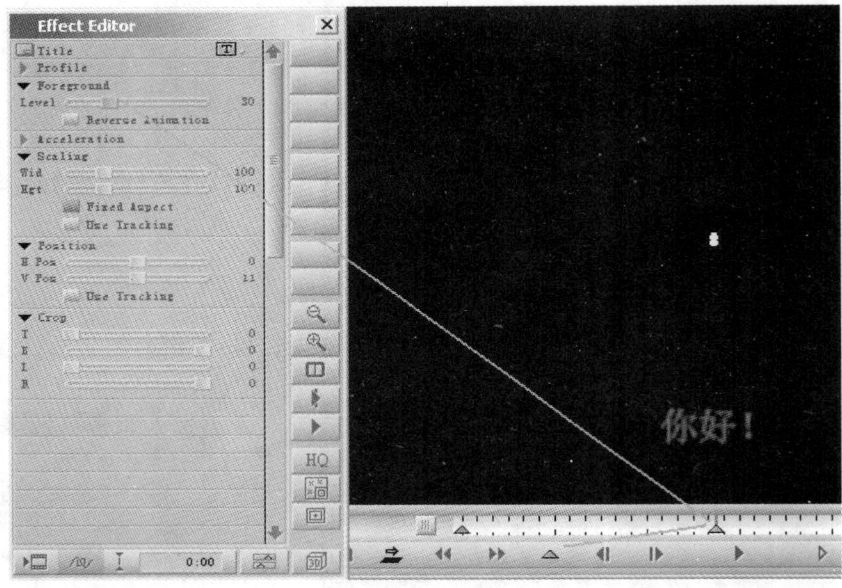

图 13-115　字幕动画设置

四、音频调整与应用

1. 显示音频细节

导入一段音频素材(方法与导入视频相同)，打开【时间线】窗口左下角的快捷菜单 Fast Menu，找到 Audio Data 命令。如图 13-116 所示。

选中不同的命令，时间线上的音频部分会出现不同的变化。

Energy Plot：引擎波形；

Sample Plot：样本波形；

Clip Gain：片段增益；

Auto Gain：自动增益；

Auto Pan：自动声像。

2. 音量调整

（1）在菜单栏中执行 Tools/Audio Tool（音频工具）命令，打开 Audio Tool 面板，可以看到音频的峰值表信息被显示。用户可以根据峰值显示调整音频音量的大小。如图 13-117 所示。

图 13-116　音频选项

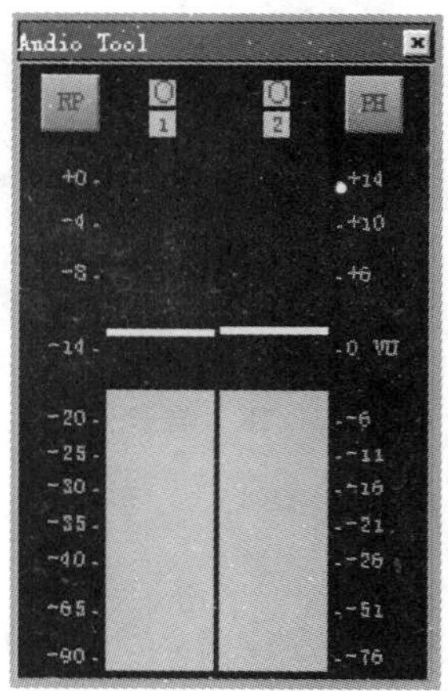

图 13-117　峰值表

（2）在菜单栏中执行 Tools/Audio Mixer（音频混合）命令，打开该窗口，如图 13-118 所示。相关功能如下显示：

另外，单击 Audio Mixer 按钮切换另外两个 EQ、Audio suite 窗口。Audio Mixer 为自动增益调整。

按钮为循环播放按钮。

生成特效。

记录音量推子调整的音频音量。

屏蔽开关。

4/8 路切换开关。

编组开关。

切换片段和自动增益按钮。在记录推子位置时，要用鼠标切换到 Auto 状态。

将音频轨道选中，打开 V1、V2 轨道的同步按钮。开始记录推子音量时，单击记录音量按钮。开始播放音频，推动音量推子，即可开始记录音量的位置。记录完成之后，停止播放音频。此时，时间线上也出现相应的音量关键帧显示。如图 13-119 所示。

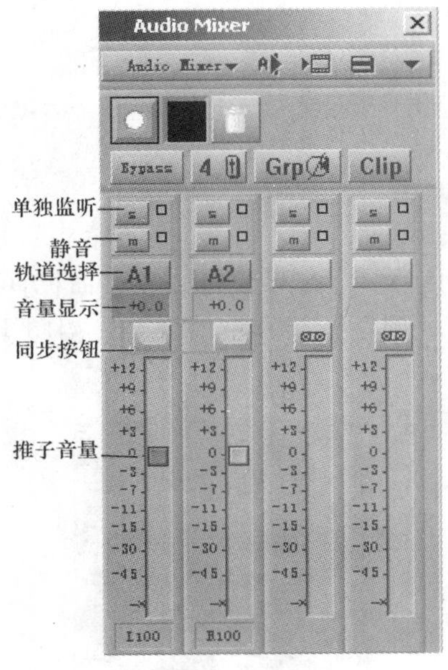

图 13-118 混音界面

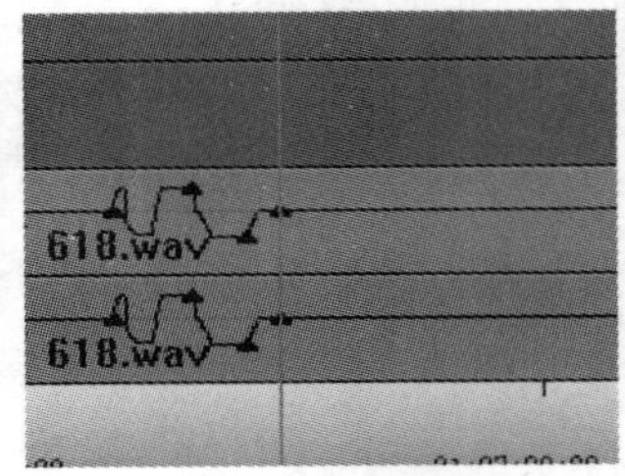

图 13-119 音量关键帧

3. 音频插件

打开 AudioSuite 界面，如图 13-120 所示。在声音效果选择中选择音频插件。这些插件全部来自 Protools 音频处理软件。

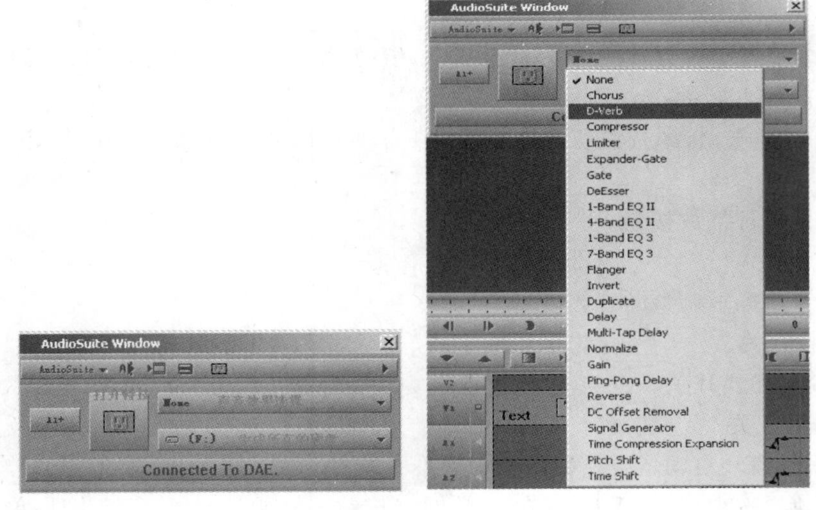

图 13-120 AudioSuite 界面

(1) D-Verb 混响效果(如图 13-121 所示)，内置有大厅、教堂、广场和房间混响。

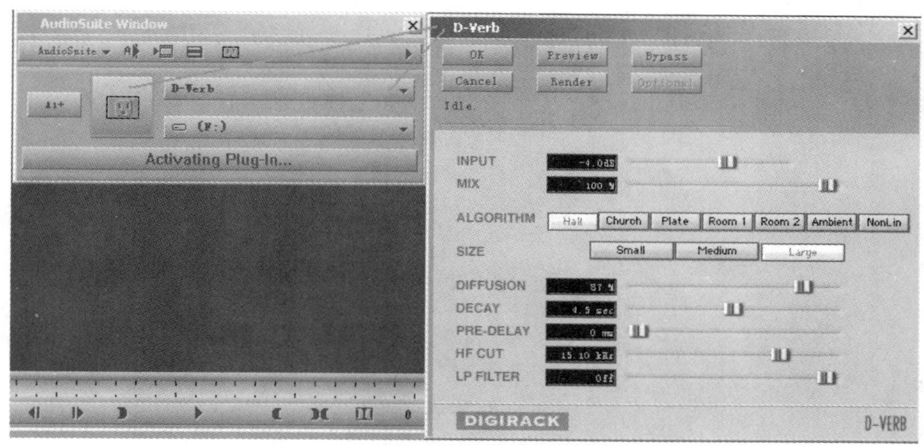

图 13-121　混响效果界面

(2) 4-Band EQⅡ 4 段均衡。分别对低频、中低频、中高频和高频进行频率均衡调整。如图 13-122 所示。

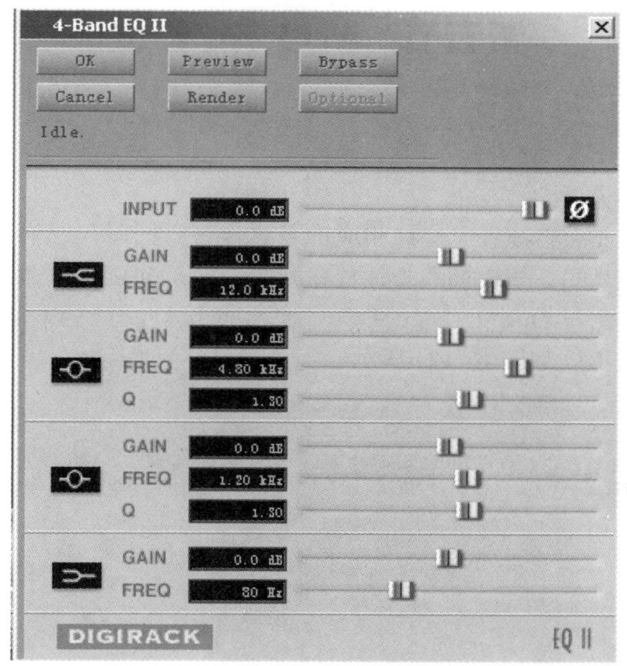

图 13-122　频率均衡

4. 音频录制

打开 Tools/Audio Punch-IN 界面，选择好音频录制轨道和输入源设备，设置相关保存位置和 Bin，单击录制键，开始录音。录好的音频会自动进入时间线中选择的音频轨道。如图 13-123 所示。

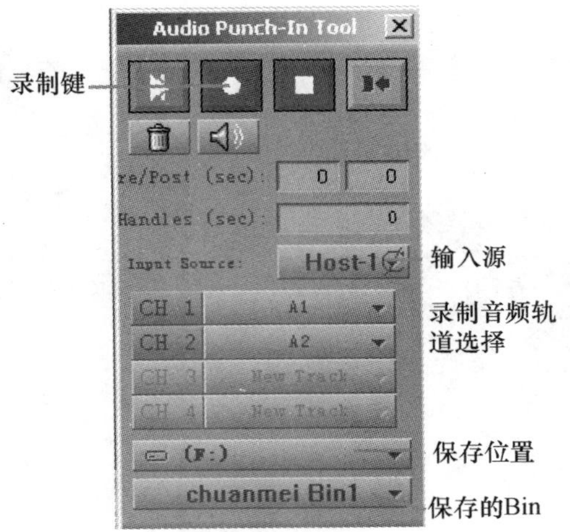

图 13-123　Audio Punch-IN 界面

第五节　Avid MC 输出

一、磁带输出

(1) 通过加速器或火线接口连接好相应的录机设备，选择好要输出的时间线序列并确定要输出的视频音频轨道。将时间线指针放在开始位置。

(2) 在菜单栏中执行 Output/Digital Cut 命令，打开 Digital Cut Tool 窗口。将时间线上的内容准备到磁带上。如图 13-124 所示。

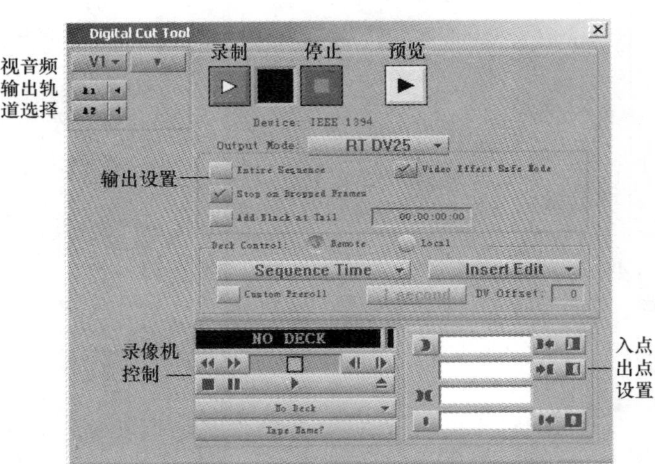

图 13-124　Digital Cut Tool 窗口

（3）输出设置选项。

① Entire Sequence（整个序列）：忽略时间线上的入点、出点，将整个时间线序列从头到尾全部输出。如果时间线上已经打了入点和出点确定了输出范围，则取消该选择。

② Video Effect Safe Mode（视频特效安全模式）：如果时间线上存在还没有渲染的特效，选中此模式的状态下，系统会进行提示。

③ Stop on Dropped Frames（丢帧时停止）：出现丢帧情况停止输出。

④ Add Black at Tail（在结尾添加黑场）：输入后面的时间码定义时长，在输出的结尾添加黑场。

⑤ Deck Control（磁带驱动器控制）：可选 Remote 遥控模式和 Local 本地模式输出。

（4）选择磁带开始录制的位置，如图 13-125 所示。

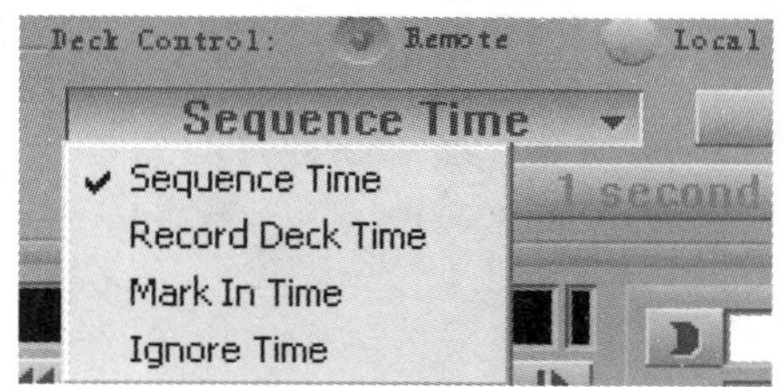

图 13-125　选择磁带开始录制的位置

① Sequence Time（序列时间）：从磁带上现有的时间码与时间线序列中开始的时间码匹配的位置开始输出。若要逐个逐个序列进行输出，应给每个序列重新设置时间码以匹配磁带上相应的入点。

② Record Deck Time（记录磁带驱动器时间）：忽略时间线序列中的时间码，安装磁带的时间码进行输出。

③ Mark In Time（入点标记时间）：忽略时间线序列中的时间码，在输出磁带上建立一个自定义的入点，从这个入点处开始输出。

④ Ignore Time（忽略时间码）：不要录制时间码到磁带上。

（5）启用组合编辑方式。

① 如果没有启用组合编辑方式，在 Insert Edit 编辑方式选择栏中只有插入编辑方式可以使用。用户需要在 Avid MC 项目窗口中的 Settings 设置按钮中，找到 Deck Preferences（磁带驱动器选项）命令，双击鼠标打开。选择 Allow assemble edit&crash record for digital cut（允许对输出到磁带的操作进行组合编辑）命令。单击 OK 按钮，即可启用。如图 13-126 所示。

② 回到 Digital Cut Tool 界面，打开【编辑方式选择】按钮可以看到，出现了 Assemble（组合编辑）选项和 Crash Record（硬录）选项。如图 13-127 所示。

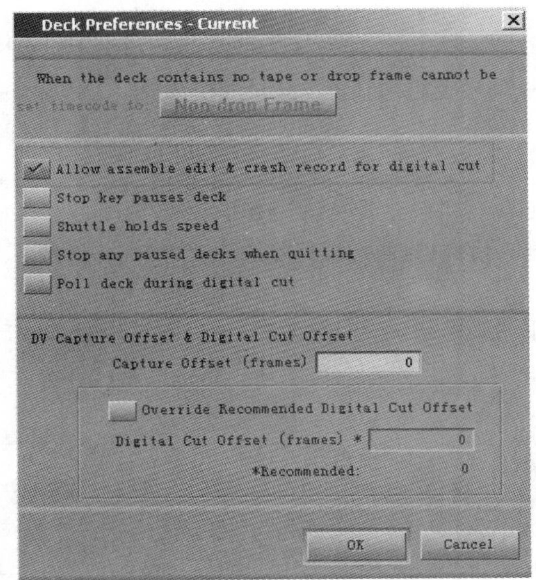

图 13-126　磁带驱动器选项

图 13-127　编辑方式选项

③ 选择组合编辑选项，即可实现输出时，采用 Assemble(组合编辑)方式输出。

(6) 将设置完成后，按【录制】按钮，开始输出节目到磁带。完成后，按【停止】按钮。

二、文件输出

(1) 在要输出的时间线序列中确保视频、音频轨道选择正确，无离线文件，渲染所有特效。

(2) 在 Bin 窗口中选择要输出的时间线序列(或素材)，在菜单栏中执行 File/Export 命令。弹出【输出文件】对话框。如图 13-128 所示。

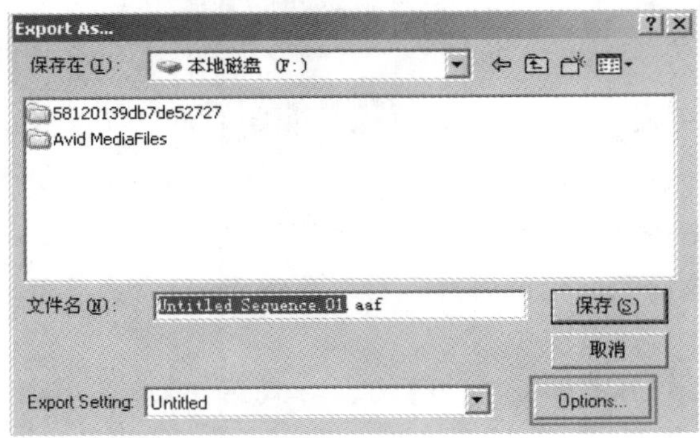

图 13-128　【输出文件】对话框

在对话框中为文件重命名，指定输出文件的硬盘路径，单击 Options 按钮，进入输出设置界面，对文件格式等进行设置。如图 13-129 所示。

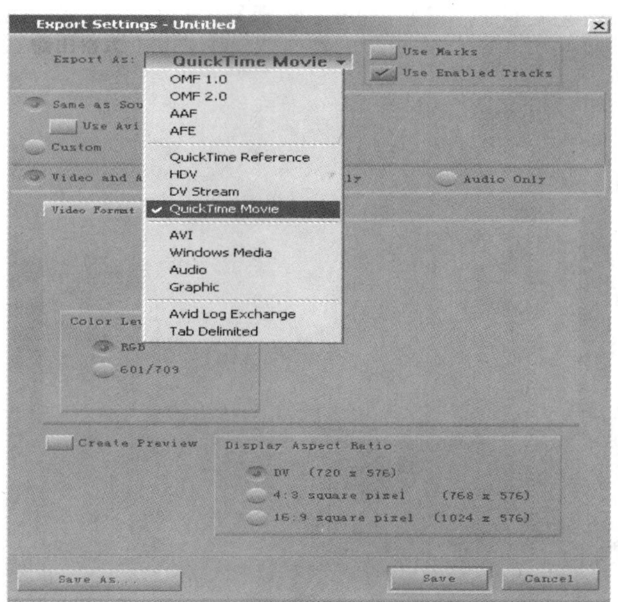

图 13-129　输出文件设置

选择用户需要的输出格式。选择 Video and Audio 输出视频和音频选项。若只输出视频，则需选择 Video only 选项。只输出音频则选择 Audio only 选项。

其中选择 Use Enabled Tracks 命令表示输出已被选中的轨道。选择 Use Marks 命令表示输出入点和出点之间的内容。

(3) 输出单帧图片。在时间线上确定要输出的图像，打上入点。如图 13-130 所示。

① 选择输出为 Graphic(图像)，Graphic Format 图像格式选择需要的格式。

② 选择 Use Marks 选项，使图像输出打入点的画面。如图 13-131 所示。

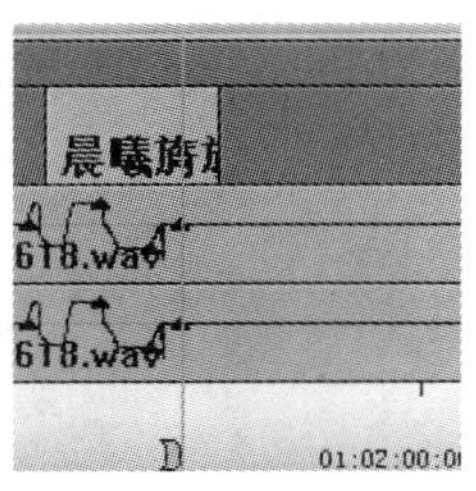

图 13-130　确定要输出的图像

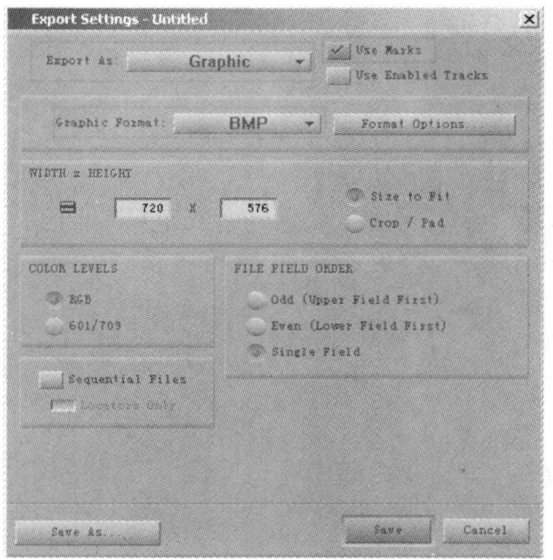

图 13-131　输出单帧图像设置

③ 保存后，为文件指定硬盘路径。单击【确定】按钮后，即可在指定的硬盘路径下找到该文件。

课后习题

1. 怎样使用 Avid 进行简单编辑？
2. 怎样使用 Avid 字幕工具？

第十四章
大洋非线性编辑系统

本章提要

本章主要介绍大洋 D^3-Eidt 软件的基本操作和使用，包括大洋 D^3-Eidt 软件的采集、基本剪辑技巧，转场、特效制作。

大洋非线性编辑系统是一款适合电视台等大型电视节目制作机构使用的非线性编辑系统。它集视频、音频信号的上载、编辑、制作、下载和素材管理于一体，实现电视节目制作设备的无缝连接，在保证节目质量的同时极大地提高了工作效率。

大洋非线性编辑系统是基于板卡的视频工作站，属于 CPU＋GPU＋I/O 模式。它在上传和下载的环节中为用户提供丰富的模拟和数字接口，以满足不同的需要。大洋编辑系统在 PC 平台上开发，稳定性比较高，网络化制作方案也非常成熟，曾经成功地为中央电视台提供北京奥运会的赛事节目编辑和传输服务，得到业界广泛的认可。目前大洋公司主要开发的产品是 D^3-Eidt 的不同版本。D^3-Eidt 具备了足够的功能性和应用性，具有高扩展性、全接口、丰富的特效。满足从剪辑到包装合成，从 ENG 制作到视频后期再到配音缩混的电视节目制作要求。具体的优点如下：

（1）快捷的数据采集，全面支持场景检测、P2 卡素材上载。最大限度降低了采集和寻找素材这两个工序。

（2）灵活多样的编辑模式。除了传统的时间线编辑之外还增加了多机位编辑、CUT 编辑等，以满足用户的不同需求。

（3）支持 IEEE1394 标准设备输入和遥控采集与输出，支持 Y/C、分量、SDI 数字视频接口，模拟音频接口。

（4）提供故事板导入、导出功能，实现时间线数据备份和交换功能，使故事板级节目备份成为可能。

（5）提供导入、导出标准图像文件序列功能，与第三方软件完美结合。

（6）支持 DV、MPEGII、IBP、MP4、WMV9、RM 等多种格式素材的混编，使通过 IEEE1394 及普通方式上载的素材可以在同一时间线中调用，避免了多重编解码操作，最大限度地保证了图像质量和编辑速度。

（7）完全支持国际顶级滤镜外挂插件 BORIS，使系统包装功能效果与世界同步。

（8）快捷便利的拍唱词功能，每句话都可以单独调整入出点。

（9）系统提供了多种外挂应用软件：手写动画、绘画箱等，丰富了节目制作手段，另外还有新闻制作软件、天气预报制作软件等选件模块，使 D^3-Eidt 更加适合天气预报、新闻播出等特殊应用场合，适合不断变化的节目制作。

第一节　基本编辑

一、几个相关名词

1．素材、故事板和项目

素材是指单个的视频、音频、图形和动画文件。输入 D^3-Eidt 的所有视频、音频和图形文件都以素材的形式表现出来。视频、音频素材中可以只包含一个镜头，也可以包含多个镜头，完全是在采集时由用户决定。

故事板是一系列经过编辑并制作节目的素材统称。故事板可以包含故事情节所需的任意数量的素材。在 D³-Eidt 中故事板共有 4 种形态：故事板、剪切、LIST 和 TAB。在 D³-Eidt 中可以灵活、随意地整理节目，可以同时处理任意数量的故事板文件。

项目可以看成一个集合，它包含与特定节目相关的所有素材、故事板、特效和字幕模板等文件。

2. 非破坏性编辑

非破坏性编辑就是指在编辑中更改片段时不会影响储存在硬盘上的采集下来的原始文件。D³-Eidt 故事板中的片段是指向原文件的指针，而不是实际的原文件本身。因此 D³-Eidt 中几乎所有的工具和功能都是非破坏性的。例如，将一段素材添加到故事板并将它剪短后，被剪掉的部分并不会丢失，可以随时将此部分找回来。这是因为磁盘上的原媒体文件没有受到任何影响，即使用户删除整段素材，该素材也仍然储存在硬盘上，除非在 D³-Eidt 中选择将该片段彻底删除。

二、界面和素材的相关设置

1. 界面设置

双击软件图标后进入大洋非线性编辑系统。软件扫描内存、检测插件后进入大洋非线性编辑系统的初始设置界面。如图 14-1 所示。

输入用户名（一般以节目名称作为用户名）和密码后，登录系统。单击【确定】按钮后弹出了【编辑环境参数设置】对话框，进行相关的选项设置。如图 14-2 所示。

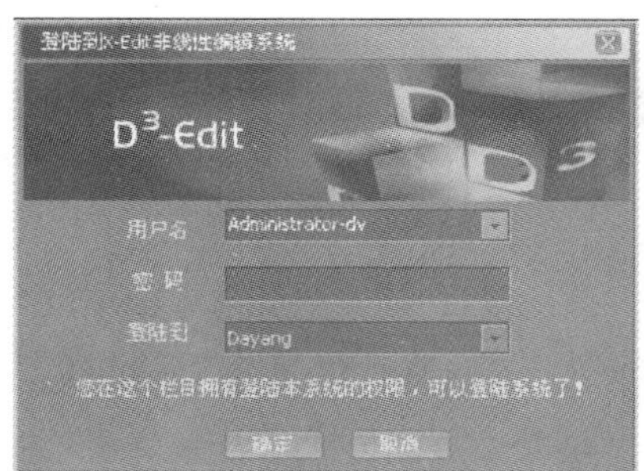

图 14-1　初始界面设置

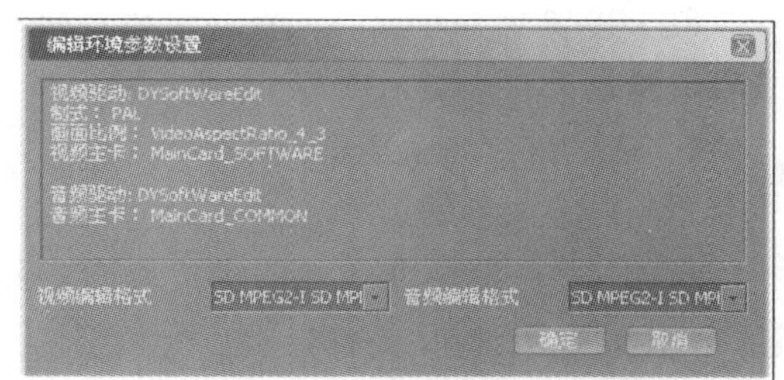

图 14-2　【编辑环境参数设置】对话框

登录后进入【工作系统】界面。

不同的用户在大洋非线性编辑系统中可能拥有不同的操作和素材使用权限，在编辑过程中我们可能会切换到其他用户，使用另外一个用户名登录。可以从系统菜单中选择【重登录】，保存好当前已经完成好的故事板，在新的登录窗口中输入用户名、密码，单击【确定】按钮即可进入。退出非线性编辑系统时，可以单击软件界面右上角【关闭】按钮，或者选择文件菜单中的【退出】命令，在弹出的提示窗口中单击【确认】按钮即可退出。

大洋 D³-Eidt 非线性编辑系统是一个多制式、多分辨率的编辑平台，拥有高清、标清不同的编辑环境。在不同的环境下，板卡工作模式、回显窗模式以及视频的像素处理都会不同。高清、标清环境的设置是在单独的“系统设置工具”下完成，除非使用的是默认 PAL 制或者 1080/50i 高清制式，否则在第一次登录大洋 D³-Eidt 非线性编辑系统前，建议使用“系统设置工具”对编辑环境进行设置。

可以从“开始/程序/DAYANG/系统工具”中找到“系统设置工具”并打开。

进行 PAL 制标清节目编辑时，视频画面比例和 XCG 画面比例全部设置为“4 : 3”，必须将“PAL”制选中。如图 14-3 所示。

进行 1080/50i 高清节目编辑时，视频画面比例和 XCG 画面比例全部设置为“16 : 9”，将“HD 1080i25”和“HDV”同时勾选。如图 14-4 所示。

单击【确定】按钮后，设置完成。

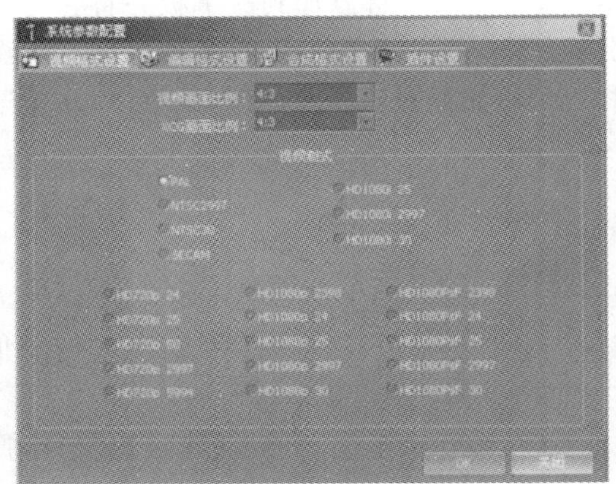

图 14-3　PAL 制标清设置

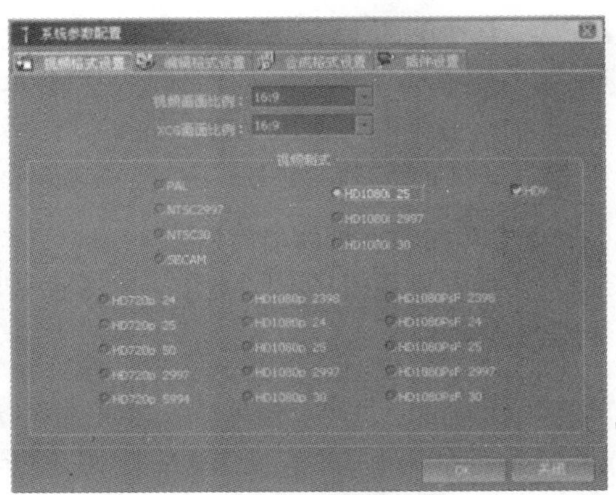

图 14-4　HD 高清设置

以上设置只是在第一次登录软件时进行设置，重复登录无需重新设置，除非改变当前的节目编辑制式。

2. 素材的相关设置

(1) 视频文件的设置

在大洋 D^3-Eidt 非线性编辑资源管理器素材库的空白处，单击鼠标右键，选择【导入】/【导入素材】，弹出导入窗口。

单击【添加】按钮，在弹出的对话框中选择需要的素材文件，可以只选择一个文件，也可以按住 Ctrl 键或 Shift 键，选择多个文件，然后单击【确定】按钮，即可将选中的文件添加到导入的列表中；同时，在多选素材的过程中发现某个不需要的素材被选中，也可按住 Ctrl 键的同时再次单击该文件，取消该素材的选择。大洋非线性编辑系统中支持对 TGA、JPG、BMP 图片格式文件，以及 DYM、FLC、DYC 等动画格式文件的直接导入。

(2) 音频文件的设置

大洋 D^3-Eidt 非线性编辑系统支持对各种音频文件的直接导入，不受封装形式，采样率和量化值的限制。如 MP3、WAV、WMA、RM、Audio 等音频素材文件。还可以通过音频转码器导入音频素材文件。因为非标准的 16bit、48kHz 的音频素材文件，在非线性编辑的过程中需要实时运算，会影响编辑效率，所以对这类素材，要通过音频转码器，转换成标准 PCM 的 WAV 文件后在大洋非线性编辑中再进行剪辑。选择【工具】/【音频转码器】，弹出的音频转码器窗口中，目录浏览区选择存放音乐素材的文件夹。文件浏览区选择需要“音频转码器”转换的音频素材文件，播放工具栏可以对选中的音频素材进行试听。确认已选素材后，单击【添加】按钮，将其添加到“音频转码器”转换列表中。选中转换列表中的素材，素材名处输入新的素材名，之后单击【修改】按钮确认已经修改后的素材名。确认转换列表后，单击转码按钮进行音频素材文件的转换。在转换过程中会显示两个进度条，分别表示转换总进度和当前文件转换进度。转换完成后，生成的音频素材文件会在素材库指定的目录下。

(3) CD 抓轨工具

在制作节目过程中需要使用 CD 盘片上的音乐，可以使用 CD 抓轨工具将 CD 音频文件提取为大洋非线性编辑系统识别的音频素材。在转码的过程中可以试听，并且支持批量 CD 音频的转换。

首先将 CD 盘片放入光驱，系统正常识别后，选择主菜单中【工具】/【CD 抓轨】。如需更改素材名称，在左侧素材名处输入新的素材名称，确认无误后单击【修改】按钮即可。单击【录制】按钮进行音频素材文件的转换。在转换过程中会显示两个进度条，分别表示转换总进度和当前文件转换进度。转换完成后，生成的音频素材文件会在素材库指定的目录下。

(4) 其他

对于其他采集的视频和音频文件，在导入时需要勾选“匹配文件名”选项，非线性编辑系统会自动将符合命名规则的视频、音频文件，视为同一段素材添加到列表中。否则导入的视频、音频文件将会分成不同的两个素材被导入到大洋资源管理器中。

三、采集

单击主菜单【采集】/【视音频采集】命令行打开视频、音频素材采集窗口。本节从预览窗、VTR 控制、素材属性、参数设置、采集方式选择、辅助功能等几部分，介绍采集界面及其实现的功能。如图 14-5 所示。

图 14-5　【采集】界面

1. 预览窗

采集界面中提供了独立的视频预览窗和动态 VU 表，方便对磁带上视频、音频信息的浏览和搜索定位。窗口正下方是VTR时间码，在开始采集后，VTR时间码右侧还会弹出已经采集的长度信息，供用户参考。如图14-6所示。

图14-6　信息条

2. VTR控制

预览窗下部是VTR控制部分，负责对外部信号源的遥控操作，这部分在连接了处于遥控状态的VTR设备才会有效。这里可以输入磁带号信息，记录磁带的入、出点，设置采集长度，在VTR状态下，可以模拟VTR的控制面板和功能键，遥控外部录像机进行快进、快退、变速播放和搜索等操作。如图14-7所示。

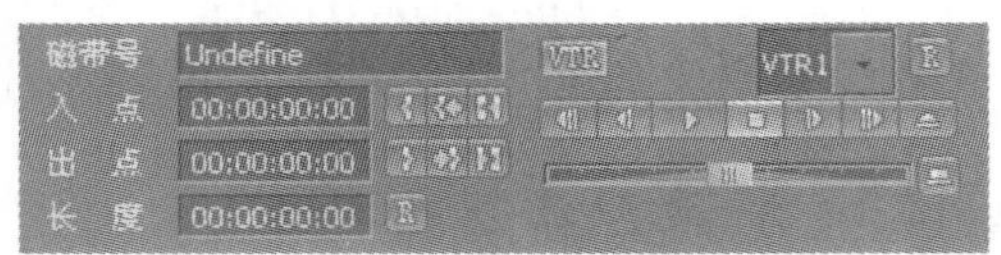

图14-7　VTR控制

(1) 磁带号：记录磁带编号，便于日后查询。

(2) 入点：记录入点的时码信息。结合三个按钮，可实现设置入点、到入点和清除入点信息的功能。

(3) 出点：记录出点的时码信息。结合三个按钮，可实现设置出点、到出点和清除出点信息的功能。

(4) 长度：设置采集长度，单击【复位】按钮可清除长度设置。

(5) VTR切换按钮：系统会根据VTR状态来判断采取打点采集还是硬采集方式。按下此按钮呈绿色有效状态，系统将实现打点采集；当VTR按钮呈灰色无效状态时，系统将实现硬采集。系统默认为VTR控制状态。

(6) 多VTR控制：可以最多从四路VTR设备中任选一路作为输入的视频、音频信号源。该功能正在完善中。

(7) 倍速浏览：通过单击右侧按钮可切换JOG和SHUTTLE模式，鼠标拖动滑轨中间的滑杆，可实现快进或快退的倍速浏览，向左为快退，向右为快进，滑杆越靠近边侧，浏览速度越快。

3. 素材信息设置

该区域用于定义采集素材的名称和存储路径等信息。在素材名对应的文本框中输入生成素材的名称，也可以保留系统提供的默认名称。【信息】和【备注】不是必填项。单击【所属项】对应的向下箭头，可以指定素材导入到素材库的路径，默认为【素材】根目录下，这里不能创建新的素材路径，创建路径的工作需要在资源管理器中完成。如果我们选择了【文件】页签，采集生成的素材将以文件形式保存在硬盘的指定路径下，而不会在素材库中生成非线性编辑直接调用的素材。

(1) 拥有者：用于设置素材的拥有者。

(2) 权限：用于设置该素材的读取、修改、删除、管理等使用权限。单击【权限】按钮，在弹出的权限设置窗中可进行素材权限的设置，对于多用户的素材共享非常有用。权限设置页左侧是系统中的服务对象、级别和角色三种不同归类方式，选中某一方式中的具体项，单击【添加】按钮可将其添加到右侧的权限列表，通过双击鼠标左键，可对具体使用权限进行修改，勾选为具有该项操作的权限。

4. 采集信道、采集参数设置

用于采集的信道选择和视频、音频格式设定。通过对视频 V、音频 A 和视音频 VA 的选择，可以实现单独采集视频素材，单独采集音频素材，采集视频、音频组合素材等多种形式。

单击音频 A1、A2 对应的扩展按钮，可设置音频参数。

单击 VA 对应的扩展按钮，可设置内嵌音频素材的视音频参数。

5. 采集方式的选择

系统提供了多种采集方式满足用户在不同应用环境下的需求。如图 14-8 所示。

(1)【单采】选项：用于单条素材的采集，通过遥控录像机可实现入点、出点间的精确采集，此模式为系统默认采集模式。在单采模式下，可以实现硬采集和打点采集。

(2)【批采集】选项：一次性选择、定义多段素材，批量完成全部的采集工作。系统支持对批采集列表的保存、删除等编辑操作。

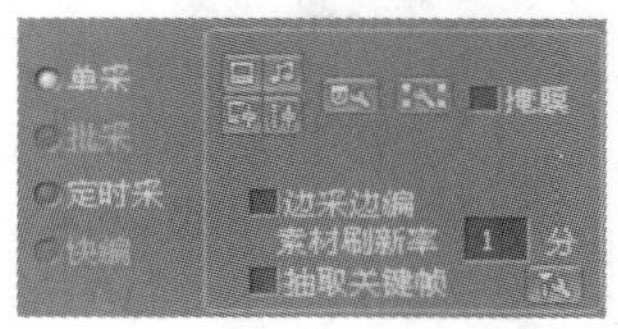

图 14-8　VTR 控制

(3)【定时采集】选项：对已制定完成的不同日期、不同时间段的采集列表进行自动定时采集，支持批量采集和按日、周、月、年的循环设置。

(4)【边采边编】选项：采集的同时，其他非线性编辑设备可以编辑当前正在采集的素材，而不用像传统采集方式必须等待整个素材全部下载完成才可以编辑。素材刷新率用于设置动态更新数据库文件的间隔时间。由于边采边编功能只有在网络环境中才能实现，在 D^3-Eidt 单机系统中不提供此功能。

(5)【快编采集】选项：可以将采集的素材准确添加到故事板轨道，形成放机和故事板之间的一对一编辑，采集完成，节目粗编也完成，快编采集适合于新闻类时效性强的节目类型。具体操作详见快编采集。

6. 视频、音频参数设置

视频、音频参数设置可以实现板卡 I/O 端口的切换、VTR 遥控精度调节，以及视频输出和回放质量的设置。系统在初始化时会预置一组最优数值，建议用户不要随意修改各项参数。选配不同的硬件板卡，视频、音频参数设置的界面及内容有所不同。对于 RedBridge 平台和无卡纯软平台，视频参数设置窗口的内容主要区别于 I/O 输入输出端口的设置。下面，以 RedBridge 平台为例，详细介绍各项参数的设置。

单击采集界面中【视音频参数设置】按钮，或选择主菜单【系统】/【视频参数设置】命令行，可弹出【视音频参数设置】界面。如图 14-9 所示。

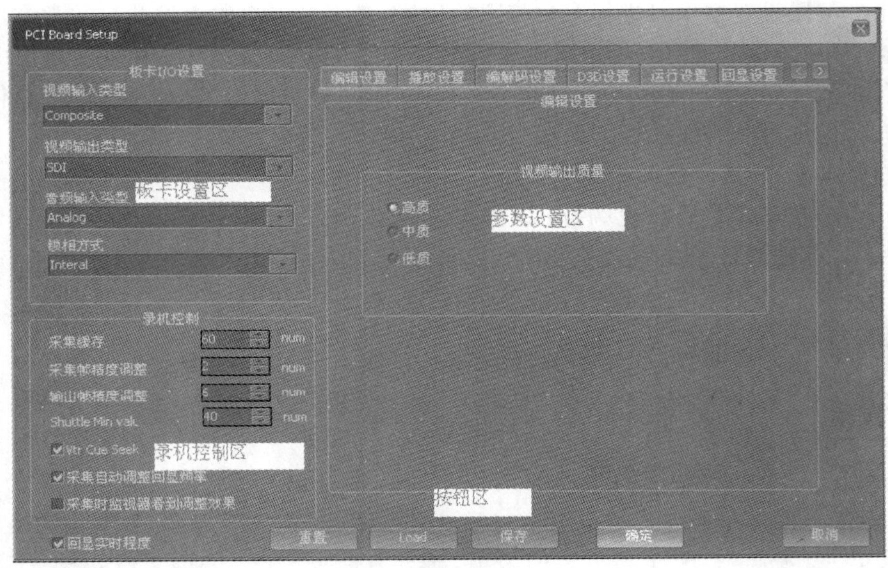

图 14-9 【视音频参数设置】界面

(1) 板卡 I/O 设置区

本区域用于设定 RedBridge 卡的视频输入输出参数。如图 14-10 所示。

①【视频输入类型】选项：选择视频的输入端口，可以选择 Composite【复合】、YC【S 端子】、Component【YUV 分量】、SDI【数字视频】等类型。

②【视频输出类型】选项：选择视频的输出端口，可选择的端口种类同视频输入端口。

③【音频输入类型】：选择音频输入端口，可以选择 Analog【模拟】、AESEBU【数字音频】、SDI【SDI 内嵌数字音频】。

④【锁相方式】选项：选择锁相方式，有 BB 模式、Internal 模式和 Slave 模式。BB 模式三种方式可选，使用外部黑场信号锁相，这种方式需要在 BB IN 端口接入外部同步源产生的锁相信号。Internal 模式，使用内部晶振产生的时钟信号作同步信号。Slave 模式，在多块 RedBridge 卡协同工作时选择该模式，可以保证多块板卡的时钟完全同步。

(2)【录机控制】选项设置区

这部分参数用于调整采集和输出的 VTR 控制精度。如图 14-11 所示。

①【采集缓存】选项：采集过程中采集的原始视频数据都会放在这个缓冲区中等待处理，这个参数值越大，采集时发生丢帧的几率越小，但会在采集时占用相应的内存空间，所以可以根据本机的实际情况来设置采集缓存的大小。这个参数的每个单位对应 1.6M 内存空间，这部分内存只在采集时占用，退出采集界面后会自动释放。

②【采集帧精度调整】选项：用于调整采集的帧精度，可以根据实际录放机设置微调参数值，达到零帧误差。

③【输出帧精度调整】选项：用于调节输出至录机时的输出精度，使用不同的设备时都需要先调节这个参数来校准，以保证输出的准确度。采集自动调整回显频率：采集时降低采集窗口回显的刷新率，以保证采集的顺利进行。

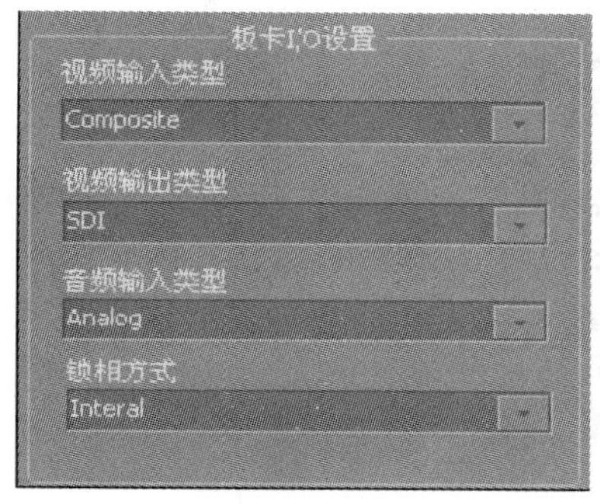

图 14-10　板卡 I/O 设置

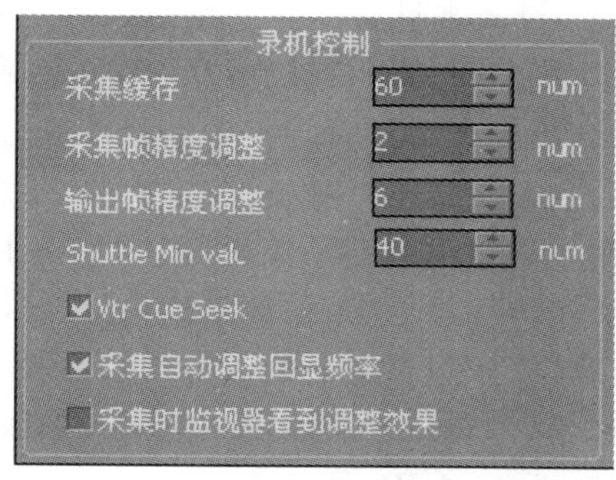

图 14-11　【录机控制】设置区域

7. 辅助功能

辅助功能包括了切点设置、标记点设置、抓取单帧、插入故事板等功能，此外，还包括掩模、抽取关键帧等高级辅助功能。

(1) 切点/标记点/抓取单帧/插入故事板 。

(2) 标记点热键设置：用于设置打标记点的快捷键。可对每个标记点快捷键设置不同的名称和描述信息。如图 14-12 所示。

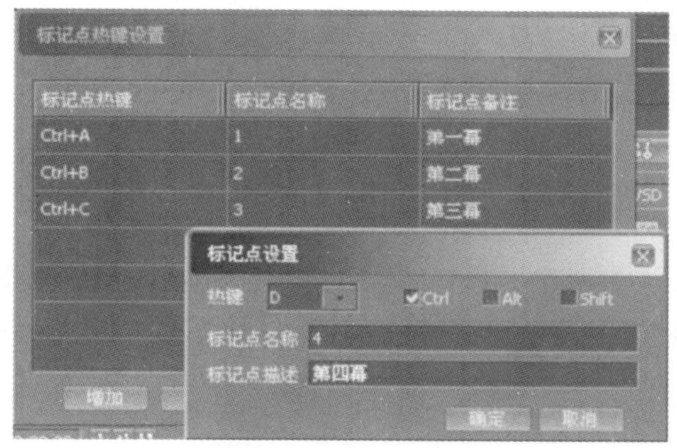

图 14-12　【标记点热键设置】区域

(3) 掩模：选择后采集视频动态调整有效。掩模设置方式如上所述。

(4) 边采边编：【边采边编】辅助功能为 D^3-Eidt 新增功能，它突破了下载完成后再编辑的传统工作流程，通过软件中设置数据库刷新频率，可实现网络非线性编辑设备间实时共享和实时编辑的应用。边采边编适用于单采、批采、定时采集等多种采集方式。

8. 采集视频、音频的基本流程

(1) 采集前准备工作：检查连线，确认录/摄像机处于正常状态，插入要采集的素材录像带，然后单击主菜单【工具】/【视音频采集】命令行进入采集界面。

(2) 预演播放并确认各线路工作正常：播放信号源，通过回放窗、音频表或外围监看监听设备检查视频、音频信号是否接入正确。如果无信号回放，单击【视音频静态参数设置】，调整 I/O 端口，使输入端连线与设置类型保持一致，排除故障。

(3) 设置素材属性信息和存储路径：在素材名文本框中输入具有代表性的名称，如以日期或栏目开头，便于日后查找。在所属项中选择已创建好的素材路径，如果未创建所需的文件夹，请退回到资源管理器的素材库进行创建工作。

(4) 选择采集的视频、音频信道，并设置采集格式：通常单路采集只需选中 V、A1、A2，如果用于网络的双路采集，可同时勾选上【VA】项。系统默认采集格式已在网管中设置，当以 DV 用户登录后，默认的采集格式为【DVSD】，用户也可在采集前根据需要进行更改设置。

(5) 选择所需的采集方式。

(6) 单击(开始采集)按钮，开始采集进程。

(7) 采集过程中可以打标记点、手动设置切点，或是开始采集前选择上【自动抽取关键帧】。

(8) 单击(停止采集)按钮，采集结束，生成的新素材自动导入资源管理器指定路径下。

(9) 根据不同的采集方式，用户可以选择将采集获得的素材直接插入到故事板时码轨上，或是保存为一个故事板文件。

9. 采集 P2 素材

D^3-Eidt 软件全面支持松下 P2 技术，通过此项功能，可以将 P2 存储体中的 MXF 文件导入非线性编辑中使用，也可直接对 P2 卡的 MXF 文件进行编辑，免去长时间上载过程。与传统的视频、音频信号采集不同，采集 P2 素材不是通过信号线连接，而是直接以固体存储卡为载体，通过 P2 读卡器直接将视频、音频数据拷贝到本地磁盘。系统提供的 P2 采集功能灵活多样，可以一次对单条 MXF 素材导入，能将多条素材加入列表后批量导入，还可以对素材设定入出区域后进行导入。导入过程，可根据实际需要选择拷贝、引用和转码等多种方式。

四、基本编辑

大洋非线性编辑软件的编辑核心窗口称为故事板。故事板文件操作是非线性编辑的基础，包括对故事板文件的创建、保存、关闭和故事板文件打开等功能。

1. 新建故事板文件

新建故事板文件的对话窗可以通过系统主菜单【文件】/【新建】/【故事板】命令，或是故事板标签页的快捷菜单来打开，后者的实现方法是用鼠标单击当前编辑故事板的标签页中间的小三角，在扩展菜单中选择【新建】/【故事板】即可。如图 14-13 所示。

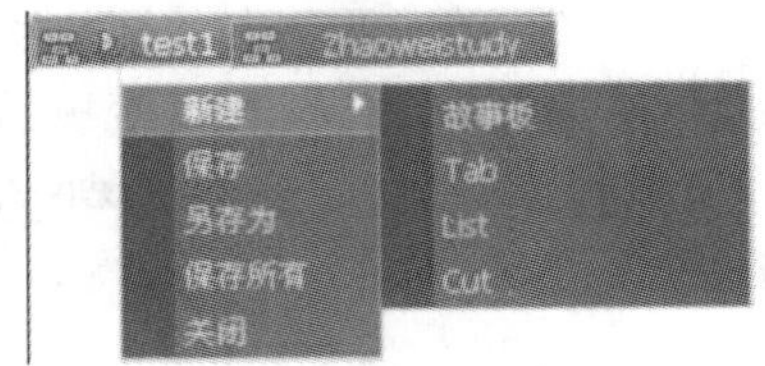

图 14-13　新建故事板

在已打开的【新建】对话框中，在名称对应的文本框位置输入故事板文件名称，描述信息不是必填项。在【保存到目录】选项中指定故事板文件的存放位置，如果不指定，新故事板文件默认被放在 SBF(即故事板文件) 根目录下，单击【确定】按钮后即可完成创建工作。这样一个全新的空白故事板被创建，在【资源管理器】故事板页签的SBF相应路径下可以找到打开状态的该故事板文件。

在【新建】对话框中，用户还可以为新故事板指定归属到某一存在的项目中。方法是选择【添加到项目】选项，同时在系统提供的项目列表中选择项目名称，单击【确定】按钮，在弹出的提示框中输入"项目密码"，单击【确定】按钮后即可完成创建工作。用户会同时在【资源管理器】的故事板页签和项目页签中找到相应故事板文件。如图14-14所示。

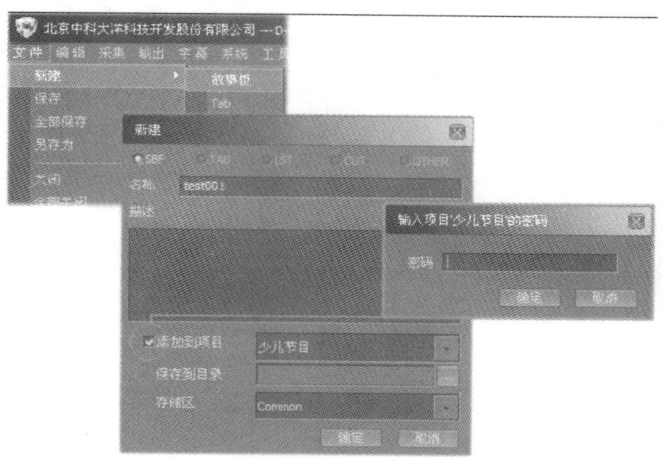

图14-14　添加到已存在项目

2．打开故事板文件

如图14-15所示，【资源库】的SBF文件夹下有三个故事板文件，分别处于三种状态：红色文件名表示该故事板为打开状态，白色文件名表明该故事板为关闭状态，而黄色文件名表示该故事板为选中状态。打开故事板文件只需在【资源库】的相应文件夹下选中故事板文件，在其名称上双击文件名即可。也可以通过主菜单【文件】/【最近编辑单】命令，或是【故事板回放窗扩展】按钮中【最近编辑的故事板】命令，挑选需要的故事板文件快速打开。

图14-15　资源库

3．保存/另存/全部保存

通过主菜单【文件】中的【保存】/【另存为】/【全部保存】命令，可以实现故事板文件的存盘操作。

4．编辑工作窗

它由【资源管理器】窗口、【回放】窗口和【故事板编辑】窗口几部分组成。【资源管理窗口】用来组织、存储和有效管理编辑中用到的所有资源，包括各类素材、故事板文件，还集成了特效模板和字幕模板，并且用户可以组建适合自己的项目集合。如图 14-16 所示。

图 14-16　编辑工作窗

图 14-17　视频编辑轨道

(1) 视频编辑轨道

图 14-17 中 V(Video 视频轨）和 Bg(背景轨）均为视频轨道，主要用来放置和编排静止图像、字幕和视频等素材，在 D^3-Eidt 中最多可同时展开 100 层视频轨道进行编辑，通过轨道的右键菜单还可以为每一视频轨添加附加 FX 特效轨，或 Key 附加键轨，或附加 Key。

① 视频轨道名称：用于标志不同视频轨道的性质和在时码轨中的叠加顺序。对于 D^3-Eidt 软件遵循自上而下的叠加顺序，即上层内容覆盖下层内容输出显示。用户还可自定义轨道名称。方法是，在默认轨道名称右侧空白处单击鼠标左键，在弹出的文本框中输入自定义的轨道名称即可。

② 有效开关：显示该图标表示该轨道为可见轨道，可以对该轨道应用各种效果。单击该图标使其显示为，表示该轨道不可见，且已被锁定，不可以为当前轨道应用任何效果。再次单击图标可恢复有效。

③ 隐藏开关：对当前轨道进行隐藏标志。单击该图标使其显示为隐藏状态，此时并非真正将轨道隐藏起来，只有单击故事板工具栏中按钮（或按快捷键 H），所有被标志为隐藏的轨道才会真正被隐藏起来。再次单击按钮轨道恢复显示。

④ 锁定开关：显示该图标表示当前轨道为开锁状态，可以进行任何正常的编辑操作。使用鼠标单击该图标使其显示为，表示该轨道为锁定状态，不能进行任何修改、删除、添加特效等编辑操作。再次单击该图标可解锁。

⑤ 关联开关：其作用是将不同的轨道关联在一起。默认情况下轨道之间为关联状态，此时对其中任一个轨道上的素材进行操作，如移动等，对其他轨道上的素材也起作用。单击该图标使其显示为，该轨道解除关联，对该轨道的操作对其他轨道将不起作用。

（2）显示 Key 轨：Key 轨可以实现以视频或带 Alpha 通道的图文素材为其所属的视频轨素材做键控。勾选此项后，该轨道内将显示一层 Key（附加键）轨，此操作为创建 Key 轨特效做准备。

（3）显示 FX 轨：FX（附件特效）轨可为其所属的视频轨上多段素材同时添加相同的视频特效。选择此项后，该轨道内将显示一层 FX（附件特技）轨，此操作为创建 FX 轨特效做准备。如图 14-18 所示。

图 14-18　FX 轨

（4）过渡特效轨 TR（Transition）：用于在 V1、V2 两轨视频间的素材重叠部分产生特效素材，并为特效素材添加特效效果。系统默认的转场特效类型为"淡入、淡出"，可以拖曳特效模板中的转场特效进行替换，或选中特效素材按 Enter 键进入【特效调整】窗中调整。此外，通过【系统参数设置】可以选择是否需要自动添加转场特效，并自定义默认的特效类型。如图 14-19 所示。

图 14-19 过渡特效轨

（5）总视频特效轨 VFX：附加特效轨 FX 是为同一视频轨道的多段素材添加统一特效，总视频特效轨 VFX 则是纵向作用于全部视频轨道，为故事板入点、出点区域内全部素材添加统一特效，如图 14-20 所示。例如，在节目制作完成，可以通过总视频特效轨为输出区域添加统一的遮幅特效。

图 14-20 总视频特效轨

5. 时间线编辑区

时间线编辑区主要用来编辑素材，如图 14-21 所示。

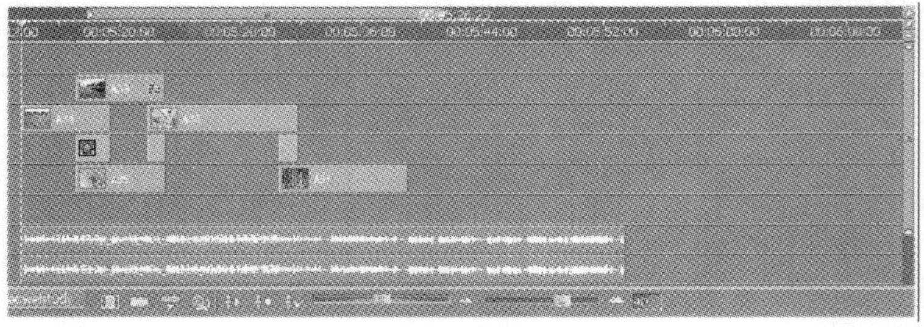

图 14-21 时间线编辑区

（1）时间标尺

使用鼠标右键单击时间标尺区域，向右滑动，直到系统画出的彩色线条包含了需要显示的故事板区域，放开鼠标，系统会自动放大比例显示这一区域的素材；用鼠标右键单击向左滑动时，松开鼠标，系统会自动缩小显示比例。如图 14-22 所示。

图 14-22　时间标尺

（2）切换控制工具

如图 14-23 所示。音频自动化无效，按下此按钮，播放故事板时，自动化录制下的效果无法被监听到，而且此时调整混音器的任何参数，系统不做记录。

图 14-23　切换控制工具

定比播放，定比播放用于实现以正常播放速度的倍数进行慢速或快速浏览编辑轨素材。拖动滑杆在滑轨的不同位置，以获得不同的播放速度比率，偏左位置为慢速播放（低于 1 倍速播放），偏右位置为快速播放（大于 1 倍速播放）。

缩小时间单位（快捷键减号“－”）：单击该按钮，时间单位会缩小一个等级。

放大时间单位（快捷键加号“＋”）：单击该按钮，时间单位会放大一个等级。

时间单位最小到 10，最大到 100。拖动中间的滑杆可以得到同等缩放效果。

（3）Trim 编辑

Trim 编辑可以对镜头间的剪辑点进行精确的单帧编辑。系统提供了两种 Trim 编辑方式，【双窗口编辑】和【四窗口编辑】，分别针对两个镜头之间的剪辑点和三个镜头之间的剪辑点操作。Trim 窗口以独立的窗口存在，可以通过执行主菜单中【编辑】/【双窗口编辑或四窗口编辑】命令打开相应的 Trim 窗口。

- 【卷动编辑】命令用于对一个片段的出点进行修剪的同时对下一个片断的入点进行修剪。该操作可以在 Trim 编辑窗的联动方式下完成。
- 【滑移编辑】命令用于调整一个片段中的两个编辑点，时间线、片段的长度不变，片段内容改变。该操作可以在双窗口 Trim 编辑窗的单素材模式下完成。
- 【滑动编辑】命令调整两个编辑点，涉及三个片段，中间的片段向左或者向右滑动，其长度不变、内容不变，相应的前后片段长度发生增减。该操作只能在四窗口 Trim 窗中的“三个素材编辑＋滑动编辑”模式下完成。

（4）双窗口编辑

双窗口 Trim 编辑主要用于对两个相邻素材的剪辑点的精确剪切。所谓剪辑点，是指每个素材的入点与出点，如果一个素材的出点与另一个素材的入点紧密相连，那么该点则被视为同一剪辑点。在双窗口编辑中，剪辑点两边的素材会同时出现在Trim窗口的左右两个视窗中，通过对前一素材的出点与后一素材的入点的关联调整，可以实现卷动编辑的操作，或通过对同一素材的入、出点调整，实现滑移编辑的操作。如图14-24所示。

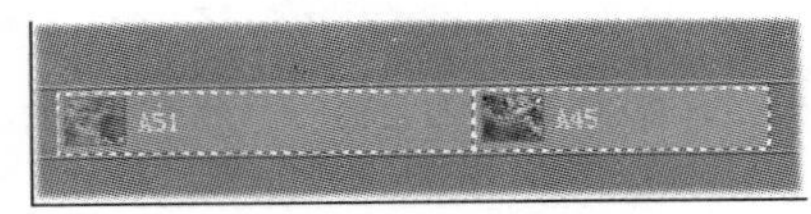

图 14-24　滑移编辑

在打开Trim窗口前，首先需要在编辑轨上选中需要剪切的相邻两段素材，系统在打开的Trim窗中会顺序播放剪辑点两侧的部分画面。

五、基本编辑的具体操作

1. 故事板编辑和轨道编辑

方法一：在选中的素材上按下【故事板】窗口中的【播放】按钮或按空格键，浏览故事板中的素材。

- 将时间线指示器停留在选好的镜头上，如果镜头前面的素材不再用，使用“Ctrl＋Shift＋I”组合，素材原起点到时间线处的素材被删去。
- 如果是镜头后面的素材不再用，使用“Ctrl＋Shift＋O”组合，时间线指示器到终点之间的素材被删去。

方法二：在故事板上选中素材，将时间线指示器停留在选好的镜头上，按F5将素材剪开分成两段素材，再按Delete键将不需要的素材段删除掉。如果删除不需要素材的同时希望本轨道后边的素材前移填补空缺即波纹删除，按“Ctrl＋Delete”组合。

在故事板的编辑过程中，如果只需要撤销上一步的操作，按“Ctrl＋Z”组合。如果需要撤销故事板多步操作，按“Ctrl＋Alt＋S”组合进入【故事板的属性】窗口，选择【操作记录】页签，从记录列表中点选回退到哪一步的操作。恢复上一步操作，按“Ctrl＋Y”组合。

2. 三点编辑

(1) 在【素材库】中选中需要添加的素材，双击鼠标左键或直接拖曳到素材调整窗口中。

(2) 浏览素材，设置素材的入点和出点。

(3) 在编辑轨上需要的位置设置素材的入点，完成这项操作有两种方法：

将【故事板编辑】窗口或【故事板回放】窗口中的时间线指示器移动到需要的位置；或者直接在故事板需要的时码位置处按下【设置入点】按钮或快捷键“I”。

(4) 单击【素材调整】窗口中【素材到故事板】按钮旁的向下箭头，如果以时间线指示器位置为目标位置，需要选择【当前时间线】，若以设置的入点位置作为目标位置，则需要选择为【入/出点对齐】。

(5) 单击【设置V/A轨道】按钮，选择目标轨道。

(6) 在【编辑】窗口下排确定插入或覆盖模式。

(7) 通过鼠标操作将【素材调整】窗口中的素材拖放到【故事板】时间线位置处，或单击【素材调整窗】窗口中（素材到故事板）按钮，实现素材的添加。如图14-25所示。

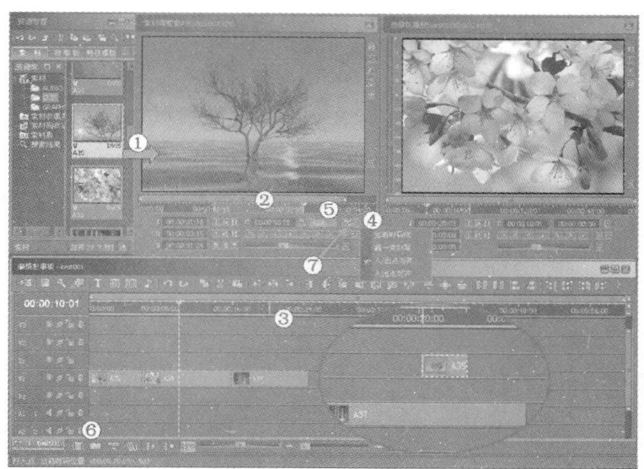

图 14-25　三点编辑

3. 四点编辑

(1) 在【素材库】中选中需要添加的素材,双击鼠标左键或直接拖曳到【素材调整】窗口中。

(2) 浏览素材,设置素材的入点和出点。

(3) 在【编辑】窗口中需要的位置处设置素材的入点和出点。

(4) 在【素材调整】窗口中选择对齐方式。

(5) 单击【设置 V】/【A 轨道】按钮,选择目标轨道。

(6) 在【编辑】窗口下方选择插入或覆盖模式。

(7) 单击【素材调整】窗口中 (素材到故事板)按钮,系统将选定的素材段添加到指定轨道的设置区域内。如果素材长度与故事板设置区域不符,填充的素材由选择的对齐方式决定,当选择【入/出点对齐】时,素材将在入点位置处插入,在出点位置处多余部分被截掉。当选择【入出点对齐】时,系统对素材进行变速处理以适应编辑轨入、出点间的长度。如图 14-26 所示。

图 14-26　四点编辑

4. 轨道上素材的删除和抽取

（1）删除轨道上素材：选中轨道上需要删除的素材，按 Delete 键，选中的素材被删除，后面的素材位置不变。

（2）抽取轨道上素材：选中轨道上需要删除的素材，按“Ctrl＋Delete”组合键，选中的素材被删除，后面的素材位置前移，填补到被删除的素材的入点位置。

（3）删除轨道上入点、出点之间素材：在轨道上设置入点、出点，在轨道空白处单击鼠标右键，选择【入/出点之间的素材删除】命令，则设置区域内的素材被删除。如果素材有一部分内容在设置区域内，则该素材会被截断后删除。如图 14-27 所示。

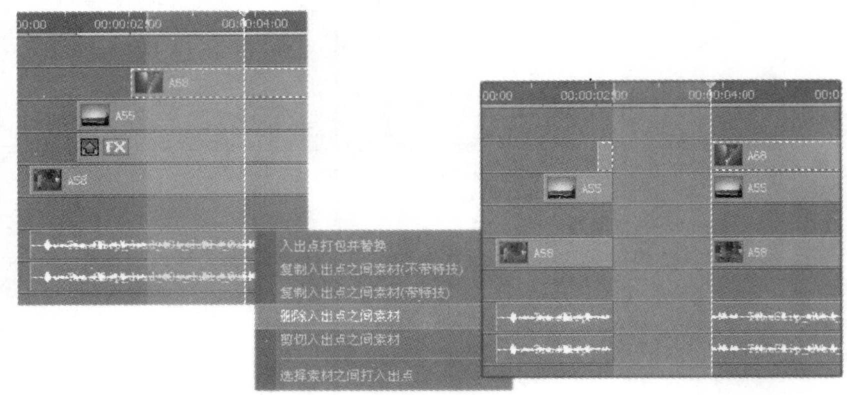

图 14-27　删除轨道上素材

5. 素材的静帧

在轨道上选中需要变为静帧的素材，在被选中的素材上单击鼠标右键，在菜单选择【设置素材静帧】命令，执行该操作后，播放素材从素材的入点开始静帧，长度不变。

6. 素材的速度调整

方法一：

在轨道上选中需要调整速度的素材，在被选中的素材上单击鼠标右键，在菜单选择中【设置素材的播放速度】命令，在弹出的速度设置对话框中设置数值，其中“1”为正常速度，输入大于 1 的数值，素材变为【快放】，输入小于 1 的数值，素材变为【慢放】。

方法二：

在轨道上选中需要调整速度的素材，将时间线置于选好的目标位置，按“Shift＋I”快捷键，该素材的入点会调整到时间线所在位置，出点不变，素材内容被变速处理，并在轨道上标识出快放或慢放信息和相应的速率值。同理，按“Shift＋O”快捷键，素材入点不变，出点会调整到时间线位置，实现变速调整。如图 14-28 所示。

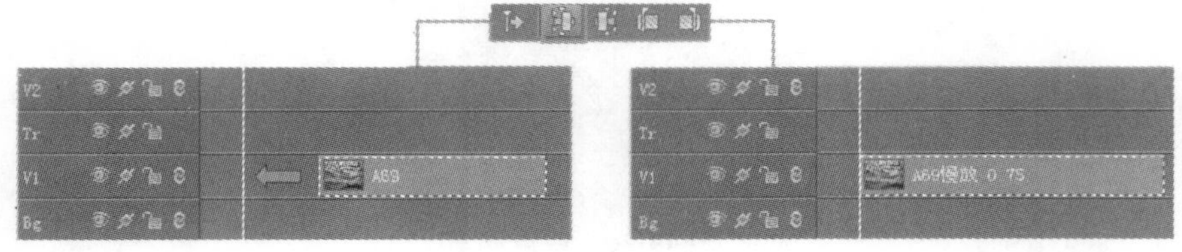

图 14-28　变速调整

六、【故事板】操作

1. 设置【故事板】工作区

故事板入点、出点之间的区域称为【故事板】的工作区。利用快捷键可以实现【故事板】工作区的快速设置与删除。

- 打入点：快捷键 I；
- 打出点：快捷键 O；
- 到入点：快捷键“Ctrl＋I”；
- 到出点：快捷键“Ctrl＋O”；
- 删除入点：快捷键“Alt＋I”；
- 删除出点：快捷键“Alt＋O”；
- 不实时区域间打入出点：快捷键 R；
- 选择素材之间打入出点：快捷键 S。

2.【故事板】导出、导入

【故事板】导出、导入功能，可以帮助用户有效地备份制作完成的节目，在需要的时候重新恢复【故事板】结构并还原全部素材。故事板文件导出方法如下：

在【资源管理器】中选中需要导出的故事板文件，在选中的文件上单击鼠标右键，在弹出的快捷菜单中选择【导出】命令，在弹出的导出窗口中选择保存路径，确定后，进度条开始显示，导出工作完成后，在目标路径下生成包含故事板文件名信息的文件夹，文件夹内包含有存放素材的子文件夹和相关的故事板信息文件。

【故事板】导出方法如图 14-29 所示。

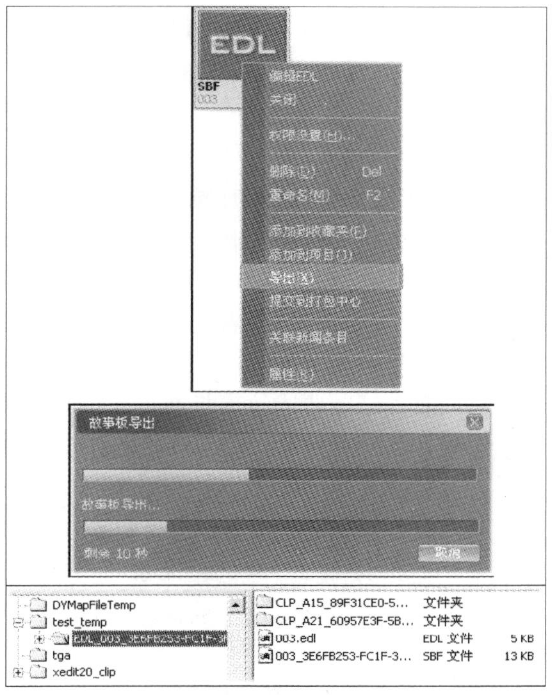

图 14-29 【故事板】导出方法

【故事板】导入方法如图 14-30 所示：

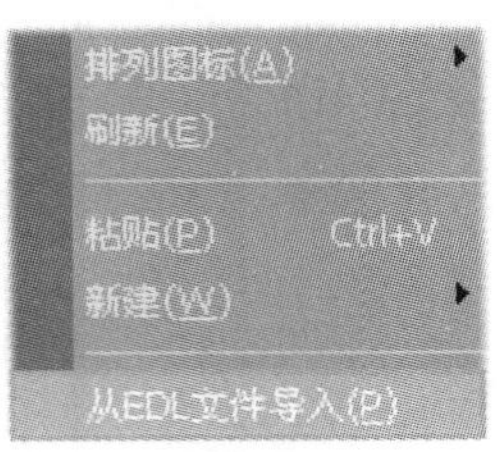

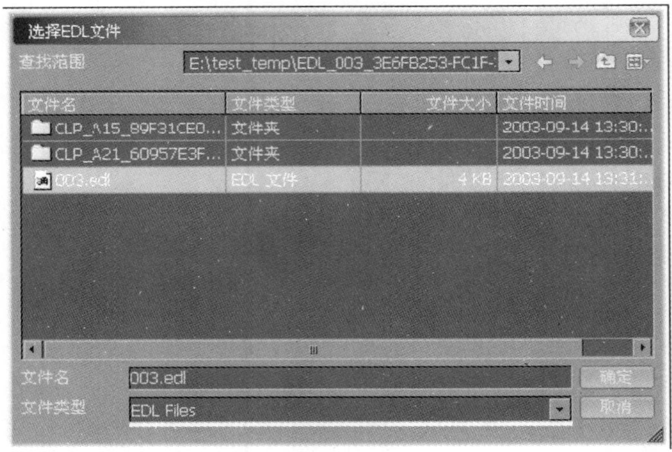

图 14-30 【故事板】导入方法

在【资源管理器】故事板右侧内容区的空白处单击鼠标右键，在弹出的快捷菜单中选择【从EDL 文件导入】命令，在弹出的对话框中选择存放节目的路径，并选择. edl 信息文件，确定后，进度条开始显示，直到导入工作完成后，【资源管理器】的故事板内容区增加该故事板文件。

3.【故事板】实时性判断

(1) 实时性的概念

通常，剪辑只对一轨视频、音频做操作，这个时候，【故事板】可以流畅地播放，即，可以回放每秒 25(PAL)/30(NTSC)帧的视频。这个时候，监视器上的画面是流畅的，画面的运动和镜头的运动都不会有抖动。这种状态称为实时。很多情况下，用户在完成基本剪辑后，需要在某些镜头之间制作叠化或其他转场效果，或者利用多层视频制造新颖的视觉效果，或者要叠加字幕，或者要做多轨混音。

所有做过这些操作的段落，都有可能造成故事板在播放时不能流畅地回放视频和音频，也就是说，回放的视频低于每秒 25(PAL)/30(NTSC)帧的速率。这个时候，监视器上的画面是抖动的。这种状态称为丢帧，或者不实时。

当故事板实时的时候，用户可以很顺畅的编辑，也可以将节目随时下载到录像带；但不实时的时候，即使可以较为顺畅地继续编辑，但是也无法将节目下载到录像带。在下载之前，必须要经过生成(打包)。非实时的段落经过生成操作，可以变为实时的。

(2) 判断【故事板】实时性的方法

方法一：选择菜单中的【窗口】/【插件状态窗口】命令，弹出如图 14-31 所示的窗口。

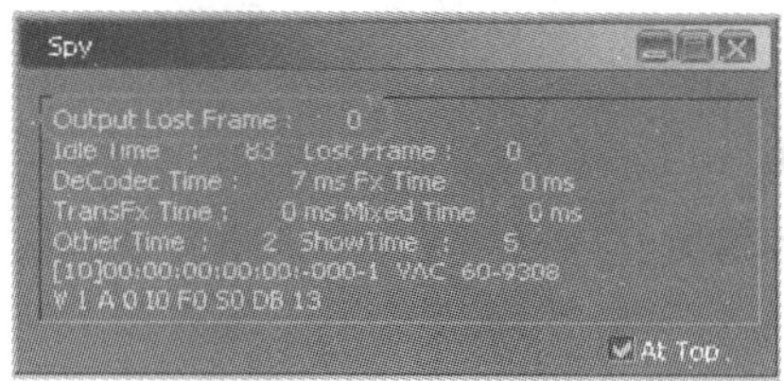

图 14-31　插件状态窗口

在播放【故事板】的时候：

如果 Lost Frame 的值始终为 0，说明故事板实时；

如果 Lost Frame 的值大于 0，说明故事板非实时，存在需要生成的段落。

方法二：【故事板】窗口上方和下方各有一条彩色标记，如图 14-32 所示。上方的标记表明视频的实时性，下方的标记表明音频的实时性。

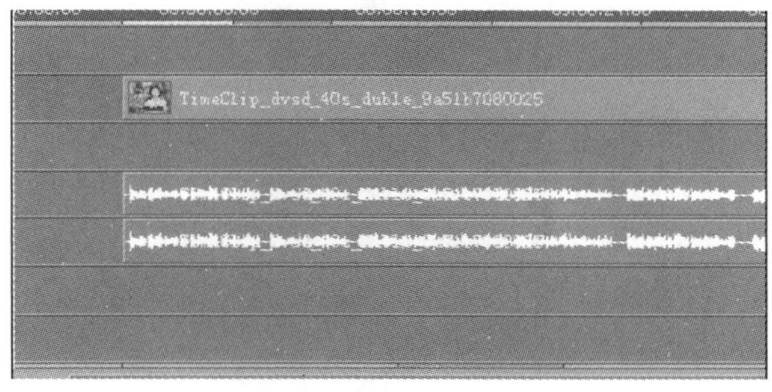

图 14-32　【故事板】窗口的彩色标记

各种颜色代表的含义如下：

- 绿色：该段落可以实时播放；
- 黄色：该段落很可能不实时，强烈建议合成；
- 青色：该段落因为存在字幕，有可能不实时，建议合成；
- 蓝色：该段落已经进行过合成，可以实时播放。

七、Tab、List、Cut 的编辑

1. Tab、List 和 Cut 三者区别

Tab：就是传统的播出串联单，可以将编辑制作完成的故事板或 List、Cut 文件，甚至视音频、图文素材加入到播出列表中生成一份播出单。对于播出单中所引用的 Sbf、List、Cut 文件，如果做了修改，Tab 会自动做相应的更新。

Cut：是最为简单的素材串联单，实现 Cut 编辑不需要熟悉更多时码轨的编辑技巧，通过将素材库中提供的有效素材进行合理剪辑并依次拖放到编辑列表中即可完成 Cut 的制作。对于 Cut 的制作人员，工作重点主要放在对素材的挑选、剪辑和场景的编排上，这一点也迎合了目前电视台多元化制作的需求。对于制作完成的 Cut 文件，我们还可以方便地将其转为时码轨编辑的 Sbf 故事板文件，由专人完成特效制作和添加字幕的精细编辑。

List：List 编辑与 Cut 编辑非常相似，区别在于素材的串联过程中允许素材间添加过渡

特效。List 编辑较适用于既要素材的串联快编，又要素材间适当添加过渡特效的广告类节目的制作。

2. 创建、保存与关闭操作

与故事板的常规操作相同，执行主菜单【文件】/【新建】/List 命令，弹出新建对话框，创建 List 名称和保存的具体路径后，单击【确定】按钮即可展开一个空的 List 编辑窗，在编辑窗中用户可以开始新的 List 的制作工作。在编辑完成后，执行主菜单【文件】/【保存】命令，保存当前 List 文件，也可以选择主菜单【文件】/【另存为】将其保存为其他名称的 List 文件，还可以在【另存为】对话框中选择保存为 Sbf 的文件，以便于后续在时码轨上完成更精细的编辑工作。单击【编辑】窗口右上角按钮关闭当前编辑的 List 文件，或单击主菜单的【文件】/【关闭】命令。如图 14-33 所示。

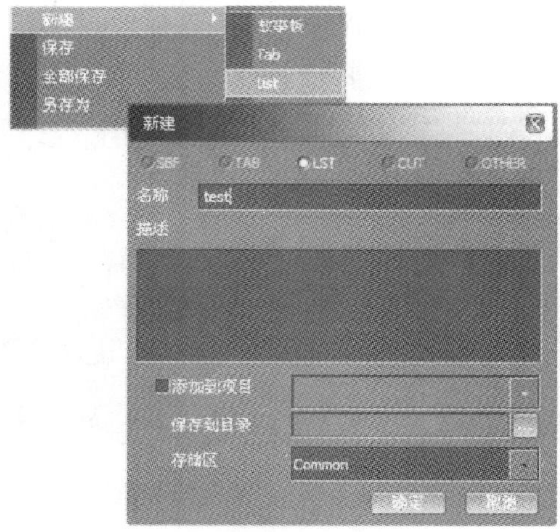

图 14-33　新建 List

第二节　特效处理

一、视频特效的添加

1. 素材特效的添加

在【故事板】上选中需要添加特效的素材，单击【故事板】工具栏的【特效调整】按钮或按快捷键 Enter，启动【特效编辑】窗口，在【特效编辑】窗口中完成特效的制作和调整。

2. 总特效轨特效的添加

(1) 在【故事板】上对需要添加特效的时码区域打入点、出点。

(2) 在总特效轨上单击右键，选择下拉菜单【入、出点之间添加特效素材】，在故事板入点及出点之间出现一段特效素材。特效素材的调整方法同视频特效的调整方法一样，也可以像素材一样修改入点、出点。如图 14-34 所示。

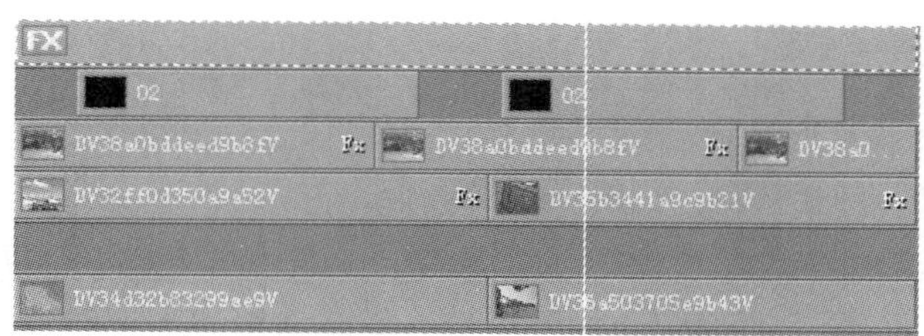

图 14-34　总特效轨特效的添加

3. 附加 FX 轨特效的添加

附加 FX 轨特效是指对【故事板】上某一轨道上一个时间段内的多段素材添加统一特效。利用这一功能，可以把同一轨道上的多段素材看作一段虚拟素材，添加同样的特效，进行统一调整。具体方法是：

(1) 在故事板轨道头的空白区域单击鼠标右键，在弹出的下拉菜单中，选择【显示 FX 轨】命令，弹出附加 FX 轨。

(2) 在【故事板】上需要添加 FX 轨特效的时码区域打入点、出点。

(3) 在 FX 轨上单击鼠标右键，在弹出的右键下拉菜单中，选择【入/出点之间添加特效素材】命令，在【故事板】入点及出点之间出现一段特效素材。特效素材的调整方法和视频特效的调整方法一样，也可以像素材一样修改入出点。

4. 附加 KEY 轨特效的添加

附加 KEY 轨的主要作用是给视频轨上的素材添加一个键特效，相当于给轨道素材添加一个遮罩——MASK。

可以把 Key 轨当成普通的视频轨，添加图文素材或视频素材，并对素材修改入、出点及进行特效操作。不同的是，Key 轨上的素材不以正常状态播出，而是通过素材自带的 Alpha 通道或亮度通道对视频轨上的素材做键。对于图文素材来说是通过 Alpha 通道或 RGB 通道做键，图文素材可以是一张 TGA 图，也可以是字幕的工程文件；对于视频素材而言是通过亮度信号或色度通道做键。具体方法如下：

(1) 分别在 V2/V3 轨道上放置两段素材。

(2) 在 V3 轨道头的空白区域单击鼠标右键，在弹出的下拉菜单中选择【显示 Key 轨】命令，弹出附加 Key 轨。

(3) 把一幅带 Alpha 通道的 32 位 Targa 图放在 V3 轨的 Key 轨上，它由红绿蓝三种颜色渐变组成。

(4) 选中 Key 轨上的素材，单击鼠标右键，在弹出的快捷菜单中选择【键】属性：A、R、G、B，设置不同的键通道，可以得到不同的键效果。如图 14-35 所示。

图 14-35　【键】属性

二、转场特效的添加

1. 通过过渡特效轨添加轨间特效

只要 V1 轨和 V2 轨上的素材有相互叠加的部分，在 Tr 轨上会自动生成一段过渡特效。轨间特效过渡的快慢是由两段素材叠加的长度决定，叠加的时间越长，过渡越慢；时间越短，过渡越快。若想改变过渡特效的快慢，则修改两段素材在轨道上的相对位置，或前一段素材的出点、后一段素材的入点。具体使用方法如下：

(1) 将两段视频、音频素材首尾相连放在 V1/A1/A2 轨上。

(2) 单击第二段视频素材，使它为选中状态。

(3) 单击【故事板】工具栏中的选中素材上移一个轨道按钮，将第二段视频素材移到 V2 轨上。

(4) 修改第二段视频素材的入点(前提是轨道素材入点前有多余的画面)或修改第一段素材的出点(前提是轨道素材出点后有多余的画面)，两段素材之间有叠加部分，可以做过渡特效。

2. 通过附加 FX 轨添加过渡特效

编辑对于不在 V1/V2 轨上的素材，可以利用附加 FX 轨来实现转场效果。具体使用方法如下：

(1) 两段素材分别位于 V2/V3 轨上。

(2) 展开 V3 轨的附加 FX 轨。

(3) 在两段素材重叠的区域打入点、出点。

(4) 在附加 FX 轨上单击鼠标右键，在弹出的下拉菜单中选择【入/出点之间添加特效素材】命令，在【故事板】入点及出点之间出现一段特效素材。

(5) 特效素材的调整方法同轨间特效的调整方法一样。

(6) 可以通过修改特效素材的入点、出点，调整过渡速度。如图 14-36 所示。

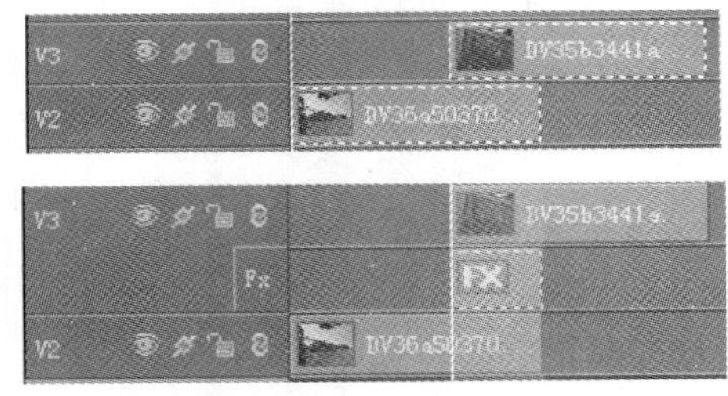

图 14-36　转场效果

3. 对位于上面轨道的素材添加特效来实现转场效果

对位于 V1/V2 轨上面轨道的素材添加视频特效来实现转场效果。具体使用方法如下：

(1) 两段素材分别位于 V2/V3 轨上。

(2) 将时间线指示器放在 V2 轨上素材的出点位置。将 V3 轨上的素材剪开。

(3) 选中 V3 轨上的第一段素材，单击【故事板】工具栏的【特效调整】功能按钮或(快捷键 Enter，启动【特效编辑】窗口。

(4) 在【特效编辑】窗口中完成特效的制作和调整。

三、删除、复制、粘贴、激活、禁用特效

1. 删除特效

在【故事板】轨道上选中要删除特效的素材，单击鼠标右键展开下拉菜单选中【删除特效】命令。删除全部特效或某一项特效。如图 14-37 所示。

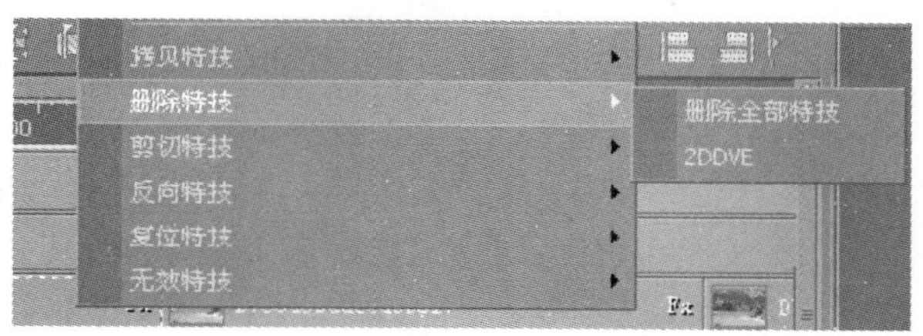

图 14-37　删除特效

在【故事板】轨道上选中要删除特效的素材，单击故事板工具栏的【特效调整】功能按钮(快捷键 Enter)，启动【特效编辑】窗口。选中需要删除的特效，单击鼠标右键展开下拉菜单，选择【删除特效】命令(快捷键“Ctrl＋D”)。

2. 复制和粘贴特效

选中原素材，单击鼠标右键弹出下拉菜单，选择【复制特效】命令。根据需要选择全部特效或某一项特效，然后在目标素材上选择粘贴特效。如果目标素材本身有特效，如图 14-38 所示。而且想同时保留原有特效，选择粘贴特效(追加)。如果希望复制原素材特效的同时删除原素材上的特效，选择【剪切特效】命令。

图 14-38　粘贴特效

3. 激活和禁用特效

在多层特效调整时，为方便查看特效效果，可以暂时屏蔽某些特效效果，待调整完毕再恢复这些特效。

选中素材，单击鼠标右键选择【无效特效】命令 ，可以禁用全部或者某一项特效。再次选中可以激活特效。

在【故事板轨道】上选中要删除特效的素材，单击故事板工具栏的【特效编辑】功能按钮(快捷键 Enter)，启动【特效编辑】窗口。选择特效，单击鼠标右键展开下拉菜单，选择【屏蔽】特效，再次选中激活特效。

也可以在【特效编辑】窗口中直接用鼠标左键单击特效类型左侧的小图标，变为黑白状态，表示特效无效；再单击，可以激活成有效状态。如图 14-39 所示。

图 14-39　禁用或激活特效

四、关键帧操作

1. 增加关键帧

D³-Eidt 默认状态为没有关键帧。添加关键帧的方法有：

(1) 单击【特效编辑】窗口上方工具栏中的按钮，系统自动在视频素材的首尾两端添加两个关键帧，可以分别对每一个关键帧设置属性值。

(2) 在时码轨上，将时间线指示器移至要增加关键帧的位置，改变属性值，D³-Eidt 自动在这个时间点增加一个关键帧。

(3) 在时码轨上，将时间线指示器移至要增加关键帧的位置，单击【特效编辑】窗口下方工具栏中的，增加一个关键帧。

(4) 将光标放置时间线下方，在出现手形和十字形图标时单击鼠标左键，增加一个关键帧。

2. 选择关键帧

如果要修改或拷贝一个关键帧，首先要选择它，再进行调整。

(1) 通过【特效编辑】窗口下方的工具栏中的按钮或帧按钮选择前一个关键帧或选择后一个帧按钮，或单击关键帧，关键帧变为黄色，即为选中状态。

(2) 如果想选择多个关键帧，可以按住 Shift 键进行复选。

(3) 单击工具栏中的按钮，选择全部关键帧。

3. 删除关键帧

如果设置了一个错误的关键帧，或不再需要某个关键帧，可以把它删掉。

(1) 选择想要删除的关键帧，按键盘上的 Delete 键。

(2) 单击工具栏中的按钮，删除选中关键帧。

4. 移动关键帧

如果要改变所做特效变化的快慢速度，需要将关键帧进行前后移动。

(1) 按住 Ctrl 键的同时，拖动关键帧在时码轨上前后移动，可以直接将关键帧移至某一个时间点。

(2) 通过工具栏中的四个按钮，将所选关键帧一次性的往前或往后移动五帧或一帧，这样可以精确地移动关键帧的位置。

5. 复制和粘贴关键帧

如果需要与某一个关键帧相同的属性值时，可以复制和粘贴关键帧。

(1) 选中一个关键帧，单击【特效编辑】窗口上方工具栏中的复制按钮，再选定另一个关键帧，单击粘贴按钮，这样就将前一个关键帧的属性值复制到第二个关键帧上。

(2) 选中一个关键帧，单击【特效编辑】窗口上方工具栏中的复制按钮，将时间线移到另一个时间点上，单击粘贴按钮，D³-Eidt 会自动在这一时间点上产生一个关键帧，同时保持第一个关键帧的属性值。

(3) 选中一个关键帧，单击【特效编辑】窗口下方工具栏中向前复制按钮，或向后拷贝按钮，自动将前一个关键帧的属性值或后一个关键帧的属性值复制到选中关键帧。

6. 复位关键帧

如果想要将某一关键帧恢复为初始状态，可以将此关键帧复位。

(1) 选择一个关键帧,通过单击每一个特效属性值右侧的小按钮 R,逐一复位各个特效属性值。

(2) 选择想要复位的关键帧,单击【特效编辑】窗口下方工具栏中的 ,关键帧复位回原始状态。

7. 设置关键帧过渡属性

对于一个关键帧,如果相对于它前后关键帧有一个过渡过程的话,可以通过工具栏中的改变关键帧状态按钮 ,以及改变关键帧曲线状态按钮 ,改变关键帧过渡属性。

这里以淡入、淡出特效来说明改变关键帧过渡属性的作用:

(1) 在【故事板】上选择一段视频素材,单击工具栏中 按钮,即弹出【特效编辑】窗口,添加淡入、淡出特效。

(2) 单击窗口上方工具栏中的按钮 ,D^3-Eidt 自动在视频素材的首尾两端添加两个关键帧,将时间线移至任意位置,加一个关键帧,将此关键帧的属性值拖到最底部,如图 14-40 所示:

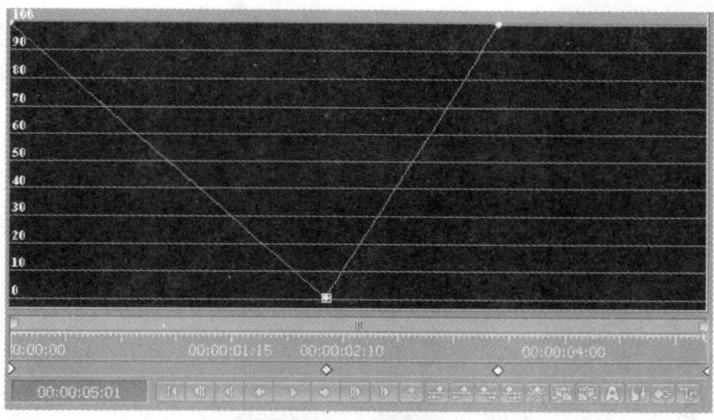

图 14-40　关键帧操作

(3) 单击鼠标左键,弹出下拉菜单,选择关键帧状态。

五、特效属性值调整

(1)通过鼠标直观地进行调整。如图 14-41 所示。

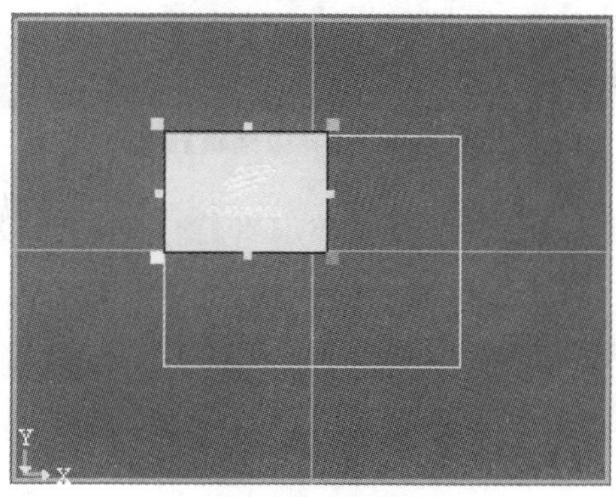

图 14-41　特效属性值调整

窗口中小画面代表视频素材，白线框内代表输出画面，通过拖曳小画面，可以改变窗口大小及位置等参数。

（2）通过窗口右侧的属性值来进行调整，如图 14-42 所示。

每一种特效方式都有不同的属性参数，每一个参数值都可以手动调整。可以手动输入属性值，或通过划块来调整。

（3）单击【特效编辑】窗口上方工具栏的页面切换按钮，特效编辑窗口切换为另一种窗口形式，通过不同参数（例如：位置、大小等）的数值划块来进行调整，如图 14-43 所示。

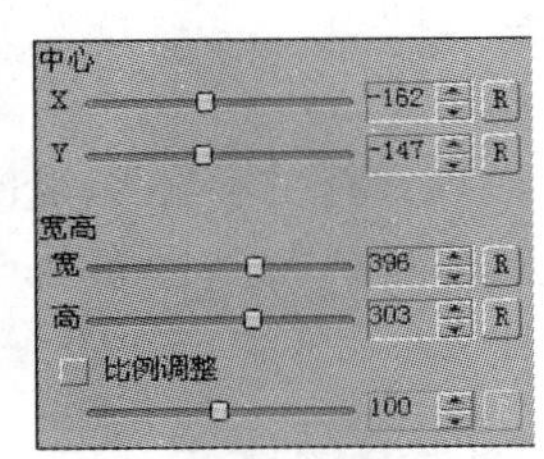

图 14-42　设置属性值调整

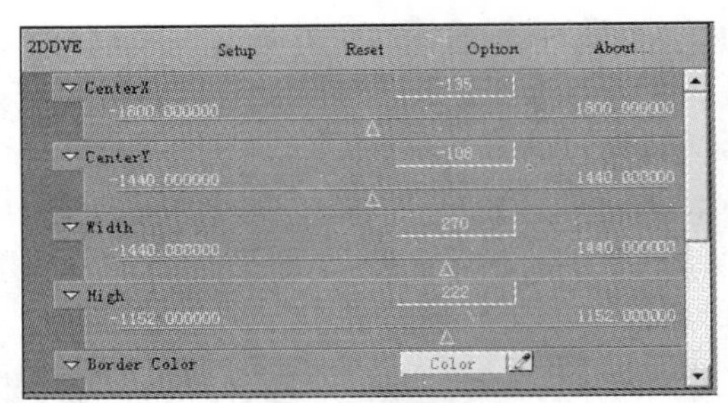

图 14-43　切换后的窗口形式

六、【特效编辑】窗口

【特效编辑】窗口，如图 14-44 所示。

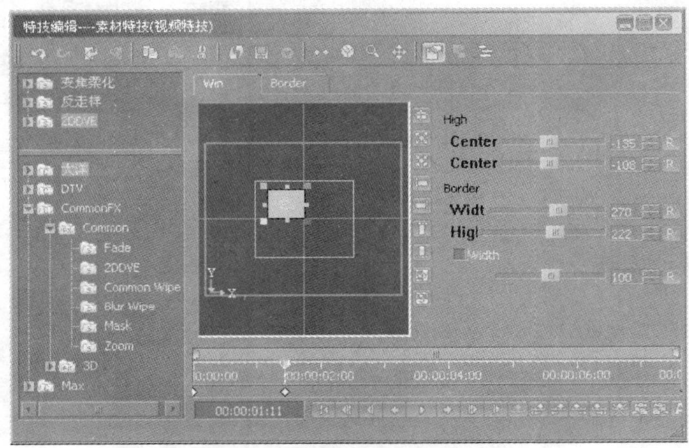

图 14-44　【特效编辑】窗口

（1）功能按钮区。功能按钮区位于【特效编辑】窗口的正上方，使用这些按钮可对素材进行特效操作。如图 14-45 所示。

图 14-45　功能按钮区

（2）当前使用特效列表区。

该区域列出已被选用的特效种类及层叠关系。通过单击名称左侧的按钮，可以展开卷展栏，以方便对不同类型特效的各级参数的调整。单击【特效有效标志】按钮，还可以设置当前选中的特效是否有效。在此区域内单击鼠标右键，在产生的快捷菜单中可以方便地实现对选中特效的删除、保存等操作。如图 14-46 所示。

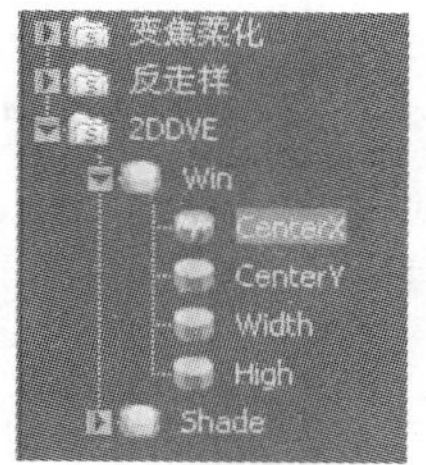

图 14-46　特效列表区

（3）系统支持的特效列表区。

该区域列出系统所支持的所有特效的种类及名称。通过单击名称左侧的按钮，可以展开卷展栏，显示不同级别下的特效内容。双击所选特效名称，该特效将被自动添加到已选用特效列表区中。如图 14-47 所示。

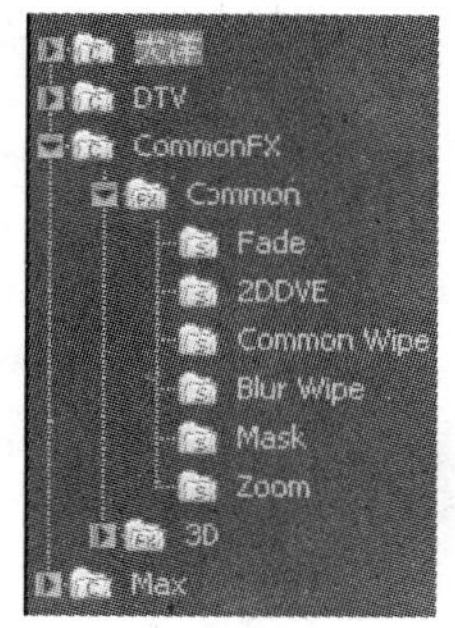

图 14-47　特效列表

对于不同的系统，支持的特效也不同。但是所有的系统都支持大洋特效和 CommonFX 特效。这两类特效都属于软件特效，其中 CommonFX 特效是用软件算法模拟硬件特效，相当于在纯软件系统中也可以实现其他板卡所支持的硬件特效，这样可以使不同硬件系统的故事板结构相同，以便于互相调用。

（4）特效参数调整区。

该区域与“当前使用特效列表区”相关联，在列表区中选择不同的特效类型，特效调整区的显示内容及用于调整的参数项各不相同。

（5）时码轨操作区。

在该区域内我们可以通过对时间线的操作，浏览素材，设定关键帧。如图 14-48 所示。

图 14-48　时码轨操作区

时间线控制：该组按钮用于设置时间线的移动方式。

关键帧控制：该组按钮用于对关键帧的增加、删除和移动等操作。

向前复制：用于将前一个关键帧的特技参数复制到当前帧。

向后复制：用于将后一个关键帧的特技参数复制到当前帧。

选择所有关键帧：选中当前特效的所有特效关键帧。

复位当前关键帧：用于将当前选中关键帧的参数复位到默认值。

设置关键帧状态：用于将当前关键帧的曲线类型设置为动态、静态、无效、断点等不同状态。

设置关键帧曲线状态：用于设置关键帧的曲线类型，默认值为直线。

七、特效分类

在 D^3-Eidt 里提供 4 大类特效，分别是：大洋特效、DTV 特效、MAX 特效、通用特效。

1. 大洋特效共分为 14 大类，分别是柔化、键、RGB 控制、图像控制、几何变化、划像、褶曲效果、浮雕、风格化、马赛克、其他、掩膜、老电影、粒子。如图 14-49 所示。

（1）柔化类特效

在大洋滤镜中，提供了六种柔化特效效果：反走样、去隔行扫描、通道模糊、快速模糊、运动模糊、变焦模糊，其中反走样和去隔行扫描配合其他特效使用，效果更加显著。如图 14-50 所示。

（2）键类特效

键滤镜用于对图像的某部分进行键出，或产生透明。用户可以通过大洋滤镜中的键滤镜，实现板卡特效所不能达到的抠像效果。如图 14-51 所示。

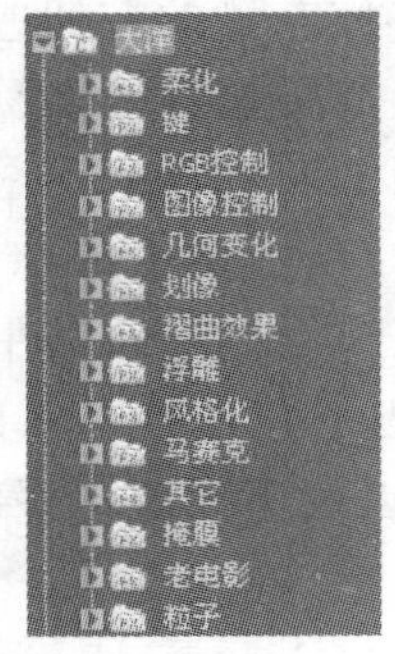

图 14-49　大洋特效

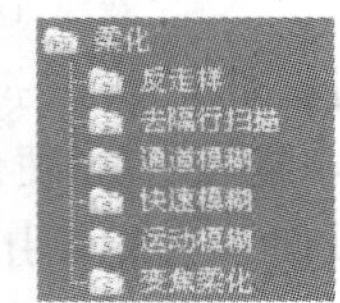

图 14-50　柔化类特效

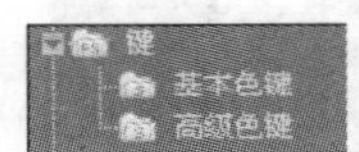

图 14-51　键类特效

①【基本色键】特效

该特效可以键出图像中所有与指定颜色相近的像素。这种色键方式可以处理原始画面比较简单，背景色单一的图像。如图 14-52 所示。

操作方法：直接勾选需要扣掉的颜色。例如：红、绿、蓝等。

图 14-52　原始图和抠像后效果图

②【高级色键】特效

该特效可以键出图像中与指定颜色相近的区域，并可通过阈值宽容度的调整，扩大透明区域的范围。这种色键方式可以用于处理复杂背景的扣像。操作方法是：用吸管在视频画面上吸取需要抠掉的颜色，通过调节 Tolerance 和 Softness 值来进行精细调整。也可以单独调整红、绿、蓝的阀值和柔化度。如图 14-53 所示。

③【划像】特效。

划像特效包括“一般划像”和“模糊划像”。如图 14-54 所示。

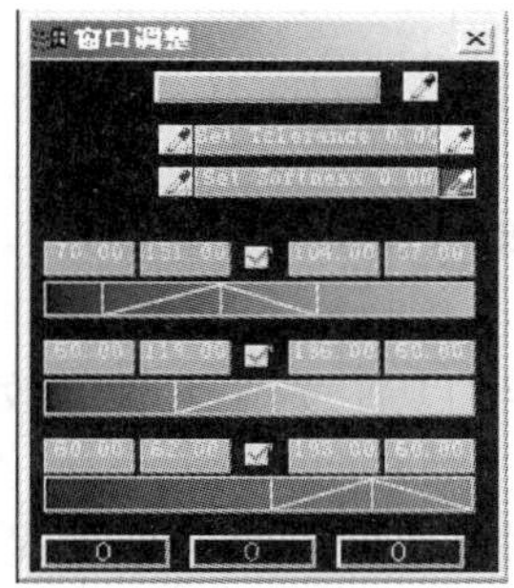

图 14-53　键控特效调整

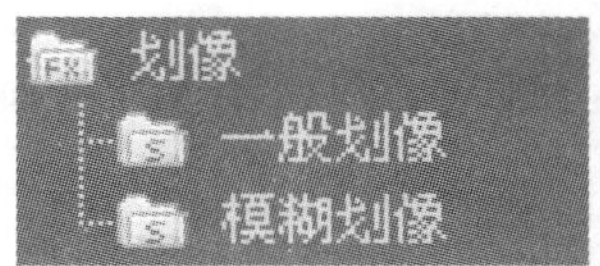

图 14-54　划像特效

● 一般划像

一般划像包括：单边划像、双边划像。通过选择不同页签来切换划像类型。如图 14-55 所示。

【边类型】：包括无边、噪声边和色边三种。

【边色】：当边类型选择色边时，设定边的颜色。

【重复因子】：指画面上划像方式出现的个数，可以分别定义横向、纵向数量。

【位置】：指划像进行的程度。

图 14-55　一般划像

● 模糊划像

模糊划像是以 256 级灰度渐变图像为基础，根据图像的黑白信息对画面进行划像处理，选择不同的页签来切换划像类型。

【高位置】选项：初始值为 100，调整数值时，画面根据灰度图从白到黑过渡。当数值调整到 0 时，低位置调整无效。

【低位置】选项：初始值为 0，调整数值时，画面根据灰度图从黑到白过渡。当数值调整到 100 时，高位置调整无效。

【高柔化】选项：高位置有效时，调整划像边界的柔化程度。

【低柔化】选项：低位置有效时，调整划像边界的柔化程度。

【透明度】选项：调整画面的透明度

④【画面】特效：包括“效果”和“画面”两个特效。

● 效果

通过效果特效，可以进行版画、马赛克效果处理，还可以对视频进行色彩处理。如图 14-56 所示。

【有效】选项：勾选有效后，画面变为灰度级画面，可以通过调整颜色改变画面的色调。

【层次】选项：层次效果是将画面中色彩相近的像素颜色用同一种颜色取代，形成一种色彩上的“等高线”效果，相当于版画效果。级别的多少取决于版画的层次深度，深度越高，色彩越少，层次最高为 7 级。

【马赛克宽度/马赛克高度】选项：马赛克横向和纵向数值。

【宽高联动】选项：选择宽高联动时，同时调整马赛克的宽度和高度。

● 画面

通过画面特效，我们可以对视频素材进行亮度、色相、对比度、饱和度的调整。

2. MAX 特效

D^3-Eidt 系统所提供 MAX 特效包括【柔化】、【褶曲】、【二维边与阴影】、【卷页】、【瓷片】、【模糊划像】、【划像】等七类 Flex3D 特效。如图 14-57 所示。

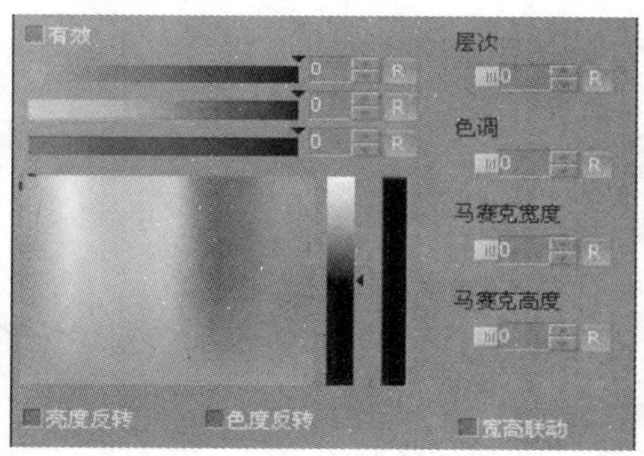

图 14-56　效果特效

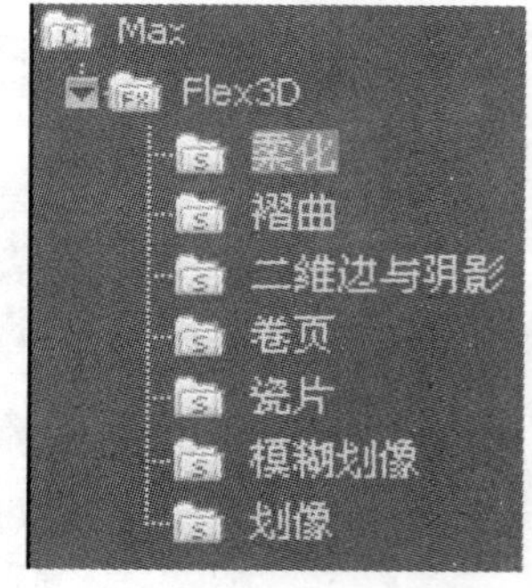

图 14-57　MAX 特效

(1)【柔化】特效

通过对轨道中的素材添加【柔化】特效，可以实现类似前期拍摄时使用的变焦效果。如图 14-58 所示。

①【柔化强度】选项：用于调整画面的模糊程度，数值越大画面越模糊。

②【柔化】选项：用于调整画面边缘的羽化效果。

③【图片静止】选项：选择该选项后，特效调整窗口中的 DAYANG 图标将不随参数调整而变化。

(2)【褶曲】特效

使用此特效，可以实现各种玻璃效果。如图 14-59 所示。

图 14-58　柔化特效

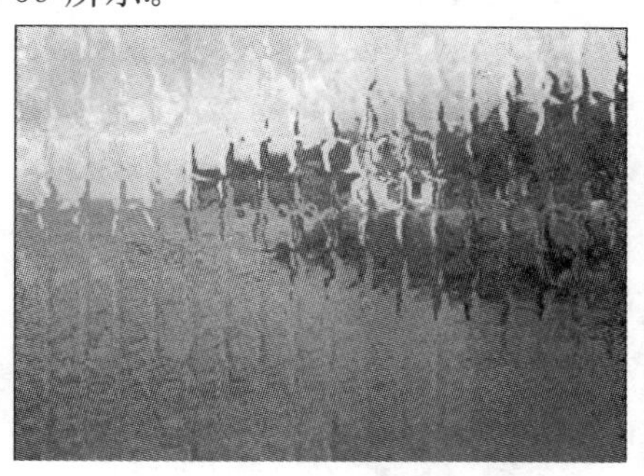

图 14-59　褶曲特效

(3)【二维边与阴影】特效

该特效可以对素材创建三维边框。如图 14-60 所示。

①【边界厚度系列】参数：用于调整边框的宽度和高度。

②【阴影位置系列】参数：用于为素材添加和调整阴影效果。

③【柔化系列】参数：分别用于调整画面边缘的过渡和羽化效果。

④【边界颜色系列】参数：用于分别设定复杂类型边框的各个边界的颜色。

(4)【卷页】特效

用于制作画面翻页特效效果，如图 14-61 所示。

①【进度】选项：用于控制卷页的进程，可以实现半卷页的效果。

②【卷曲半径】选项：用于设定特效的弯曲半径，可以实现筒状卷页。

③【卷曲角度】选项：用于调整画面的卷页角度和方向。

④【前期和背景柔化】选项：用于调整画面边缘的羽化效果。

⑤【卷曲柔化】选项：用于调整卷曲轴的羽化效果。

⑥【光源位置和光强度】选项：用户可以选择为卷页特效添加扫光效果，这两个参数就是分别调整扫光的位置和亮度。

图 14-60　二维边与阴影特效

图 14-61　卷页特效

(5)【瓷片】特效

该特效是瓷片划像特效。如图 14-62 所示。

①【行、列参数】选项：用于调整瓷片碎片的行列数量。

②【传播】选项：调整碎片的角度。

③【柔化】选项：瓷片碎片边缘的羽化效果。

④【转换模式】选项：选择瓷片传播的类型。

⑤【半径】选项：设定瓷片传播的半径

⑥【进度】选项：用于控制瓷片划像的进度。

图 14-62　瓷片特效

3.【通用】特效

【通用】特效是指根据不同板卡上的相同参数所制作的特效，它的特效调整方式与板卡特效的调整方式是一样的。如果需要在不同板卡平台的系统中互相调用同一个故事板，在这个故事板上需要使用【通用】特效。在 D^3-Eidt 中，通用特效拥有较高的实时性，因此建议在制作一般特效的时候都使用【通用】特效。

第三节　字幕与音频处理

一、字幕设计与制作

字幕素材的创建是通过内嵌在 D^3-Edit 中的 D^3-CG 字幕软件来实现的，在 D^3-CG 中，可以完成各种字幕制作，包括标题字幕、各类图元、滚屏字幕、唱词字幕等。

1. 进入 D^3-CG 字幕

选择主菜单中：【字幕】/【项目】/【滚屏】/【唱词】，弹出【新建字幕】窗口。在素材名处输入素材名称，或采用系统默认的名称；通过【保存到目录】选择相应的文件夹；单击【确定】按钮进入字幕制作系统。如图 14-63 所示。

单击按钮，可进入如图 14-64 所示操作界面。

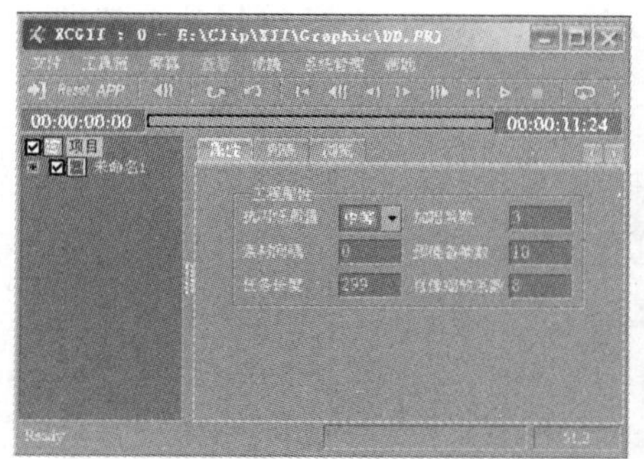

图 14-63　字幕主菜单

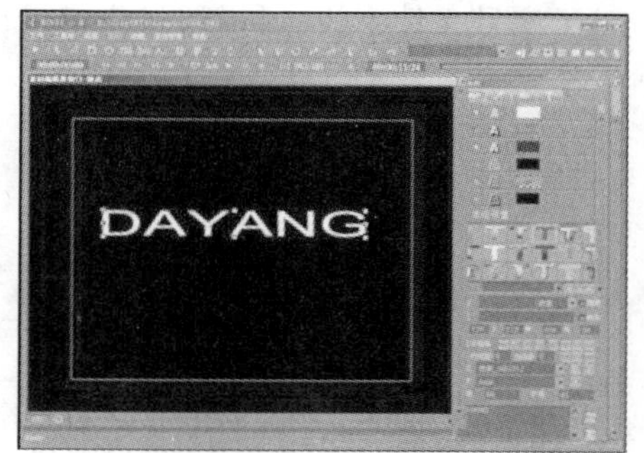

图 14-64　字幕操作界面

2. 字幕制作的基本方法

选取【标题字】图标。如图 14-65 所示。单击鼠标左键，在【主编辑器】窗口拖动出一个矩形框，此时有光标在矩形框的最左边闪动，使用键盘输入标题字，例如"DAYANG"。输入完成后，在【主编辑器】窗口空白处单击鼠标左键退出字幕编辑状态。在字幕编辑区中，改变文字属性，并将字幕文件移动至适当的位置。

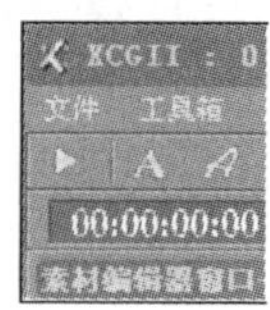

图 14-65　字幕制作

单击 D^3-CG 主菜单中【文件】/【导入到素材库】命令，将字幕文件导入到 D^3-Edit 中。完成后退出 XCG（字幕编辑工程）。

（1）滚屏字幕素材的制作

单击 D^3-CG 主菜单中【工具箱】下的【滚屏编辑】，同时在【主编辑器】窗口中按住鼠标左键画出一个矩形框，进入【滚屏编辑】界面。在滚屏文件的编辑界面中输入文字。设置文字的属性。在当前编辑窗口内单击鼠标右键，在弹出的下拉菜单中选择【退出】命令，弹出"是否存储滚屏文件"的提示，单击【确定】按钮保存滚屏文件。

执行 D^3-CG 主菜单中【文件】/【导入到素材库】命令，将字幕文件导入到 D^3-Edit 中。完成后退出 XCG。如图 14-66 所示。

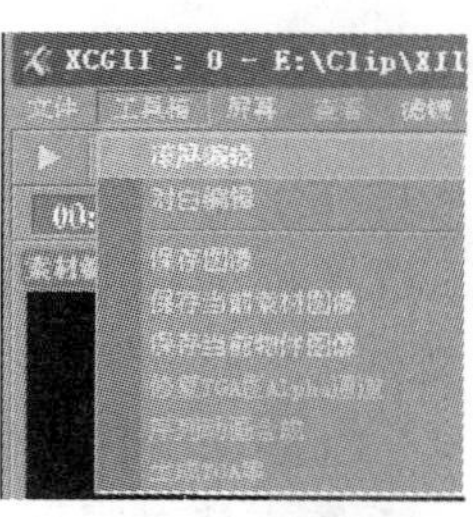

图 14-66　滚屏编辑

（2）唱词字幕素材的制作

【唱词】（又称对白）编辑器是专门为制作对话、歌词类字幕素材提供的专用工具。

① 通过单击主菜单中【字幕】/【对白】命令进入字幕编辑系统。

② 在文本编辑区内直接输入文本，文本会显示在编辑区内。

③ 在文本后面的属性设置区设置唱词字幕的属性及入、出特效和播出位置。

④ 执行 D^3-CG 主菜单中【文件】/【导入到素材库】命令，将文件导入 D^3-CG 中。

⑤ 退出 XCG。

3. 在轨道上修改字幕文件

字幕放置在轨道上后可以直接对字幕文件进行修改。

选中轨道上需要修改的字幕素材，单击【故事板】工具栏中按钮（快捷键 T）进入 D^3-

CG，如图 14-67 所示：

（1）项目文件的修改

对于项目文件来说，可以通过小窗口快速修改字幕内容、位置、颜色等属性。如图 14-68 所示。

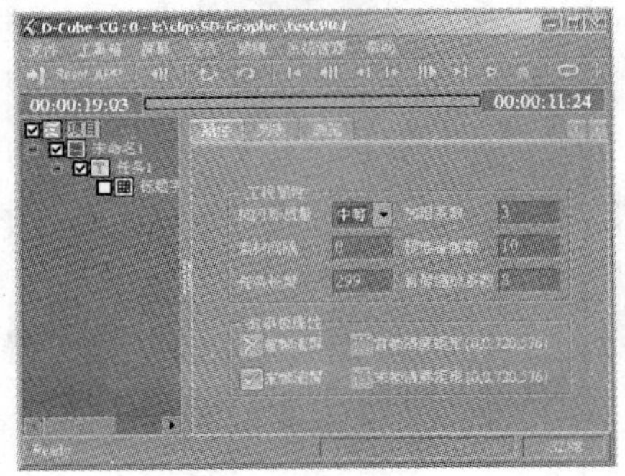

图 14-67　轨道上修改字幕文件

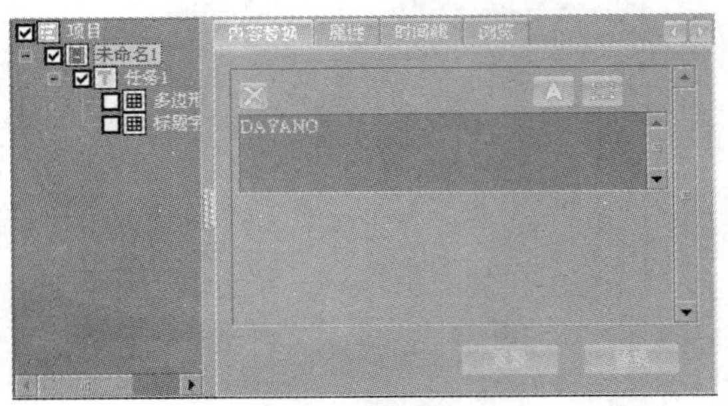

图 14-68　项目文件的修改

①【内容替换】标签：修改文字内容、字体、位置后，单击替换按钮，对字幕进行替换。

②【属性】标签：修改字幕文件的名称及任务长度。

③【时间线】标签：展开【时间线】窗口，增加或修改关键帧。

④【浏览】标签：预览字幕文件的效果。

（2）滚屏文件的修改

滚屏文件的周期与模板一样：无论文字内容的多少，滚屏时间不变。如图 14-69 所示。

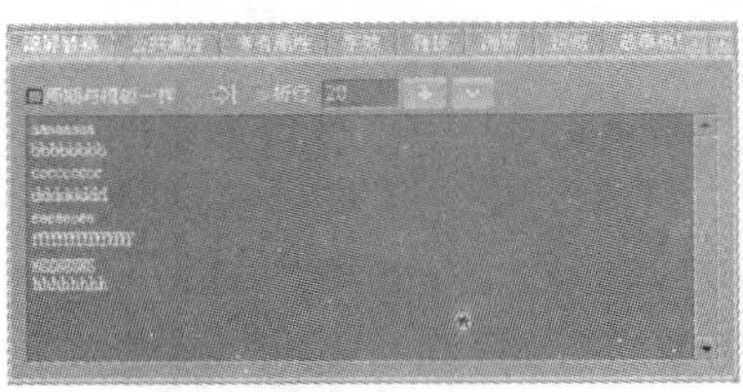

图 14-69　滚屏文件的修改

①【文本转换】按钮：改变文本输入顺序，在输入时达到从右向左输入的效果。

②【折行】按钮：在导入文本时，根据文本框中的数字自动换行。导入唱词所需的文本文件。

（3）唱词文件的修改

系统支持对唱词素材在轨道展开，直接调整每句对白切入位置及文字内容。

① 选中图文轨上的唱词素材，单击鼠标右键，在快捷菜单中选择【图文主表轨道展开】命令行，唱词素材被展开，可以看到每一句对白的文字内容。如图 14-70 所示。

图 14-70　图文主表轨道展开

② 利用缩放工具放大唱词编辑区。

③ 选中需要调整的段落：每句对白开始位置有一条标识的绿色竖线，单击该竖线，颜色会变黄，此时竖线后面的段落即为选中段落。如图 14-71 所示。

图 14-71　选中段落

④ 修改段落内文字内容：单击鼠标右键并选择【修改段落文字信息】，在弹出的对话框中可增减或修改文字内容，修改后单击【应用】按钮退出。调整切入点位置：鼠标放在黄色竖线上，图标变为双向箭头状，此时左右拖动竖线，结合输出的画面和声音，可准确调整该段落切入点的位置。

⑤ 修改工作完毕，在唱词上单击鼠标右键并选择【图文素材取消轨道展开】命令，保存所做的修改。

4. 唱词拍点编辑器

唱词文件放置在故事板轨道上还有一项工作要做，那就是唱词拍点，也就是唱词与视频画面对位。此项工作需要在唱词专用的唱词拍点器里进行。

在【故事板】上单击【唱词操作】按钮，弹出界面，进行拍唱词的操作，如图 14-72 所示。

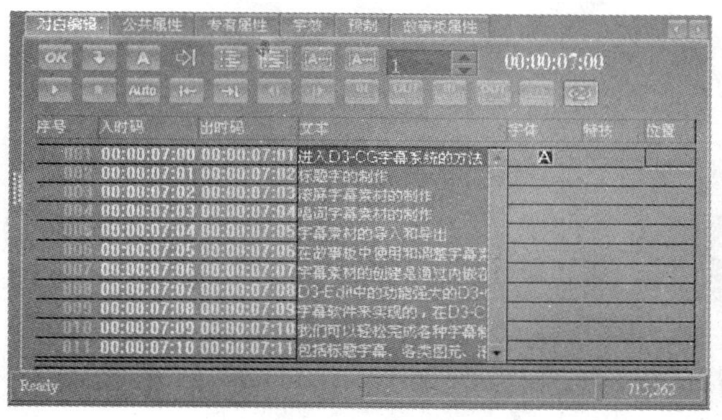

图 14-72　【唱词拍点】编辑器

设置有效。

导入唱词所需的文本文件。

字体：设置对白编辑器菜单的字体属性。

文本转换：改变文本输入顺序，在输入时达到从右向左输入的效果。

根据文本框中输入的数字，将唱词文件分页或分行。

00:00:09:07 时码显示：显示当前时间线所在位置的时码。

运行：单击此按钮进行【唱词拍点】操作。

停止：终止正在播出或正在进行拍点操作的唱词文件。

Auto 自动播放：按照所设的唱词时码进行唱词文件的播放。

首帧/末帧：选中此钮，系统会自动将唱词行指向唱词首行或末行。

上一帧/下一帧：将时间线前移一帧或后移一帧。

取副入/取副出：此项功能用于对唱词拍点后，单独修改某句题花的入、出时码。方法是将时间线所在位置的时间赋予当前选中的题花行，单击按钮后，系统会弹出【时码连动】菜单，根据所需进行选择。若选择“是”则当前选中行以后的时码会相应后移。若选择“否”则只修改当前选中的语句。

取时码：单击此按钮进入取时码状态。

是否显示题花。

二、音频调整

1. 音频的轨道调整方式

选中需要调整音量高低的音频素材（如果是成组的音频素材，单击选中希望做处理的某一条），然后在选中的素材上单击鼠标右键选择【添加特效】/gain 命令，此时这条素材已经被添加了 gain 效果。如图 14-73 所示。

图 14-73　Gain 音频调整方式

对于已经添加了 gain 特效的素材，要调整增益需要再次单击鼠标右键选择【调整特效/EFFECT-FADER】命令。如图 14-74 所示。

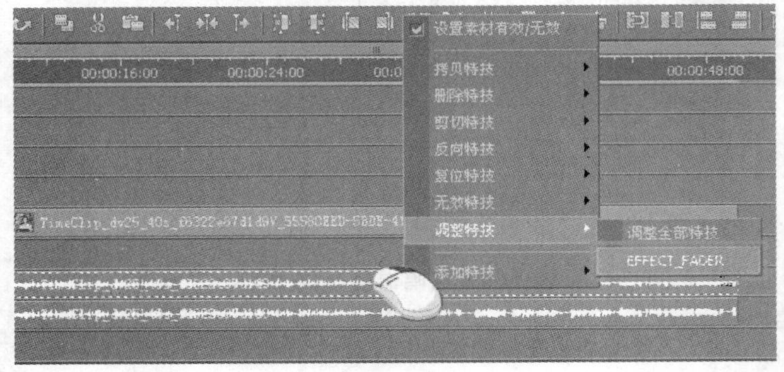

图 14-74　EFFECT-FADER 特效

此后会在该素材的中间显示出一条红色的电平线，代表这段素材的起始电平值。红线两端各有一个白点，代表首尾两个关键点。默认电平为 0db。通过关键点的操作，用户可以实现对音量的控制。如图 14-75 所示。

图 14-75　音量控制

2. 音频的特效调整方式

(1)【硬件】特效

【硬件】特效只有 Audiogain 一项。如图 14-76 所示。

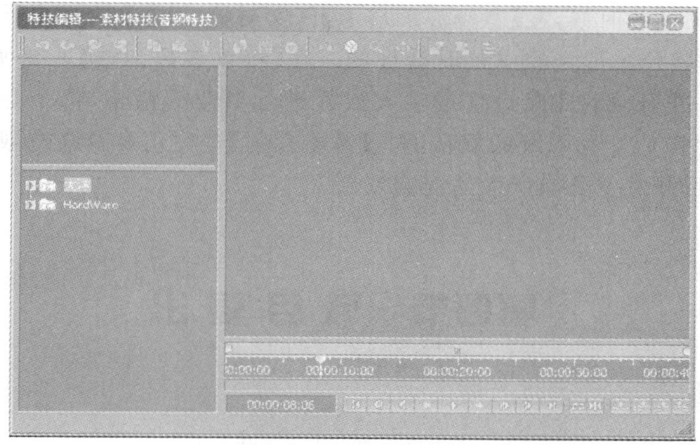

图 14-76　音频特效窗口

Audiogain 特效的推子的初始位置在 0db，在这个位置输出音量的大小不做任何放大或衰减；可以在 −∞～+12db 之间连续调节电平，读数显示在上方的读数框中，大于 0 的数表示声音被放大了，而小于 0 的数表示声音被衰减了。双击推子即可复位到 0db。如图 14-77 所示。

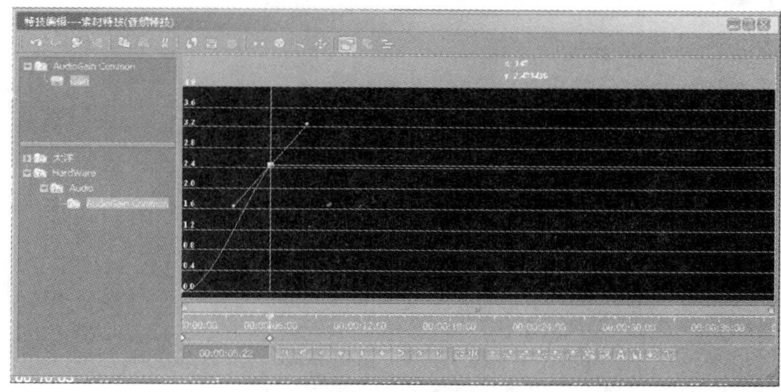

图 14-77　【硬件】特效

（2）大洋特效

以【基本反射】特效为例说明大洋音频特效的调整方法，如图 14-78 所示。

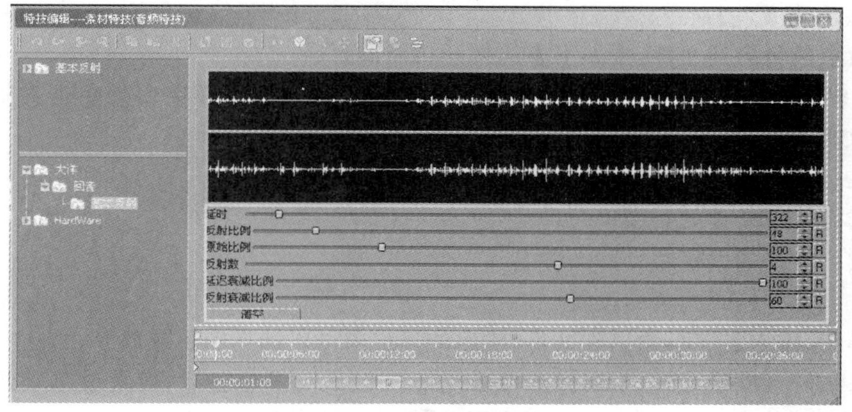

图 14-78　【基本反射】特效

当进行播放预览的时候，在【音频波形显示】区实时显示出音频的波形，上方的白色波形是原声的，下方的黄色波形是经过延时处理的。在【特效参数调整】区是所有可进行调整的特效参数，可以通过拖动滑杆或是直接输入数值进行参数的调整，每个参数都提供 R 复位键，利用 R 可以将数值变为系统的默认值。【基本反射】是模仿声音在有限空间传播，经过反射的声波与原始声源发生叠加产生的混响效果。

第四节　节目输出

一、素材或故事板输出到文件

素材或故事板输出到文件功能，可实现将选中的素材或设置的故事板区域转换为 DVD、VCD、WinMedia、RealMedia、MpegII、Mpeg2IBP、DV25、DV50、DVSD 等不同格式的文件，在文件合成完成后，还可根据需要选择是否通过网络上传到 FTP 服务器。如图 14-79 所示。

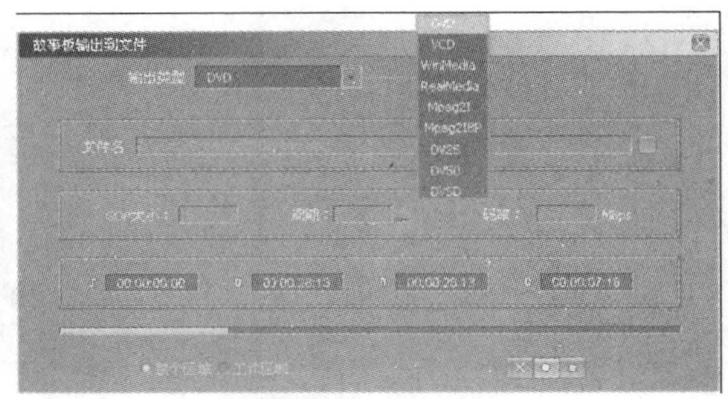

图 14-79　输出界面

具体操作为：

1. 素材输出到文件，按如下方式打开【输出到文件】功能窗：

执行系统菜单【输出】/【素材输出到文件】命令，或将素材调入【素材调整】窗后执行扩展菜单的【输出到文件】命令。

2. 故事板输出到文件，按如下方式打开功能窗：

执行系统菜单【输出】/【故事板输出到文件】，或执行故事板空白处单击右键菜单中的【输出到文件】命令。

3. 在打开的【输出到文件】功能窗中完成如下操作：

① 选择输出文件的类型；

② 设置文件的保存路径和文件名；

③ 进行视频格式相关的设置；

④ 单击【输出】按钮，输出到文件，输出的过程中可以选择停止或放弃；

⑤ 在文件合成结束时，根据提示可选择是否上传 FTP 服务器，如果选择“是”，系统将启动上传 FTP 功能窗完成上传工作，否则回到【输出到文件】功能窗。

二、输出至 1394

素材输出至 1394 可实现通过 1394 接口将 DV 素材回录到 DV 磁带的功能。如图 14-80 所示。

图 14-80　【输出至 1394】界面

(1) 在准备好 DV 格式的源素材后，选择主菜单中【输出】/【素材输出至 1394】命令打开【输出到文件】功能窗。

(2) 在【素材库】中选中需要回录的素材拖曳至功能窗的【源素材回放窗】中，通过【播放控制】按钮浏览源素材内容。

(3) 通过输出【回放】窗下部的【DV 遥控】控制按钮，可浏览磁带画面，并在需要插入素材的位置单击按钮设置入点。

(4) 单击【录制】按钮开始回录操作，我们可以通过 DV 设备显示屏查看到搜索、预准备和录制的全过程。

(5) 回录完成，系统自动停止操作，我们可以通过【DV 遥控】控制按钮播放浏览回录的效果。

三、【故事板输出到素材】窗口

故事板输出到素材功能，可以方便地将故事板的局部或全部区域输出为在其他故事板或系统中直接引用的素材或文件。

输出为素材是将故事板生成指定编码格式的视频、音频文件并导入到素材管理器中使用，而输出为文件则只在目标路径下生成文件，不会导入到素材库中。如图 14-81 所示。

(1) 打开【故事板】并播放，打入点、出点设置故事板输出区域

(2) 在【故事板】空白处单击鼠标右键，在弹出的快捷菜单中选择【故事板输出到素材】命令，或在【系统主菜单】中选择【输出】/【故事板输出到素材】命令，弹出功能窗。

(3) 设置素材信息。

(4) 选择输出信道。

(5) 设置输出的视频音频格式。

(6) 参考剩余时间，确保充足存储空间。

图 14-81 【故事板输出到素材】窗口

（7）输出前通过播放控制工具再次浏览输出内容，可以重新设置入点、出点调整输出区域。

（8）单击输出按钮，将故事板输出到素材，输出过程可以停止或放弃当前操作。

（9）单击，可输出 TGA 串，单击，可抓取静帧。

四、故事板输出到磁带

将节目下载到录机的工作，通过播放故事板的同时在 VTR 上硬录就可以实现，该操作多用于不需要精确到帧的临时输，当用户需要制作播出带或修改完成版磁带上的镜头时就会用到【故事板输出到磁带】的功能。如图 14-82 所示。

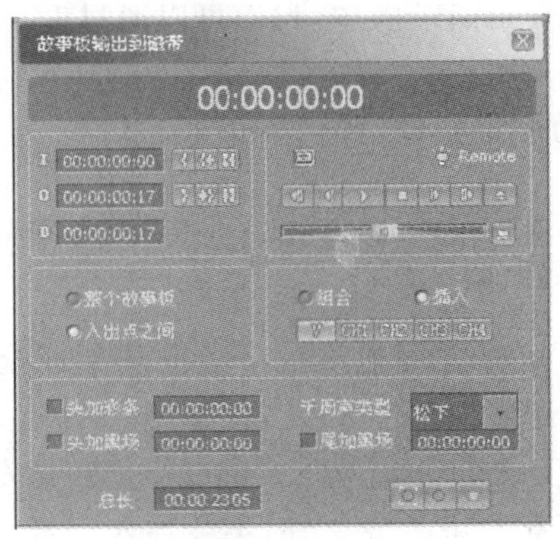

图 14-82 【故事板输出到磁带】窗口

（1）打开故事板文件播放，确认故事板输出区域。

（2）录机带舱中放入经过预编码的磁带，确保时码连续。

（3）录机调至遥控状态。

（4）在系统菜单中选择【输出】/【故事板输出到磁带】命令，弹出相应功能窗。

（5）设置磁带的插入点，或磁带的插入区域。

(6) 选取输出【整个故事板】或【入出点之间】。

(7) 选取【组合】或【插入】方式，【插入】方式下可以选取输出的视频、音频信道。

(8) 选择是否【头加彩条】、【头加黑场】、【尾加黑场】，将是否添加【千周声】，选择为需要添加；

(9) 如果选择需要添加标准的彩条或黑场信号，还需在时间文本框中设置时间长度；

(10) 输出预演，满意后进行输出。

五、故事板输出到 P2

D^3-Edit 软件全面支持松下 P2 技术，不仅可以实现 P2 卡的 MXF 文件的导入和卡上编辑，还可以将已编辑好的故事板回写到 P2 卡。如图 14-83 所示。

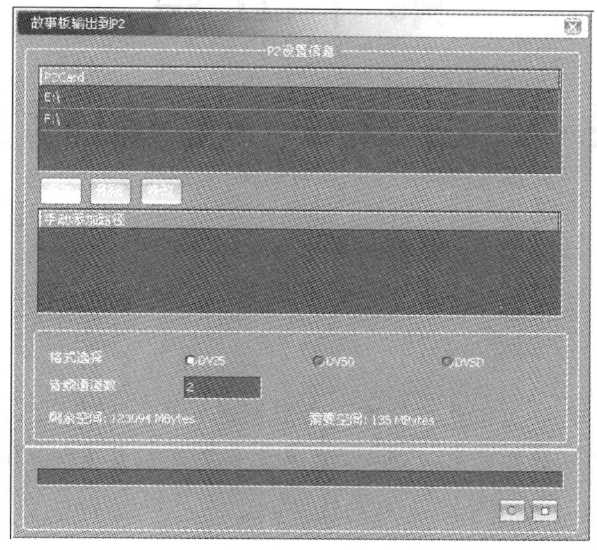

图 14-83 【故事板输出到 P2】窗口

(1) 打开故事板并播放，打入点、出点设置故事板输出区域。

(2) 在系统主菜单中选择【输出】/【故事板输出到 P2】命令，弹出功能窗。

(3) 系统默认输出到第一块尚有空间的 P2 卡，也可以选择手动添加路径。

(4) 选择输出格式和音频通道数。

(5) 单击【输出】按钮，将故事板输出到 P2 卡上，输出的过程可以随时停止。

课后习题

1. 简述怎样利用大洋 D^3-Eidt 软件进行基本编辑。
2. 简述大洋 D^3-Eidt 软件功能的特点。

第十五章

苹果专业非线性编辑软件

本章提要

本章主要介绍苹果公司的专业非线性编辑软件 Final Cut Pro 的基本操作，包括 Final Cut Pro 软件的基本设定、Final Cut Pro 基本工作界面和 Final Cut Pro 的基本编辑。

第一节　Final Cut Pro 软件的基本设置

苹果公司针对音、视频后期制作出品了 Final Cut Studio 软件系列，包括：Final Cut Pro（剪辑视频和影片工具）、Soundtrack Pro（音频后期制作工具）、Motion（制作动态图形和动画工具）、Color（色彩分级和润饰工具）、DVD Studio Pro（DVD 制作工具）和 Compressor（数字转码、压缩和输出工具）这六款应用程序。Final Cut Pro 是 Final Cut Studio 系列套装软件中的一个。它具有很高的灵活性，并提供强大的功能，与苹果机的硬件组合，在进行非线性制作方面有着速度快、效率高、系统运行稳定等优点。

为了保证项目工作的正确性和最大限度的发挥 Final Cut Pro 的功能，在开始剪辑操作学习前需要对 Final Cut Pro 软件的一些基本设置进行学习。

一、初始化设置

当第一次打开 Final Cut Pro 软件时，将会自动弹出【简易设置】对话框。如图 15-1 所示。

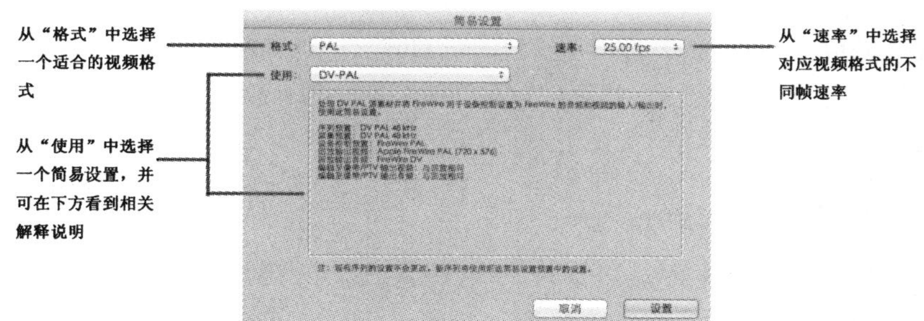

图 15-1　【简易设置】对话框

【格式】微调按钮：用户根据当前工作需要选择与您要使用的素材匹配的格式。例如 NTSC、PAL、高清（HD），或是特定的编解码器例如 DV、HDV。

【速率】微调按钮：供用户选择对应制式的不同帧速率。

【使用】微调按钮：为用户提供了简便的快速设置，用户可以根据需要使用的素材和已选定的格式、速率以及使用的设备，来选择对应的设置。同时在使用选项的下方方框内，会显示出对于这些快速设置的相关解释说明，以便用户可以进一步了解所选设置的信息。

国内最常用的格式是 DV—PAL，而 DV—NTSC 多用于美国、日本等国家，要根据影片制作要求进行正确的选择。另外，如果使用 DV 设备，在采集前也可以阅读说明书，了解设备拍摄的视频格式以便正确的选择。

【设置】按钮：单击设置按钮，将会载入用户选择的相关设置。已经选定的简易设置将应用于所有新项目和序列，直到用户再次重新设置新的简易设置。而现有序列的设置不会改变。

如果用户是第一次运行 Final Cut Pro 系统会需要用户制定暂存盘，当然用户也可以在之后通过对【系统设置】选项的暂存磁盘设置进行修改。【系统设置】中暂存磁盘的菜单选项，如图 15-2 所示。

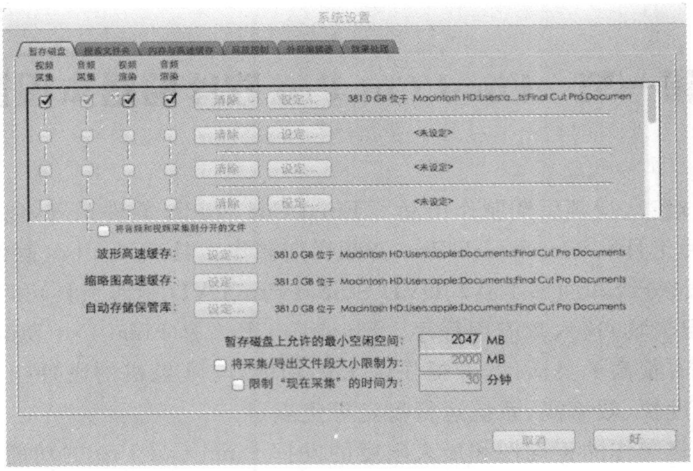

图 15-2　设置【暂存磁盘】选项卡

Final Cut Pro 运行时需要使用一个空间足够大而且稳定的磁盘分区作为主存储磁盘。一般习惯于把苹果电脑的磁盘分为若干区域，将运行系统的分区和存储媒体文件的分区各自独立出来，确保系统文件和媒体文件的安全及系统稳定性。

所有选项完成后单击【好】按钮，进入 Final Cut Pro 的工作界面。如果需要修改初始设置，或者要对软件其他部分再进行具体设置，可以选择进入软件的 Final Cut Pro 菜单进行进一步的设定。

二、用户偏好设置

用户偏好设置用于修改 Final Cut Pro 的特定功能的表现。大部分偏好设置可以随时打开和关闭，而其余的偏好设置可以接受一个值。选择菜单命令 Final Cut Pro/【用户偏好设置】，打开【用户偏好设置】对话框。如图 15-3 所示。

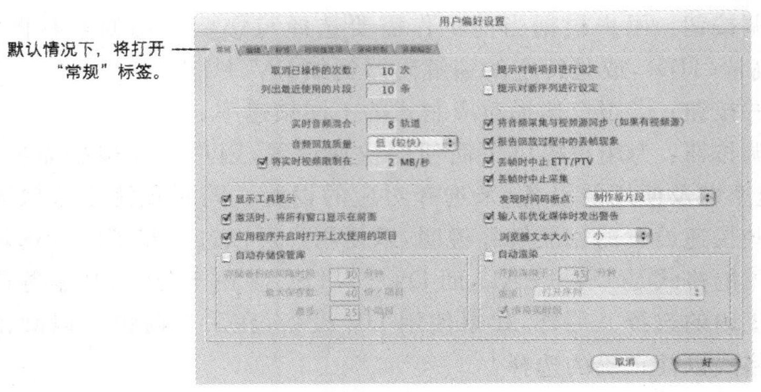

图 15-3　【用户偏好设置】对话框

【用户偏好设置】对话框分为几个标签：

1.【常规/通用】：此标签可设置多种功能，如采集过程中的警告对话框、允许还原次数以及【自动存储】、【自动渲染】等。

2.【编辑】：此标签包含编辑时使用的偏好设置，如修剪和音频关键帧控制。

3.【标签】：此标签可以允许用户更改与 Final Cut Pro 中可用的不同颜色的标签关联的名称。

4.【时间线选项】：此标签是创建新序列时使用的默认显示选项。用户可以在此处更改新序列的默认音频和视频轨道数。

5.【渲染控制】：此标签允许用户选取所创建的新序列的渲染质量。

6.【音频输出】：用户可以在此标签处选取用于新序列的默认音频输出设置。如果设置不符合用户需要，也可以在此标签中创建自定义的设置。

三、音频、视频设置

当需要处理不同的视频以及不同的采集设备时，有时需要打开【音频/视频设置】对话框，调整一些设置参数以配合特定的视频格式和设备工作。当然，在这里也可以选取简易设置，便于快速设置系统。

1. 打开【音频/视频设置】对话框

选择菜单命令 Final Cut Pro/【音频/视频设置】，打开【音频/视频设置】对话框，显示总共 5 个选项标签。如图 15-4 所示。

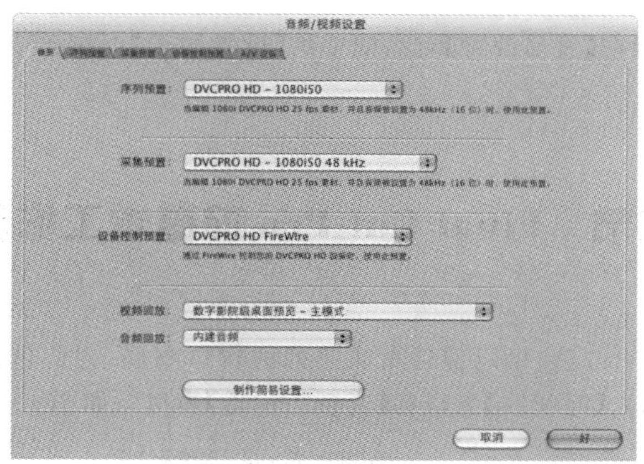

图 15-4　【音频/视频】对话框

【概要】标签是主要设置部分，显示当前选定的采集、序列、设备控制预置以及 A/V 设备标签中的设置。

读者可以自己尝试单击【序列预置】微调按钮、【采集预置】微调按钮、【设备控制预置】微调按钮以及【音频/视频设备】微调按钮，注意各个微调按钮下的预置值。

2. 运用【音频/视频设置】选项卡来创建自定义简易设置

如果系统设置中没有需要的配置方式，可以自定义一个设置，并记录在软件中，以便以后再次快速调用。其操作方法如下：

(1) 在【音频/视频设置】对话框中，打开【概要】标签，调整需要的【序列预置】、【采集预置】、【设备控制预置】以及【音频/视频设备】各个微调按钮。

(2) 单击【制作简易设置】按钮。

（3）把自定义的简易设置按照用户需要进行命名，加入相关的描述内容，然后单击【制作】按钮。如图 15-5 所示。

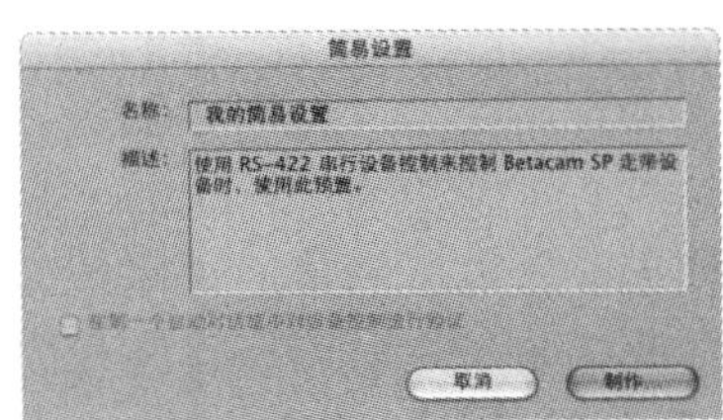

图 15-5 【简易设置】对话框

（4）选择自定义设置的存储位置，单击【存储】按钮。如图 15-6 所示。

图 15-6 【存储】对话框

（5）然后便能随时在【简易设置】对话框中的【设置用于】下拉菜单找到并选择刚刚创建的自定义设置了。

第二节 Final Cut Pro 的基本工作界面

当打开 Final Cut Pro 后，可以看到默认排列的窗口布局，它们包括【浏览器】窗口、【检视器】窗口、【画布】窗口、【时间线】窗口和【音频指示器】窗口。如图 15-7 所示。

图 15-7 Final Cut Pro 编辑界面

在软件窗口的上方是 Final Cut Pro 的菜单命令栏，每个菜单项下面都有若干命令可以使用。界面中的每个部分都会对应相应的制作功能的实现。因此，要熟练使用常用的窗口和菜单命令。

一、【浏览器】窗口

【浏览器】窗口主要用于存放和组织管理项目中用到的所有素材，包括外部素材和内部素材，项目中用到的所有素材和相关文件都是在【浏览器】窗口中进行组织和管理的，如图 15-8 所示。

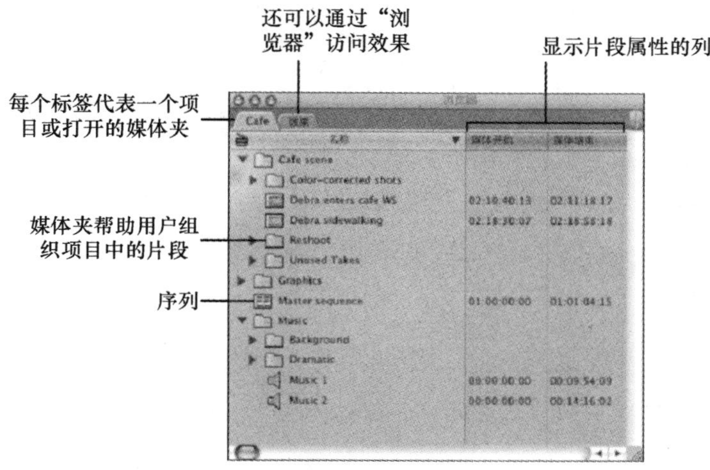

图 15-8　【浏览器】窗口

1. 导入素材

方法一：执行【文件】/【导入】/【文件】或者【文件夹】命令，打开选取文件对话框，如图 15-9 所示。选择需要导入的素材文件或者文件夹，单击【选取】。或者利用快捷键 Command＋I。

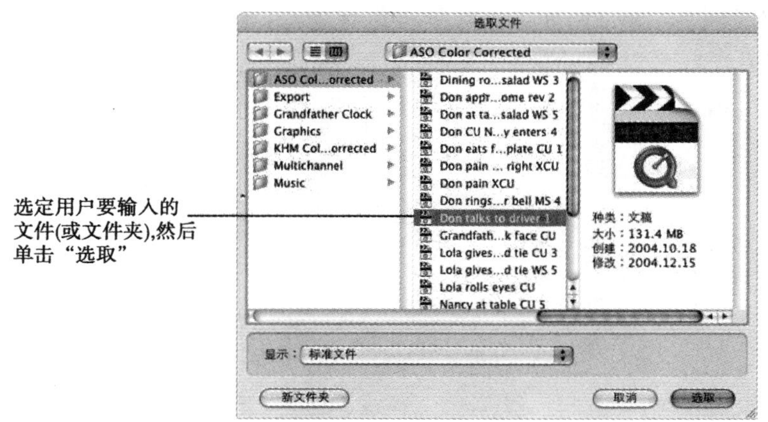

图 15-9　【选取文件】对话框

方法二：在 Finder 中选取素材文件，将其直接拖曳入浏览器。如图 15-10 所示。

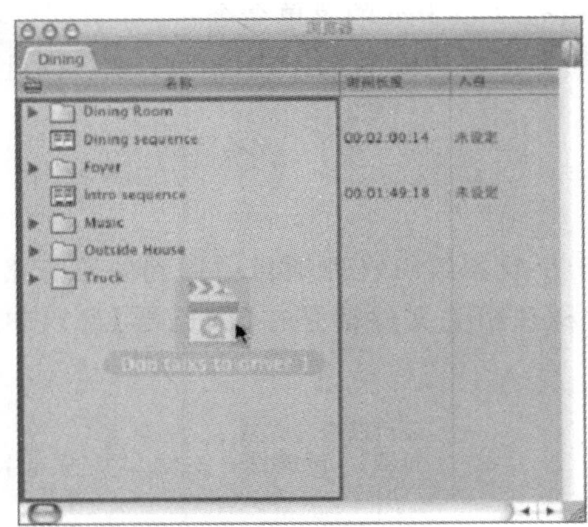

图 15-10　将素材拽入浏览器

方法三：在 Finder 中将文件或文件夹拖入时间线序列中。如图 15-11 所示。

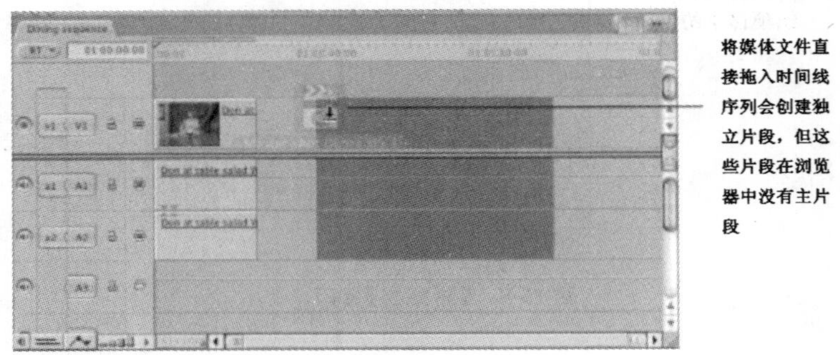

图 15-11　将素材拖曳入时间线

2. 设定【浏览器】窗口中文件显示方式

【浏览器】窗口中的文件图标可以有两种显示方式：列表和图标，默认为列表显示方式。如图 15-12 所示。

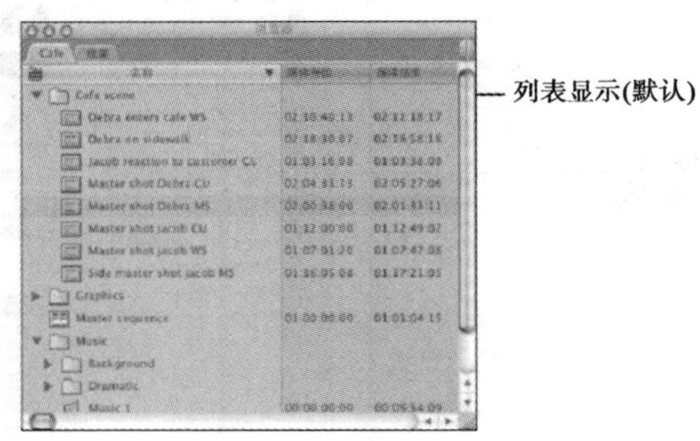

图 15-12　【浏览器】窗口的列表显示方式

其中，图标可以显示出此媒体文件的预览图，显示尺寸为大、中、小。如图 15-13 所示。浏览时用户可以根据需要调整。具体操作如下：

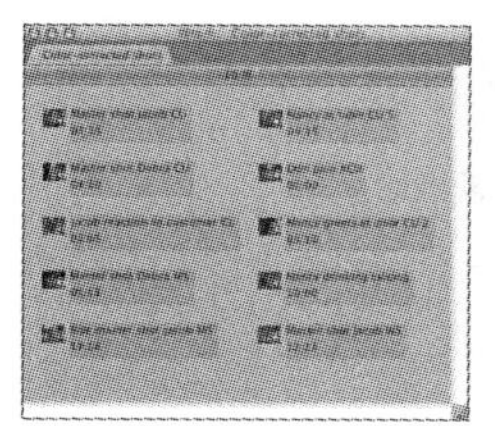

(a) 小图标显示

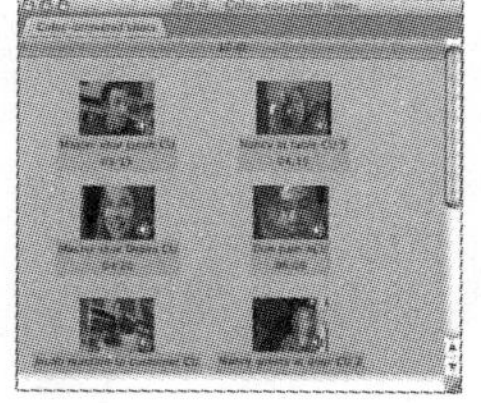

(b) 中图标显示

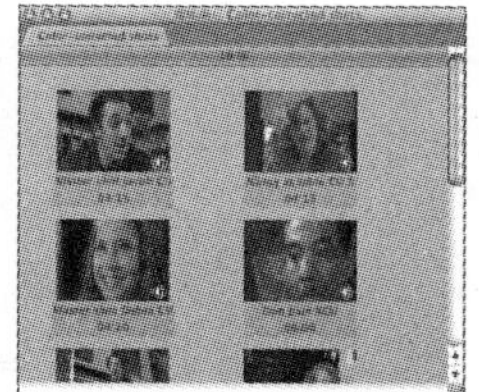

(c) 大图标显示

图 15-13　显示方式

方法一：确认浏览器窗口处于激活状态，单击【显示】菜单/【浏览器子项】，选择【为列表】或者【为大图标】等命令即可。

方法二：按住 Control 建，在浏览器中单击图标以外的空白处，在弹出的菜单中选择显示方式。

方法三：在浏览器空白处单击鼠标右键，在弹出的菜单中选择显示方式。

3. 项目标签中文件的信息浏览

当浏览器中的文件以列表方式显示时，通过向右拖曳窗口下方的滑杆可以看到片段或者序列文件的时间长度、像素尺寸、文件的视频格式、音频速率等详细的素材信息。

此外，鼠标双击素材的某个属性，进入该属性的编辑状态，可以进行直接的参数修改操作。如图 15-14 所示。

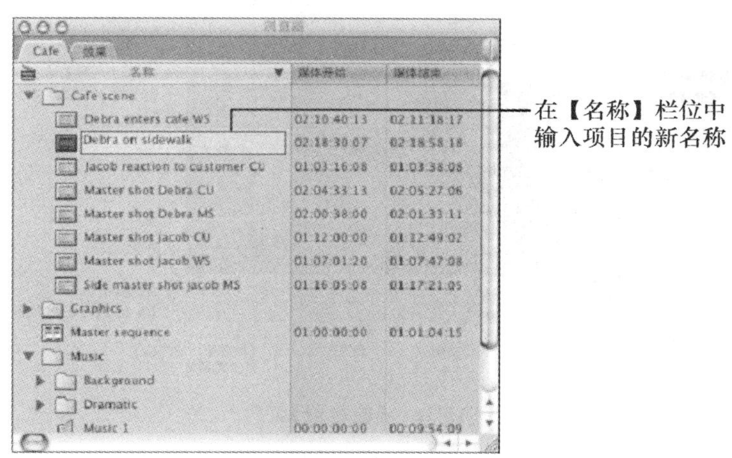

图 15-14　输入新名称

4. 利用媒体文件夹管理素材

当素材在【浏览器】窗口中数量较多时，可以建立媒体文件夹，并修改合适的名称，将【浏览器】中文件分类存放，便于管理和使用。可以按照素材的种类分，建立“视频”、“音频”、“图片”等不同媒体文件夹，也可以按照素材的场景分，主要按拍摄地点为依据创建并命名文件夹。

创建媒体文件夹的方法如下：

方法一：在【文件】菜单中选择【新媒体夹】命令，如图 15-15 所示。输入新媒体文件夹名称，回车确定。

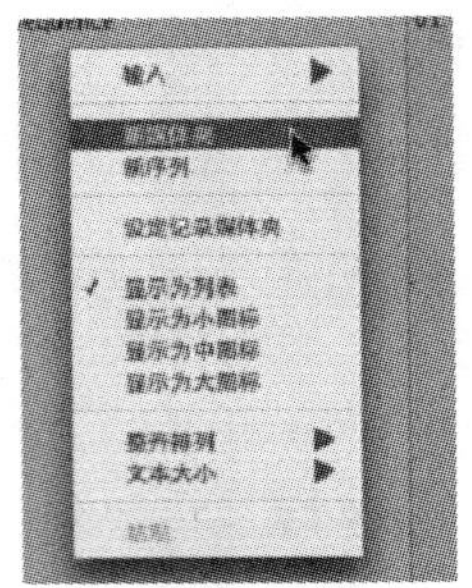

图 15-15　新媒体夹

方法二：按住 Control 键，在浏览器中单击图标以外的空白处，在弹出菜单中选择【新媒体夹】命令。

创建媒体夹后，将需要放入的文件选中拖曳到文件夹图标上，直至图标颜色改变，松开鼠标键即可完成将文件放入文件夹的操作。

二、【检视器】窗口的使用

【检视器】窗口的主要作用是对选取的片段进行音视频调整，如入点、出点的设定、标记、标注等，同时片段的过滤器管理及运动标签的参数设置也在此窗口完成。如图 15-16 所示。

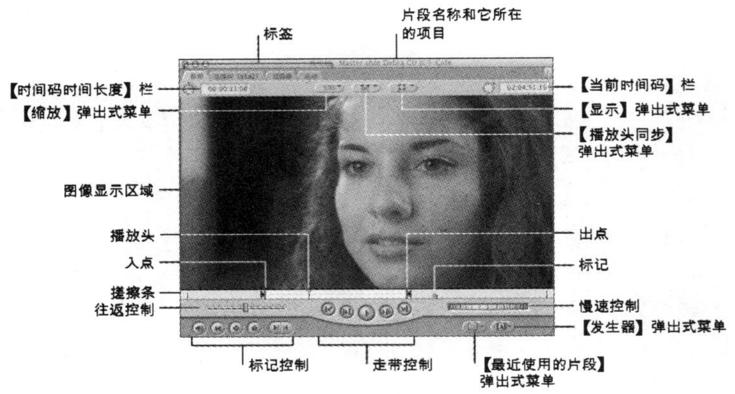

图 15-16　【检视器】窗口

在【检视器】窗口中查看片段的方法如下：在【检视器】窗口或者【时间线】窗口中，将片段拖曳至【检视器】窗口便可以实现预览，或者双击需要查看的片段图标，也可以实现片段的预览。【检视器】中有丰富的播放控制工具来进行查看时的画面操控，并能使用入点、出点的设定，将需要的片段部分选择出来。

检视器窗口默认共包括 4 个标签，下面分别介绍其主要功能。

1.【视频】标签

主要对片段进行预览以及进行入点、出点设定等操作。

时间码的概念：时间码是与视频同步记录的一种信号，它能唯一的识别录像带上每一帧。在 Final Cut Pro 进行视频或者音频采集的时候，也可以采集时间码信号，当回放视频时，它会显示在 Final Cut Pro 中。在影视剪辑时，必须依靠时间码来定位时间并计算影片的长度。时间码的显示方式是 00:00:00:00，从前到后分别代表小时、分钟、秒、帧为单位的时间点。

2.【音频】标签

此标签下，音频片段以波形的形式表示出来，用户不但能听到音频，而且能更直接地对视频化的波形进行进一步的编辑操作。如图 15-17 所示。

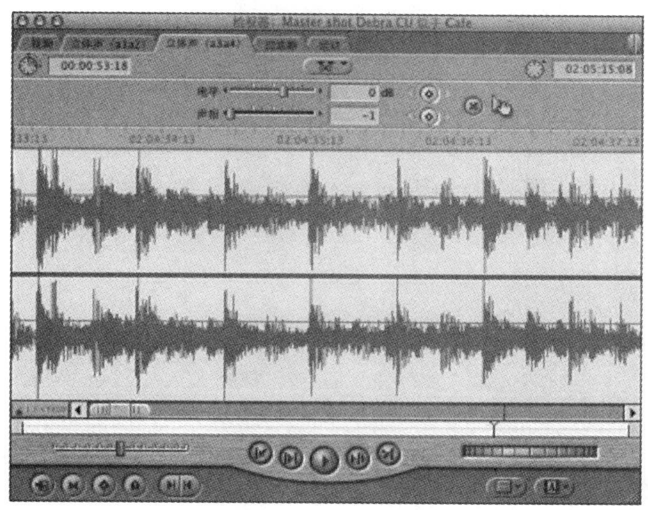

图 15-17　【音频】标签

3.【过滤器】标签

这里是对添加到片段的过滤器进行具体调节的区域。一个片段能够添加多个过滤器，在窗口中单击过滤器名称前的三角形符号，可以展开或收缩其参数调节项。多数过滤器使用输入数据或者滑杆调节的方式。如图 15-18 所示。

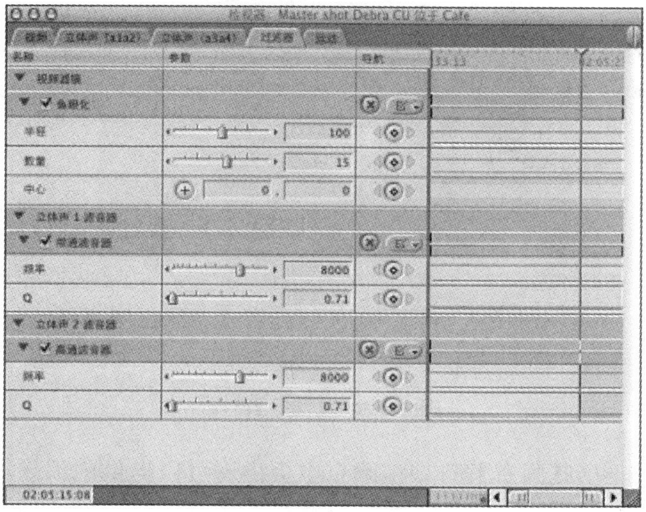

图 15-18　【过滤器】标签

4.【运动】标签

此窗口中内容从左到右分四个部分：项目名称、参数调节、关键帧添加删除和关键帧调节区。如图 15-19 所示。画面中片段图像的旋转、运动、变形等效果均在这里进行修改和设定。如果对这些参数在时间线上进行关键帧的设定，能够实现基本动画效果。

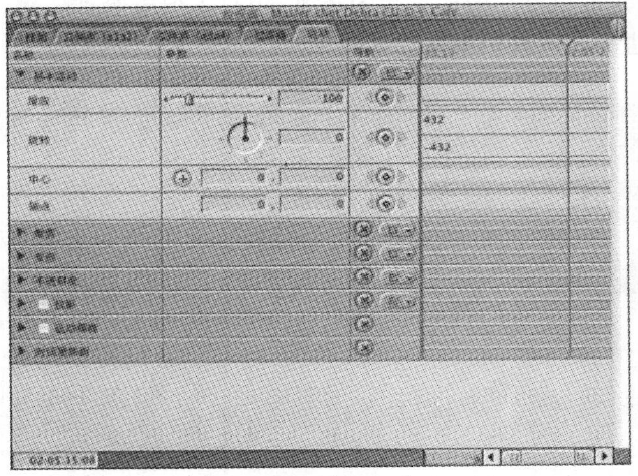

图 15-19 【运动】标签

三、【画布】窗口

【画布】窗口是监视序列画面效果的窗口，同样提供了很多类似监视器导航和回放的控制工具，它与【监视器】窗口像两台监视屏，一个观看素材片段的状况，一个观看片段编辑后在序列中的最终效果。在【画布】窗口中实现片段的插入、覆盖、填充等。如图 15-20 所示。

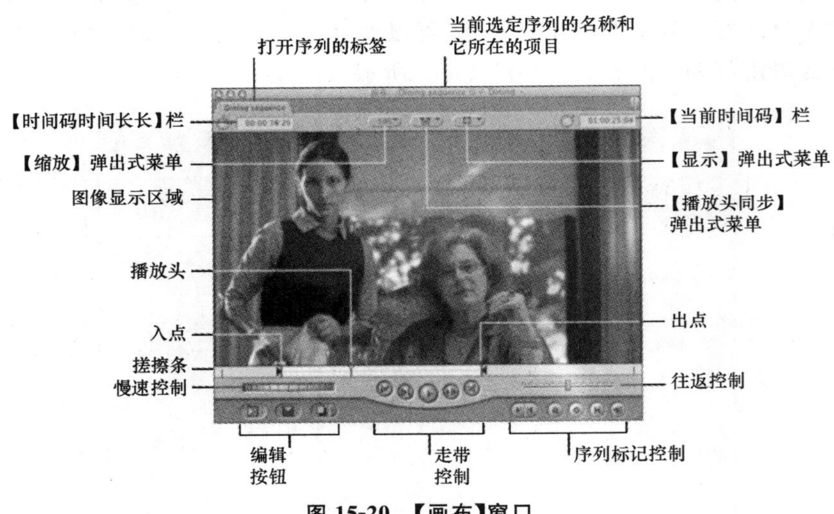

图 15-20 【画布】窗口

当把素材片段拖曳到【画布】窗口时，画布中会出现可以提供的编辑控制功能，半透明的不同色块分别代表了不同的片段导入方式，以线框方式显示的功能按钮表明了当前的选择。如图 15-21 所示。

图 15-21　【画布】窗口中素材的显示

当然，也可以单击窗口左下角的编辑按钮将监视器中的素材编辑到序列中，或者拖曳到按钮上实现。

四、【时间线】窗口

【时间线】窗口以轨道图层的方式进行片段的组织和编辑。纵向轨道的叠加可以进行画面层次的编辑，视频轨道和音频轨道分别以 V1、V2、V3…和 A1、A2、A3…表示，横向从左到右则根据时间发展的顺序对片段进行编排，软件可提供的最长编辑时间为 4 小时。如图 15-22 所示。

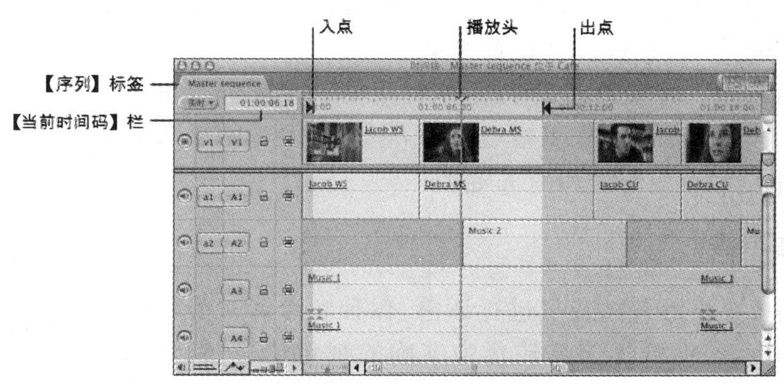

图 15-22　【时间线】窗口

素材片段在【时间线】窗口中组成序列，一个时间线窗口中能拥有多个序列编辑进行同时编辑，每个序列都以标签的形式显示，标签之间同样可以切换并进入操作。如图 15-23 所示。

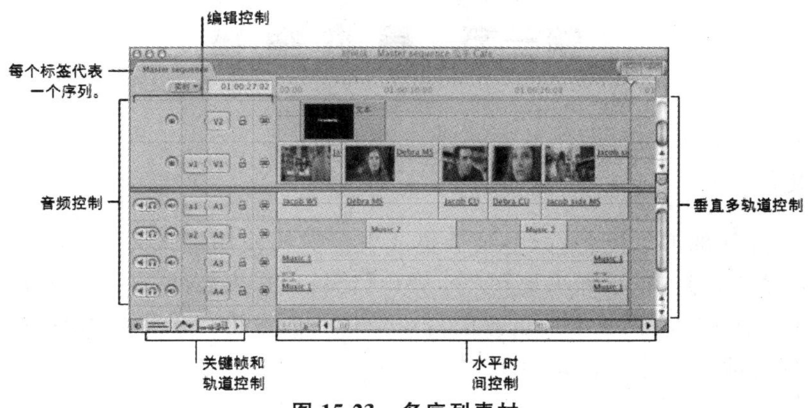

图 15-23　多序列素材

五、工具栏

工具栏里存放着对序列进行编辑操作的常用工具，除了【选择】工具外，其他工具都被分组放置，单击右上角带有右三角符号的工具停滞 1～2 秒钟，便可出现此组工具的全部选项。如图 15-24 所示。

图 15-24　工具栏

其中涉及几种常用的编辑方式：

（1）卷动工具：卷动编辑方式：同时调整两个相邻片段的出点入点位置，而两个片段的总长度和位置不会被改变，这实际也就是对片段间的编辑点位置进行了移动，属于多片段端点同时调节操作。

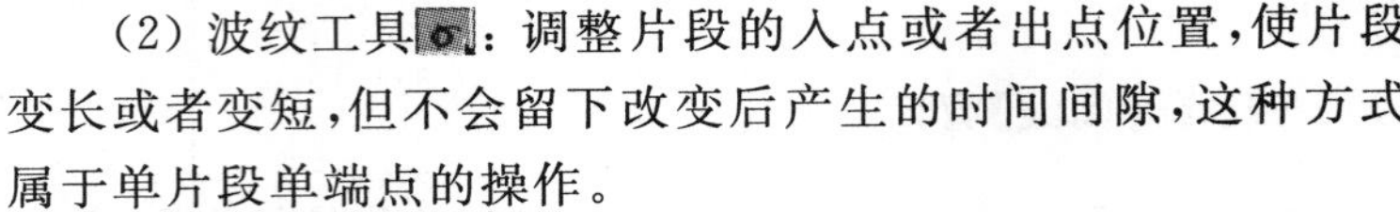

（2）波纹工具：调整片段的入点或者出点位置，使片段变长或者变短，但不会留下改变后产生的时间间隙，这种方式属于单片段单端点的操作。

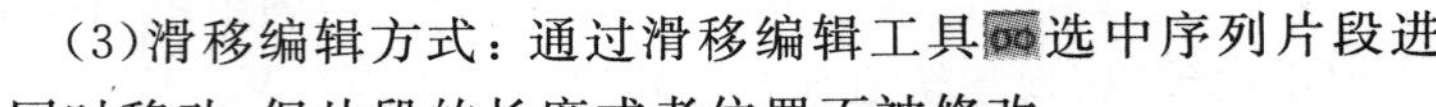

（3）滑移编辑方式：通过滑移编辑工具选中序列片段进行拖动，可实现片段出入点位置同时移动，但片段的长度或者位置不被修改。

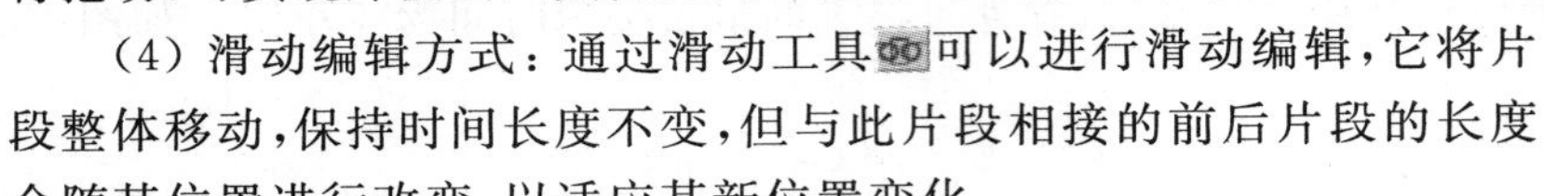

（4）滑动编辑方式：通过滑动工具可以进行滑动编辑，它将片段整体移动，保持时间长度不变，但与此片段相接的前后片段的长度会随其位置进行改变，以适应其新位置变化。

（5）时间重映射：时间重映射工具对片段的时间进行重新设定，使片段相对原来速度加速或者减速播放，使用时间重映射工具将会影响到片段中已经设定好的所有关键帧。

六、音频指示器

影视编辑中，需要对素材音量进行调整，保证整个影片音频部分的和谐。音频指示器将听觉信息转化为准确的视觉信号，便于用户用观察的方式细致调整声音。如图 15-25 所示。音频指示器中，音量超过红色部分将会出现声音的严重失真。

图 15-25　音频指示器

第三节　基本编辑

一、采集

确保连接好外部 DV 设备，调整录像机或者摄像机使用模式为 VCR。打开 Final Cut Pro 软件，执行【文件】/【记录和采集】命令，弹出【记录和采集】对话框。如图 15-26 所示。

下面，将分别使用两种基本采集方法对录像带的内容进行采集。当然，在实际操作中，应该根据需要灵活选择适当的采集方式。

图 15-26 【记录和采集】对话框

1. 素材片段采集

(1) 在【记录和采集】窗口中填写片段信息描述区相关信息。首先，选择【记录】选项卡，如图 15-27 所示。这里的众多项目均是对采集片段进行信息记录的，其中包括【卷】(录像带名称)、【备注】等，当然这些工作也可以在导入素材后进行添加。这里单击【描述】栏后空白区域，输入即将要采集的片段名称，另外备注中也可填入一些需要的内容，最后回车确定。

(2) 激活【采集设置】选项卡，单击【暂存磁盘】按钮打开【暂存磁盘】窗口，确定选中限制【现在采集】的时间选项。如图 15-28 所示。

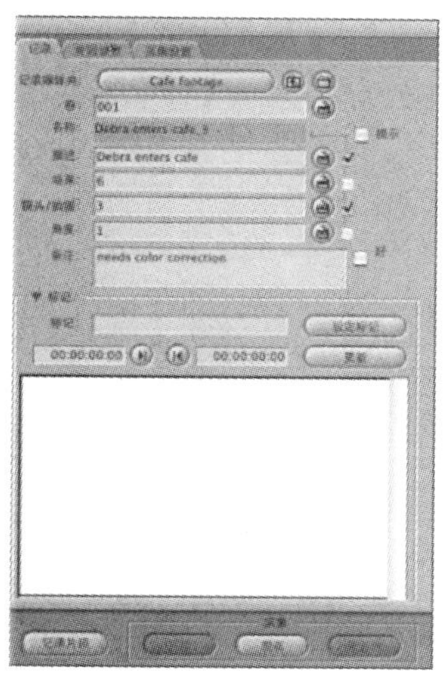

图 15-27 【记录】选项卡

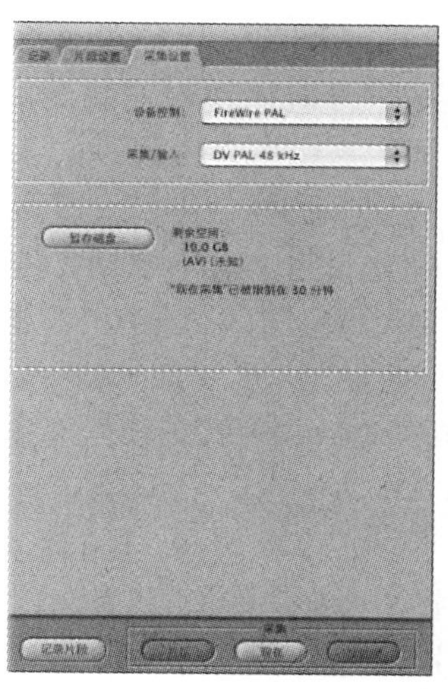

图 15-28 【采集设置】对话框

(3) 通过走带控制按钮区的【播放】按钮，配合预览区显示窗口，观看当前磁带的播放画面，通过【倒退】或者【前进】等按钮配合，将磁带播放到开始采集时间点前几秒位置(多预留

图 15-29　播放工具

几秒钟内容便于后面精确修剪）。如图 15-29 所示。

(4) 再次单击【播放】按钮播放画面磁带，播放到需要的开始位置时，单击采集控制按钮区【现在采集】按钮，系统开始采集。如图 15-30 所示。

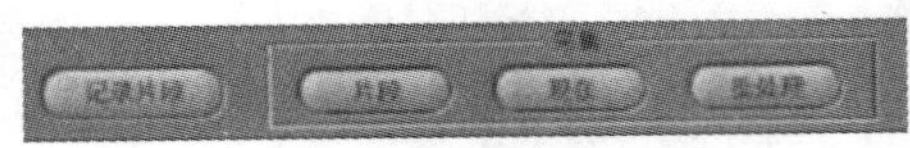

图 15-30　采集

(5) 观看磁带画面到需要结束的位置，按键盘上 ESC 键停止采集。此时，可以看到 Final Cut Pro【浏览器】窗口中已经生产了一个素材片段。

2. 批采集

入点与出点的设定是对音频、视频片段开始帧与结束帧时间位置的标注，通过出点与入点的设置，能够精确地对片段中需要的内容进行定位，并截取出需要的片段内容，在非线性编辑中，入点与出点的使用是非常重要的内容，应能熟练使用。如图 15-31 所示。

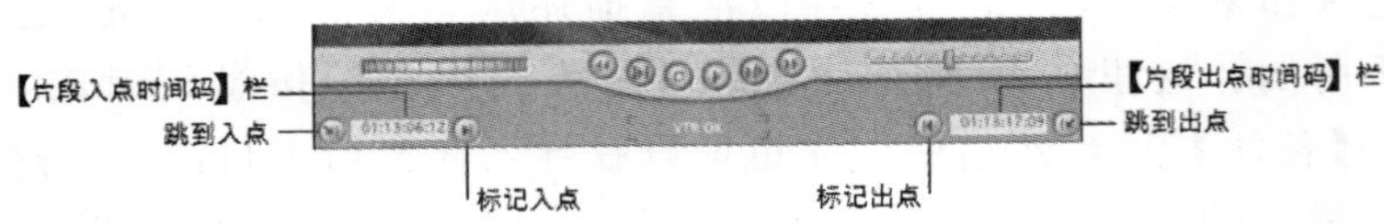

图 15-31　批采集

(1) 再次播放录像带，在需要采集开始的位置停止，单击【标记入点】按钮，可以从片段入点时间码栏中看到当前入点设置位置，当然也可以通过直接修改时间，精确定位需要的入点。

(2) 通过导航按钮快速找到需要采集片段的末尾帧位置，单击【标记出点】按钮设定出点。

(3) 在【记录】标签中填写即将采集的第二个片段素材的相关信息。

(4) 再次设置第二个素材片段的入点和出点。

(5) 单击窗口右下方的【片段】采集按钮，Final Cut Pro 将磁带自动倒回入点位置，并进行对应的采集。

完成采集后，关闭【记录和采集】窗口，并在浏览器窗口下浏览采集好的片段。

二、基本剪辑

1. 将片段输入【时间线】窗口

把片段导入到【时间线】轨道中，有两种基本方法：直接拖曳和三点编辑法。第一种方法简单直观，而三点编辑具有精准、安全、快速的特点。其操作方法如下：

(1) 在浏览器窗口中，双击素材，在监视器窗口打开素材，或者将其直接拖曳到【监视器】窗口中打开，通过【监视器】的播放控制按钮对素材进行播放观看。

(2) 确定要放入序列中的片段内容，在监视器中拖放播放头，定位到需要的开始帧位置，单击【标记入点】按钮，设置好片段进入时间序列的开始位置。用同样的方法，设置片段的出点。如图 15-32 所示。

图 15-32　设置入点和出点

（3）在【监视器】预览区域中拖曳画面移动至轨道 V1，把素材放置到时间线的相应轨道上。如图 15-33 所示。

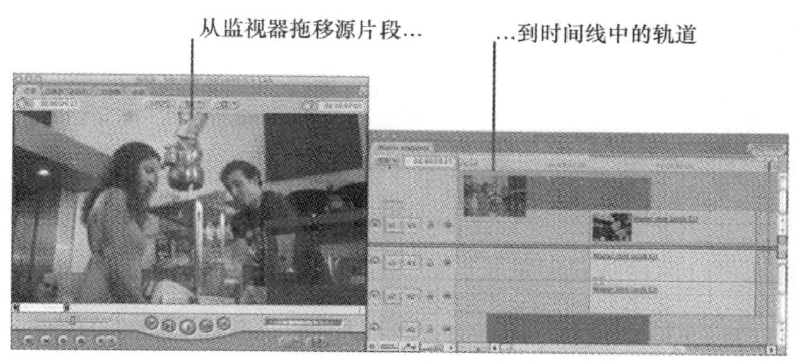

图 15-33　把素材片段放到时间线上

（4）重复（1）～（2）步骤，确定另外一个素材片段的入点和出点位置，定位时间指示器到前一个片段的结束位置，直接拖曳【监视器】画面至【画布】窗口中，当显示出编辑控制层叠图标时，选择放到希望实现的编辑控制功能按钮上，松开鼠标，即能以对应的方式放入到目标轨道层上（如图 15-34 所示）。或者直接点按画布窗口左下方的编辑按钮，也可将其置入轨道中。如图 15-35 所示。

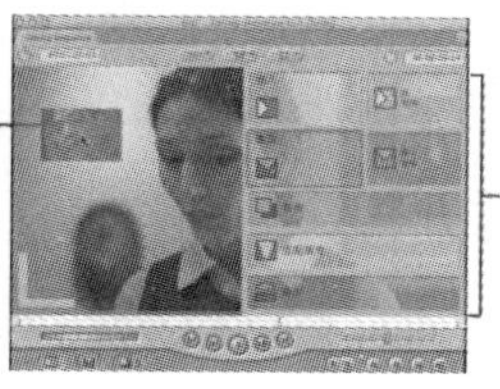

图 15-34　【画布】窗口中的素材

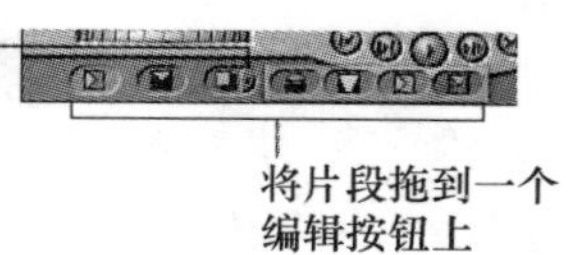

图 15-35　【画布】窗口左下方的编辑按钮

2. 使用刀片工具剪切片段

在实际制作中，将片段导入序列轨道后才能进一步进行画布的精选、应用效果或者重新排序等工作，使用刀片工具细致的分割时间线中的片段，又是完成上述操作的前提，因此刀片编辑也是最基本的操作之一。

下面对排放在轨道层中的序列进一步地进行分割操作。

（1）单击工具栏中的切割工具或者使用快捷键 B，当光标放到序列片段上时形状将变为刀片状，表示可以在当前位置进行切割操作。如图 15-36 所示。

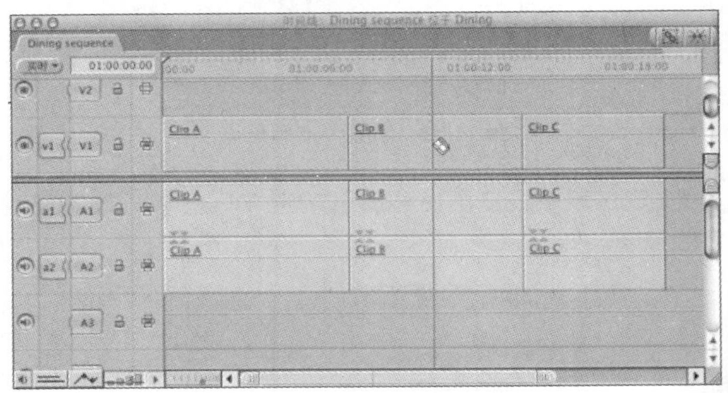

图 15-36　切割工具

（2）确定【时间线】窗口的【吸附】按钮为开启状态，拖曳播放头到切割位置，将刀片工具移动到播放头附近便可以自动吸附定位。如图 15-37 所示。

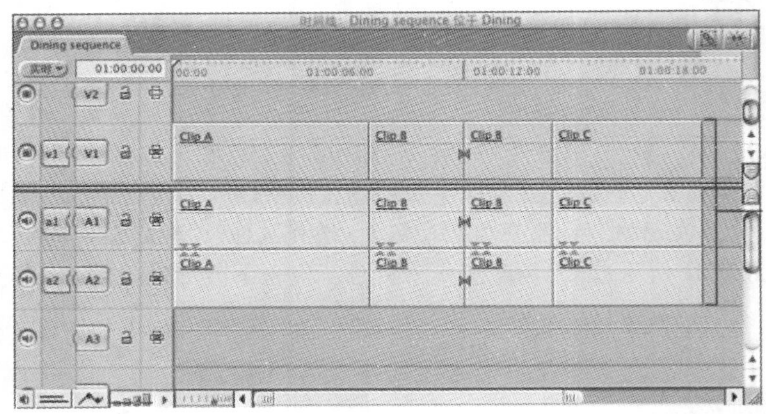

图 15-37　切割操作

3. 使用选择工具

使用工具栏中的选择工具，对切割完毕的片段部分进行重新排序、复制、粘贴，并删除不需要的片段部分。具体操作如下：

（1）单击【选择工具】或者按快捷键 A，拖曳片段在轨道上移动到目标位置。

（2）选择需要复制的片段，执行【编辑】/【复制】命令，将时间指示器移动到粘贴的初始位置，执行【编辑】/【粘贴】命令，完成操作。如图 15-38 所示。

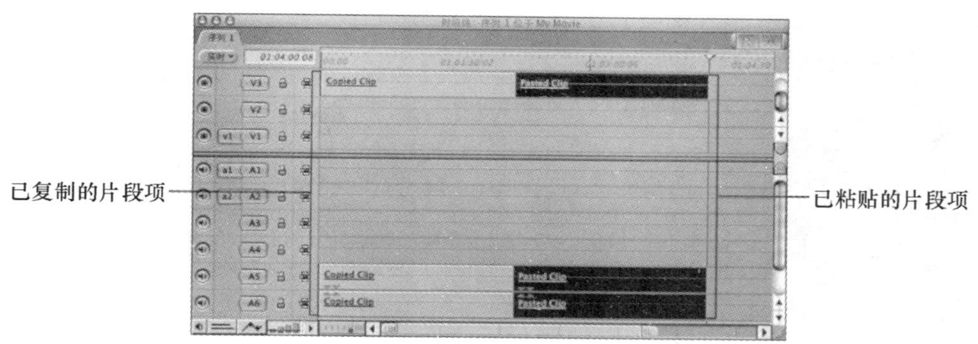

图 15-38　复制片段

(3) 选择不需要的片段，按键盘上的 Delete 键删除。如图 15-39 所示。

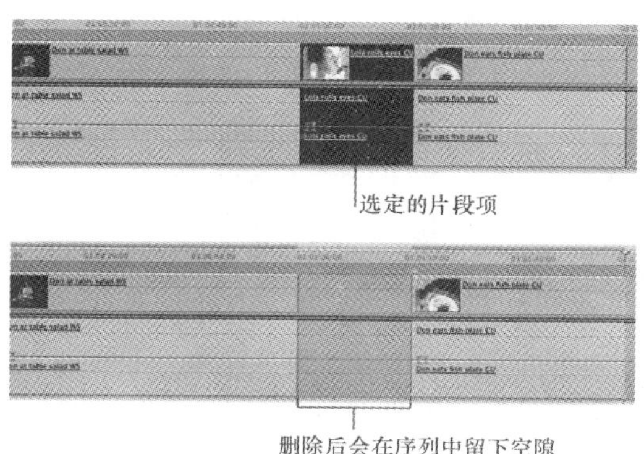

图 15-39　删除片段

(4) 单击片段空隙，按下键盘上的 Delete 键删除空隙。

4. 添加音乐

此时通过【画布】窗口【播放】按钮进行预览，发现影片由于片段调整后声音出现断续的情况。需要重新添加一个新背景音乐，以完成整个作品。具体操作步骤如下。

(1) 将声音片段拖入【检视器】窗口进行播放预览，需要的话可以在此加入出点与入点以选择其中一部分的内容。如图 15-40 所示。

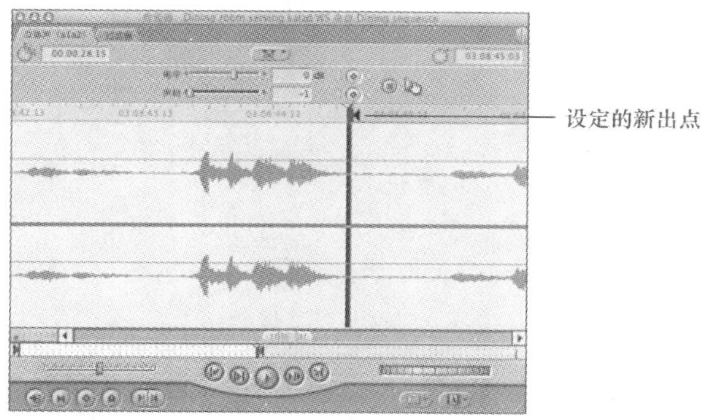

图 15-40　添加音乐

（2）回到【时间线】窗口，此时轨道中片段的视频和音频属于链接关系，所有删除、剪切等操作都会同时作用于音频和视频。如图 15-41 所示。

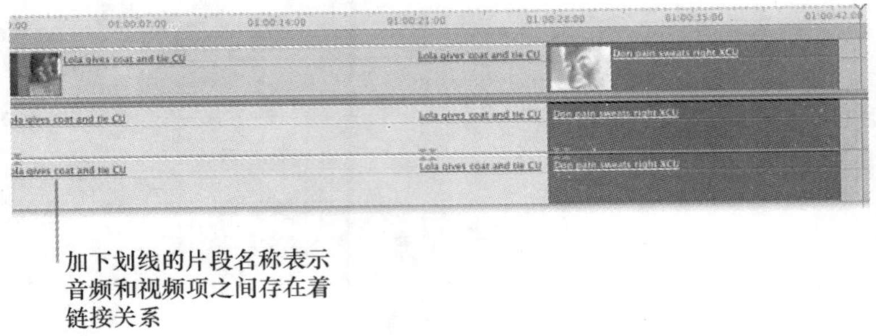

图 15-41　音频、视频的链接关系

选择序列中片段，单击【时间线】窗口右上角的【链接】按钮，使其变为关闭状态。这样便关闭了片段音频与视频内容的链接关系。如图 15-42 所示。

图 15-42　链接按钮

（3）再次选择音频轨道上对应的声音片段，将其删除。如图 15-43 所示。

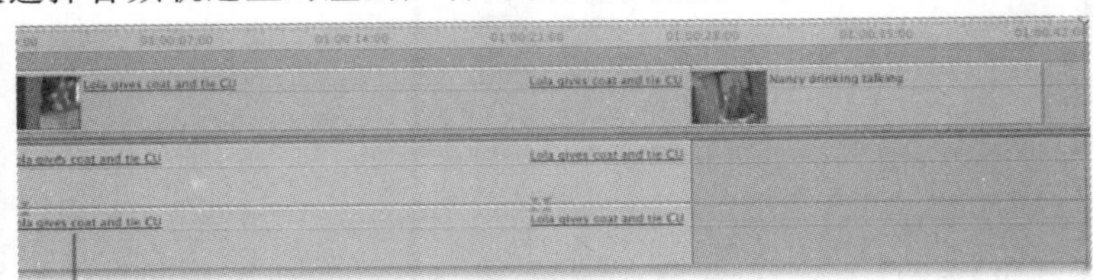

图 15-43　删除声音片段

（4）将【监视器】窗口中的新的声音片段放置到声音轨道的合适位置，并根据长度或者内容需要对多余部分进行再次剪切删除等操作，完成背景音乐片段长度或者内容的调整。如图 15-44 所示。

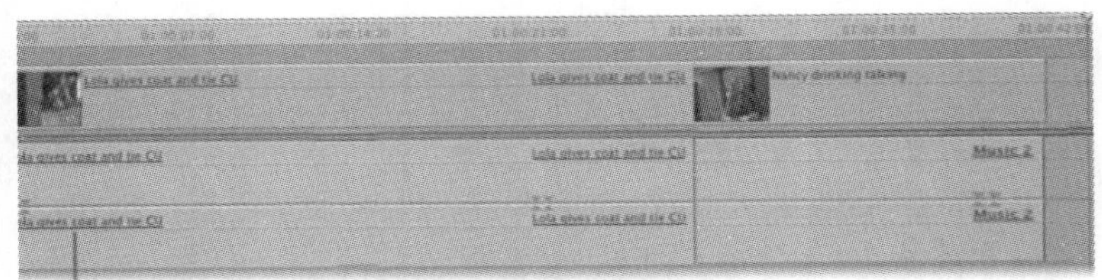

图 15-44　声音编辑

（5）此时如果【时间线】窗口中的标尺部分显示出红色线条，说明该部分需要渲染才能预览。通常视频渲染状态条在上部，音频渲染状态条在下方显示。执行【序列】/【渲染全部】/【两者】命令，系统会自动对影片进行渲染处理，完毕后即可进行整个作品预览。

第四节　特效编辑

一、基本运动

把素材片段添加到时间线窗口的轨道上，打开【吸附】按钮。

1. 设置移动关键帧

(1) 在时间线上选中视频片段，在画布窗口选择【影像＋线框】显示模式，同时将显示比例调整到较小的值，便于后面步骤观察图像移动情况，使用【选择】工具，拖曳画面内容到左上角，如图 15-45 所示。

图 15-45　【影像＋线框】显示模式

(2) 将时间指示器定位到素材的开始位置，上级时间线窗口中的素材片段，此时显示在监视器窗口中。选择窗口中【运动】标签，在中心点调节栏中单击【关键帧】按钮，使按钮成为绿色，这样便记录了当前位置的关键帧点。如图 15-46 所示。

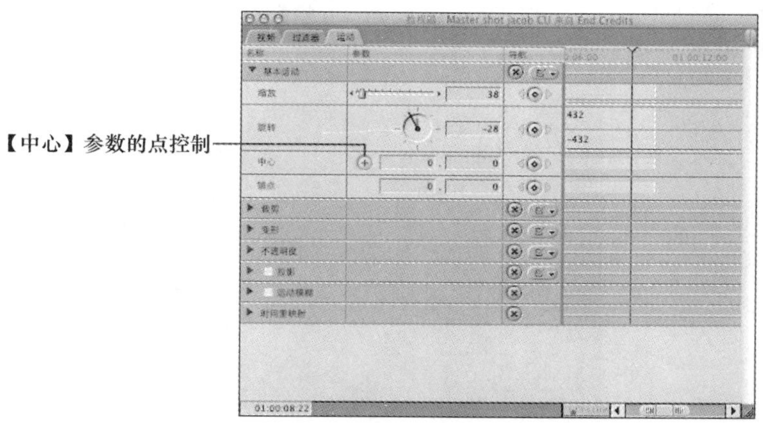

图 15-46　【运动】标签

（3）在【画布】窗口把素材移动到一个位置上，系统将自动在时间点上定位图像的位置关键帧记录。如图 15-47 所示。

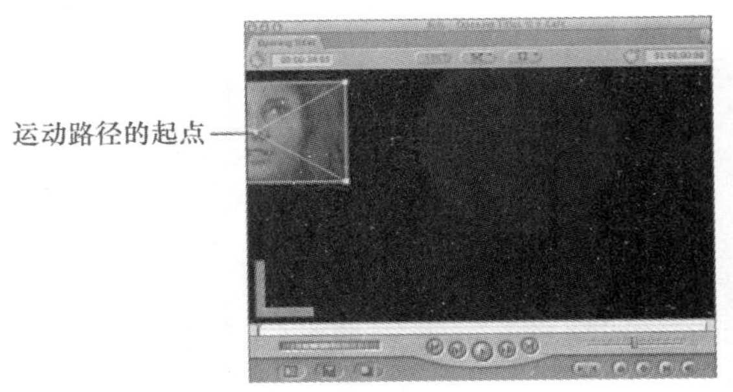

图 15-47　移动素材

（4）将时间指示器移动到素材片段的末尾位置，在【画布】窗口把素材移动到另外一个位置上，系统将自动在最后一帧时间点上将图像的另一个位置关键帧记录，如图 15-48 所示。可以通过执行【序列】/【渲染所选部分】/【视频】命令，观看刚刚调节的位置移动动画效果。

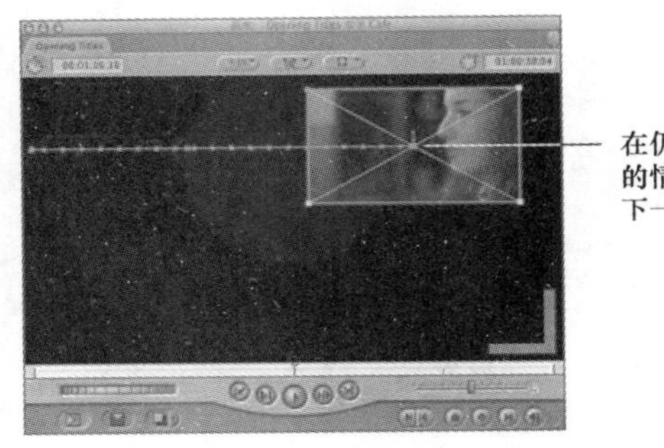

图 15-48　移动素材

2. 设置素材缩放动画

（1）把视频素材片段添加到时间线的轨道上，将【画布】窗口视频比例定义为 100%，时间指示器定位到第 0 秒。如图 15-49 所示。

图 15-49　设置【画布】窗口

（2）打开其运动标签，单击缩放项目栏中设置关键帧按钮，记录当前图像大小关键帧参数。移动时间指示器到素材片段的结束位置，滑动缩放调节栏的滑杆或者拖曳图像外边框角点，系统将自动记录关键帧点。如图 15-50 所示。缩放效果制作完成，可以渲染查看。

图 15-50　缩放素材

3. 设置透明度动画

（1）把视频素材片段添加到时间线的轨道上，时间指示器定位到第 0 秒。如图 15-51 所示。

（2）双击素材片段，在【监视器】窗口中打开【运动】标签，单击【不透明度】栏左边的三角，展开【不透明度】属性，单击【记录关键帧】按钮，确定当前的不透明度值为 100，移动时间指示器到素材片段的结束位置，调节不透明度滑杆至 0 位置，系统将自动记录关键帧点。渲染查看。

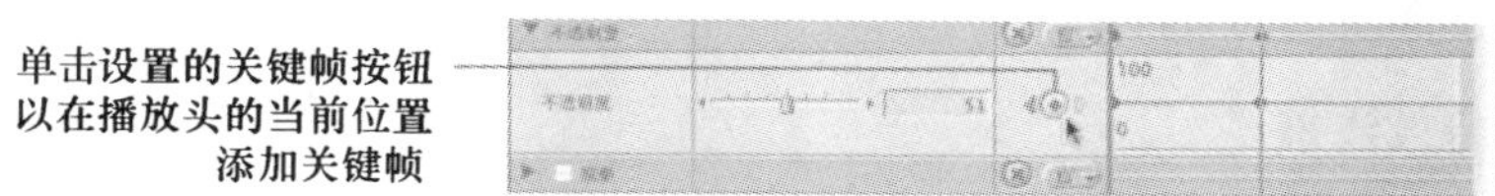

图 15-51　设置透明度

二、转场特效

Final Cut Pro 提供了大多数对视频与音频的常用转场效果，存放在【特效】面板。

导入两个素材片段，并排列在时间线的轨道上。Final Cut Pro 添加效果的方式多样，既可以使用【效果】菜单下的【视频转场】或者【音频转场】命令为片段编辑点上添加特效，也可以直接在浏览器的【效果】标签中挑选需要的专长图标，将其拖曳至片段间进行应用。具体操作如下：

（1）单击轨道中两个素材片段之间的衔接处选择该编辑点，或者把时间指示器放置在两个片段之间。如图 15-52 所示。

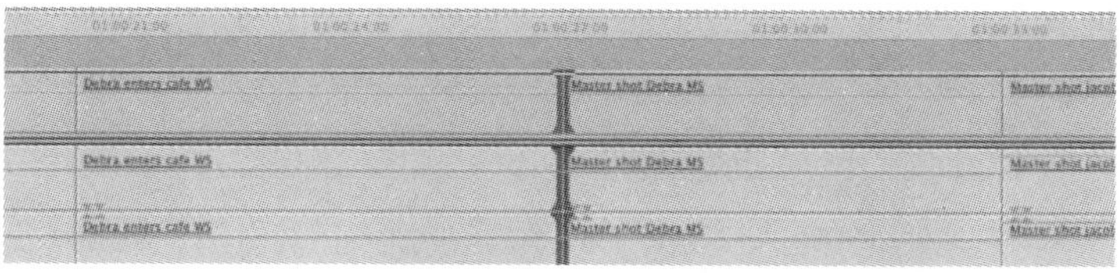

图 15-52　选定编辑点

(2) 按住 Control 键并单击时间线中两个视频素材片段间的一个剪辑点，从快捷菜单中选取【添加转场】，当前默认转场的名称会显示在快捷菜单中此命令旁边。如图 15-53 所示。

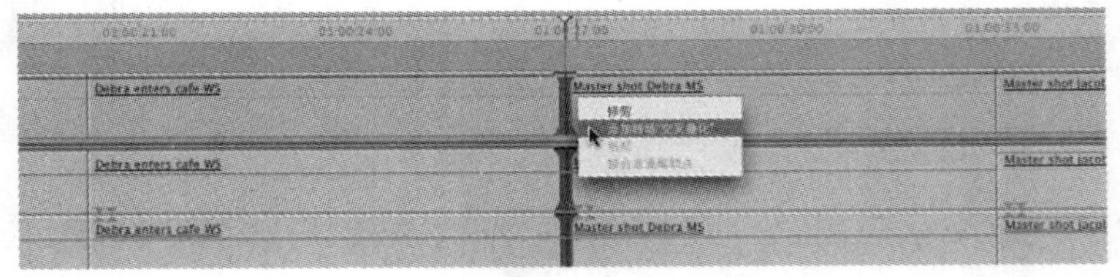

图 15-53　添加转场

(3) 如果在编辑点两边均有足够的交叠帧，则选定的转场将被添加到编辑，以编辑点为中心。如图 15-54 所示。

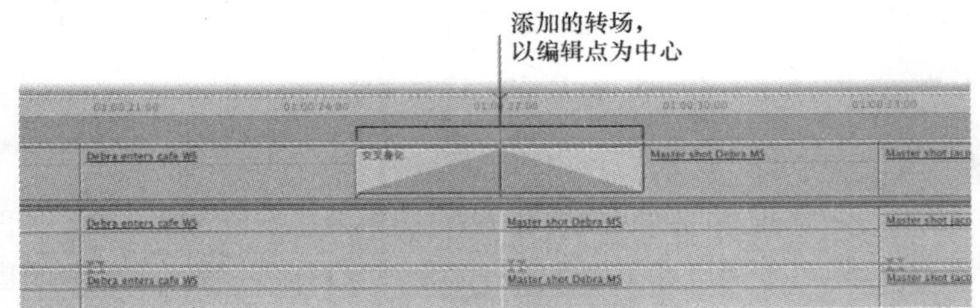

图 15-54　被添加到编辑

如果当前渲染状态条显示为红色，可以执行【序列】/【仅渲染】/【需要渲染】命令，然后在【画布】窗口单击播放预览效果。

三、添加特效滤镜

特效滤镜主要作用在单个或者成组的素材之上，并且能够对同一素材添加多个滤镜进行混合编辑，实现了对片段特殊效果添加或者属性调整等目的。

效果的预览是关系到效果调节效率的重要因素。Final Cut Pro 提供了两种基本预览模式：安全实时和无限实时。

默认的效果预览方式是安全实时，它保证了指定的质量和帧速率，但许多滤镜效果不能通过实时的计算达到效果要求，他们在时间标尺中以红线表示出来，这时的预览必须先渲染计算才能观看。如图 15-55 所示。

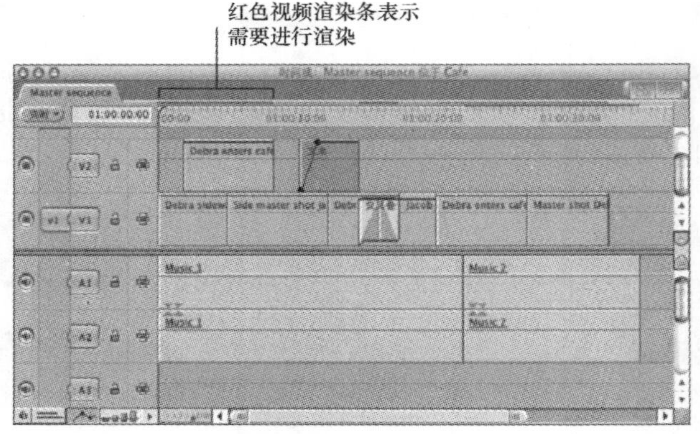

图 15-55　安全实时

为了提高工作效率，Final Cut Pro 还提供了【无限实时】预览功能，它通过牺牲部分帧的渲染，来获得更多的可回放的效果数量。根据制作情况的不同，要灵活地选用合适的回放方式进行操作。

单击【时间线】窗口的【实时】按钮可以切换回放方式。安全实时方式下不能直接回放的片段在选择【无限实时】方式后，原时间标尺上部红色线条将变为橙黄色，它表示当前片段将可以被预览，但可能会有丢失帧的情况发生，具体效果算法不同，丢失帧的情况也不同。如图 15-56 所示。

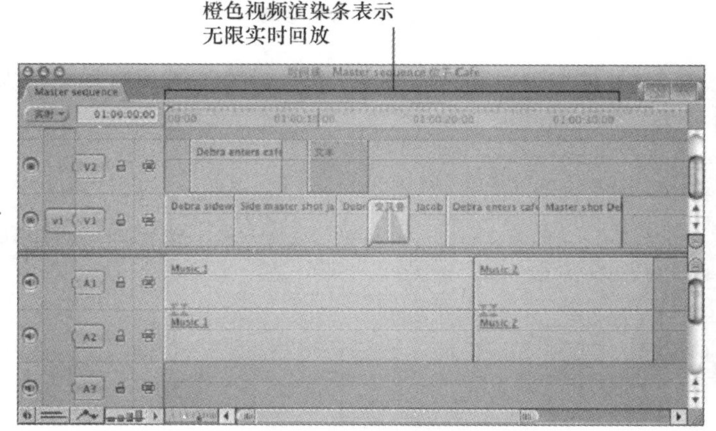

图 15-56　无限实时

导入素材到浏览器，放置在【时间线】窗口相应的轨道上。

(1) 双击轨道上的素材片段，在【监视器】窗口将其打开，选择浏览器中【效果】标签，找到【视频滤镜】文件夹下的【模糊控】/【高斯模糊】特效，将其直接拖曳到监视器窗口中，完成对片段素材的【高斯模糊】滤镜添加。如图 15-57 所示。

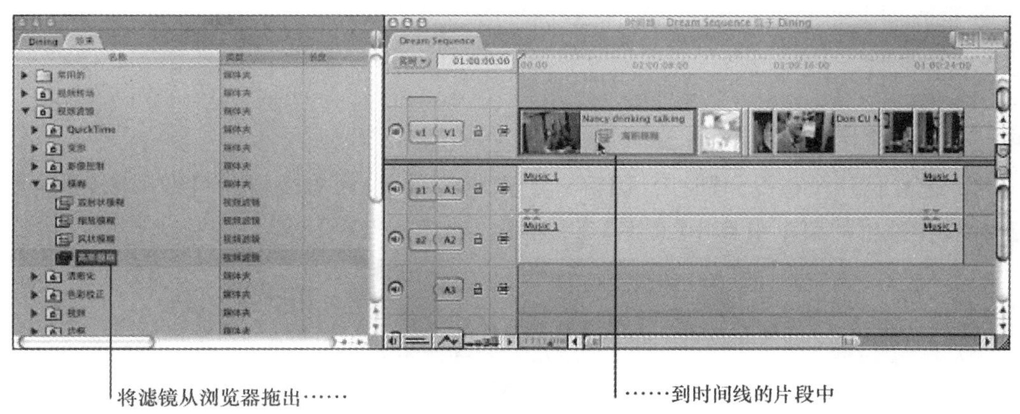

图 15-57　添加特效滤镜

(2) 单击【监视器】窗口的【过滤器】项目标签，可以看到模糊特效的控制参数，如图 15-58 所示。

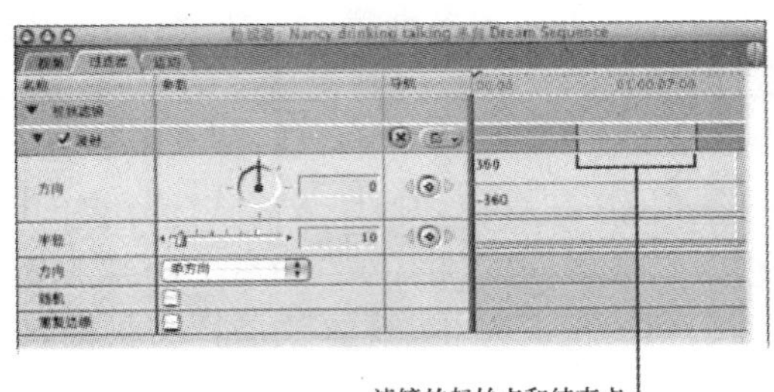

图 15-58　控制参数

（3）调节【模糊】过滤器中的具体参数数值，拖动新的时间开始点和结束点。如图 15-59 所示。渲染查看效果。

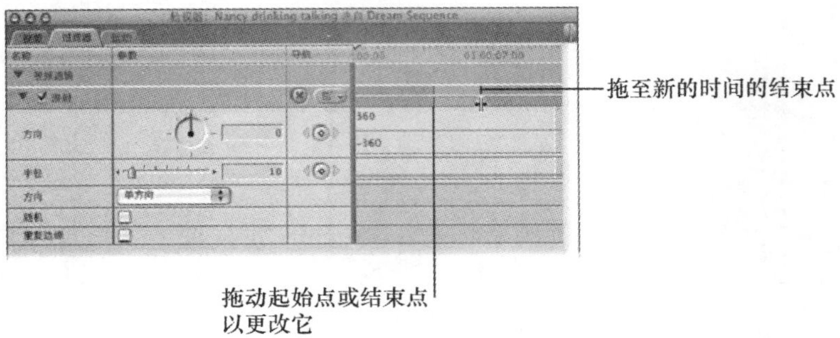

图 15-59　调整参数数值

第五节　字幕制作

一、添加普通字幕

（1）把素材片段拖曳到【时间线】窗口的相应轨道上，到监视器窗口右下角，单击【发生器】按钮，在弹出的菜单中选择【文字】/【文本】。如图 15-60 所示。

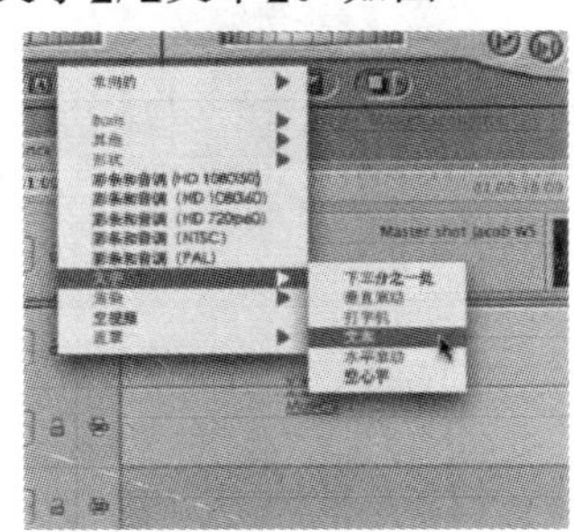

图 15-60　【文字】/【文本】

（2）监视器中自动显示出带有【样本文字】画面，标签栏增加了名为【控制】的标签，在此标签下可以对文字的样式和内容进行修改。接着，在文本框内输入文字内容，设置字体、字号、颜色等属性。如图 15-61 所示。

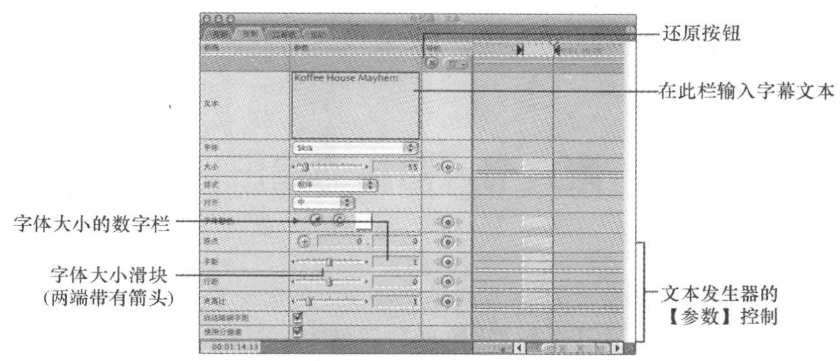

图 15-61　【控制】标签

（3）调整完毕后，定位时间指示器到需要添加字幕的素材片段上，回到监视器【视频】标签，直接拖曳文字画面以叠加方式放置到轨道的素材片段上，完成字幕的添加。如图 15-62 所示。

图 15-62　添加字幕

二、添加下 1/3 字幕

（1）再次单击【发生器】按钮，使用【1/3 处】文字式样，回到监视器【控制】标签中，在【文本一】和【文本二】对话框中填入需要的文字内容，同样将此字幕以叠加编辑的方式放置到素材片段上。

（2）双击【下 1/3】片段，在监视器的控制标签调整文字大小，并在【背景】选项中选择【单一颜色】，在颜色设置中调整为浅灰色，不透明度为 60%。下 1/3 处字幕添加完成。

三、滚动字幕的添加

（1）使用文字发生器调出【垂直滚动】，制作一个滚动字幕放在素材轨道上，并与原有的素材轨道对齐。

（2）滚动字幕的时间长度是字幕片段长度决定的，调整字幕片段的入点与出点可以控制整体的移动速度与持续时间。另外在滚动字幕的参数设置中，【空隙宽度】项仅对居中对齐的文本起作用，如果想要创作两列居中对齐的滚动字幕，【空隙宽度】非常有用；【淡入淡出】项提供了使字幕从画面底部淡入，顶部淡出的效果，参数值越大，这个效果的范围也就越明显。

（3）渲染预览效果。

第六节 影片的输出

Final Cut Pro 提供了几乎所有标准的输出方式，在选择输出类型时要根据需要进行。一般输出的作品画面和声音质量越高，其数据量就越大，对渲染输出的时间、节目的存储和最后的播放也就会有更高的要求。

Final Cut Pro 常用的输出有以下几种类型：

1. 输出制作 DVD

Final Cut Pro 可以将当前制作好的序列导出，然后使用专业 DVD 编辑制作软件进一步加工成为 DVD。Mac Os X 平台上常见的 DVD 制作软件有 iDVD 和 DVD Studio Pro。

具体操作步骤如下：

（1）在时间线中打开编辑好的序列。

（2）按住 Control 键在【时间线】窗口中单击鼠标，在弹出的菜单中选择【清除入点和出点】，确认清除了时间线中所有的入点与出点。

（3）单击菜单【文件】/【输出】/【QuickTime 影片】命令。

（4）为文件起名并选择一个合适的存储位置。如图 15-63 所示。

图 15-63 存储位置

(5) 在【设置】选项中选择一种输出方式，一般情况下，可以选择默认的【当前设置】。

(6) 在【包含】选项中选择【音频和视频】。

(7) 如果在序列中创建了一些标记，则【标记】选项选择【DVD Studio Pro 标记】。

(8) 确认勾选【使影片自包含】。

(9) 单击【存储】按钮即可输出。如图 15-64 所示。

图 15-64　输出进度

(10) 将输出的文件置入 iDVD 或者 DVD Studio Pro 中进行编辑输出。

2. 输出至录像带

Final Cut Pro 允许将编辑好的影片重新录制到录像带上，以便在其他后期制作工作中进一步编辑或者转换。

Final Cut Pro 有三种方法可以将视频输出到录像带：

(1) 从时间线直接录制至录像带。

这是最简单的将序列输出至录像带的方法，只需将电脑的视频输出连接至录像机，在 Final Cut Pro 中启用外部视频监控，按下按钮便可将序列视频录入。但这种方法录制时与时间线的实时质量有关，因此不能精确保证视频质量的输出方式。如图 15-65 所示。

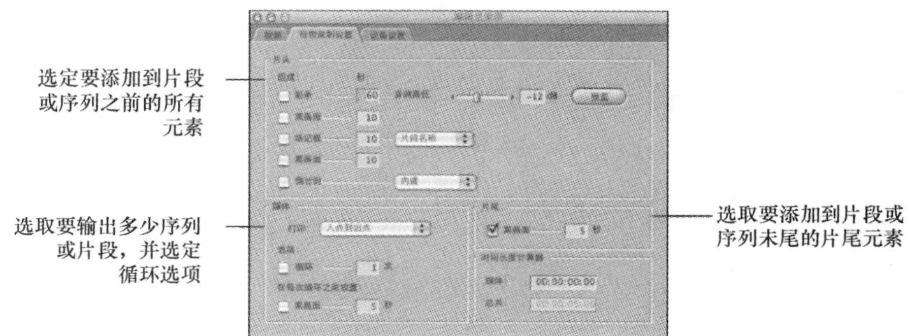

图 15-65　【母带录制设置】对话框

(2) 打印至视频

打印至视频命令的使用不需要外部设备控制的支持，因此在一般的录制对象带的时间码等内容没有特殊要求，是最简单而且能保证视频质量的输出方式。如图 15-66 所示。

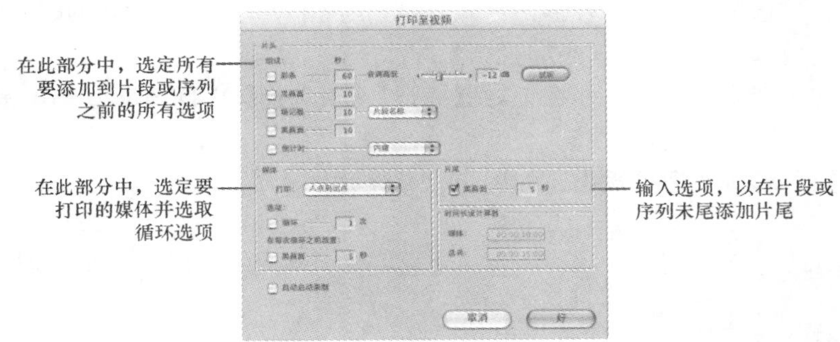

图 15-66 【打印至视频】对话框

以【打印至视频】输出方式为例，具体的操作步骤如下：

① 首先将录像设备与电脑连接好，并且将模式调整到 VCR 模式。

② 将录像带倒至开始录制的时间点。

③ 在 Final Cut Pro 中打开序列，单击菜单【文件】/【打印至视频】。

④ 在【打印至视频】窗口中对需要的选项部分，比如片头彩条、黑场等进行勾选。（如图 15-66 所示。）

⑤ 软件提示开始录制后，按下 DV 机或者录像设备上的录制按钮，待机器走带几秒钟平稳运转后，即可单击【打印至视频】窗口中的【好】按钮进行录制。

课后习题

1. 简述 Final Cut Pro 的基本操作流程。
2. 将 Final Cut Pro 与其他编辑软件做一个比较分析。

参考文献

[1] 张歌东. 影视非线性编辑[M]. 北京：中国广播电视出版社，2003.
[2] 张晓锋. 当代电视编辑教程[M]. 上海：复旦大学出版社，2007.
[3] 李琳. 影视剪辑实训教材[M]. 北京：中国广播电视出版社，2009.
[4] 杨盈昀. 电视节目编辑与制作技术[M]. 北京：中国广播电视出版社，2005.
[5] 刘毓敏. 数字电视制作技术——设备原理、系统配接与操作[M]. 北京：机械工业出版社，2008.
[6] 杨杰，姜秀华. 数字电视制作与播出技术[M]. 北京：电子工业出版社，2005.
[7] 李焕芹，郭峰. 电视节目制作技术[M]. 北京：电子工业出版社，2008.
[8] 陈惠芹. 数字电视编辑技术[M]. 上海：复旦大学出版社，2008.
[9] 曹飞，张俊，汤恩民. 视频非线性编辑[M]. 北京：中国传媒大学出版社，2009.
[10] 刘忠. 电视节目线性编辑[M]. 北京：中国传媒大学出版社，2009.
[11] 张晓锋. 电视制作原理与节目编辑[M]. 北京：中国广播电视出版社，2004.
[12] 张晓锋. 电视编辑思维与创作[M]. 北京：中国广播电视出版社，2002.
[13] 陈洪诚，王建军. 广播节目编辑与制作技术[M]. 北京：中国广播电视出版社，2005.
[14] 杨晓宏，刘毓敏. 电视节目制作系统[M]. 北京：高等教育出版社，2007.
[15] 黄匡宇. 电视节目编辑技巧[M]. 北京：中国传媒大学出版社，2002.